Thieme

Physiologie der Tiere

Systeme und Stoffwechsel

Rüdiger J. Paul

189 Abbildungen
15 Tabellen

Georg Thieme Verlag
Stuttgart · New York

Prof. Dr. Rüdiger J. Paul
Westfälische Wilhelms-Universität
Institut für Zoophysiologie
Hindenburgplatz 55
48143 Münster

Die Deutsche Bibliothek – CIP-Einheitsaufnahme

Paul, Rüdiger:
Physiologie der Tiere : Systeme und Stoffwechsel / Rüdiger Paul. - Stuttgart ; New York : Thieme, 2001

Rüdigerstraße 14
D-70469 Stuttgart

Printed in Germany

Zeichnungen: Martina Fasel

Umschlaggestaltung: Thieme-Marketing

Satz: primustype R. Hurler GmbH, Notzingen; gesetzt auf Textline mit HerculesPro

Druck: Druckhaus Götz, Ludwigsburg

ISBN 3-13-127961-3 1 2 3 4 5 6

Vorwort

Die vorliegende Einführung in die System- und Stoffwechselphysiologie der Tiere liefert in kompakter Form das Basiswissen über die für den Lebenserhalt des Tierkörpers essentiellen Prozesse und Systeme. Das Buch behandelt die Physiologie der Atmung, des Blutes und des Kreislaufs, des Salz- und Wasserhaushalts, der Säure-Basen-Regulation und des Wärmehaushalts, der Ernährung und Verdauung sowie die Integration und Regelung dieser Funktionen durch endokrine Systeme bzw. Teile des Nervensystems. Das Buch bietet außerdem einen Überblick über die Mechanismen und Abläufe des Energiestoffwechsels der tierischen Zellen. Weiterhin werden die physiologischen Konsequenzen der unterschiedlichen Körpergröße von Tieren sowie Anpassungsmechanismen an extreme Umweltstandorte vorgestellt. Da für die Bereiche der Sinnes-, Neuro- und Muskelphysiologie schon kurze Darstellungen verfügbar sind, wurden sie in diesem Buch bewußt ausgeklammert. Bei allen vorgestellten Prozessen werden die chemischen und physikalischen Grundlagen kurz erläutert und die besondere Bedeutung von Transport- und Regulationsmechanismen dargelegt. Wirbellose Tiere und einfachere Wirbeltiere werden bei dieser Darstellung der vegetativen Tierfunktionen besonders berücksichtigt. Ein wichtiges Thema sind auch die verschiedenen Anpassungsstrategien der Tiere an unterschiedliche Umweltbedingungen. Als Einführung wendet sich dieses Buch an alle, die sich rasch über die Grundlagen der System- und Stoffwechselphysiologie der Tiere und benachbarter Wissensbereiche informieren wollen. Es soll nicht die einschlägigen Lehrbücher zum vertieften Studium dieses Wissensbereiches ersetzen. Die Zielgruppe dieses Buches sind Studierende der Biologie, der Medizin und anderer Naturwissenschaften, Lehrer und Schüler an weiterführenden Schulen sowie interessierte Nichtfachleute.

Dieses Buch entstand aus Vorlesungen in der Tierphysiologie im Grund- und Hauptstudium der Biologie auf der Grundlage verschiedener Quellen und Materialien. Dabei dienten neben den Standardlehrbüchern mehrere Bücher und Artikel im besonderen Maße der Vorbereitung für bestimmte Teilaspekte dieses Themenbereichs (z. B. von W. Burggren, G. Chapman, L. Crapo, P. Dejours, R. Greger, M.K. Grieshaber, D. Heath & D.R. Williams, P.W. Hochachka, G. Louw, P. Scheid, K. Schmidt-Nielsen, J.-P. Truchot, W. Wieser und E. Zebe). Mein herzlicher Dank gilt allen Kollegen, die Kapitel dieses Buches vorab gelesen und korrigiert haben: H. Decker (Mainz), G. Kamp (Mainz), R. Keller (Bonn), P. Kestler (Osnabrück), B. Pelster (Innsbruck), H.-O. Pörtner (Bremen), W. Stöcker (Münster) und H. Wiezcorek (Osnabrück). Ein Dank für Geduld und Verständnis gebührt auch dem Georg Thieme Verlag und – nicht zuletzt – meiner Familie.

Rüdiger J. Paul, Münster
April 2001

Inhaltsverzeichnis

Einleitung IX

1 Homöostase: Transport und Regelung als entscheidende physiologische Mechanismen
Kapitelübersicht 1

2 Hormone
Kapitelübersicht 12

3 Gastransport im Außenmedium: Diffusion und Ventilation
Kapitelübersicht 26

4 Gasaustauschorgane: Diffusion
Kapitelübersicht 43

5 Die extrazellulären Körperflüssigkeiten
Kapitelübersicht 52

6 Konvektiver Transport im Innenmedium: Perfusion
Kapitelübersicht 68

7 Wasserhaushalt
Kapitelübersicht 84

8 Aktiver Transport und Osmoregulation
Kapitelübersicht 90

9 Säure-Basen-Haushalt unter dem Einfluß von Atmung und Exkretion
Kapitelübersicht 107

10 Temperaturregulation und Wärme
Kapitelübersicht 120

11 Stoffwechsel und Tiergröße
Kapitelübersicht 131

12 Ernährung und Verdauung
Kapitelübersicht 140

13 Bioenergetik der Zelle und Leistungsanpassung
Kapitelübersicht 161

14 Leben unter Extrembedingungen: Tauchen, Leben in großen Höhen, Leben im Watt
Kapitelübersicht 182

Literatur- und Bildquellen 195

Sachverzeichnis 199

Verzeichnis der Boxen

2.1 Hormone: Entwicklung und Nachweis eines Konzepts 16
3.1 Das Henry'sche Gesetz 28
3.2 Sauerstoff-Eindringtiefe 29
3.3 Konduktanzgleichungen 32
4.1 Gasdiffusion 44
4.2 Krogh-Konstanten 44
6.1 Die Kontinuitätsbedingung 69
6.2 Das Hagen-Poiseuille'sche Gesetz 69
6.3 Das Laplace'sche Gesetz 70
11.1 Körperdimensionen 132
11.2 Relationen zwischen physiologischen Größen 136

Einleitung

Die vegetative Physiologie der Tiere und des Menschen ist eng mit Transport- und Regelungsprozessen verknüpft. Aus diesen Beziehungen ergibt sich der gewählte Leitfaden dieses Buches.

Die Darstellung beginnt (Kapitel 1) mit der Evolution vom Einzeller zum vielzelligen Tier: Die ursprünglichen Bedingungen im Meer (äußeres Milieu) wurden durch die Ausbildung eines in seiner stofflichen Zusammensetzung geregelten Extrazellulärraumes (inneres Milieu) für die Einzelzelle im Gewebe nachgebildet. Mit fortschreitender Evolution kam es zu spezifischen Veränderungen und Anpassungen der physiologischen Systeme mit der Tendenz einer zunehmenden Stabilisierung des inneren Milieus (Homöostase), die einen zunehmenden Spezialisierungsgrad der Einzelzellen ermöglichte. Homöostase basiert einerseits auf passiven, aktiven oder konvektiven Transportprozessen und andererseits auf Regelungsvorgängen in Form negativer Rückkopplungskreise. Die Transportform hängt von der Größe und Art der zurückzulegenden Wegstrecke ab: Große Strecken können nur durch Konvektion überbrückt werden und nur für hydrophobe Substanzen ist eine einfache Diffusion durch Zellmembranen möglich. Der Transport von Atemgasen, Ionen, Wärme, Nährstoffen oder Stoffwechselendprodukten zwischen der Umgebung und den Einzelzellen erfolgt unter der Kontrolle verschiedener Regelkreise, deren Aufbau und Wirkungsweise allgemein charakterisiert werden kann.

Endokrine Systeme und Teile des Nervensystems dienen als Bestandteile solcher Regelkreise (Kapitel 2). Hormone sind Botenstoffe, die mit der Aufgabe betraut sind, langsame Prozesse wie Wachstum und Fortpflanzung zu beeinflussen oder schnellere Prozesse wie die Blutzuckerregelung zu ermöglichen. Die zelluläre Wirkungsweise der unterschiedlichen Hormonklassen wurde in den letzten Jahren sehr genau untersucht. Teile des Nervensystems sind ebenfalls in der Lage, vegetative Funktionen zu beeinflussen: Eine duale (erregende/hemmende) Innervierung von Organen und Organsystemen ermöglicht im Zusammenspiel mit speziellen Hormondrüsen eine sehr rasche, adäquate Reaktion auf veränderte Außen- und Innenbedingungen.

Der Transport von Atemgasen (Sauerstoff/Kohlendioxid) zwischen Umgebung und Zellen basiert auf unterschiedlichen Mechanismen. Der Transport im Außenmedium (Kapitel 3) beruht bei vielen Tieren auf Konvektion (Ventilation); ähnliches gilt für den Transport im Innenmedium (Perfusion). Die Anwendung des Fick'schen Prinzips erlaubt eine quantitative Analyse solcher Konvektionsprozesse. Der Gasaustausch zwischen Außenmedium und Innenmedium (Extrazellulärflüssigkeit/Blut) über Haut, Lungen oder Kiemen (Kapitel 4) oder zwischen Extrazellulärflüssigkeit und Zellen erfolgt durch Diffusion, die durch das Fick'sche Diffusionsgesetz beschrieben wird. Die Zusammensetzung der Extrazellulärflüssigkeit wird durch Transport- und Regelungsprozesse beeinflußt. Dem Gastransport im Innenmedium dienen je nach Tiergruppe unterschiedliche, in Konzentration und Eigenschaften veränderbare Atmungsproteine (Kapitel 5). Der konvektive Transport von Extrazellulärflüssigkeit wird meist durch kontraktile Organe (Herzen) hervorgerufen. In Kapitel 6 wird ein Überblick über Struktur und Funktion der Herz-Kreislauf-Systeme der Tiere gegeben.

Eine ausgeglichene Bilanz von Wasserabgabe und -aufnahme ist eine wesentliche Voraussetzung von Lebensprozessen. Besondere Leistungen vollbringen hier Wüstentiere (Kapitel 7). Die Regelung des Salz- und Wasserhaushalts (Osmoregulation) der Tiere ist vor allem mit der Aktivität von speziellen Transportepithelien verknüpft (Kapitel 8). Dabei spielen energieverbrauchende, aktive Transportprozesse eine entscheidende Rolle. Tiere an Land, im Süßwasser oder im Meer nutzen unterschiedliche Systeme für den Salz- und Wasserhaushalt. Die für Regelungsprozesse eingesetzten physiologischen Systeme kennzeichnet ein hoher Grad an Quervernetzung. Dies betrifft sowohl die geregelten physiologischen Größen, die voneinander abhängen, als auch die Organe und Organsysteme, die häufig multiple Funktionen wahrnehmen. Bei der Regelung des Säure-Basen-Haushalts sind sowohl Osmoregulation (Kontrolle des Elektrolythaushalt) als auch Atmung (Kontrolle des Kohlendioxidpartialdrucks) beteiligt. Ein Beispiel für die Komplexität physiologischer Regelprozesse ist der Säure-Basen-Haushalt unter dem Einfluß der Temperatur bei ektothermen Tieren.

Eine Regelung der Körpertemperatur kann nicht nur bei endothermen Tieren (Vögel und Säuger), sondern auch bei ektothermen Tieren (z. B. Reptilien oder sogar Insekten) erfolgen (Kapitel 10). Während bei letzteren Anpassungen im Verhalten eine wesentliche Rolle spielen, sind bei höheren Tieren interne Regelkreise vorhanden, die über verschiedene Formen der Produktion, Aufnahme oder Abgabe von Wärme eine sehr präzise Kontrolle der Körpertemperatur ermöglichen. Besonders interessant sind spezifische Anpassungsleistungen von Tieren an extreme äußere Temperaturbedingungen.

Der Stoff- und Energieumsatz und die spezifische Leistung der physiologischen Systeme hängen in entscheidendem Maße von der Körpergröße ab (Kapitel 11). Die Analyse dieser Leistungen als Funktion des Körpergewichts stellt einen interessanten Weg zur Aufdeckung von Querbeziehungen im physiologischen Netzwerk dar und liefert auch einige der schönsten Beispiele spezifischer Anpassungsleistungen von Tieren.

Transport und Regelung spielen bei der konstanten Nährstoffzufuhr für zelluläre Energiegewinnung und Biosynthesen wiederum eine tragende Rolle (Kapitel 12). Ernährung und Verdauung bei Wirbeltieren und Wirbellosen beinhalten die Aufnahme und Spaltung verschiedener Klassen von Nahrungspolymeren mit unterschiedlichen Eigenschaften und die Bereitstellung von Nährstoffen für die Zellen. Die Gesetze der Thermodynamik und eine Stoffwechselkontrolle durch Enzyme und Mikrokompartimentierung stellen die Grundlagen von Stoffwechselprozessen in der Zelle dar (Kapitel 13). Die Erläuterung der Grundzüge des tierischen Energiestoffwechsels in Cytoplasma und Mitochondrien leitet über zu den system- und stoffwechselphysiologischen Anpassungen an körperliche Leistung zum Beispiel beim Sport.

Extreme Lebensräume und Lebensumstände wie das Meer für tauchende Säuger, das Hochgebirge für Mensch und Tier oder das Wattenmeer erfordern spezielle system- und stoffwechselphysiologische Anpassungen (Kapitel 14). Der Mangel an Sauerstoff in diesen Räumen führte bei einigen Tieren zur Nutzung anderer Formen der Energiegewinnung (Anaerobiose).

1 Homöostase: Transport und Regelung als entscheidende physiologische Mechanismen

1.1 Vom Einzeller zum Vielzeller 1
1.2 Homöostase: Stabilisierung des inneren Milieus 2
1.3 Überblick über extra- und intrazelluläre Transportprozesse 4
1.3.1 Passive Transportprozesse 4
1.3.2 Aktive Transportprozesse 8
1.3.3 Konvektiver Transport 9
1.3.4 Ultrafiltration 9
1.3.5 Intrazelluläre Transportprozesse 9
1.4 Steuern und Regeln 10

Vorspann

Die Evolution vom Einzeller zum vielzelligen Tier erforderte einen Ersatz der ursprünglichen Umgebung, des Meeres, durch eine ähnlich zusammengesetzte Extrazellulärflüssigkeit (Blut). Mit fortschreitender Entwicklung der Tiere wurde die Regelung der Zusammensetzung des inneren Milieus immer perfekter. Bei zunehmender Konstanz des inneren Milieus (Homöostase) konnten sich die Körperzellen stärker differenzieren und spezialisieren mit dem Resultat hoher Leistungsfähigkeit im Bereich ihrer Spezialaufgaben. Homöostase beruht auf Transport- und Regelungsprozessen. Die Körperzellen werden mit unterschiedlichsten Substanzen versorgt (z. B. Nahrung, Sauerstoff) und Endprodukte des zellulären Stoffwechsels (z. B. stickstoffhaltige Exkrete, Kohlendioxid) werden abtransportiert. Versorgung und Entsorgung sind dann besonders problemlos, wenn Regelprozesse dafür sorgen, daß die extrazellulären Konzentrationen dieser Stoffe möglichst konstant bleiben (im Fall der Versorgungsprodukte meist relativ hoch im Vergleich zur intrazellulären Konzentration; bei den Endprodukten meist relativ niedrig).

1.1 Vom Einzeller zum Vielzeller

Die Erde und die anderen Planeten des Sonnensystems entstanden vor ca. 4,6 Milliarden Jahren aus Teilen einer rotierenden Staubwolke. Die Erde kühlte sich ab, und eine kontinentale Kruste sowie aquatische Räume (Flüsse, Seen, Ozeane) bildeten sich aus (ca. 4,2 Milliarden Jahre). Überraschend schnell trat Leben auf der Erde auf (vgl. Abb. 1.**1**). Leben scheint so alt zu sein wie die ältesten uns heute bekannten Gesteine. Einen direkteren Nachweis liefern die aus geschichtetem Karbonatsediment bestehenden Stromatolithen (Alter: ca. 3,5 Milliarden Jahre), die auch heute noch von Cyanobakterien am Ufer warmer Meere gebildet werden. Die Zusammensetzung der Uratmosphäre, die vor allem Kohlendioxid und Stickstoff enthielt, begann sich unter dem Einfluß der Photosynthese betreibenden und dabei Sauerstoff freisetzenden Urbakterien (vor allem Cyanobakterien) langsam zu verändern. Am Anfang wurde dieser Anreicherungsprozess durch eine Art Pufferung, nämlich der Oxidation von Mineralien (Gebänderte Eisenerze und Rotsedimente; Reaktionen von Eisen und Schwefel), stark verlangsamt. Vor ca. 2 Milliarden Jahren waren diese Speicher langsam gefüllt, und die atmosphärische Sauerstoffkonzentration begann zu steigen. Gleichzeitig mit der Freisetzung von Sauerstoff reduzierte sich unter dem Einfluß des Lebens die atmosphärische Kohlendioxidkonzentration. Der Treibhauseffekt wurde geringer, und die Erde kühlte weiter ab. Die Nutzung des eigentlich toxischen Sauerstoffs im Stoffwechsel der Organismen erforderte zwar die Entwicklung spezieller Sicherheitsmaßnahmen (u. a. Mechanismen zur Entgiftung von Sauerstoffradikalen), erlaubte dann aber eine wesentlich größere Energiebereitstellung. Aus der Symbiose, der gegenseitigen stoffwechselphysiologischen Abhängigkeit von zwei ursprünglich selbstständig lebenden Prokaryonten entstanden dann vor ca. 1,4 Milliarden Jahren die ersten modernen, eukaryontischen Zellen (fossil belegbar durch die sogenannten Acritarchen, eine Gruppe planktonischer Algen). Diese Einzeller (Protisten) nutzten die Fähigkeiten ihrer ursprünglichen Endosymbionten, der späteren Chloroplasten bzw. Mitochondrien, zur Bereitstellung großer Mengen von Energieäquivalenten (ATP) aus der lichtgetriebenen Spaltung von Wasser bzw. der wieder zu Wasser führenden Redoxreaktionen der mitochondrialen Atmungskette. Die Sauerstoffkonzentration lag bei etwa 1% der heutigen atmosphärischen Konzentration (also ca. 0,2% Sauerstoff). Tierische Einzeller (Protozoen) mit Hartteilen lassen sich mindestens 800 Millionen Jahre zurück fossil belegen. Protozoen ohne Hartteile sind aber vermutlich älter als die Acritarchen. Die Einzeller umgab ein weitgehend gleichbleibendes Milieu mit nahezu unendlich großen Versorgungs- und Entsorgungskapazitäten. Bewegliche, räuberische Protozoen begannen dann vor ca. 900 Millionen Jahren vielzellige Körperformen auszubilden. Ihre zunehmende Verbreitung machte aus einem einfachen Ökosystem mit einer rein nährstoffabhängigen Wachstumsbegrenzung von Primärproduzenten Schritt um Schritt ein komplexeres System mit verschiedenen trophischen Ebenen innerhalb von Nahrungsketten und -netzen. Dies beschleunigte sicherlich die evolutive Artbildung. Die Körperzellen der Vielzeller konnten nun nicht mehr auf ein fast unendlich großes äußeres Milieu zurückgreifen, sondern nur auf ein vom Volumen her eng begrenztes inneres Milieu. Deshalb mußten effektive Transport- und Regelprozesse dafür sorgen, daß die Einzelzelle im Zellverband trotzdem auf günstige Bedingungen trifft. Die vielzelligen Tiere wurden zunehmend unabhängiger von den Umweltbedingungen, aber durch die gegenseitige Abhängigkeit ihrer Organe auch verletzlicher. Die ersten Tiere hatten noch weiche Körper (z. B. die präkambrische Ediacara-Fauna vor ca. 670 Millionen Jahren) und besaßen Ähnlichkeit mit den heutigen Quallen und Seefedern aus dem Stamm der Hohltiere (Coelenteraten). Vermutlich behindert durch die geringen atmosphärischen Sauerstoffmengen und auch durch Probleme des Sauerstofftransports im größer werdenden Tierkörper verliefen die Schritte vom Einzeller zum Vielzeller und die Evolution der Tiere am Anfang sehr langsam. Steigender Sauerstoffgehalt (ca. 10% der heutigen Konzentration, also ca. 2% atmosphärischer Sauerstoff vor 550 Millionen Jahren), erlaubte dann die Entwicklung komplexerer Tiere mit höherer Beweglichkeit und mit Panzern als Schutz vor Räubern: Ringelwürmer (Anneliden) und Gliederfüßer (Arthropoden). Die Funde im Burgess-Schiefer vermitteln den Eindruck einer geradezu explosionsartigen Ausbreitung und Differenzierung des tierischen Lebens im Mittelkambrium vor ca. 530 Millionen Jahren. Später dann im Silur (vor ca. 420 Millionen Jahren) schützte die entstandene stratosphärische Ozonschicht das Leben hinreichend vor ultravioletter Strahlung, und die Besiedlung des Landes konnte beginnen.

1.2 Homöostase: Stabilisierung des inneren Milieus

Die Evolution vom Einzeller zum Vielzeller erlaubte die Spezialisierung und damit Verbesserung der Leistungsfähigkeit der Zellen in ihren jeweiligen Aufgabenfeldern. Andererseits verloren die Zellen den direkten Kontakt zu ihrer aquatischen Außenwelt: Der direkte Zugang zu Nährstoffen und Sauerstoff oder die direkte Beseitigung und Abgabe von Stoffwechselendprodukten und Kohlendioxid gingen verloren. Da in den Weltmeeren relativ konstante Bedingungen (Konzentrationen) für Sauerstoff, anorganische Ionen (incl. Protonen) oder bezüglich der Temperatur vorlagen, hatten die frühen Einzeller wenig Probleme ihr inneres (cytoplasmatisches) Milieu konstant zu halten, was die Voraussetzung für koordinierte und sinnvolle Zellabläufe und Stoffwechselprozesse ist. Dabei ist besonders wichtig die Aufrechterhaltung der Kompartimentierung und inneren Ordnung der Zelle sowie die Funktionstüchtigkeit der Biopolymere, z. B. Stabilität der räumlichen Struktur (Konformation) der Erbinformation (Nucleinsäuren), der Biokatalysatoren/Enzyme (Proteine) oder der Strukturbausteine (u. a. Proteine und Lipidmembranen). Zelluläre Abfallprodukte und Kohlendioxid lösten sich einfach in den im Überfluß vorhandenen marinen Räumen, so daß keine Entsorgungsprobleme auftraten.

Beim Übergang zum Vielzeller bestand die evolutive Lösung des Problems der Abtrennung der Einzelzellen vom aquatischen Außenraum darin, die marine Umwelt in Form einer Extrazellulärflüssigkeit (**EZF**), des Blutes, zu „simulieren". Je nach Entwicklungsstand der Tiere gelang dies immer besser, so daß wir z. B. bei Vögeln und Säugern nahezu konstante Bedingungen im Blut vorfinden. Die Sauerstoffzufuhr wird durch Atmungsorgane und Atmungsproteine konstant gehalten. Kohlendioxid wird ebenfalls zum großen Teil chemisch gebunden von den produzierenden Zellen weg transportiert. Die ionale Zusammensetzung der EZF wird geregelt und konstant gehalten genauso wie der Blut-pH. Nährstoffe werden permanent heran

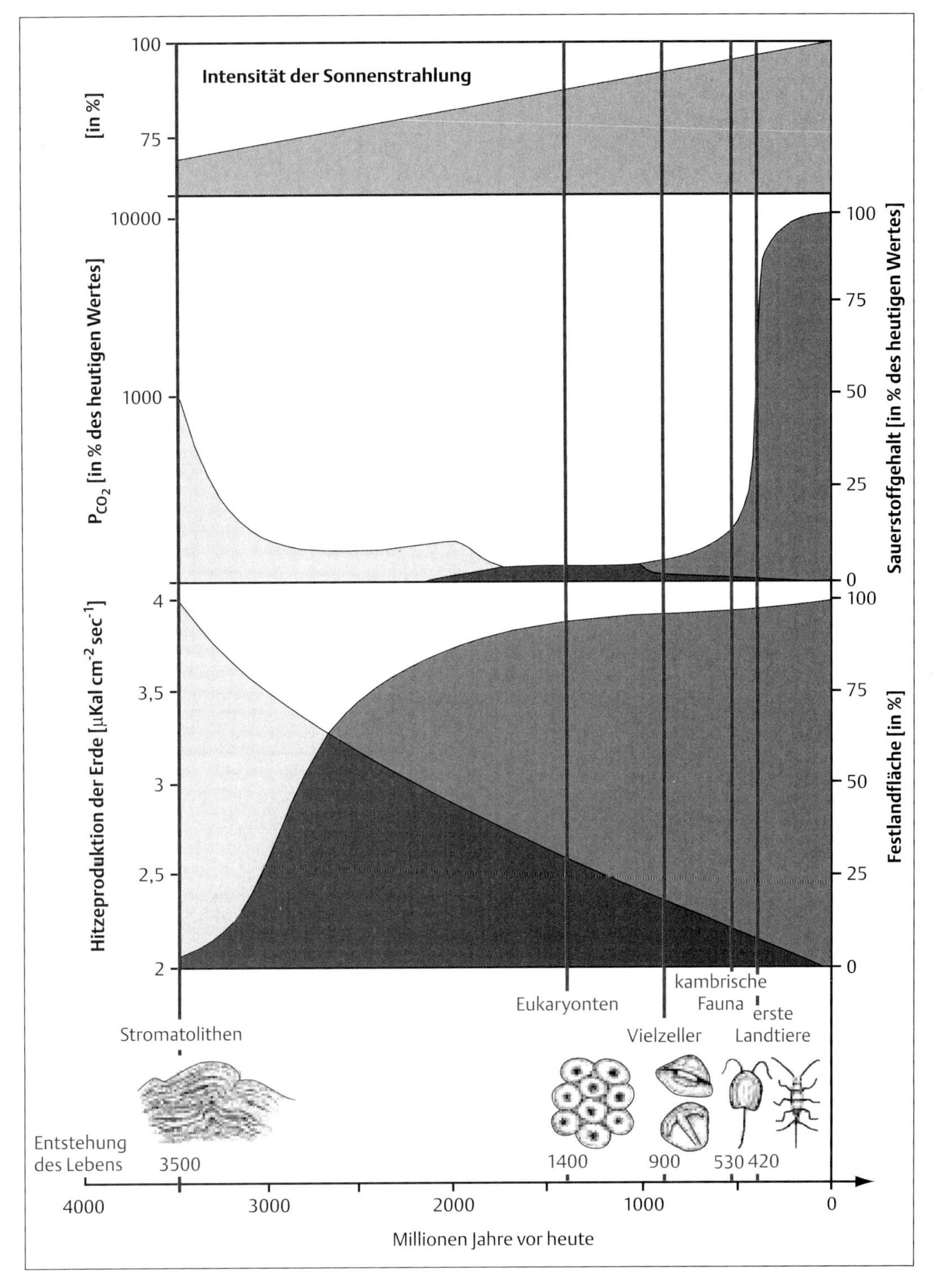

Abb. 1.1 Zunahme der Sonnenstrahlung, Veränderungen der Atmosphäre, gesunkene Hitzeproduktion der Erde und gestiegene Festlandfläche während der Erdgeschichte zusammen mit Meilensteinen der Entwicklung des Lebens (nach Pflug 1989 und Cloud 1989)

geführt und in ihrer Blutkonzentration geregelt (z. B. Blutglucose) und Endprodukte werden entfernt. Höhere Wirbeltiere regeln zusätzlich sehr genau ihre Körpertemperatur. Wir sehen also eine Vielzahl von Mechanismen, die es zumindest den Zellen der höheren Tiere erlauben, die eigenen Mechanismen zur Stabilisierung des Zellmilieus zu reduzieren. Dies setzt Energiereserven frei und die Zellen können sich verstärkt auf ihre Spezialaufgaben „konzentrieren" und in diesem Bereich hohe Leistungsfähigkeit erzielen. Die Konstanthaltung des inneren Milieus im allgemeinen und bei höheren Tieren der EZF im speziellen wird als **Homöostase** bezeichnet. Der Grad der Homöostase der EZF variiert und hängt vom Entwicklungsstand ab. Niedere Tiere sind häufig nicht in der Lage, ihre EZF sehr konstant zu halten; ihre Zusammensetzung verändert sich stark mit den Außenbedingungen: Je nach Faktor, der nicht oder kaum geregelt wird, spricht man von Osmokonformern (Osmolarität und Ionenzusammensetzung), Oxykonformern (Sauerstoff) usw. Höhere Tiere (auch komplexere Wirbellose) sorgen mit Hilfe spezieller Regelmechanismen für relative Konstanz in der EZF und man nennt diese Tiere deshalb Osmoregulierer oder Oxyregulierer. Konformer verlagern einen Teil der Regelaufgaben zur Aufrechterhaltung zellulärer Konstanz (zelluläre Homöostase) auf zelluläres Niveau. Auffallend ist dabei, daß z. B. die Osmolarität und ionale Zusammensetzung der EZF der niederen marinen Tiere noch weitgehend der Zusammensetzung des Meerwassers entspricht, während diese bei höheren Tieren mehr und mehr davon abweichen (vgl. Tab. 5.**1**).

Die Homöostase vor allem der EZF setzt eine Vielzahl spezieller Mechanismen und Systeme im Tier voraus, und größere Teile der vegetativen Tierphysiologie handeln von diesen evolutiven Errungenschaften. Im Kern setzt eine Konstanthaltung des inneren Milieus zwei Mechanismen voraus, und zwar einerseits Transportprozesse um Substanzen und Wärme zu den Zellen hin oder von ihnen wieder wegschaffen zu können. Ähnliches gilt für die Vorgänge der zellulären Homöostase. Andererseits sind Regelmechanismen in Form von Regelkreisen Voraussetzung für eine intra- oder extrazelluläre Homöostase. Diese basieren auf einem permanenten, rechnerischen Vergleich des tatsächlichen Wertes (Istwert), also z. B. der aktuellen Konzentration einer Substanz, mit einer vom Körper bzw. den Zellen gesetzten Vorgabe (Sollwert) und der nachfolgenden Aktivierung bzw. Deaktivierung entsprechender Transportsysteme für diese Substanz. Der Einsatz der aus der Technik stammenden Regelungstheorie (Biokybernetik) ist hier ein wichtiges methodisches Rüstzeug. Die Untersuchung der Mechanismen für eine Homöostase der EZF ist weiter vorangeschritten als die Untersuchung der zellulären Homöostase. Wir werden uns in dieser Einführung vor allem mit dem erst genannten Themenkreis beschäftigen und den zweiten Bereich nur exemplarisch vertiefen. Beginnen wir mit einem kurzen Überblick über die extra- und intrazellulären Transportprozesse.

1.3 Überblick über extra- und intrazelluläre Transportprozesse

1.3.1 Passive Transportprozesse

Für Transportprozesse über kurze Strecken (unter 1 mm in wäßrigen Medien, in der Luft im cm-Bereich) spielt Diffusion eine entscheidende Rolle. Die thermische Eigenbewegung der Moleküle (Brownsche Molekularbewegung) führt zu einem Ausgleich von Konzentrationsunterschieden. Betrachten wir den Fall, daß zwischen zwei Orten ein Konzentrationsunterschied (ΔC_s) für eine Substanz s besteht. Die zwei Orte sind eine bestimmte Strecke l voneinander entfernt und Substanz kann nur durch eine zwischen diesen Orten liegende Fläche F ausgetauscht werden. Im Laufe der Zeit führt die thermische Eigenbewegung der Substanzmoleküle zu einer Vermischung, zu einem Konzentrationsausgleich: Dieser Transportprozeß wird als ***Diffusion*** bezeichnet. Nach Abschluß der Diffusion ist der wahrscheinlichste Zustand erreicht. Die Wahrscheinlichkeit, daß die Moleküle an beiden Orten nahezu gleich häufig anzutreffen sind (Gleichverteilungszustand), ist viel größer, als daß sich lokal Moleküle anhäufen bzw. ausdünnen. Quantitativ läßt sich der Diffusionsprozeß mit Hilfe des sogenannten 1. Fickschen Diffusionsgesetzes beschreiben (Abb. 1.**2**):

$$m_s/t = D_s \cdot (F/l) \cdot \Delta C_s$$

Die pro Zeiteinheit t (in s) diffusiv transportierbare Menge m (in mol) der Substanz s nimmt mit der Diffusionsfläche F (in m^2) und dem Konzentrationsunterschied ΔC (in mol/m^3) zu und sinkt mit der Diffusionsdistanz l (in m). Wir werden später noch sehen, daß in biologischen

Systemen häufig F sehr groß und l sehr klein wird (z. B. bei respiratorischen Epithelien), um auf diese Weise die Transport- oder Fluxrate (m/t) zu vergrößern (z. B. Kap. 4). Wenn wir Diffusion in einem geschlossenen System, ohne Nachschub von außen oder Abgabe dorthin, über die Zeit betrachten, so sinkt fortlaufend der Konzentrationsunterschied ΔC und damit die treibende Kraft: Die Transportrate wird fortlaufend kleiner.

In der Fickschen Diffusionsgleichung findet sich auch die Diffusionskonstante D (in m^2/s). Diese faßt Substanz- und Lösungsmittel-Eigenschaften, aber auch den Einfluß der Temperatur auf Diffusionsprozesse zusammen:

$$D = (R \cdot T)/(f \cdot N)$$
$$\text{mit } f = 6 \cdot \pi \cdot \eta \cdot r$$

(R: allg. Gaskonstante; T: absolute Temperatur; f: visköser Reibungswiderstand; N: Loschmidtsche Zahl; η: Viskosität des Lösungsmittels; r: Radius der gelösten Substanzmoleküle)

Je kleiner die Moleküle sind, je geringer die Viskosität des Lösungsmittels oder je höher die Temperatur ist, um so größer ist die diffusive Transportrate.

Besonders wichtig ist der diffusive Transport durch Zellmembranen (Lipiddoppelschicht) oder Epithelien. Dabei spielt zusätzlich die Polarität („hydrophil") oder Nichtpolarität („hydrophob" = „lipophil") der Substanzmoleküle eine wesentliche Rolle. Die Lipidschichten solcher Membranen sind eigentlich nur für fettlösliche, unpolare Substanzen (Nichtelektrolyte), Gase und überraschenderweise auch Wasser (siehe unten) relativ durchlässig (permeabel). Da die Doppelmembranen eine Standarddicke (l) von ca. 5 nm besitzen, wird bei Diffusionsprozessen durch solche Membranen der Ausdruck D/l in der Fickschen Gleichung durch einen Permeabilitätskoeffizienten P (in m/s) ersetzt: $P_s = D_s \cdot k_s / l$. P hängt auch mit einem experimentell bestimmbaren Öl-Wasser-Verteilungskoeffizienten k zusammen (Abb. 1.**3**), der für jede Substanzart angibt, welcher prozentuale Anteil sich im Öl und welcher Anteil sich im Wasser eines Öl-Wasser-Gemisches löst. Es zeigte sich, daß die Molekülgröße der untersuchten Nichtelektrolyte für die Größen k bzw. P keine Rolle spielt, entscheidend ist die chemische Natur der Substanzen. Auffallend ist die besonders große Membranpermeabilität des Wassers, die auf den einfachen Zugang dieser Moleküle in die Zone der polaren Köpfe der Doppelmembran

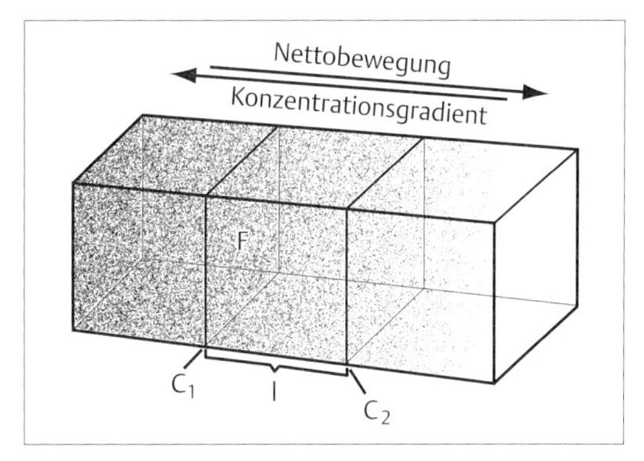

Abb. 1.2 Diffusion von Molekülen durch eine Fläche F und entlang einer Strecke l von einem Ort hoher (C_1) zu einem Ort niedriger Konzentration (C_2) (nach Florey 1975)

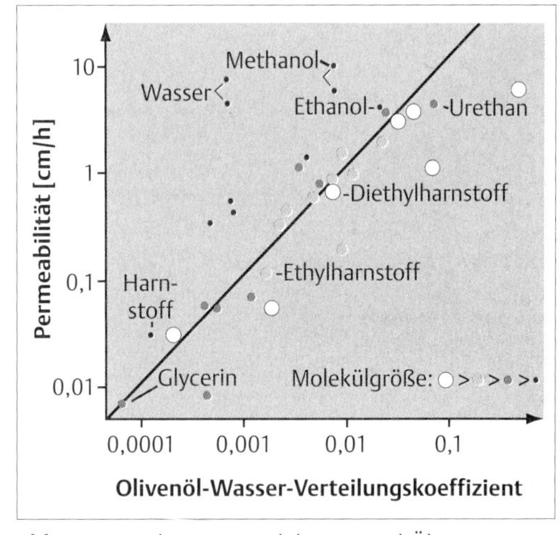

Abb. 1.3 Membranpermeabilitäten und Öl-Wasser-Verteilungskoeffizienten von Nichtelektrolyten (nach Eckert 1993)

und einem nachfolgenden „Durchquetschen" durch unpolare Regionen zurückgeführt wird.

Elektrolyte, also Substanzen, die in wäßriger Lösung in Ionen (Anionen und Kationen) dissozieren und damit prinzipiell stromleitend sind, können nur in nichtdissozierter Form durch eine Membran diffundieren. Schwache Säuren oder Basen zum Beispiel können durch pH-Veränderungen in ihre nichtdissozierte Form gebracht werden ($NH_4^+ \rightarrow NH_3$) und können dann eine Membran passieren: „non-ionic diffusion".

Betrachten wir die Diffusion von Wasser durch Membranen noch etwas genauer. Wir gehen dabei von einer semipermeablen Membran

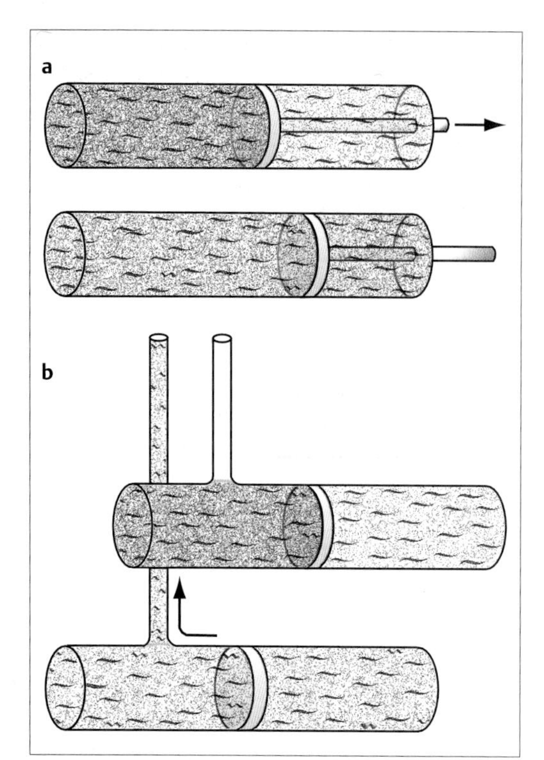

Abb. 1.4 Osmose in unterschiedlichen Systemen: Zwei Räume mit unterschiedlicher Wasser- bzw. Substanzkonzentration werden entweder durch eine bewegliche (a; beweglicher Kolben) oder eine starre (b) semipermeable Membran getrennt. Im ersten Fall verändert sich das Volumen der Räume bis ein Konzentrationsausgleich auftritt; im zweiten Fall dringt solange Wasser in den Raum mit höherer Konzentration ein, bis der entstehende hydrostatische Druck einen weiteren Wassereinstrom verhindert (nach Florey 1975)

aus, die nur Wasser passieren läßt. Die treibende Kraft für eine Diffusion von Wasser durch diese Membran sind Konzentrationsunterschiede für Wasser. Reinstwasser besitzt eine Konzentration von ca. 56 mol/l (Die molare Masse von Wasser beträgt 18 g · mol^{-1}; in 1 Liter = 1000 g Wasser sind also 1000/18 Mole Wasser vorhanden). Gelöste Substanzen vermindern die Wasserkonzentration. Wasser diffundiert von einem Ort höherer zu einem Ort niedrigerer Wasserkonzentration, also von einem Ort niedrigerer zu einem Ort höherer Konzentration an gelöster Substanz: Wasserdiffusion durch eine semipermeable Membran wird als ***Osmose*** bezeichnet. Die in lebenden Zellen auftretenden Begleiterscheinungen einer Osmose sind in tierischen und pflanzlichen Zellen verschieden: Tierische Zellen sind elastisch (Abb. 1.**4a**; Plasmamembran), pflanzliche Zellen sind dies nicht (Abb. 1.**4b**; Zellwand). Das Eindringen von Wasser in tierische Zellen oder ein Wasserverlust aus diesen führen zum Schwellen oder Schrumpfen der Zelle (Volumenveränderung). Wassereinstrom in pflanzliche Zellen führt auf Grund deren Volumenkonstanz zu einem Anstieg des hydraulischen Druckes („osmotischer Druck") im Cytoplasma, bis dieser Druck im Gleichgewichtszustand ein weiteres Eindringen von Wasser verhindert. Wasserentzug führt hier zur Ablösung des Cytoplasmas von der Zellwand. Der osmotische Druck π läßt sich quantitativ beschreiben:

$$\pi = R \cdot T \cdot \Delta C$$

(R: Gaskonstante; T: absolute Temperatur; ΔC: Konzentrationsunterschied der im Wasser gelösten Substanz über einer semipermeablen Membran)

Die Konzentration der gelösten Substanz wird entweder als Anzahl Mole in einem Liter wäßriger Lösung („Osmolarität" in mol/l) oder als Anzahl Mole pro kg Wasser („Osmolalität" in mol/kg) angegeben.

Osmose führt zum Schwellen oder Schrumpfen tierischer Zellen. Eine **hypo**osmolare Außenlösung (in Relation zur Osmolarität des Cytoplasmas) bewirkt ein Schwellen, eine **hyper**osmolare Außenlösung verursacht ein Schrumpfen der Zelle. Komplizierter wird die Situation, wenn die gelöste Substanz ebenfalls durch die Membran wandern kann. Dies mag mit einer geringeren Transportrate geschehen, so daß zu Beginn der Wassertransport dominiert und erst später der Substanztransport zum Tragen kommt: Ändert sich nämlich die Osmolarität der Zelle durch langsames Einwandern von gelöster Substanz, so kann eine Zelle durch einen Wasserausstrom erst schrumpfen (hyperosmolare Außenlösung) und mit dem Substanzeinstrom wieder anschwellen. Hier bestimmt nicht allein der Konzentrationsunterschied, sondern auch die Permeabilitätseigenschaften der Membran für bestimmte Substanzen die osmotischen Phänomene. Je nach Endzustand der Zelle (Schwellen, Schrumpfen) spricht man hier meistens von der (physiologischen) Tonizität (**hypo**ton, **hyper**ton) der Außenlösung und weniger von ihrer (physikalischen) Osmolarität.

Natürlich müssen auch mehr oder weniger polare Substanzen (z. B. Glucose, Aminosäuren und Ionen) durch eine Plasmamembran gelangen können. Dafür sind spezielle membranständige Trägerproteine (Carrier) zuständig. Ähnlich wird auch die Wasserpermeabilität natürlicher Membranen durch spezielle Proteine („Wasserkanäle") noch weiter erhöht. Wir werden diesen Themenbereich („Carrier und carrier-vermittelter Transport" sowie „Ionenkanäle") in einem späteren Kapitel (Kap. 8) in größerer Ausführlichkeit behandeln. Auf jeden Fall können auch Elektrolyte durch Membranen diffundieren, wenn spezielle Trägerproteine in der Membran vorhanden sind. Wenn die treibende Kraft für solche Transporte Konzentrationsunterschiede zwischen Außenmedium und Cytoplasma sind, spricht man von ***erleichterter Diffusion***.

Ionen (I) können durch spezielle, hochselektive Ionenkanäle durch die Membran gelangen, deren Existenz wir im folgenden einfach voraussetzen und nur über ihre spezifische Permeabilität (P_I) charakterisieren wollen. (In Kap. 8 wird dieses Thema genauer besprochen.) Diese Betrachtungen werden uns zu grundlegenden Funktionen der Zelle führen, nämlich über den elektrochemischen Gradienten zum Membranpotential und zum aktiven Transport.

Betrachten wir eine Membran, die nur für die Kationen K^+ und die Anionen A^- durchlässig sei. Weiterhin gehen wir davon aus, daß diese nicht von großen Anionen, z. B. negativ geladenen Proteinen Pr^-, überwunden werden kann. Zu Beginn der geschilderten Vorgänge seien alle permeierenden Ionen (K^+, A^-) gleichverteilt (Abb. 1.**5**).

Nach Zugabe des K^+-Salzes des nicht-permeierenden Anions Pr^- auf die Innenseite erfolgt auf Grund des K^+-Gradienten eine Ionenwanderung. Da der Außen- bzw. Innenraum in sich elektrisch neutral bleibt ($[K^+]_a = [A^-]_a$ bzw. $[K^+]_i = [Pr^-] + [A^-]_i$), da eine Ladungstrennung viel Energie erfordern würde, erfolgt zumindest statistisch gesehen eine Wanderung von Ionenpaaren (Kation + Anion) durch Ionenkanäle in der Membran von der Innenseite (i) zur Außenseite (a). Die Ionenpaare wandern entlang des K^+-Gradienten, aber gegen einen sich aufbauenden A^--Gradient. Am Ende dieser Vorgänge steht ein Gleichgewichtszustand (Donnan-Gleichgewicht), bei dem Ausstrom (Efflux) und Einstrom (Influx) von Ionenpaaren gleich groß werden. Da die Ionenstromstärke jeweils dem Produkt der permeierenden Ionen einer Seite entspricht, gilt dann: $[K^+]_a \cdot [A^-]_a = [K^+]_i \cdot [A^-]_i$ bzw. $[A^-]_a / [A^-]_i = [K^+]_i / [K^+]_a$. Außen finden wir mehr permeierende Anionen als innen und innen mehr permeierende Kationen als außen:

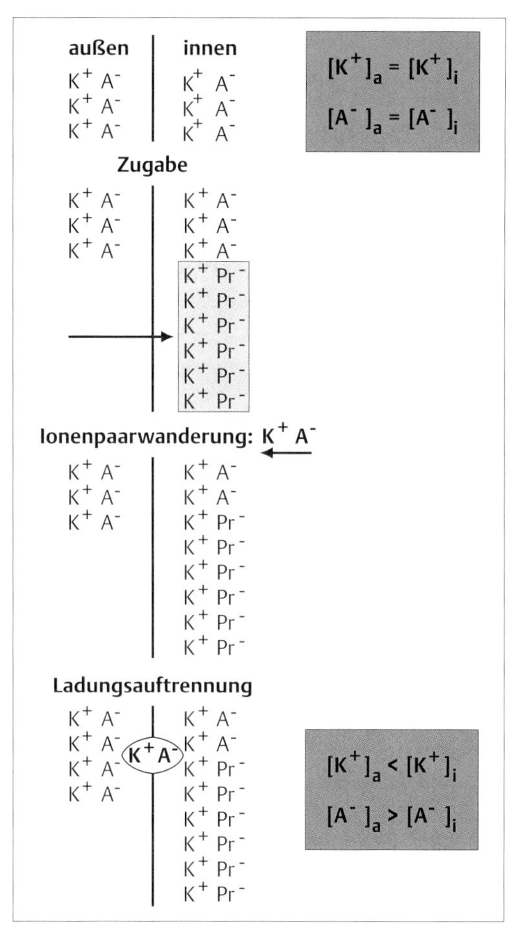

Abb. 1.5 Donnan-Gleichgewicht (siehe Text; nach Eckert 1993)

$$[A^-]_a > [A^-]_i$$
$$[K^+]_i > [K^+]_a$$

Durch die Zugabe eines nicht wanderungsfähigen Anions entstehen Konzentrationsunterschiede für die wanderungsfähigen Ionen. Weiterhin wird die Innenseite hyperton, da sich hier mehr gelöste Teilchen befinden. Die Energie der gleich großen, aber entgegengesetzt gerichteten Ionengradienten reicht aus, eine Ladungsauftrennung einiger weniger Ionenpaare über der Membran herbeizuführen. Damit entsteht eine deutlich meßbare Spannung, eine Potentialdifferenz über der Membran. Die elektrische Potentialdifferenz ist gerade groß genug die Energie des chemischen Gradienten (Konzentrationsunterschied) zu neutralisieren. Wir haben also gleichzeitig einen Konzentrationsgradienten und eine entgegengesetzt gerichtete Potentialdifferenz, ein Zustand der als „***elektrochemisches Gleichgewicht***" bezeichnet wird. Experimentell herbeigeführte Veränderungen im Konzentrationsgradienten verändern die Potentialdifferenz, und Potentialänderungen führen zur Veränderungen im Konzentrationsgradienten. Diese Begriffsfindung erlaubt nun auch eine allgemeine Definition passiver Membrantransportprozesse, nämlich als die Membrantransporte (über Carrier und Ionenkanäle), die entlang des Konzentrations- oder Potentialgefälles eines elektrochemischen Gradienten erfolgen. Der Netto-Transport sinkt auf Null, wenn das elektrochemische Gleichgewicht erreicht ist.

Der Zustand des elektrochemischen Gleichgewichts läßt sich quantitativ mit Hilfe der Nernst-Gleichung beschreiben:

$$U_s = (R \cdot T/(z \cdot F)) \cdot \ln([s]_a/[s]_i)$$

(z: Wertigkeit des Ions; F: Faraday-Konstante)

Bei einer außen um den Faktor 10 größeren Konzentration eines Ions s als innen, entsteht eine Spannung U_s von + 58 mV. Im umgekehrten Fall wäre die Potentialdifferenz gleich – 58 mV.

Mit dieser Gleichung haben wir den Schlüssel für die Erklärung von zellulären Membranpotentialen (z. B. Ruhepotential der Neurone und Sinneszellen) in der Hand. Wir müssen dabei aber berücksichtigen, daß die Membran Ionenkanäle für mehrere, unterschiedliche Ionen enthält. Die Plasmamembran ist für diese verschiedenen Ionensorten unterschiedlich permeabel. Im Extrazellulärraum finden sich vor allem Na^+ (Natriumionen) und Cl^- (Chloridionen), im Cytoplasma vor allem K^+ (Kaliumionen) neben Cl^- und anderen negativ geladenen Atomen und Molekülen. Die durch die unterschiedlichen Ionengradienten erzeugten Potentialdifferenzen liegen teils in entgegengesetzter Richtung zueinander. Das Zellruhepotential läßt sich ganz gut mit den Nernst-Potentialen für K^+ und Cl^- beschreiben. Berücksichtigt man zusätzlich das Nernst-Potential für Na^+, da ein Transport von Na^+ durch die Membran durchaus nachzuweisen ist, so erhält man nicht das normalerweise anzutreffende negative, sondern ein positives Ruhepotential. Die Erklärung für die Ähnlichkeit des Zellruhepotentials mit den Nernst-Potentialen für K^+ und Cl^-, trotz eines Membranfluxes von Na^+, ist die Beteiligung aktiver, ATP-verbrauchender Ionentransportprozesse (siehe Absatz 1.3.2): Eindringendes Na^+ wird sofort wieder nach außen gepumpt. Beim Ruhepotential handelt es sich, trotz seiner Beschreibbarkeit mit elektrochemischen Modellen, um ein Fließgleichgewicht unter Einschluß aktiver Transportprozesse. Das zelluläre Ruhepotential läßt sich also bei Berücksichtigung ionenspezifischer, effektiver Membranpermeabilitäten P_s folgendermaßen beschreiben (Goldman-Hodkin-Katz-Gleichung):

$$U = (R \cdot T/F) \cdot \ln((P_K[K^+]_a + P_{Na}[Na^+]_a + P_{Cl}[Cl^-]_i) / (P_K[K^+]_i + P_{Na}[Na^+]_i + P_{Cl}[Cl^-]_a))$$

Es sei kurz erwähnt (genaueres findet sich in jedem Lehrbuch der Neurobiologie), daß Aktionspotentiale durch vorübergehende Aktivierung (Permeabilitätsanstieg) der Na^+-Kanäle (Depolarisierung) und später der K^+-Kanäle (Repolarisierung) entstehen, wobei nachfolgend aktive Ionentransportprozesse für eine Wiederherstellung der Ausgangsverteilung der Ionen sorgen.

1.3.2 Aktive Transportprozesse

Wie eben schon anklang, sind neben den passiven Transportformen ATP-verbrauchende Ionentransportprozesse von großer Bedeutung. Es handelt sich dabei um ***aktive Transportvorgänge***, die dadurch gekennzeichnet sind, daß sie gegen den Konzentrationsgradienten oder gegen die Potentialdifferenz eines elektrochemischen Gradienten verlaufen. Wir werden dieses Thema später vertiefen (Kap. 8), und uns hier mit einer kurzen Charakterisierung begnügen. Aktiver Transport beruht auf der Aktivität membranständiger Proteine, genauer gesagt Enzyme und zwar der von ATPasen (ATP-spaltende Enzyme). Diese Enzyme sind hoch substanz- oder substratspezifisch, verbrauchen für den Transportvorgang ATP und zeigen die für Enzyme charakteristischen Beziehungen zwischen Substratkonzentration und Umsatzgeschwindigkeit (Enzymkinetik, Michaelis-Menten-Kinetik; siehe Absatz 13.2). Wie für Enzyme typisch, verdoppelt bis verdreifacht sich die Umsatzgeschwindigkeit bei einem Temperaturanstieg um 10 °C im physiologischen Bereich (Q_{10} = 2–3; vgl. Absatz 10.2). Dies unterscheidet unter anderem den aktiven vom passiven Transport, der einen wesentlich geringeren temperaturabhängigen Anstieg der Fluxrate (nur mit der absoluten Temperatur) aufweist.

Man bezeichnet den gerade beschriebenen aktiven Transport als primären oder **primär aktiven Transport,** da seine Energie aus einer chemischen Reaktion (ATP-Spaltung) stammt. Der primäre Transport kann einen elektrochemischen Gradienten für eine bestimmten Ionenart erzeugen, der dann die Energie für den „Bergauf"-Transport weiterer Ionen oder Substanzen bereitstellt. Man spricht dann von sekundärem oder **sekundär aktivem Transport.** Dabei handelt es sich immer um einen Co-Transport von mindestens zwei Teilchen, dem Ion des primären Transports und dem zu transportierenden Ion oder Substanzmolekül. Beide Teilchen können gleichsinnig (Symport, Cotransport) oder gegensinnig (Antiport, Countertransport) transportiert werden.

1.3.3 Konvektiver Transport

Eine ganz andere, aber sehr wichtige Transportform stellt der ***konvektive Transport*** dar. Er basiert auf der Ausnutzung einer Differenz im Absolutdruck, die die Triebkraft für die Massenbewegung eines wäßrigen oder gasförmigen Mediums samt der darin gelösten Substanzen von einem Ort hohen Druckes zu einem Ort niedrigen Druckes darstellt. Letztendlich handelt es sich dabei um Pumpvorgänge. Eine technische Pumpe erzeugt Druckunterschiede und bewirkt damit z. B. Luft- oder Wasserströme. Konvektiver Transport ist die bevorzugte Form des Fern- und Massentransports: Wenn große Mengen Luft, Wasser oder Blut mit den darin befindlichen, gelösten Substanzen über größere Strekken (im cm- oder gar im m-Bereich) bewegt werden müssen, so dominiert konvektiver Transport (z. B. Ventilation oder Perfusion). Wir werden in folgenden Kapiteln darauf zurückkommen (siehe Kap. 3 und 6).

1.3.4 Ultrafiltration

Eine wichtige Transportform über spezielle Epithelien hinweg, stellt die Ultrafiltration dar. Sie beruht auf zwei Kräften, und zwar einer hydrostatischen Druckdifferenz (Absolutdruckdifferenz) und einer osmotischen Druckdifferenz. Solche Prozesse dienen vor allem dem Austausch von Substanzen zwischen dem Blut und anderen Räumen (siehe Kap. 6 und 8). Betrachten wir einen Gefäßabschnitt im Kreislaufsystem, der mit einem Endothel ausgekleidet ist, welches Wasser und kleinere Moleküle hindurchläßt, große Moleküle (Proteine) und Blutzellen aber nicht. Der im Gefäß herrschende Blutdruck (hydrostatische Druck, P_i) sinkt entlang der Gefäßstrecke, ist also am Anfang größer

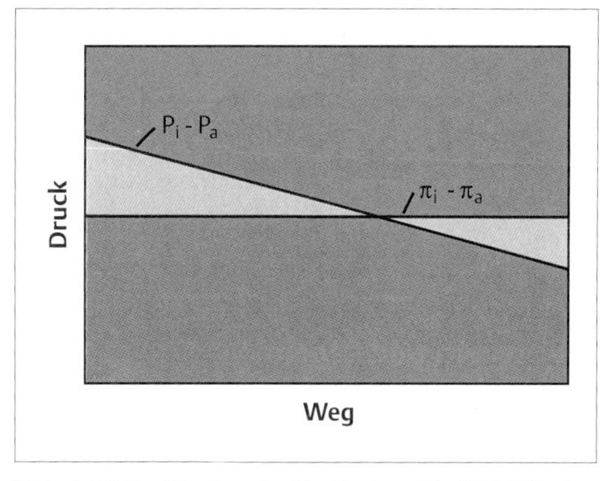

Abb. 1.6 Ultrafiltration im Kapillarbereich: Sinkt die hydrostatische Druckdifferenz ΔP zwischen Gefäßinnerem und -äußerem unter die entsprechende kolloidosmotische Druckdifferenz $\Delta\pi$, dringt wieder Wasser ins Gefäß (Starling-Schema) (nach Thews und Vaupel 1981)

als am Ende (Abb. 1.**6**). Dieser Druck preßt Wasser zusammen mit kleineren Molekülen („solvent drag") durch das Endothel nach außen. Die niedermolekularen Substanzen können von Zellen aufgenommen werden. Die Proteine können den Blutraum nicht verlassen. Ihre Konzentration legt den sogenannten kolloidosmotischen Druck fest. Dieser ist im Gefäß (π_i) größer als außen (π_a), da im Blut mehr Proteinmoleküle gelöst sind. Die osmotische Druckdifferenz bleibt entlang des Gefäßes konstant. Hydrostatische und osmotische Druckdifferenz sind vom Vorzeichen entgegengesetzt gerichtet. Da der Blutdruck entlang des Gefäßes kleiner wird, sinkt auch die hydrostatische Druckdifferenz zwischen innen und außen ($P_i - P_a$). Erreicht diese Differenz die osmotische Druckdifferenz und unterschreitet sie jene sogar, beginnt Wasser osmotisch wieder von außen nach innen zu strömen.

1.3.5 Intrazelluläre Transportprozesse

In der Zelle spielen vor allem Diffusion, aber je nach Zellgröße auch Konvektion (Plasmaströmungen) eine wichtige Rolle. Neben den bereits angesprochenen Ionenkanälen, Carriern und aktiven Transportmolekülen (ATPasen) gibt es auch die Möglichkeit größere Moleküle (Polymere) über die Zellmembran zu transportieren. Dies geschieht mit Hilfe der Endo- oder Exocytose. Für den Transport im Zellinneren stehen spezielle Transporter zur Verfügung (Komponenten des Cytoskeletts, Motorproteine), die

Zellbewegungen, aber auch z. B. Protein- und Organellentransport im Cytoplasma erlauben. (Die intrazellulären Transportprozesse werden in jedem einschlägigen Lehrbuch der Zellbiologie behandelt, so daß wir uns mit diesen Prozessen in den nachfolgenden Kapiteln nur nach Bedarf etwas gründlicher auseinandersetzen werden.)

1.4 Steuern und Regeln

Eine Vielzahl von Regelsystemen sorgt in unserer technisierten Umwelt für einigermaßen koordinierte Verkehrsabläufe oder für eine stetige, häufig eher ablenkende und verwirrende, als Klarheit schaffende Informationsversorgung oder für erträgliche Klimabedingungen in unseren vielstöckigen Gebäuden. Regeln bedeutet eine technische Vorrichtung unter Berücksichtigung der tatsächlichen Situation, des „Istzustandes", zu bedienen: Kalt- und Warmwasserhähne einer Dusche werden je nach Wärmeempfindung eingestellt, die Bedienung von Gas- und Bremspedalen eines Autos sollte von der Verkehrsdichte abhängen usw. Steuern bedeutet ein Gerät unabhängig von Rückmeldungen zu bedienen: Das Beispiel eines über eine leistungsstarke Stereoanlage verfügenden Bewohners eines Miethauses ohne Verständnis für ruhebedürftige Mitbewohner soll hier genügen. ***Steuern*** läßt sich als gerichtete Beeinflussung eines Systems verstehen. ***Regeln*** ist eine besondere Form des Steuerns, nämlich eine Selbststeuerung des Systems.

Bei physiologischen Prozessen treffen wir vor allem auf Regelkreise. Als Beispiel betrachten wir den Regelkreis zur Stabilisierung (Homöostase) der Blutgaswerte (z. B. des Sauerstoffpartialdrucks) bei wasserlebenden Krebstieren etwas genauer (Abb. 1.**7**). Die *Regelgrößen*, hier die Blutgaswerte, müssen gemessen werden. Dafür gibt es spezielle Meßfühler (*Meßglieder*): hier Chemorezeptoren. Die entsprechend codierte Information (graduierte Potentiale, Frequenz von Aktionspotentialen = „spikes") über den *Istwert* wird im Nervensystem mit einer Vorgabe (*Sollwert*) verrechnet. Die Vorgabe kommt von einer *Führungsgröße* (im technischen Fall z. B. der Temperatureinstellknopf eines Thermostaten). Ist das Ergebnis der Verrechnung von Istwert und Sollwert (*Regeldifferenz*) gleich Null, so geschieht nichts weiter. Bei einer positiven oder negativen Abweichung wird eine *Regeleinrichtung* aktiviert, die zu einer Gegensteuerung führt. Gehen wir schrittweise vor: Der *Regler* setzt die Information über die *Regeldifferenz* auf spezielle Art in einen *Stellwert* um: Manchmal sind längere Zeiträume berücksichtigende, integrierende Regelungsprozesse wünschenswert, manchmal aber auch solche, die schnellen Änderungen entgegen steuern. Entsprechend diesen Erfordernissen kann ein Regler u. a. als Integral-, Proportional- oder Differentialregler arbeiten. Im physiologischen Fall wäre der errechnete Stellwert ein neuronales Signal aus dem ZNS, das Einfluß auf die *Stellgrößen*, äußere (Ventilation) und innere Konvektion (Perfusion), nimmt. Krebstiere ventilieren mit Hilfe sogenannter Scaphognathiten (Abb. 3.**8**). Herzfrequenz und Herzschlagvolumen bestimmen die Perfusion. Die für Ventilation und Perfusion verantwortlichen Pumpmechanismen können als *Stellglieder* bezeichnet werden. Entlang der *Regelstrecke* führen veränderte Stellgrößen zu veränderten Regelgrößen. Ventilation und Perfusion beeinflussen den Gasaustausch über die Kiemen oder den zwischen Blut und Geweben. Die Eigenschaften dieser Austauschflächen (vgl. Box 4.**1**) zusammen mit den jeweiligen konvektiven Strömen (vgl. Box 3.**3**) beeinflussen die Blutgaswerte, d. h. regeln diese bei einer Abweichung wieder zurück in die Nähe der Vorgabe. Natürlich ist ein Regelkreis permanent in Kontakt mit äußeren und inneren Faktoren. Im aquatischen Lebensraum können sich Sauerstoff- und Kohlendioxidpartialdrucke oder pH-Werte fortlaufend ändern (siehe Absatz 3.1). Veränderungen in der Temperatur und im Salzgehalt beeinflussen auch den Gasgehalt des Meeres (vgl. Box 3.**1**). Blutgaswerte können sich ändern, wenn Aktivität oder Nahrungsaufnahme die Stoffwechselrate verändern. Man faßt diese Faktoren unter dem Begriff *Störverhalten* zusammen, die innerhalb der Regelstrecke als *Störgröße* dem Regelkreis aufgeschaltet werden. Ohne *Störgrößen* müßte gar nicht geregelt werden, so daß diese das „täglich Brot" eines Regelsystems darstellen. Dies gilt zumindest für sogenannte *Halteregler*. Bei *Folgereglern* folgt die Regelung nicht der Störgröße, sondern einer sich verändernden Vorgabe der Führungsgröße. Fassen wir zusammen: Regelsysteme beinhalten Regelkreise, bei denen der Vergleich von Ist- und Sollwert zu entsprechenden Gegenreaktionen führt. Man spricht dabei von „negativer Rückkopplung". Positive Rückkopplung führt zum „Aufschau-

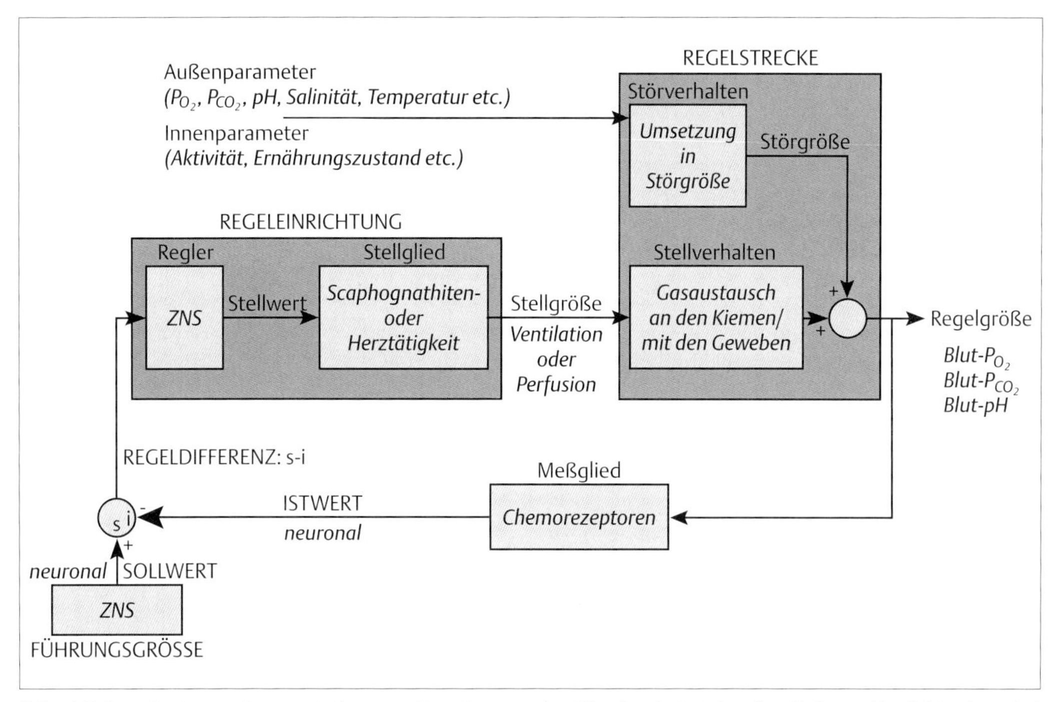

Abb. 1.7 Regelkreis zur Oxyregulation, zur Homöostase des Blut-P_{O2} bei sinkenden äußeren Partialdrucken, bei Krebstieren (Details im Text)

keln" der Regelgrößen. Vergegenwärtigen Sie sich hier die verheerenden Folgen einer positiven Rückkopplung, z. B. schrille Pfeiftöne bei telefonischem Live-Kontakt zu einer Radiosendung und einem daheim laut gestellten Radioempfänger. Positive Rückkopplungsvorgänge sind bei physiologischen Prozessen eher die Ausnahme (z. B. Autokatalyse von Zymogenen, Aktionspotentiale). Regelsystemen sind natürlich selten so einfach aufgebaut wie eben dargestellt, sondern stellen häufig mehrfach geregelte und gekoppelte Systeme dar.

Wie analysiert man solche Systeme? Über dieses Thema gibt es ganze Bibliotheken, die im biologischen Bereich häufig unter dem Begriff Biokybernetik firmieren. Hier soll nur ganz kurz auf einige wenige Zentralbegriffe eingegangen werden. Handelt es sich bei dem biologischen Regelsystem um ein lineares System, so wird die Analyse etwas einfacher, und man kann auf Standardverfahren der Ingenieurwissenschaften zurückgreifen. Linear bedeutet, daß ein System, das Eingangs- und Ausgangssignale besitzt, auf einzelne Eingangssignale bzw. auf deren Summe mit entsprechenden Ausgangssignalen bzw. deren Summe reagiert. Für lineare Systeme gilt also das Superpositionsprinzip. Durch Vorgabe speziell modulierter Außenparameter (z. B. Impuls-, Rechteckstufen- oder Sinusform), die als Störgrößen auf die Regelstrecke wirken, lassen sich die Eigenschaften des Regelkreises exakt analysieren. Man erhält so Informationen über Verstärkung, Verzögerung oder Regeleigenschaften.

2 Hormone

2.1 Hormon- und Nervensysteme 12
2.2 Pheromone 13
2.3 Hormonkontrolle bei Wirbellosen: Stoffwechsel und Wachstum 13
2.4 Regulation der Häutungs- und Entwicklungsprozesse bei Insekten 14
2.5 Hormonsysteme bei Säugern 15
2.6 Klassifizierung der Hormone 20
2.7 Zelluläre Hormonwirkung 20
2.8 Vielfältige Rolle der Neuropeptide 23
2.9 Neuronale Kontrolle vegetativer Prozesse 24

Vorspann

Endokrine und neuronale Systeme dienen als entweder eher langsam oder als schnell bis sehr schnell arbeitende Bestandteile von Regelkreisen zur Homöostase des inneren Milieus. Hormone sind Botenstoffe in der Extrazellulärflüssigkeit (im Blut), die in Abhängigkeit von der chemischen Stoffklasse eher langsamere Prozesse wie Wachstum und Fortpflanzung kontrollieren (häufig lipophile Hormone) oder schnellere Prozesse wie die Blutzuckerregelung ermöglichen (hydrophile Hormone). Die zelluläre Wirkungsweise dieser Hormonklassen ist unterschiedlich und wurde in den letzten Jahren sehr genau erforscht. Teile des Nervensystems sind ebenfalls in der Lage vegetative Prozesse zu beeinflussen. Eine antagonistische (erregende und hemmende) Innervation von Organen und Organsystemen ermöglicht im Zusammenspiel mit speziellen Hormonsystemen eine sehr rasche adäquate Reaktion auf veränderte Außen- und Innenbedingungen.

2.1 Hormon- und Nervensysteme

Die vielen Tausend oder Millionen von Zellen eines Tieres sind für bestimmte Aufgaben spezialisiert. Der Gesamtverband dieser Zellen, der Körper, ist auf Koordinierungssysteme angewiesen, um die Vielzahl von gleichzeitig stattfindenden Einzelaufgaben im Körper fortlaufend aufeinander abzustimmen oder um beim Eintreten spezieller Situationen, die Einzelsysteme für diese Aufgabe umzuschalten. Kommunikation, Koordination und Kontrolle erfolgen über zwei unterschiedliche Signale, und zwar einerseits über Hormone und andererseits über den elektrischen Informationsfluß des Nervensystems. ***Hormone*** sind chemische Botenstoffe, die von ihrem Ursprungsort, den **endokrinen Drüsen**, vor allem über die Blutbahn zu ihren Zielorten geschickt werden. Es gibt aber auch lokal wirkende Botenstoffe (***Parahormone***), die über die interstitielle Flüssigkeit entweder die eigene Zelle oder benachbarte Zellen beeinflussen (**autokriner** und **parakriner** Mechanismus). Signalstoffe, die nicht von spezialisierten Drüsenzellen, sondern von vielen Zellarten gebildet werden, nennt man ***Mediatoren***. Das Nervensystem leitet Informationen elektrisch über ein hoch verzweigtes Leitungsnetz von Neuronen weiter, wobei Komponenten dieses Systems, neurosekretorische Zellen, ebenfalls Hormone (***Neurohormone***) bilden und abgeben können. Endokrine und neuronale Systeme sind nicht so unähnlich, da chemische Boten in beiden Fällen eine wesentliche Rolle spielen. Bei der hormonalen Informationsübertragung legen die Botenstoffe (Hormone) meist größere Strecken frei zwischen Sender und Empfängern zurück. Bei der neuronalen Informationsübertragung legen die Botenstoffe (Neurotransmitter) nur sehr kurze Distanzen (synaptischer Spalt) frei zwischen zwei Neuronen zurück. Der Mechanismus der chemischen Informationsübertragung hat aber zumindest bei hydrophilen Hormonen (z. B. Peptidhormone) und Neurotransmittern gewisse Ahnlichkeit: Synthese (z. B. eines Präprohormons), Übertritt in das endoplasmatische Reticulum unter Abspaltung des Signalpeptids („Prä"-Region), spätere Anreicherung des nochmals prozessierten Peptids (z. B. Prohormon → Hormon) in einer Speichergranula, Exocytose dieser Vesikel unter dem steuernden Einfluß von Membranpotentialen und extra-/intrazellulären Ca^{2+}-Konzentrationen, Transport der Botenstoffe zu spezifischen Rezeptoren der Zielzellen in der Plasmamembran, Folgereaktionen (z. B. Aktivierung von 2nd messenger-Systemen). Es gibt aber auch Unterschiede: Neurohormone werden immer im Zellsoma synthetisiert, während Neurotransmitter auch in der Zellendigung synthetisiert werden können. Weiterhin können Neurotransmitter im Gegensatz zu Neurohormonen von der präsynaptischen Endigung wieder aufgenommen werden. Insgesamt gesehen erfolgt bei den neuronalen Systemen die Abgabe der Botenstoffe wesentlich gerichteter, und da die Transportdistanzen für die chemische Komponente des Signalflusses gering sind, ist der Informationsfluß auch wesentlich schneller. Nervensysteme dienen also der raschen und fein abgestuften Koordination und Integration der vielen spezialisierten Zellgruppen und Organe im Sinne gemeinsamer Aufgaben des Körpers. Das chemisch arbeitende Hormonsystem (endokrines System) ist wesentlich langsamer und erfüllt eher Daueraufgaben bei diesen Koordinationsprozessen. Die verwendeten Botenstoffe beider Systeme sind zumindest bei den Neurosekreten (Neurotransmitter und Neurohormone) ähnlich, so daß ein evolutiver Zusammenhang zwischen beiden Systemen wahrscheinlich ist. Am Anfang stand vielleicht die Kommunikation von Einzellern über sogenannte Pheromone, dann die Verwendung von Hormonsignalen für die Koordination im Vielzeller, später die Entwicklung zu einem rascheren und präziseren System durch „Entgegenwachsen" von Senderzellen und Empfangszellen mit dem Abschluß einer Ausbildung peripherer neuronaler Netze und zentraler Nervenzellanhäufungen in Ganglien und Gehirnen. Nervensysteme stehen meist hierarchisch über Hormonsystemen und kontrollieren diese. Wir werden uns zuerst mit dem endokrinen Systemen beschäftigen, wobei wir in Form der Neurosekretion, der Abgabe von Neurohormonen aus Neurohämalorganen (z. B. Neurohypophyse der Säuger) eine Art „Mitteldinge" zwischen hormonaler und neuronaler Informationsübertragung kennenlernen werden. Am Ende dieses Kapitels werden wir uns kurz mit der neuronalen Koordination vegetativer Prozesse beschäftigen.

2.2 Pheromone

Signalsubstanzen dienen der Kommunikation von Zellen, ganz gleich ob diese isoliert als Einzeller oder im Verband eines vielzelligen Tieres leben. Hormone sind Botenstoffe innerhalb eines Individuums; ***Pheromone*** dienen der Kommunikation zwischen Organismen einer Art. Diese ins Wasser oder in die Luft abgegebenen Stoffe sind meist stärker artspezifisch als Hormone und wirken als Alarm-, Sexual-, Spur- und Territorialstoffe. Das Bombykol des weiblichen Seidenspinners zum Beispiel wird von den Antennenrezeptoren des männlichen Tieres erfaßt. Bereits ein Molekül Bombykol kann einen Nervenimpuls einer Rezeptorzelle auslösen. Aber erst wenn ca. 200 Moleküle auf 200 Rezeptorzellen treffen, beginnt das Männchen zu reagieren. Auf diese Weise können Weibchen über mehrere Kilometer Entfernung lokalisiert werden. Pheromone können auch innerhalb einer Art variieren und auf diese Weise nahezu individuenspezifisch werden. Neben kurzfristigen Signalwirkungen und Verhaltensänderungen, können Pheromone auch morphologische und physiologische Veränderungen veranlassen. Pheromone kommen bereits bei Einzellern vor und werden von komplexen Wirbeltieren immer noch genutzt. Chemisch gesehen gibt es bei den Pheromonen eine große Vielfalt: Alkohole, Peptide, Steroide und Terpenoide. Bereits geringste Konzentrationen davon genügen, um spezifisches Verhalten in anderen Organismen auszulösen: Bei einem Süßwasserciliaten genügen bereits 10^{-13} mol/l eines Pheromonproteins um Paarbildung zwischen zwei Individuen zu induzieren. Häufig werden nicht einzelne Pheromonsubstanzen, sondern Gemische aus verschiedenen Substanzen (unterschiedliche Molekülstrukturen in unterschiedlicher Konzentration) als Signalstoff abgegeben.

2.3 Hormonkontrolle bei Wirbellosen: Stoffwechsel und Wachstum

Wir wollen uns nun kurz mit der Stoffwechselkontrolle bei Wirbellosen beschäftigen (in Absatz 12.6 ist eine Diskussion dieser Prozesse bei Wirbeltieren zu finden). Das bekannte Peptidhormon Insulin (vgl. Absatz 12.6) findet sich bereits bei Mollusken, also z. B. Schnecken. Im zentralen Nervensystem dieser Tiere produzieren neurosekretorische Zellen insulinverwandte Peptide (MIP, molluscan insulin related peptides). Zusätzlich kommen im Darm insulinähnliche Peptide (ILS, insulin like substances) vor. Die Neuropeptide des Cerebralganglions kontrollieren Körper- und Schalenwachstum, die ILS könnten ähnlich wie Insulin wirken (blutzuckersenkend) und die Glucoseaufnahme in Fettzellen stimulieren.

Die Glucosekonzentration in der Hämolymphe von höheren Krebstieren wird durch ein blutzuckersteigerndes Neuropeptid (CHH, crustacean hyperglycemic hormone) reguliert. Es wirkt ähnlich wie Adrenalin und Glucagon (vgl. Absatz 12.6) aktivierend auf den zellulären Abbau von Glycogen zu Glucose.

Bei Insekten mobilisieren die sogenannten adipokinetischen Hormone (AKH) die Energiebereitstellung: Lipid- und Glycogenspeicher werden „angezapft"; die Lipid- und Proteinsynthese wird gehemmt. Noch schneller als die AKH wirkt Octopamin auf die Fettkörper des Tieres, zum Beispiel zu Beginn eines Fluges, mit dem Ergebnis eines Konzentrationsanstiegs von Lipiden und Zuckern (Trehalose) in der Hämolymphe. Octopamin fördert zusätzlich die Freisetzung der AKH-Moleküle.

Die hormonelle Kontrolle von Wachstum und Häutung besitzt Ähnlichkeit bei Krebsen und Insekten. (Letztere werden wir im folgenden Abschnitt genauer besprechen.) Bei Krebsen induzieren Häutungshormone (lipophile Ecdysteroide) die Häutung, während ein Neuropeptid (MIH, moult inhibiting hormone) die Synthese der Häutungshormone hemmt. Die Entfernung des Augenstiels der Tiere beschleunigt den Häutungsprozeß. Normalerweise wird hier MIH gebildet, das nun nicht mehr die Ecdysteroidsynthese im sogenannten Y-Organ während der Zwischenhäutungsphase hemmt. Das Y-Organ, eine Hormondrüse, synthetisiert Ecdyson und Ecdysonverwandte aus Cholesterin, die in die Hämolymphe entlassen werden. Erst in peripheren Geweben und in Zielorganen werden diese Ecdysone durch chemische Modifikation (z. B. → 20-OH-Ecdyson) biologisch aktiviert. Ähnliches findet auch bei Insekten statt.

2.4 Regulation der Häutungs- und Entwicklungsprozesse bei Insekten

Nachdem wir die Mechanismen der Entwicklungs- und Häutungskontrolle bei Krebsen nur kurz gestreift haben, wollen wir uns bei den Insekten erstmals etwas tiefer in die Prozesse der Hormonkontrolle einarbeiten. Wie wir dem Absatz 2.3 bereits entnehmen konnten, sind die Hormone bei Wirbellosen meist Neurohormone (Neuropeptide). Im Gehirn dieser Tiere befinden sich neurosekretorische Zellen, die in ihren Axonen Hormone transportieren und in aufgetriebenen Nervenendigungen speichern. Diese Endabschnitte sind zentraler Bestandteil stark durchbluteter Neurohämalorgane, von denen je nach Bedarf Hormone in die Blutbahn abgegeben werden. Bei Insekten werden steuernde Hormone der Entwicklungs- und Häutungsprozesse, die prothorakotropen Hormone (***PTTH***) von neurosekretorischen Zellen des Zentralnervensystems synthetisiert und von Neurohämalorganen aus, den paarigen Gehirnanhangsdrüsen (Corpora cardiaca) in die Hämolymphe ausgeschüttet.

Eine weitere wichtige Gruppe von Botenstoffen, die ***Ecdysteroide*** (z. B. Ecdyson, 20-OH-Ecdyson), werden vor allem in den Häutungsdrüsen (u. a. Prothorakaldrüsen) synthetisiert. Hier handelt es sich nicht um Neurohormone (hydrophile Peptidhormone), sondern um lipophile Steroidhormone. Diese Hormonklasse wird nicht in Vesikeln gespeichert, sondern über freie Diffusion durch die Plasmamembran abgegeben. An der Zielzelle reagieren Steroidhormone auch nicht mit membranständigen Rezeptorproteinen, sondern mit Rezeptoren im Zellkern unter nachfolgender Beinflussung der Transkription von Genen. Bevor wir uns mit dem Zusammenspiel dieser Hormone beschäftigen, müssen wir noch drei weitere „Spielpartner" kurz charakterisieren.

In den Corpora allata werden ***Juvenilhormone*** synthetisiert und freigesetzt. Diese Hormone stammen aus dem Isoprenoidstoffwechsel und sind chemisch betrachtet Sesquiterpenoide (Terpenoide). Der genaue Wirkmechanismus in der Zielzelle ist hier noch nicht bekannt (nachgewiesen wurde Transkriptionskontrolle, Beeinflussung der m-RNA-Stabilität und Wechselwirkungen mit der Plasmamembran).

Schließlich spielen weitere Neurohormone eine wichtige Rolle: (i) das Eclosionshormon (***EH***) aus neurosekretorischen Zellen (Gehirn und Proctodeums-Nerv in Larven bzw. Gehirn und Corpora allata/cardiaca-Komplex bei Adulten) sowie aus neurosekretorischen Zellen der Abdominalganglien ***CCAP*** („crustacean cardioactive peptide") und ***Bursicon***. Wir haben also insgesamt 5–6 Hormone und wollen nun sehen, was diese zu verschiedenen Zeitpunkten bewirken.

Als übergeordnete Instanz stimulieren die PTTH vor allem die Ecdysteroidsynthese. Ecdyson und das in den Zielgeweben gebildete biologisch aktive 20-OH-Ecdyson (Häutungshormone) haben pleiotrope (mehrfache) Wirkungen: u. a. morphogenetische Effekte auf Häutung (Cuticulaabbau und -neusynthese) und andere Entwicklungsprozesse, Effekte auf Sper-

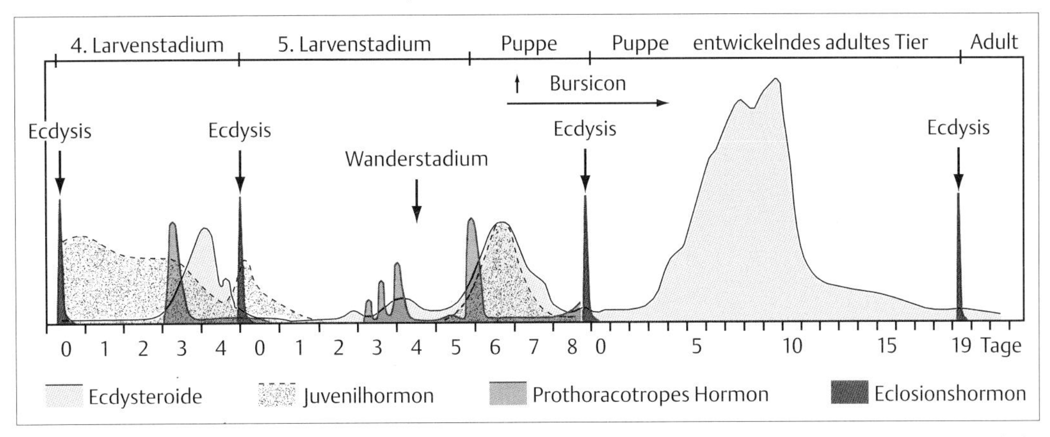

Abb. 2.1 Hormonkonzentrationen in der Hämolymphe im Verlauf der Larval- und Imaginalhäutungen des Tabakschwärmers *Manduca sexta* (nach Spindler 1997)

mien- und Eibildung sowie Beeinflussung von Farbwechsel und Verhalten. Juvenilhormone beeinflussen erst den Charakter der Häutung (larval → larval, larval →pupal) und später in Adulten nehmen sie Einfluß auf Reproduktionsprozesse. Juvenilhormone stehen unter der Kontrolle weiterer Neurohormone (Allatotropin, Allatostatin), deren Ausschüttung wiederum (wie bei den meisten Neurohormonen) vom Gehirn und von sensorischen Eingängen beeinflußt wird (u. a. Photoperiode, Ernährung, soziale Hierarchie des Tiers). Das EH beeinflußt das tierische Verhalten und die motorische Aktivität während des Schlupfes. CCAP stimuliert die Herzfrequenz (Bedeutung beim Schlupfprozess). Bursicon kontrolliert die Sklerotisierung der Kutikula nach der Häutung. Die einzelnen Hormone beeinflussen sich teilweise untereinander, und es gibt auch neuronale Kontrollsignale. Dies würde die Darstellung aber zu kompliziert machen, so daß hier nicht weiter darauf eingegangen wird. Was passiert nun bei den einzelnen Häutungsschritten?

Die einzelne Häutung (Ecdysis) wird durch einen PTTH-Puls und (dadurch ausgelöst) einem nachfolgenden Ecdysteroidpuls in der Hämolymphe gestartet (Abb. 2.**1**). CCAP sorgt für eine Herzfrequenzerhöhung vor dem Schlupf und Bursicon verursacht das Hartwerden der Kutikula nach dem Schlupf. EH löst für jeden Schlupf die entsprechende motorische Aktivität aus. Die Anwesenheit von Juvenilhormon in der Hämolymphe verursacht die Larvalhäutungen. Im letzten Larvenstadium sinkt die Konzentration von Juvenilhormon stark ab. Ein dadurch ausgelöster PTTH-Puls verursacht einen kleinen Ecdysteroidpuls, der eine Umprogrammierung von larvaler zu pupaler Entwicklung auslöst. Ein weiterer PTTH- und Ecdysteroidpuls leitet dann die Häutung ein. Juvenilhormon ist während der Puppenphase erneut in der Hämolymphe zu finden. Es verschwindet aber wieder vor der Häutung von der Puppe zum adulten Tier (Imago). Bei Anwesenheit von Juvenilhormon kommt es also zu Larvalhäutungen, bei Abwesenheit zu Imaginalhäutungen (→ Puppe → Imago). Tatsächlich läßt sich durch Entfernung der Corpora allata von jungen Raupen eine verfrühte Metamorphose zu Zwergschmetterlingen oder durch Implantation dieser in eine Larve des letzten Stadiums eine weitere Larvalhäutung und damit eine Umwandlung in Riesenschmetterlinge hervorrufen. Wir haben nun bereits verschiedene wichtige Aspekte der Hormonkontrolle kennengelernt und wollen uns jetzt am Beispiel des Hormonsystems der Säuger, speziell des Menschen, systematisch mit den Grundprinzipien hormoneller Kontrolle auseinandersetzen.

2.5 Hormonsysteme bei Säugern

Schon im alten Griechenland war ein anatomisches Gebilde im Gehirn aufgefallen, das als Gewächs unterhalb des Hirns („Hypophyse“; Hirnanhangsdrüse) bezeichnet wurde (Abb. 2.**2**). Diese unter einem als **Hypothalamus** bezeichneten Hirnbereich liegende Struktur besteht aus einem vorderen Lappen, der **Adenohypophyse**

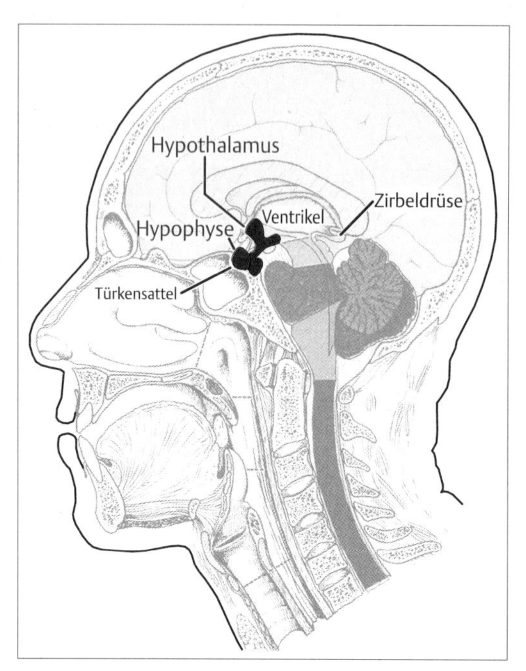

Abb. 2.2 Lage von Hypothalamus und Hypophyse im Gehirn (nach Faller 1974)

und einem hinteren Lappen, der **Neurohypophyse.** Diese haben einen unterschiedlichen Ursprung während der Entwicklung. Der berühmte Arzt der Antike Galen vermutete hier eine Art Sammelbecken für Gehirnabfälle, die später als Nasenschleim den Körper verlassen. Erst 1500 Jahre später wurde gezeigt, daß normalerweise Gehirnflüssigkeit nie zur Nase austritt. Ende des 19. Jahrhunderts wurden Bündel von Nervenfasern entdeckt, die vom Hypothalamus zur Neurohypophyse verlaufen (Abb. 2.**3**). Die Verbindungswege zwischen Hypothalamus und Adenohypophyse waren wesentlich schwieriger zu finden. Elektrische Reizung des Hypothalamus führte zur Freisetzung von Hormonen, die – so konnte gezeigt werden – ihren Ursprung in endokrinen Bereichen der Adenohypophyse haben. Die Zerstörung bestimmter Hypothalamusbereiche führte zum Ausbleiben der Hormonproduktion in der Adenohypophyse. Nervenfasern aus dem Hypothalamus waren hier aber nicht zu finden.

Mehr und mehr Experimente unterstützen die Annahme, daß die Adenohypophyse eine zentrale endokrine Drüse darstellt, die unter der Kontrolle des Hypothalamus steht. Der Hypothalamus wiederum steht über den thalamischen Bereich des Gehirns (zentrale Umschaltstation der Afferenzen) in Kontakt u. a. mit dem limbischen System oder mit der Hirnrinde, also Bereichen, die mit emotionalen oder kognitiven Prozessen in Verbindung gebracht werden: Psychische Faktoren oder endogene Rhythmen können also die Hormonausschüttung beeinflussen.

Hormone der Neurohypophyse werden von den Zellkörpern der Nervenzellen im Hypothalamus produziert, gelangen über axonalen Transport in die Nervenendigungen in der Neurohypophyse und werden nach verschieden langer Zwischenspeicherung durch neuronale Signale des Hypothalamus frei gesetzt. Es handelt sich hier also um ein Neurohämalorgan mit Endabschnitten von Axonen neurosekretorischer Zellen, das direkten Zugang zur Blutbahn hat.

Box 2.1 Hormone: Entwicklung und Nachweis eines Konzepts

Die Idee, daß Sekrete bestimmter Drüsen und damit chemische Botenstoffe in die Blutbahn gelangen und an entfernten Orten spezifische Wirkungen entfalten, ergab sich aus Tierexperimenten, bei denen Drüsen mit unbekannter Funktion operativ entfernt oder auch wieder implantiert und die physiologischen Konsequenzen solcher Eingriffe studiert wurden. Menschliche Patienten mit Tumoren in entsprechenden Drüsenarealen lieferten ebenfalls entscheidende Hinweise auf die Bedeutung solcher Gewebe und Organe.

Im Jahr 1889 wurde in England z. B. gezeigt, daß bei Hunden die operative Entfernung der Bauchspeicheldrüse zum Krankheitsbild *Diabetes mellitus* führt. Reimplantation von solchem Drüsengewebe verhinderte dies. Nächste Schritte in der Analyse waren die Herstellung von Drüsenextrakten sowie nachfolgende Reinigungs- und Isolierungsschritte, wobei immer ein physiologisches Testverfahren der Hormonwirkung (Bioassay) notwendig war, um diese Schritte kontrollieren zu können. War der gesuchte Botenstoff in reiner Form isoliert, konnte er chemisch identifiziert und später in die Therapie gebracht werden.

Der Begriff „Hormon“ (gr. „hormao“: antreiben, anregen) und das Konzept der endokrinen Regulation wurde 1905 vom englischen Physiologen E. H. Starling eingeführt. Er hatte bahnbrechende Untersuchungen zur Aktivierung der Bauchspeicheldrüse nach einer Ansäuerung des Dünndarms (Sekretinwirkung) durchgeführt.

Tab. 2.1 Hormone des Hypothalamus und der Hypophyse (nach Silbernagel und Despopoulos 1991 und Crapo 1988)

Hypothalamus:	**Adenohypophyse:**	**Periphere Drüsen bzw. Zielgewebe:**
Corticoliberin	ACTH ↑	Corticosteroide [Nebennierenrinde]
Gonadoliberin	FSH, LH ↑	Testosteron [Hoden], Östrogene [Ovar, Follikel], Gestagene (Progesteron) [Corpus luteum]
Melanostatin (wahrscheinl. Dopamin)	MSH ↓	Hautpigmentierung bei Amphibien
Prolactoliberin	physiol. Funktion unklar	
Prolaktostatin (wahrsch. Dopamin)	PRL ↓	
Somatoliberin	STH ↑	teils über Wachstumsfaktoren (IGF1) [Leber]
Somatostatin*	STH ↓	
Thryoliberin	TSH ↑	Thryroxin (T_4) → Trijodthyronin (T_3) [Schilddrüse]
Neurohypophyse:		
ADH		
Oxytocin		

* Somatostatin kommt auch in anderen Körperbereichen vor (z. B. Deltazellen der Langerhansschen Inseln in der Bauchspeicheldrüse) und wirkt ebenfalls hemmend (z. B. auf die insulinbildenden Betazellen und die glucagonbildenden Alphazellen).

Wie aber war die Steuerung der Adenohypophyse zu erklären? Die Erklärung kam schrittweise zustande: Zuerst wurden Blutgefäße zwischen den Kapillarsystemen in Hypothalamus und Hypophyse entdeckt. Später wurde die Theorie entwickelt, daß hypothalamische Hormone über die Blutbahn in die Adenohypophyse gelangen und dort die Ausschüttung von Hormonen der Hypophyse kontrollieren. Bestätigt wurde dieses Modell durch die experimentelle Unterbrechung der Verbindung von Hypothalamus und Hypophyse (Trennplättchen; Entfernung der Hypophyse und Transplantationen in hypothalamusferne oder -nahe Bereiche) und das Studium der Auswirkungen auf Hormonproduktion und Hormonwirkung.

Welche Hormone werden vom Hypothalamus einerseits als steuernde Substanzen für die Hormonproduktion der Adenohypophyse, andererseits direkt als Botenstoffe der Neurohypophyse verwendet. Die Botenstoffe, die als Steuerungssignale dienen, können die Ausschüttung weiterer Hormone entweder verstärken oder abschwächen und entsprechend werden sie als „releasing" (**„-liberin"**) oder „inhibiting" (**„-statin"**) Hormone bezeichnet (Tab. 2.**1**). (Die Isolierung und Charakterisierung des ersten der nur in winzigsten Mengen vorhandenen hypothalamischen Hormone beanspruchte die Zeit von fast 20 Jahren mehrerer großer Forschergruppen – würde ein derartiges Projekt heute noch gefördert werden? – sowie die von Schlachthö-

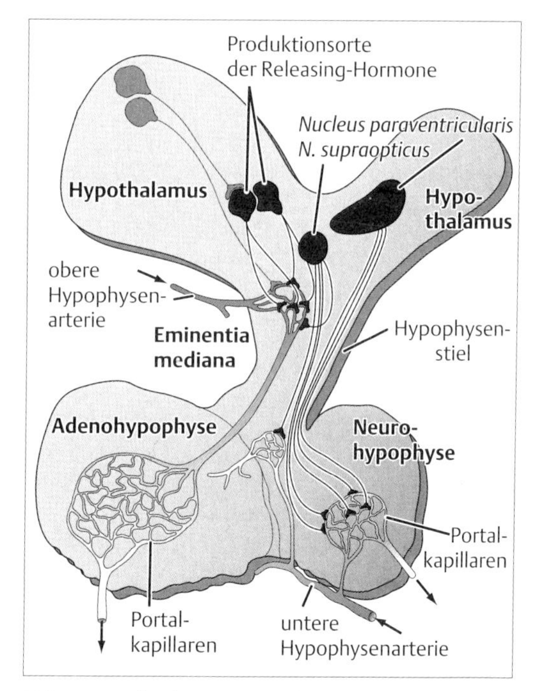

Abb. 2.3 Verbindungen zwischen Hypothalamus und Adeno- bzw. Neurohypophyse. Die Adenohypophyse ist eine nachgeschaltete endokrine Drüse unter der Kontrolle von Hypothalamushormonen. Die Neurohypophyse ist ein Neurohämalorgan. (nach Spindler 1997)

Tab. 2.2 Hormone der Adenohypophyse (nach Crapo 1988)

Hormon	Wirkungen
ACTH	Kontrolle d. Nebennierenrinde; Ernährungszustand (Cortisol)
FSH, LH	Regulation der Keimdrüsen; Ausbildung männl. Geschlechtsmerkmale (Testosteron) Ausbildung weibl. Geschlechtsmerkmale (Östradiol, Progesteron)
MSH	Kontrolle von Melanocyten (Beeinflussung der Hautpigmentierung bei Amphibien)
PRL	Anregung der Milchproduktion
STH, GH	Stimulation des Wachstums
TSH	Kontrolle der Schilddrüse und damit des Stoffwechselumsatzes (Grundumsatzes) des Körpers

fen stammenden Hypothalami von über einer Million Schweinen und Schafen.)

Die Neurohypophyse entläßt zwei Hormone und zwar das antidiuretische Hormon (ADH, Adiuretin, Vasopressin), das den Wasserhaushalt über die Harnproduktion der Niere regelt und das Oxytocin, das u. a. Prozesse im Zusammenhang mit der Geburt (Kontraktionen der Gebärmutter, Einschießen der Milch) beeinflußt.

Die Adenohypophyse produziert und sezerniert zum Teil glandotrope Hormone (**„-tropin"**), also Hormone die Einfluß nehmen auf die Hormonfreisetzung aus weiteren (peripheren) endokrinen Drüsen (Tab. 2.**1** und 2.**2**). (i) das adrenocorticotrope Hormon (ACTH, Corticotropin), (ii) das follikelstimulierende Hormon (FSH, Follitropin), (iii) das luteinisierende Hormon (LH, Lutropin) und schließlich (iv) das schilddrüsenstimulierende Hormon (Thyrotropin, TSH). Die Hypophyse produziert aber auch Hormone, die direkt auf Zielgewebe wirken wie (i) das melanocytenstimulierende Hormon (MSH, Melanotropin), (ii) das mammotrope (lactotrope) Hormon (Prolactin, PRL, LTH) und (iii) das Wachstumshormon (Somatotropin, STH, GH).

Wir haben also eine Hormonkaskade vorliegen, z. B. die Abfolge 0,1 µg Corticoliberin (CRH) → 1 µg Corticotropin (ACTH) → 50 µg Corticosteroide der Nebennierenrinde. Die Kaskade kann noch weiterlaufen und intrazelluläre Signalkaskaden (siehe Absatz 2.7) und nachgeschaltete Enzymkaskaden (siehe Absatz 13.5) umfassen, so daß eine Signalverstärkung um viele Zehnerpotenzen erzielt wird. Kaskaden stellen also hintereinander geschaltete Verstärker dar, die beginnend mit einem kleinen Steuersignal am Ende große Veränderungen im Stoffwechsel aller Körperzellen bewirken können. Die Hormonkonzentrationen im Blut zu Beginn der Signalkaskaden werden sehr niedrig gehalten (im pikomolaren Bereich), so daß kleine Absolutänderungen durch die Aktivierung oder Deaktivierung endokriner Drüsen zu großen Relativänderungen führen. Wir finden aber, nicht unähnlich der Situation im Straßenverkehr, zu jedem Zeitpunkt eine große Vielzahl von unterschiedlichen Botenstoffen im Blut, die gerade auf dem Weg zur ihrem Zielort sind. Schließlich finden wir auf allen Stufen oder auch zwischen diesen Stufen Rückkopplungsschleifen, die eine fein abgestufte Regulation innerhalb des Signalweges ermöglicht (Abb. 2.**4**).

Welche Wirkung Hormone in den Zielzellen und Zielorganen hervorrufen, hängt vom Vorhandensein entsprechender hormonspezifischer Rezeptoren, den mit diesen verknüpften intrazellulären Signalwegen und den durch sie ausgelösten „festverdrahteten" Programmen der Zellen ab. Entweder werden Proteine/Enzyme aktiviert oder deaktiviert, Funktionen von Zellorganellen beeinflußt oder direkt auf die Erbinformation zugegriffen. Wir werden diese Prozesse später genauer besprechen (Absatz 2.7). Das Ganze erinnert etwas an die zur Zeit beliebten Dominokaskaden: Der erste gefallene Dominostein verursacht nach gewisser Verzögerung an unterschiedlichen Stellen genau definierte Reaktionen.

Von der beobachtbaren Reaktion her können die hormongesteuerten Funktionen/Reaktionen folgendermaßen untergliedert und bezeichnet werden: (i) kinetisch (beobachtbare Veränderungen wie z. B. Pigmentwanderungen oder Drüsensekretion hervorrufend), (ii) metabolisch (stoffwechselverändernd), (iii) morphogenetisch (entwicklungssteuernd) und (iv) ethologisch (verhaltenssteuernd). Das Schilddrüsenhormon Thyroxin steigert z. B. den aeroben Stoffwechsel (metabolische Reaktion) und beeinflußt die Metamorphose der Amphibien (morphogenetische Reaktion). Prolactin aus der Adenohypophyse veranlaßt Säuger zur Milchproduktion und Tauben zur Kropfmilchsekretion (kinetische Reaktion), Hühner aber zur Fütterung von Küken, Molche zum Aufsuchen von Laichgewässern sowie Fische zum Brutpflegefächeln (ethologische Reaktion). Prolactin dient also dazu die Versorgung Neugeborener sicherzustellen. (Bei Amphibien beeinflußt es aber auch noch die Metamorphose und bei Knochenfischen osmoregulatorische Prozesse.) Hormone sind also meist nicht streng artspezifisch, sondern altes evolutives Erbe, deren Bedeutung für physiologische Prozesse zwar gewisse Modifikationen erfahren hat, die aber meist im Rahmen bestimmter grundlegender Abläufe (wie z. B. Brutpflege beim Prolactin) geblieben sind.

Wir hatten bei unserer Besprechung des zentralen endokrinen Kontrollsystems der Wirbeltiere, des Hypothalamus-Hypophysen-Systems, kurz die von Adenohypophyse und Neurohypophyse sezernierten Hormone angesprochen. Es würde den Rahmen dieses Kapitels sprengen, wenn wir auf jedes dieser Hormone zu sprechen kommen würden. Wir wollen uns auf zwei Hormone konzentrieren und zwar das ADH der Neurohypophyse und das ACTH der Adenohypophyse.

Das antidiuretische Hormon gelangt über das Blut zur Niere und beeinflußt dort direkt sein Zielgewebe, die Epithelien des Sammelrohres. Über diese Nephronabschnitte gelangt als Folge der Hormonwirkung mehr Wasser aus dem Harn zurück in die Gewebe: Die Ausschüttung von ADH fördert also die Wasserrückresorption aus den Endabschnitten der Nephrone. Ohne ADH können die Nieren die Wasserabgabe nicht an die Wasseraufnahme anpassen. Dieser für den Wasserhaushalt wesentliche Mechanismus wird in nachfolgenden Kapiteln genauer besprochen werden (Absatz 8.6).

Am Beispiel des ACTH wollen wir die indirekte, glandotrope Wirkung der Adenohypophysenhormone genauer betrachten. Das adrenocorticotrope Hormon beeinflußt die Hormonausschüttung aus der mittleren Zone der Nebennierenrinde. Die direkt oberhalb der Nieren gelegenen Nebennieren produzieren in vier Arealen Hormone. Im Markbereich werden **Katecholamine** (Adrenalin, Noradrenalin) sezerniert, die wir bei der Besprechung von Streßreaktionen kennenlernen werden. Im äußeren Rindenbereich lassen sich drei Zonen unterscheiden: Aus der inneren Rindenzone werden anabole (gewebeaufbauende) Androgene abgegeben. Das mittlere Areal sezerniert **Glucocorticoide** (Cortisol). Die äußere Zone gibt **Mineralcorticoide** (Aldosteron) ab. Aldosteron ist ein Schlüsselhormon für die Kontrolle des Salzhaushalts. Es fördert in den Nieren, vor allem in den distalen Tubuli der Nephrone, die Rückresorption von NaCl mit der Folge, daß der Endharn weniger Salz und Wasser enthält (siehe auch Absatz 8.6). Es beeinflußt über das Plasmavolumen auch den Blutdruck.

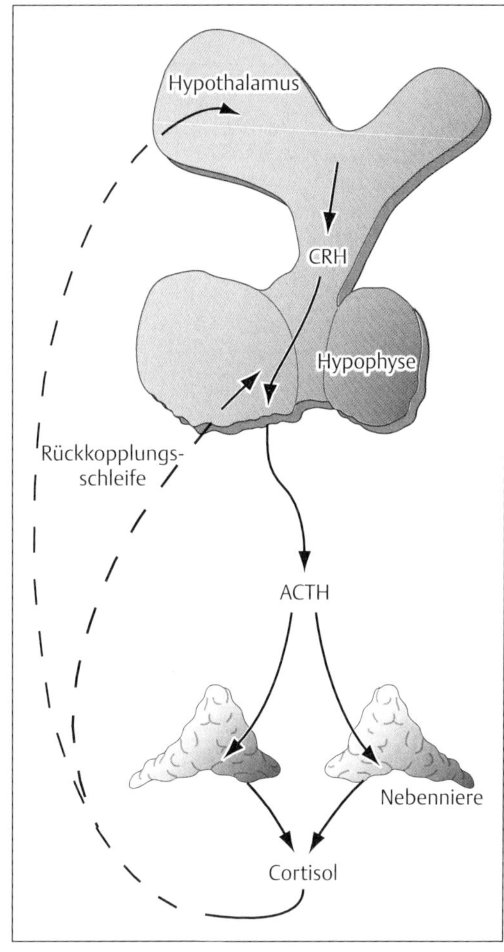

Abb. 2.4 Rückkopplungswege in der hormonalen Signalkaskade: Cortisol im Blut hemmt die Synthese von Corticoliberin und ACTH (nach Crapo 1988, Spindler 1997)

Das unter ACTH-Kontrolle stehende Cortisol erhält den Appetit, den richtigen Blutdruck und einen ausgewogenen Ernährungszustand. Es nimmt dabei auch Einfluß auf den Blutzuckerspiegel. Es fördert also das allgemeine Wohlbefinden. In höherer Dosierung wirken Glucocorticosteroide (Hydrocortison = Cortisol und Cortison) antientzündlich und antiallergisch (u. a. Hemmung von Proteinsynthese und Histaminfreisetzung). Wie viele Hormone ist auch Cortisol Bestandteil von negativen Rückkopplungsschleifen. Höhere Cortisol-Konzentrationen im Blut hemmen sowohl die Ausschüttung von Corticoliberin als auch Corticotropin (Abb. 2.**4**). Als Gegenspieler fördert Adrenalin die Corticotropinausschütung. Wir finden hier auch Biorhythmen: Die Corticotropin- und Cortisolkonzentrationen zeigen kurzfristige Schwankungen mit einer Periodenlänge von 2–3 Stunden und zusätzlich einen Tag-Nacht-Rhythmus. Neben den raschen direkten Regelkreisen, gibt es noch langsamere Rückkopplungen, die auf dem Wachstum (Hypertrophie) oder dem Schrumpfen (Atrophie) der peripheren Drüse beruhen. Falls die Konzentration des Endhormons zu gering ist, nimmt das Drüsengewebe zu (kompensatorische Hypertrophie), bis das übergeordnete Zentrum in seiner Hormonausschüttung gedrosselt werden kann. Eine chronische Verabreichung eines Endhormons (z. B. Cortisol) kann zur kompensatorischen Atrophie der Nebennierenrinde führen.

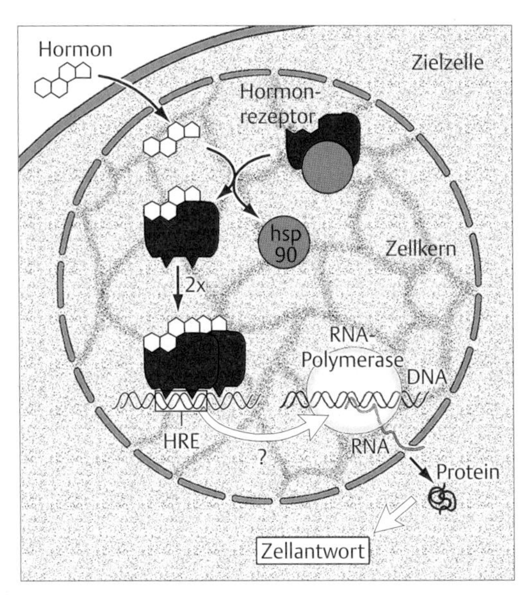

Abb. 2.5 Wirkungsweise lipophiler Hormone (nach Koolman und Röhm 1994)

2.6 Klassifizierung der Hormone

Hormone lassen sich von ihrem chemischen Aufbau in zwei Klassen einteilen. Wir werden später sehen, daß es auch zwei prinzipiell unterschiedliche zelluläre Wirkmechanismen gibt (Absatz 2.7). Wir unterscheiden die lipophilen Hormone, die meist ohne weiteres durch Zellmembranen wandern können, von den hydrophilen Hormonen, die spezieller membranständiger Rezeptorproteine bedürfen, um wirken zu können (Tab. 2.**3**). Die lipophilen Hormone sind relativ klein, werden meist nicht gespeichert, sondern nach der Synthese sofort ausgeschüttet, haben also eher langfristige, chronische Wirkung im Stunden- und Tagesbereich oder länger und benötigen meist spezielle Carrier im Blut. Die hydrophilen Hormone sind klein bis groß, werden meist in den Drüsenzellen gespeichert und kontrolliert ausgeschüttet und besitzen eher kurzfristige Wirkung im Minuten- und Stundenbereich.

2.7 Zelluläre Hormonwirkung

Die meisten lipophilen Hormone (Steroidhormone, Retinsäure, Thyroxin) und die hydrophilen Hormone besitzen eine unterschiedliche Wirkungsweise. Beginnen wir mit der ersten Klasse (Abb. 2.**5**). Die genannten lipophilen Hormone verlassen am Zielort ihren Blut-Carrier und gelangen dann ohne Probleme über die Zellmembran ins Cytoplasma ihrer Zielzellen. Nachfolgend binden sie sich an Hormonrezeptoren („Zinkfinger"-Proteine), die häufig im Zellkern lokalisiert sind. Die Bindung führt zu Konformationsänderungen am Rezeptor, die zu weiteren Reaktionen führen: Abdissoziation einer Proteineinheit, Phosphorylierung des Rezeptors und Dimerisierung. Danach ist die Affinität des Rezeptors für bestimmte Nucleotid-Sequenzen der DNA (HRE-Region: „hormone response element") erhöht. Diese Regionen wirken als Verstärker („enhancer") für die Transkription anderer DNA-Regionen (Änderung der Nucleosomen-Struktur oder Aktivierung der Transkriptionsenzyme). Damit werden – über die Zwischenstufe m-RNA – Proteine synthetisiert, die zu einer spezifischen Wirkung in der Zielzelle führen. Je nach Verknüpfung von Hormonrezeptor (bzw. HRE) und spezifischen Genen lassen sich so mit einem Hormon in verschiedenen Zellen unterschiedliche Wirkungen hervorrufen.

Hydrophile Hormone können nicht durch die Zellmembran ihrer Zielzelle gelangen. Die Hormonrezeptoren befinden sich deshalb hier in der Zellmembran (Abb. 2.**6**). Diese Membranproteine binden ihre spezifischen Hormone auf der Außenseite und veranlassen, nach einer

Tab. 2.3 Chemischer Aufbau der Hormone (nach Koolman und Röhm 1994)

Aufbau	Beispiele
1. Lipophile Hormone	
1.1. Steroidhormone *Cholesterin → Steroidhormon*	Aldosteron, Cortisol, Ecdyson, Östradiol, Progesteron, Testosteron
1.2 Retinsäure (ein Wachstumsfaktor)	
1.3 Eicosanoide* (Mediatoren und 2nd messenger) 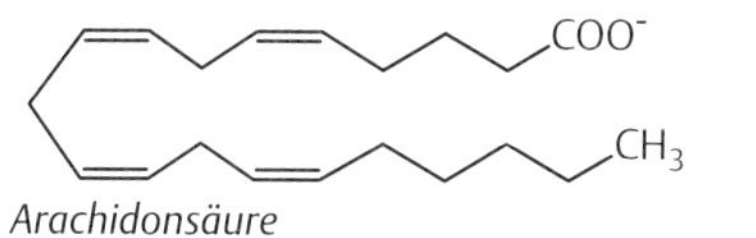 *Arachidonsäure*	Arachidonsäure, Prostaglandine, Thromboxane, Prostacycline
1.4 Jodthryonine *Thyroxin*	Thyroxin
2. Hydrophile Hormone	
2.1 Aminosäure-Derivate, biogene Amine *Adrenalin*	Histamin*, Serotonin, Melatonin Catecholamine: Adrenalin, Noradrenalin, Dopamin
2.2 Peptide, Proteine	Thyroliberin, Insulin

* Mediatoren stammen nicht von spezialisierten Drüsenzellen, sondern werden von vielen Zellarten gebildet. Eicosanoide wirken über Membranrezeptoren auf die Bildungszelle selbst und auf die benachbarten Zellen (auto- und parakrine Wirkung).

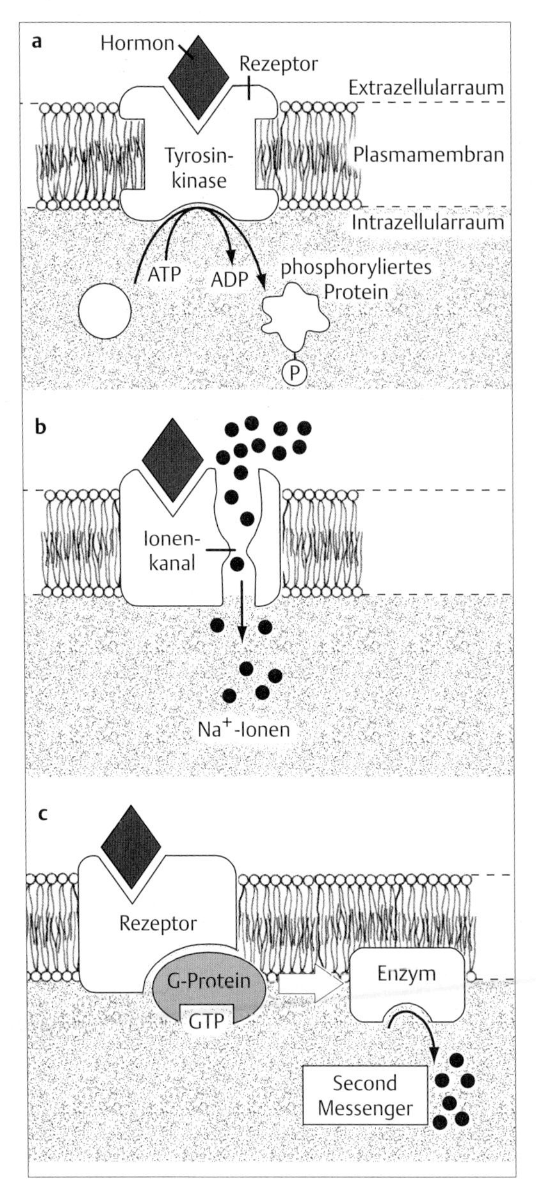

Abb. 2.6 Wirkungsweise hydrophiler Hormone (nach Koolman und Röhm 1994)

Konformationsänderung, eine intrazelluläre Signalweiterleitung. Häufig geschieht dies mit Hilfe intrazellulärer Botenstoffe, die als **2nd messenger,** im Gegensatz zum 1st messenger (Hormon), bezeichnet werden. Die Signalumsetzung von einem Außen- in ein Innensignal wird als Signaltransduktion bezeichnet.

Das intrazelluläre Geschehen kann nach der Hormonbindung und nachfolgender Konformationsänderung des Rezeptors auf dreierlei Weise modifiziert werden: (i) Enzymwirkung des Rezeptors nach seiner Konformationsänderung (meistens als Tyrosin-Kinase): Autophosphorylierung rezeptoreigener Tyrosin-Reste; dann spezifische Anbindung cytoplasmatischer Proteine an diese Reste und Phosphorylierung (Aktivierung) dieser Zellproteine, (ii) Öffnung eines Ionenkanals (Na^+, K^+, Cl^-) im Rezeptorprotein und nachfolgende ionen- oder spannungsabhängige Zellreaktionen oder (iii) Signalweiterleitung über **G-Proteine.**

Insulin und Wachstumsfaktoren wirken nach dem ersten Mechanismus, Acetylcholin oder GABA (Neurotransmitter) nach dem zweiten.

Der dritte Mechanismus ist komplex, und führt zu weiteren vier Alternativen. G-Proteine, die aus drei Untereinheiten bestehen, befinden sich im Ruhezustand im Cytoplasma und haben an der α-Untereinheit ein GDP gebunden. Die Konformationsänderung des membranständigen Rezeptors ermöglicht die Bindung eines rezeptorspezifischen G-Proteins, wobei dieses nach der Anheftung GTP statt GDP bindet (aktives G-Protein). Die GTP-Bindung führt wiederum zur Ablösung vom Rezeptor und zum Zerfall des G-Proteins. Der freiwerdende Komplex „α-Untereinheit-GTP" kann auf unterschiedliche Weise reagieren (Abb. 2.**7**):

(i) Aktivierung (Deaktivierung) eines Membranenzyms (Adenylat-Cyclase) mit der Folge, daß sich die intrazelluläre Konzentration von cAMP (3',5'-cyclo-AMP) verändert (meist ansteigt).

(ii) Aktivierung eines anderen Membranenzyms (Phosphodiesterase) mit der Folge, daß die intrazelluläre cGMP-Konzentration sinkt.

(iii) Durch Bindung wird ein Ionenkanal aktiviert

(iv) Aktivierung eines Membranenzyms (Phospholipase C). Dadurch wird der Membranbestandteil PIP_2 (Phosphatidyl-Inositol-bisphosphat) gespalten zu IP_3 (Inositol-1,4,5-trisphosphat) und DAG (Diacylglycerol). IP_3 wandert ins Cytoplasma zum endoplasmatischen Reticulum und veranlaßt die Freisetzung von Ca^{2+}. DAG bleibt in der Membran und aktiviert ein Membranenzym (Proteinkinase C). Dieses phosphoryliert (bei Anwesenheit von Ca^{2+}) Serin- und Threoninreste von cytoplasmatischen Proteinen, die dann weitere Zellprozesse veranlassen.

Aus der Botschaft des Hormons werden intrazelluläre Signale, die durch intrazelluläre Botenstoffe (2nd messenger) weitergegeben werden: cAMP, cGMP, IP_3, Ca^{2+}, DAG und Arachidonat. cAMP zum Beispiel ist ein intrazellulärer Aktivator der Protein-Kinase A, die im aktivierten Zustand Serin-Reste anderer Proteine phosphoryliert. Die Phosphorylierung von Proteinen ist also ein Routineschritt um diese zu aktivieren oder zu deaktivieren. Die Wirkung von Ca^{2+} wird häufig durch ein calcium-bindendes Protein (Calmodulin) vermittelt. Aktiviertes Calmodulin (mit 4 gebundenen Ca^{2+}) beeinflußt dann andere Enzyme. Die 2nd messenger erlauben die intrazelluläre Verstärkung von Signalen (Kaskaden: 1 Hormon : 10 G-Proteine : 10–100 2nd messenger) und die intrazelluläre Verrechnung unterschiedlicher Hormoneinflüsse, wenn diese über denselben 2nd messenger wirken.

Die Abschaltung des gesamten Hormonmechanismus (Signallöschung) basiert auf der Entfernung des Hormons, der Hydrolyse des GTPs im α-Untereinheit-GTP-Komplex und des Abbaus von z. B. cAMP durch ein Enzym (Phosphodiesterase), das interessanterweise durch Coffein gehemmt wird.

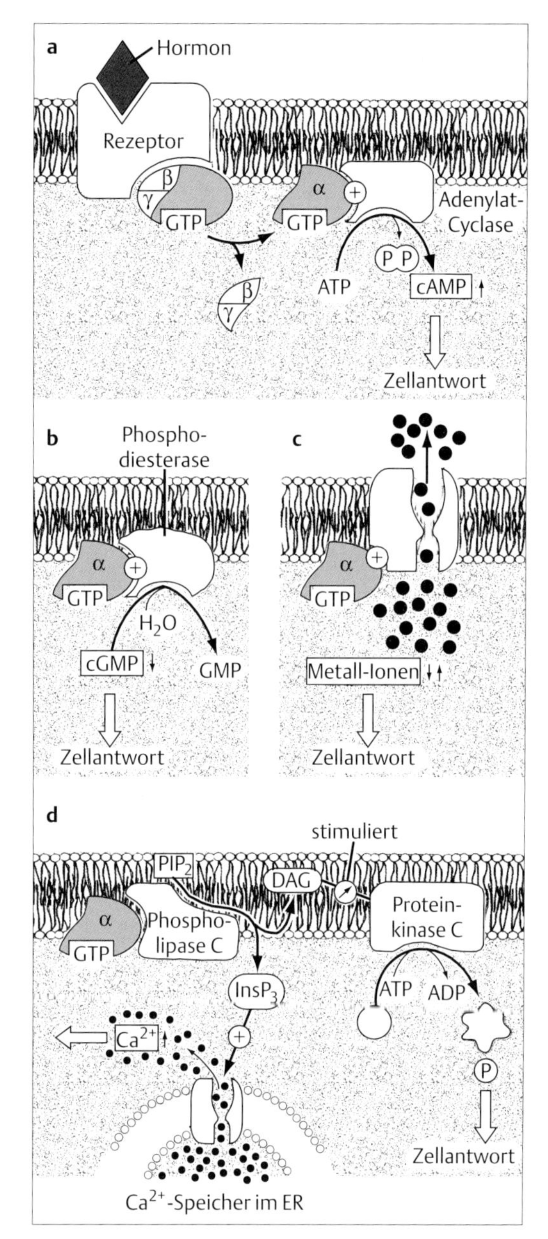

Abb. 2.7 G-Proteinabhängige Signalwege (nach Koolman und Röhm 1994)

2.8 Vielfältige Rolle der Neuropeptide

In den letzten Jahrzehnten wurden Untersuchungen zur Wirkung der Opioide (Opium, Morphin) durchgeführt, die zu überraschenden Erkenntnissen über die Biochemie des Gehirns führten. Bei der Suche nach Opioidrezeptoren im Körper wurden körpereigene, endogene Opioide entdeckt, und zwar die Enkephaline mit ca. 20mal höherer Wirksamkeit auf ein biologisches Testsystem als Morphin und die Endorphine, die mehr als 1000mal wirksamer sind (Dynorphin: 20000mal). Die natürliche Rolle dieser Peptide scheint die Kontrolle von Schmerzbahnen sowie die Beeinflussung von Gemütszuständen zu sein. Sie nehmen aber auch Einfluß auf die Ausschüttung von Hypophysenhormonen. Enkephalinhaltige Neurone hemmen Nervenzellen der Schmerzbahnen, befinden sich in der Nähe von Hirnzentren, die mit Gemütszuständen in Verbindung gebracht werden und anderen, die Einfluß auf die Atmung nehmen, und sie beeinflussen den Kontraktionszustand der Darmmuskulatur.

Es zeigte sich, daß die kleinen Neuropeptide generell eine wichtige Rolle bei der neuronalen Übertragung von Signalen spielen. Das Hormon ADH der Neurohypophyse zum Beispiel wird von einigen hypothalamischen Neuronen, deren Axone in Richtung Zentralnervensystem (ZNS) verlaufen, auch als Neuromodulator (Cotransmitter) eingesetzt. Das Thyroliberin wird nicht nur als „releasing-Hormon" im Hypothalamus, sondern zu 80% in anderen Gehirnregionen ebenfalls als Neuromodulator eingesetzt. Somatostatin ist fast überall im Körper anzutreffen (z. B. als Hypothalamushormon, als Neuromodulator, als peripheres Hormon zur Hemmung der Gastrin-Ausschüttung in Magen und Darm und als parakriner Regulator der Insulin- und Glucagon-Ausschüttung in der Bauchspeicheldrüse). Man geht von insgesamt ca. 200 Peptiden aus, die als Neuromodulatoren wie auch als Hormone Aufgaben erfüllen. Dazu zählen Funktionen wie z. B. die Kontrolle des Freßverhaltens (CCK-8), der Schmerzwahrnehmung und die Kontrolle von Gemütszuständen (Substanz P), die Kontrolle von Verdauung und Blutdruck (VIP) oder die Kontrolle verschiedener vegetativer Funktionen (Bombesin).

Während der Evolution entwickelten sich eine Reihe von chemischen Botenstoffen, die in ihrer Struktur weitgehend erhalten blieben, aber je nach Bedarf an unterschiedlichen Orten und in unterschiedlichen Systemen als Signalstoff eingesetzt werden.

2.9 Neuronale Kontrolle vegetativer Prozesse

Neben der eher langsamen und auf den ganzen Körper wirkenden hormonalen Kontrolle gibt es die rasche und fein abgestufte Kontrolle des inneren Milieus des Körpers durch das Nervensystem (vegetatives oder autonomes Nervensystem). Bei den einfacheren Tieren ist über diese Art der Kontrolle noch sehr wenig bekannt. Bei dekapoden Krebsen zum Beispiel stehen Atmung und Kreislauf sowohl unter neuronaler Kontrolle durch das ZNS als auch unter dem Einfluß von Neurohormonen. Es scheinen also funktionelle Ähnlichkeiten zur autonomen Kontrolle bei Wirbeltieren zu bestehen, obwohl anatomisch und pharmakologisch große Unterschiede vorhanden sind. Wir wollen uns deshalb auf die gut untersuchte neuronale Kontrolle vegetativer Funktionen bei Säugern konzentrieren. Wie der Name schon sagt, entzieht sich das autonome Nervensystem weitgehend der bewußten, willkürlichen Kontrolle, und es dient der Abstimmung und Regulation der einzelnen Organe und Gewebe.

Die Arbeitsweise dieses Systems beruht auf dem Reflexbogen: Afferente Fasern melden Reizung von Rezeptoren in den Organen und efferente Fasern beeinflussen als Antwort Muskel- und Drüsenzellen. Die Reflexbögen können innerhalb eines Organs, bei höherer Komplexität, aber auch über vegative Zentren im ZNS verlaufen. Das übergeordnete Integrationszentrum ist der Hypothalamus, bei Bedarf auch der cerebrale Cortex.

Das periphere vegetative Nervensystem besteht aus zwei anatomisch und funktionell getrennten Teilen, dem Sympathicus und dem Parasympathicus (Nervus vagus). Zentren des ***Sympathicus*** liegen im Brust- und Lendenmark. Präganglionäre, cholinerge Fasern (mit dem Neurotransmitter Acetylcholin) ziehen dann zu den Ganglien (u. a. Grenzstrangganglien parallel zum Rückenmark). Von dort ziehen ca. 20 mal so viele postganglionäre adrenerge Fasern (mit dem Neurotransmitter Noradrenalin) zu den Endorganen mit spezifischen Rezeptoren (α_1, α_2, β_1, β_2). Zentren des ***Parasympathicus*** liegen im Hirnstamm und im Sakralmark. Präganglionäre, cholinerge Fasern ziehen zu den Ganglien, die in der Nähe der Organe oder in ihnen liegen. Eine nahezu unveränderte Zahl postganglionärer, wiederum cholinerger Fasern zieht dann zu den Zielzellen, die spezifische Rezeptoren besitzen (nach erregenden Neurotransmitteranalogen benannt: nikotinisch, muskarinisch). Die meisten Organe werden sowohl von Sympathicus als auch Parasympathicus innerviert, die meist antagonistische Wirkung, teils aber auch synergistische Wirkung haben (Abb. 2.**8**). Sympathicus-Aktivierung führt so zum Anstieg, Parasympathicus-Aktivierung zum Absinken der Herzfrequenz. Die Produktion der Speicheldrüse wird aber von Sympathicus und Parasympathicus befördert. Die Aktivierung des eines Zweigs des vegetativen Nervensystems führt zu einer sinnvollen Aktivierungs- oder Deaktivierungsabfolge in den einzelnen Organen und Geweben. Bei Aktivierung des anderen Zweiges kommt es meist zu antagonistischen Wirkungen in den Endorganen. Die Logik der jeweiligen Verknüpfung von Nervensystem und Organfunktion ist Teil der evolutiven Entwicklung der Tiere und hat diesen ein sehr schnelles System zur Globalkontrolle des Körpers verschafft.

Eine spezielle Verknüpfung ist die sympathische Kontrolle des Nebennierenmarks, das als neuroendokriner Wandler arbeitet. Sympathicus-Aktivierung führt zur Freisetzung der Katecholamine Adrenalin und Noradrenalin. Streß z. B. durch Raubfeinde, Schmerz, Kälte, Hitze oder starke körperliche Arbeit sind mit erhöhter Sympathicus-Aktivität verbunden und führen zur Adrenalinausschüttung. Dadurch werden At-

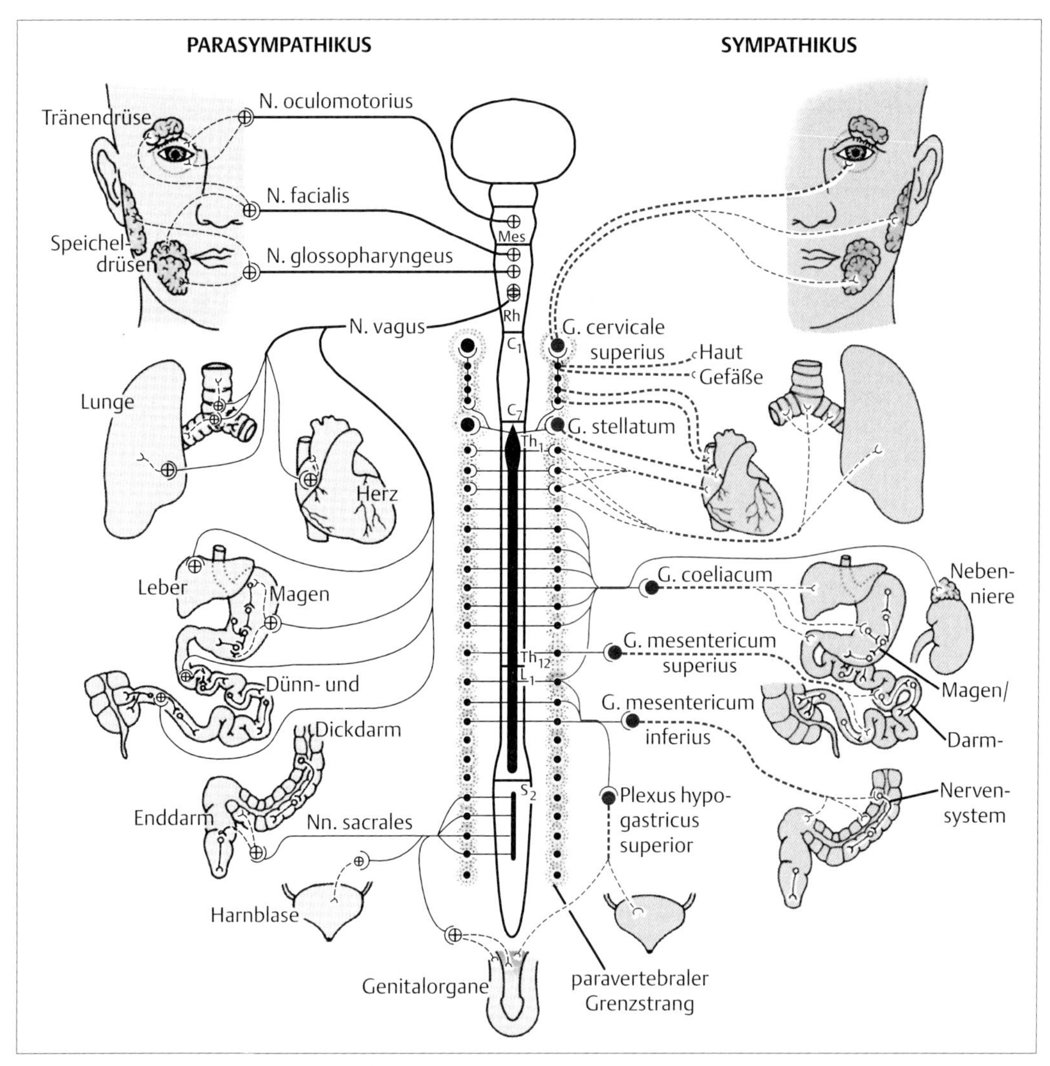

Abb. 2.8 Innervation der Organe durch Sympathicus und Parasympathicus. Sympathicus-Aktivierung versetzt den Körper im allgemeinen in einen aktiveren Zustand (höhere Alarmbereitschaft und Steigerung motorischer Aktivität). Parasympathicus-Aktivierung dagegen versetzt ihn eher in einen Ruhe- und Erholungszustand. (nach Oehlmann und Markert 1997)

mung und Kreislauf aktiviert: Atmungsfrequenz und -tiefe, Herzfrequenz, Schlagvolumen und Blutdruck werden gesteigert. Die Blutversorgung der Skelettmuskulatur wird zuungunsten der Eingeweide verbessert. Nährstoffe werden der Skelettmuskulatur durch Lipolyse (in den Fettzellen) und Glycogenolyse (in der Leber) in erhöhtem Masse bereitgestellt. Die Glucoseaufnahme in die Muskelzellen und der anschließende Glucoseabbau (Glycolyse) wird gesteigert. Adrenalin führt also zur Verstärkung der Sauerstoff- und Nährstoffzufuhr zu den bei Streß wichtigen Organen und Zellen. Sympathicus-Aktivierung und Katecholamin-Ausschüttung versetzen in einer Verbundleistung den Körper in die Lage mit Herausforderungen fertig zu werden.

3 Gastransport im Außenmedium: Diffusion und Ventilation

3.1 Sauerstoff und Lebensräume 26
3.2 Oxykonformer – Oxyregulierer 29
3.3 Tiergröße und Konvektion 29
3.4 Atemmedien Wasser und Luft 30
3.5 Mathematische Modelle der Konvektion 31
3.6 Vergleich eines Wasseratmers und eines Luftatmers 31
3.7 Innere Konvektion: Perfusion 32
3.8 Oxyregulation und Ventilation 34
3.9 Erzeugung von Ventilationsströmen im Wasser 35
3.10 Erzeugung von Ventilationsströmen in der Luft 35
3.11 Funktion der Atmungsorgane der Wirbeltiere: Gegenstrom, Kreuzstrom, „Pool", „Offen" 38
3.12 Diffusiver Gastransport und größere Tiere 39
3.13 Konvektion und Diffusionsgrenzschichten 41
3.14 Selbsterzeugte Sauerstoffsenken 41

Vorspann

Stofftransport durch Diffusion kann nur relativ geringe Entfernungen überbrücken. Bei größeren Tieren erfolgt der Austausch der Atemgase zwischen Umgebung und den im Körperinneren liegenden Atmungsorganen mit Hilfe konvektiven Transports (äußere Konvektion: Ventilation). Konvektion bedeutet Mitführung von gelösten Teilchen (Gasen) in einer Strömung. Zur Erzeugung dieser Ströme besitzen die Tiere spezielle Pumpmechanismen, die im Fall der Ventilation funktionell mit Atmungsorganen gekoppelt sind. Die biologischen Pumpen erzeugen Über- oder Unterdrucke, die die treibende Kraft für die Strömung des Außenmediums sind. Für den konvektiven Transport im Medium (Ventilation), aber auch im Blut (Perfusion), wurden mathematische Modelle entwickelt.

3.1 Sauerstoff und Lebensräume

Das Sauerstoffangebot in den Lebensräumen der Erde ist sehr unterschiedlich. Die Sauerstoffkonzentration in den Weltmeeren schwankt zwischen 0 und 8,5 ml O_2 / l Meerwasser. Oberflächennähe (Nähe zur Atmosphäre), Temperatur und Salzkonzentration (Salinität) des Wassers sind wichtige, die Sauerstoffkonzentration beeinflussende Faktoren (siehe Box 3.**1**): Sauerstoffreich sind oberflächennahe Wasserzonen in der Nähe der Pole, sauerstoffärmer sind solche in der Nähe des Äquators. Im Gegensatz zu den Küstengewässern oder gar den Wattbereichen ist die offene See (Abb. 3.**1: a**) stärker durch langfristige, jahreszeitliche Änderungen von Temperatur und Sauerstoffkonzentration gekennzeichnet. Die in Abhängigkeit von der Tageszeit vertikal wandernden und ihre Tiefe verändernden Zooplankter können während ihrer Verlagerung aber starke Unterschiede bezüglich Temperatur und Sauerstoffangebot erfahren.

Die Sauerstoffkonzentration in den Küstengewässern (Abb. 3.**1: b**) wird vom Tag-Nacht-Wechsel und von den Gezeiten bestimmt. Ein extremer Standort sind zum Beispiel die Felstümpel der bretonischen Küste. Die hohe pflanzliche Photosyntheseaktivität am Tag führt zu einem Anstieg des Sauerstoffpartialdrucks auf über 50 kPa (Hyperoxie) bei gleichzeitiger starker Verminderung des Kohlendioxidpartialdrucks (Hypokapnie). Nachts führt tierische, pflanzliche und mikrobielle Atmung zu einer drastischen Sauerstoffreduktion (Hypoxie, eventuell sogar Anoxie), während der Kohlendioxidpartialdruck bis auf 0,4 kPa (Hyperkapnie) ansteigen kann. Zusätzlich können überschlagende Wellen während der Flut oder Austrocknung während der Ebbe die Umweltbedingungen dieses Standorts noch dynamischer und komplexer machen.

Die Seen und Fließgewässer des Festlandes haben eine geringe Salinität und damit eine prinzipiell höhere Sauerstoffkonzentration (maximale Konzentration ca. 10 ml O_2/l Süßwasser) als marine Räume. Tümpel, Teiche und Seen (Abb. 3.**1: c, d**) sind aber ähnlich wie die

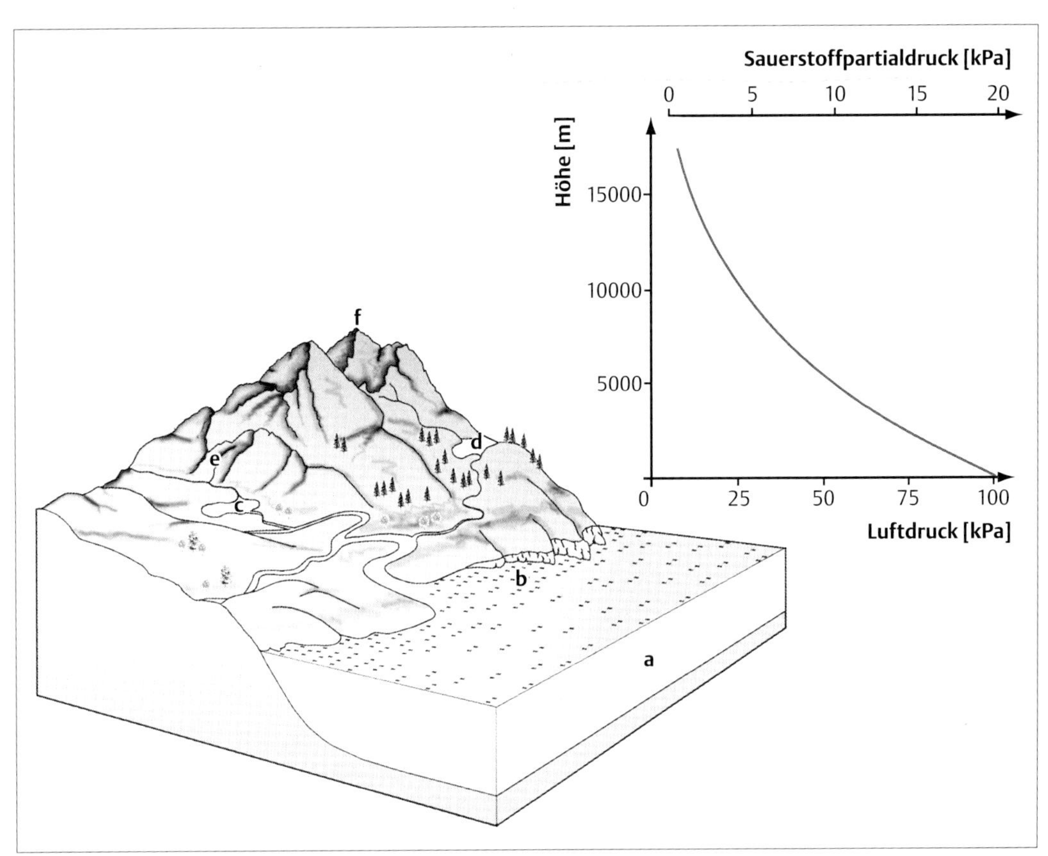

Abb. 3.1 Die verschiedenen Lebensräume der Erde (Meere, Seen, Flüsse und Land) haben ein sehr unterschiedliches Sauerstoffangebot. In wäßrigen Medien (a: offenes Meer, b: Küstenregionen, c, d: Teiche und Seen, e: Fließgewässer) sind die Sauerstoffkonzentrationen sehr unterschiedlich. In Regionen weit oberhalb des Meeresspiegels sinkt der Luftdruck (f) und damit auch der Sauerstoffpartialdruck und die Sauerstoffkonzentration.

Felstümpel der Küste vom Tag-Nacht-Wechsel geprägt. Zusätzlich können hohe Temperaturen während der Sommermonate zu einer starken Verminderung der limnischen Sauerstoffvorräte führen. Auch wirken sich auf Grund der relativ geringen Wassermassen menschliche Einflüsse wie überhöhter Nährstoffeintrag durch die Landwirtschaft (Eutrophierung) wesentlich stärker aus als in der küstenfernen offenen See. Die sauerstoffreichsten Süßwasserbereiche sind die kalten, flachen und nährstoffarmen Quellregionen der Flüsse (Abb. 3.**1: e**).

Auf dem Festland spielt aber – sei es in Gewässern oder nicht – die Höhe über dem Meeresspiegel eine wichtige Rolle. Ein See in Finnland kann z. B. 6,3 ml Sauerstoff, dagegen ein See in den südamerikanischen Anden nur 3,5 ml Sauerstoff pro Liter Wasser enthalten.

Der Lebensraum, der die höchste Sauerstoffkonzentration besitzt (auf Meereshöhe ca. 209 ml O_2 / l Luft) und die geringsten Veränderungen im Sauerstoffangebot aufweist, ist der Luftraum. Luftatmende Tiere haben im Gegensatz zu wasseratmenden Tieren normalerweise kein Problem sich den für die Energiegewinnung essentiellen Sauerstoff zu beschaffen. Ausnahmen können Höhlen- und Bodenbewohner sowie Tiere in hohen Gebirgen (Abb. 3.**1: f**) darstellen. So kann der Sauerstoffgehalt des Bodens vor allem nach Regen oder bei Schneefall und Frost auf Grund mikrobieller Atmung und ungenügender Durchlüftung drastisch sinken.

Unterschiede in der Höhe des Lebensraums (z. B. im Gebirge) wirken sich auf den Luftdruck und somit auf den Sauerstoffpartialdruck (Abb. 3.**1**: Nebenbild) und die Sauerstoffkon-

Box 3.1 Das Henry'sche Gesetz

Überschichtet man Wasser mit einem Gas oder einer Gasmischung, so werden nach einer gewissen Zeit im Mittel gleich viele Gasmoleküle in die Wasserphase einwandern oder diese wieder verlassen (Gleichgewicht, **Äquilibrium**). Der Äquilibrierungsprozess läßt sich natürlich beschleunigen (z. B. durch Schütteln). Nach der Äquilibrierung sind die Gaspartialdrucke im Gasgemisch und im Wasser (hier spricht man auch von Gasspannungen) gleich (Beispiel: Bei der Herstellung von Mineralwasser wird Wasser mit unter hohem Druck stehendem Kohlendioxid äquilibriert).

Die physikalisch in einem Medium (z. B. Wasser) gelöste Gasmenge (**C**) und Gaspartialdruck/Gasspannung (**P**) sind über den Löslichkeitskoeffizienten (α) verknüpft. Der Löslichkeitskoeffizient hängt von der Art des Gases ($\alpha_{Kohlendioxid} > \alpha_{Sauerstoff} > \alpha_{Stickstoff}$) und des Mediums ab. Er sinkt mit steigender Temperatur und Salinität des Mediums.

$$\mathbf{C = \alpha \cdot P}$$

Werte von α ($ml \cdot l^{-1} \cdot kPa^{-1}$; nach Florey 1975):

	Temperatur (°C) 0	10	20	30	40
α_{O2}					
Süßwasser:	0,481	0,376	0,308	0,256	0,226
Salzwasser:	0,383	0,301	0,248	0,211	0,188
α_{CO2}					
Süßwasser:	16,729	11,812	8,699	6,579	5,241
Salzwasser:	14,316	9,985	7,361	5,692	4,617
α_{N2}					
Süßwasser:	0,233	0,195	0,165	0,135	0,120
Salzwasser:	0,143	0,120	0,098	0,083	0,068

Beispiel: In einem Liter Süßwasser eines Sees auf Meereshöhe (Sauerstoffpartialdruck: 20,73 kPa), der eine Wassertemperatur von 20 °C hat, befinden sich ca. 6,38 ml Sauerstoff STPD.

Gasvolumina ändern sich mit der Temperatur und dem Druck. Deshalb macht man Volumenangaben immer unter standardisierten Bedingungen oder gibt die Gasmenge gleich in mol an (1 mol Gas nimmt ein Volumen von 22,4 l STPD ein). Eine übliche Standardbedingung ist **STPD** (Standard Temperature, Pressure, Dry): 0 °C, 1 atm, trockenes Gas. Alle hier angegebenen Gasvolumina sind Angaben in ml STPD. Eine Angabe von z. B. 6,4 ml Sauerstoff STPD (0,29 mmol Sauerstoff) bedeutet: Das Gas nimmt – falls es keinen Wasserdampf enthält – bei 0 °C und 1 atm (101,3 kPa) ein Volumen von 6,4 ml ein.

Wasserdampf spielt eine Sonderrolle, da dessen Partialdruck nur von der Temperatur abhängt (vgl. Tab 7.**1**). Falls Wasserdampf vorhanden ist, reduzieren sich die Partialdrucke der anderen Gase. Auf Meereshöhe ist der Sauerstoffpartialdruck von trockener Luft gleich 21,22 kPa (0,2095 · 101,3 kPa) und von wasserdampfgesättigter Luft (T = 20 °C) gleich 20,73 kPa (0,2095 · (101,3 – 2,34)kPa). Überschichtet oder besser überströmt man Wasser mit trockener Luft, so werden die gelösten Gasmengen (N_2, O_2, CO_2) etwas größer sein als bei der Verwendung von wasserdampfgesättigter Luft.

zentration, nicht aber auf die Zusammensetzung der Luft aus. Erst bestimmte physiologische Anpassungsmechanismen, die als Höhenakklimatisation bezeichnet werden (siehe Kap. 14), ermöglichen Bergsteigern den kurzfristigen Aufenthalt auf den Gipfeln des Himalaya, mit ihren minimalen Sauerstoffpartialdrucken und -konzentrationen. Nur einigen wenigen ist es möglich, körperliche Leistung bei einem Viertel des normalen Sauerstoffpartialdruckes zu leisten (5,6 kPa *vs.* 20,73 kPa). Der Aufenthalt in Höhen oberhalb des Mount Everest erfordert die künstliche Erzeugung höherer Luftdrucke als in der Umgebung oder das Atmen reinen Sauerstoffs. In noch größeren Höhen (19 000 m) sinkt der Luftdruck unterhalb des Wasserdampfpartialdruckes der menschlichen Lunge (6,28 kPa bei 37 °C) und Wasserdampf beginnt die Lufträume der Lunge ganz auszufüllen.

3.2 Oxykonformer – Oxyregulierer

Tiere in ihren verschiedenen Lebensräumen haben also ein sehr unterschiedliches Sauerstoffangebot. Viele Tiere, vor allem einfachere wasserlebende Wirbellose, haben keine Mechanismen entwickelt, um die Sauerstoffzufuhr bei schwankendem Angebot im Außenmedium konstant zu halten. Man nennt sie Oxykonformer (Abb. 3.**2**). Andere Tiere hingegen, die Oxyregulierer (Abb. 3.**2**), besitzen spezielle Regulationsmechanismen, die bei den meisten auf Adaptationen der äußeren Konvektion (Ventilation) beruhen. Die Sauerstoffversorgung bleibt bis zu einem spezifischen Sauerstoffpartialdruck (P_K) mehr oder weniger konstant, erst bei starker Hypoxie und Anoxie kommen Alternativen (Anaerobiose) zum Einsatz. Bevor wir uns mit den wasseratmenden Oxyregulierern – Luftatmer haben normalerweise keine Problem mit der Sauerstoffversorgung – näher beschäftigen und dabei die Bedeutung des konvektiven Gastransports sehen werden, wollen wir uns noch etwas mit dem Zusammenhang von Tiergröße und konvektivem Transport beschäftigen.

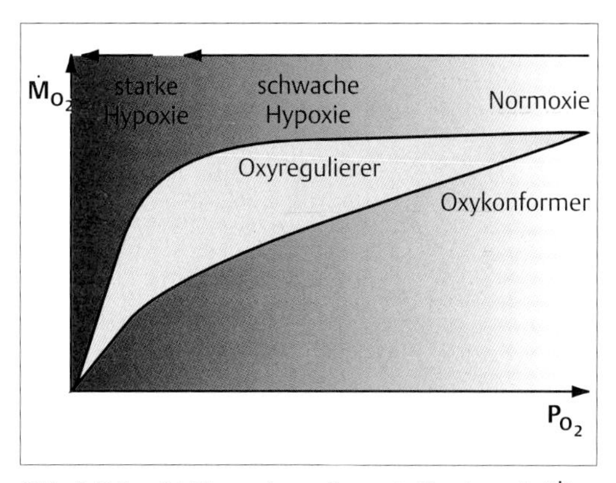

Abb. 3.2 Es gibt Tiere, deren Sauerstoffverbrauch ($\dot{M}_{O2}$, in mol/Zeiteinheit) stark vom äußeren Sauerstoffpartialdruck (P_{O2}) abhängt (Oxykonformer) und solche, die bei Sauerstoffmangel bis hinab zum kritischen Partialdruck (P_K) ihre Sauerstoffaufnahme regeln und konstant halten (Oxyregulierer) (nach Grieshaber et al. 1994).

Box 3.2 Sauerstoff-Eindringtiefe

Der kritische Radius ($\mathbf{r_0}$) eines kugelförmigen Tiers, bei dem die Tiermitte gerade nicht mehr diffusiv mit O_2 versorgt wird, errechnet sich nach:

$$r_0 = \sqrt{6 \cdot K_{O2} \cdot P_{O2} / \dot{V}_{O2}}$$

Beispiel: Ein Wasserfloh hat einen gewichtsspezifischen Sauerstoffverbrauch ($\dot{V}_{O2}$) von ca. 900 µl $O_2 \cdot g^{-1} \cdot h^{-1}$ (2,5 · 10^5 pl $O_2 \cdot cm^{-3} \cdot sec^{-1}$). Die Krogh-Konstante K_{O2} ist hier gleich 2,464 pl $O_2 \cdot sec^{-1} \cdot cm^{-1} \cdot kPa^{-1}$. Bei Normoxie ($P_{O2}$ = 20,73 kPa) ist eine Sauerstoffversorgung über Diffusion bis zu einem Tierdurchmesser von ca. 0,7 mm möglich.

3.3 Tiergröße und Konvektion

Körpergröße und -form eines Tieres legen in entscheidendem Maße fest, welche Mechanismen für den äußeren Transport im Medium, und den inneren Transport im Blut, erforderlich sind. Für einen aquatisch lebenden Organismus liegt die kritische Ausdehnung, die einen Ersatz von Diffusion durch Konvektion nötig macht und damit zu entsprechenden Anpassungen in der Anatomie führen muß, im Millimeterbereich. Dies gilt aber nur unter bestimmten Rahmenbedingungen (siehe unten). Der Grenzwert kann am einfachsten für ein Kugelmodell abgeleitet werden (Box 3.**2**). Das Kugelmodell stellt aber den ungünstigsten Fall dar: Von einer Kugel abweichende – natürliche – Körperformen bieten günstigere Voraussetzungen für den Atemgastransport.

Drei Eigenschaften kennzeichnen einen aquatischen Organismus, der kleiner als ein Millimeter ist. Erstens besitzt er ein großes und damit für Diffusionsvorgänge günstiges Oberflächen-Volumen-Verhältnis: Der Sauerstoffbedarf kann über Diffusion durch die Körperoberfläche gedeckt werden. Zweitens existieren kurze Transportwege von der Oberfläche ins Körperinnere: Auch der interne Gastransport kann über Diffusion erfolgen, und es fehlt die Notwendigkeit innere Konvektion mit Hilfe eines Herz-Kreislaufsystems zu erzeugen. Drittens besteht kaum Zwang die Körperform zu stabilisieren. Ein dickes Exoskelett (Chitinpanzer), das den Stoffaustausch beeinträchtigen würde, ist nicht nötig.

Der oben abgeleitete Grenzwert (Box 3.**2**) für den Übergang vom diffusiven zum konvektiven Gastransport gilt aber nur eingeschränkt. Es gibt Bedingungen in der Umgebung und im Tier (Hypoxie, Diffusionsgrenzschichten, Verdickungen von Kutikula und Epithel an der Körperoberfläche), die eine ausreichende Sauerstoffversorgung der Gewebe und Zellen über Diffusion unmöglich machen, obwohl die Körpergröße die kritische Ausdehnung nicht überschreitet. Bei zunehmender Größe reicht Diffusion im Körper auf keinen Fall mehr aus. Es müssen spezielle Organe zur Versorgung zentraler Körperregionen gebildet werden: Die Evolution eines blutgefüllten Herz-/Kreislaufsystems oder eines luftgefüllten Tracheensystems wird notwendig.

Der Zwang zum Gastransport via Ventilation hängt auch vom Lebensraum ab. Kleine Fließgewässerorganismen können weitgehend auf eine aktive Belüftung der Körperoberfläche verzichten. Stillwasserbedingungen im See oder Sauerstoffmangelsituationen in Küstengewässern – dies verbunden mit zunehmender Tiergröße – machen Ventilation notwendig.

Für die evolutive Entstehung von Atmungsorganen und die Beschränkung des Gasaustausches auf Teile der Körperoberfläche waren verschiedene Faktoren verantwortlich: Die Körperoberfläche wurde dicker und steifer, um durch bessere mechanische Stabilität Schutz vor Fraßfeinden zu bieten und um für Fortbewegung und Nahrungserwerb einsetzbar zu sein. Dadurch wurde der Gasaustausch durch die Körperoberfläche mehr und mehr behindert, und es mußten dünnhäutige respiratorische Oberflächen geschaffen werden. Das große Oberflächen-Volumen-Verhältnis von Kleinsttieren ist für den Gasaustausch zwar günstig, kann jedoch für andere Aufgaben (z. B. für den Salz- und Wasser-Haushalt) von Nachteil sein: Auch aus diesem Grund kann die Körperoberfläche dick und undurchlässig werden, um die Homöostase von Salz- und Wasserkonzentration im Tier sicherzustellen. Für den Gasaustausch mußten wieder spezielle Organe geschaffen werden. Die Bildung von Atemorganen während der Evolution wäre wiederum ohne ein effizientes inneres Transportsystem, ohne eine entsprechende Durchblutung undenkbar.

3.4 Atemmedien Wasser und Luft

Tiere können sowohl den wassergelösten, als auch den in der Luft befindlichen Sauerstoff aufnehmen und nutzen. Ähnlich können sie das im Energiestoffwechsel entstandene Kohlendioxid in beide Medien abgeben. Es gibt aber fundamentale Unterschiede im externen Transport dieser Gase, je nachdem ob es sich um Wasser oder Luft handelt. Die Frage, ob der Transportmechanismus dabei Diffusion oder Konvektion ist, ist fast eher sekundär.

Das Gesetz von Henry (Box 3.**1**) läßt sich nicht nur für wäßrige Medien anwenden; eine modifizierte Form des Gesetzes gilt für alle Medien, also auch für Luft. Der Unterschied ist aber, daß man hier nicht vom Löslichkeitskoeffizienten α, sondern vom **Kapazitätskoeffizienten** $\beta = \Delta C$ (Konzentrationsdifferenz)/ ΔP (Partialdruckdifferenz) spricht (Abb. 3.**3**). Löslichkeitskoeffizient und Kapazitätskoeffizient entsprechen einander im Medium Wasser. Für Luft läßt sich der Kapazitätskoeffizient aus dem idealen Gasgesetz ableiten: $\beta_g = 1/(R * T)$; R: ideale Gaskonstante. Je größer nämlich die absolute Temperatur T ist, desto geringer ist die Gaskonzentration bei einem bestimmten Partialdruck. Ein wichtiger Punkt ist, daß in der Gasphase $\beta_{g,O2}$ und $\beta_{g,CO2}$ identisch sind: 1 Liter Luft enthält bei gleichem Partialdruck gleiche Mengen an O_2 und CO_2. In der wäßrigen Phase ist $\beta_{w,O2}$ hingegen sehr viel kleiner als $\beta_{w,CO2}$: 1 Liter Wasser enthält bei gleichem Partialdruck und z. B. bei 15 °C fast 30mal mehr Kohlendioxid als Sauerstoff (siehe Box 3.**1**). Dies führt u. a. dazu, daß die Blutgaspartialdrucke bei Luft- und Wasseratmern grundverschieden sind.

Wasseratmer haben also sehr große Probleme genügend Sauerstoff aufzunehmen, dagegen nicht das geringste Problem Kohlendioxid abzugeben. Luftatmer dagegen haben kaum Probleme Sauerstoff aufzunehmen oder Kohlendioxid abzugeben.

Eine Besonderheit des Kohlendioxids sei hier am Rande vermerkt. Löst sich Kohlendioxid in Wasser, so entsteht auch H_2CO_3 (Kohlensäure) als Folge einer chemischen Reaktion von CO_2 und H_2O. Kohlensäure dissoziert rasch in HCO_3^- und H^+. Da natürliche Gewässer Puffersysteme enthalten können (z. B. Karbonat-Bikarbonat: CO_3^{2-} -HCO_3^-), können die bei der Dissoziation entstehenden H^+ abgepuffert werden, und chemische Reaktion als auch nachfolgende Dissoziation können weitergehen: Es löst sich viel mehr CO_2 in Wasser mit Puffersystemen. Dies gilt aber nur für niedrige Partialdrucke (siehe Abb. 3.**3**). Bei höheren Partialdrucken ist kein Karbonat mehr vorhanden, das in Bikarbonat umgewandelt werden könnte, und die Steilheit der Kurve nähert sich der rein physikalischen Löslichkeit.

Damit sind wir an einem Punkt angelangt, wo wir den konvektiven Transport mathematisch betrachten müssen, um eine genaue Vorstel-

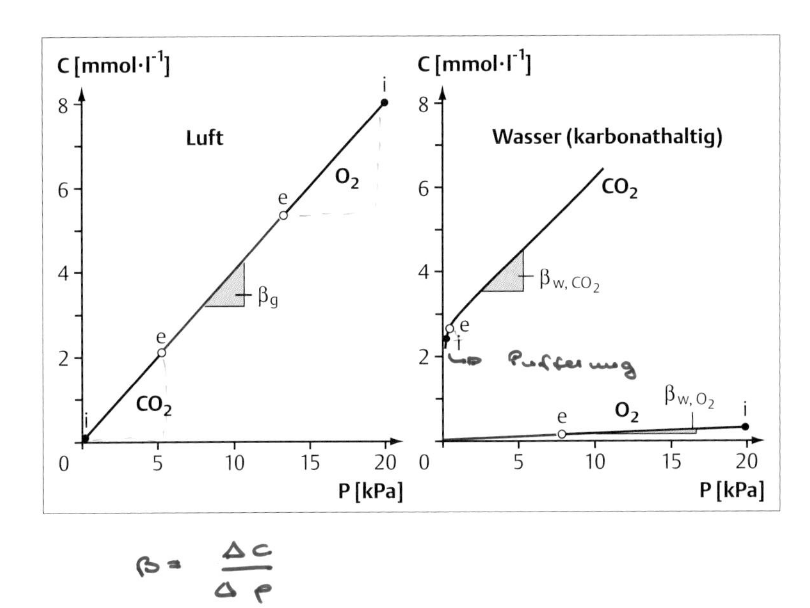

Abb. 3.3 Sowohl in der Luft (links) als auch im Wasser (rechts) sind Gaskonzentration (C) und Partialdruck (P) über den Kapazitätskoeffizienten (β) verknüpft. Dieser ist eindeutig am kleinsten für Sauerstoff gelöst in Wasser ($\beta_{w,O2}$). Dagegen sind bei gleichem Partialdruck sowohl die Kohlendioxidkonzentrationen in Luft und Wasser als auch die Sauerstoffkonzentration in der Luft durchaus vergleichbar. Die Bandbreite der Partialdrucke im Medium, die beim Atmen vorkommt, ist durch i („inspired") und e („exspired") markiert (nach Scheid et al. 1989).

lung von den grundlegenden Prinzipien zu erhalten.

3.5 Mathematische Modelle der Konvektion

Biologische Pumpen (Lunge, Herz etc.) erzeugen Luft-, Wasser- oder Blut-Ströme (Konvektion). Die in den strömenden Medien gelösten Teilchen werden mittransportiert: Man spricht von konvektivem Transport. Der atmosphärische Sauerstoff erreicht die respiratorische Oberfläche der Lunge über den Konvektionsvorgang **„Ventilation"**. Innerhalb des Körpers wird der Sauerstoff über den Konvektionsvorgang **„Perfusion"** zu den Zellen transportiert. Die konvektiv transportierte Menge Sauerstoff, die dem Sauerstoffverbrauch ($\dot{M}_{O2}$: in mol $O_2 \cdot min^{-1}$) des Körpers entspricht, ist gleich dem Produkt aus Ventilations- ($\dot{V}_m$: in ml Medium $\cdot\, min^{-1}$) oder Perfusionsstrom ($\dot{Q}_b$: in ml Blut $\cdot\, min^{-1}$) und der Differenz der Sauerstoffkonzentrationen vor bzw. nach dem Zielort ($\Delta C_{m,O2}$ oder $\Delta C_{b,O2}$: in mol O_2/ml Medium oder Blut). Diese einfache, aber sehr wichtige Gleichung ist unter dem Namen „Fick'sches Prinzip" bekannt. Zur Veranschaulichung dient folgendes Beispiel:

Zwischen Schlafstetten und Raschhausen pendeln zweimal am Tag mehrere tausend Leute (**„$\dot{M}$"**). Dabei fahren manche mit öffentlichen Bussen, viele mit ihrem PKW. Deren Zahl, gelegentlich auch ihre Geschwindigkeit (beides zusammen entspricht **„$\dot{V}$"**) ist viel größer als die der Busse, dafür ist ihre Transportkapazität („**ΔC**") klein. Die wenigen, etwas langsameren Busse (**„$\dot{V}$"** klein) besitzen aber eine viel größere Transportkapazität („**ΔC**" groß) und tragen damit die Aufschrift „Vor Ihnen könnten auch 60 PKW fahren" zu Recht.

Sowohl für die Ventilation als auch für die Perfusion gilt das Fick'sche Prinzip. Es sind modifizierte Gleichungen, die sogenannten Konduktanzgleichungen dafür im Gebrauch (Box 3.**3**).

3.6 Vergleich eines Wasseratmers und eines Luftatmers

Wir wollen im folgenden einmal einen typischen Wasseratmer, einen Katzenhai und einen typischen Luftatmer, den Menschen atmungsphysiologisch vergleichen.

Doch beginnen wir zuerst mit einem Vergleich der Atemmedien. Die Diffusion von beiden Gasen – O_2 und CO_2 – ist im Wasser um Größenordnungen langsamer als in der Luft. Die Löslichkeit (Kapazitätskoeffizient) von Kohlendioxid ist in Wasser und Luft in etwa vergleichbar, die von Sauerstoff ist dagegen im Wasser

Box 3.3 Konduktanzgleichungen

Nach dem Fick'schen Prinzip ($\dot{M} = \dot{V} \cdot \Delta C = \dot{Q} \cdot \Delta C$) lassen sich für die Gastransportraten ($\dot{\mathbf{M}}$) via Ventilation ($\dot{\mathbf{V}}$) des äußeren Mediums (**m**) bzw. via Perfusion ($\dot{\mathbf{Q}}$) des Blutes (**b**) zwei Gleichungen aufstellen:

$$\text{I. Ventilation: } \dot{\mathbf{M}} = \dot{\mathbf{V}}_m \cdot [\beta_m \cdot (\mathbf{P}_i - \mathbf{P}_e)]$$

$$\text{II. Perfusion: } \dot{\mathbf{M}} = \dot{\mathbf{Q}}_b \cdot [\beta_b \cdot (\mathbf{P}_a - \mathbf{P}_v)]$$

Im äußeren Medium (mit den Partialdrucken $\mathbf{P}_i$ im eingeatmeten und $\mathbf{P}_e$ im ausgeatmeten Medium) entsprechen $\beta_{m,O2}$ bzw. $\beta_{m,CO2}$ in wäßrigem Medium den Löslichkeitskonstanten α_{O2} bzw. α_{CO2}; im Blut handelt es sich bei β_b um die „effektive Löslichkeit", d. h. die Steilheit der Blutbindungskurven für Sauerstoff bzw. Kohlendioxid im Bereich von arteriell (**a**) bis venös (**v**).

Bei weiterer Zusammenfassung von Konvektionsstrom ($\dot{\mathbf{V}}_m$, $\dot{\mathbf{Q}}_b$) und Kapazitätskoeffizient (β) zur neuen Größe Konduktanz (**G**) erhält man folgende allgemeine Gleichung:

$$\dot{\mathbf{M}} = \mathbf{G} * \Delta \mathbf{P}$$

Die (konvektiven) Konduktanzen $\mathbf{G}_{vent}$ (= $\dot{\mathbf{V}}_m * \beta_m$) und $\mathbf{G}_{perf}$ (= $\dot{\mathbf{Q}}_b * \beta_b$) verbinden Gastransportrate und Partialdruckdifferenz.

wesentlich geringer als in der Luft. Was unterscheidet Wasser noch von Luft als Atemmedium? Wasser ist viel zäher (viskoser) und dichter als Luft, was neben der geringen Sauerstoffkonzentration das Atmen im Wasser zusätzlich erschwert. Die Atemarbeit, der Energieaufwand für die Sauerstoffaufnahme, steigt beträchtlich an.

Nun aber zurück zu unserem Vergleich: Der Energieaufwand des Menschen (gemessen am Sauerstoffverbrauch) ist auf Grund des Gewichtsunterschiedes viel größer als der des Katzenhais. Selbst der gewichtspezifische Sauerstoffverbrauch (pro g Körpergewicht) ist auf Grund der höheren Körpertemperatur beim Menschen 6mal größer. Trotzdem ist die gewichtsspezifische Ventilation des Katzenhais 6mal größer als die des Menschen. Dies zeigt die Bedeutung der Ventilation für einen Wasseratmer. Angenommen der gewichtsspezifische O_2-Verbrauch von Mensch und Katzenhai wäre vergleichbar groß, so würde der Unterschied von Wasserstrom und Luftstrom den Faktor 36 ausmachen! Bei Tieren mit gleichem Gewicht und gleicher Körpertemperatur (Katzenhai und ein größeres Reptil) könnte dieser Unterschied direkt beobachtet werden. Die geringe Sauerstoffkonzentration bzw. Konzentrationsdifferenz im Wasser ($\beta_{w,O2} \cdot \Delta P_{O2}$) wird durch einen großen Ventilationsstrom ($\dot{V}_m$) kompensiert.

Welche Konsequenzen hat der große konvektive Wasserstrom für den Kohlendioxidtransport. Sauerstoffmangel im Wasser verursacht die starke Ventilation des Wasseratmers; für Kohlendioxid ist der Ventilationsstrom an sich viel zu hoch. Betrachten wir noch einmal die Konduktanzgleichungen (Box 3.**3**): Wir sehen, daß bei einem vom Sauerstoffbedarf ($\dot{M}_{O2}$) festgelegten $\dot{V}_m$ und einem nur von der Art des Energiestoffwechsels abhängigen $\dot{M}_{CO2}$ (Unterschiede nur bei Nutzung verschiedener Speicherstoffe: Kohlenhydrat, Fett, Protein; vgl. Tab. 13.**3**) allein die Faktoren $\beta_{w,CO2} \cdot \Delta P_{CO2}$ bzw. ΔP_{CO2} noch variabel sind. Anders formuliert: Der für den Kohlendioxidtransport an sich viel zu große Ventilationsstrom des Wasseratmers – Kohlendioxid löst sich ja sehr gut in Wasser – führt zu sehr geringen Partialdruckdifferenzen zwischen eingeatmetem (i: „inspired") und ausgeatmetem (e: „exspired") Wasser (siehe Abb. 3.**3**). Der $P_{i,CO2}$ in Wasser ist auf Grund der guten Löslichkeit von CO_2 sehr niedrig. Alle atmungsphysiologisch relevanten $P_{w,CO2}$-Werte sind also niedrig und damit letztendlich auch die Blutpartialdrucke für CO_2. Die Gasanalyse einer Blutprobe reicht aus um festzustellen, ob das Tier ein Wasseratmer oder ein Luftatmer ist. Die Sauerstoffpartialdrucke sind vergleichbar – etwas niedriger vielleicht beim Wasseratmer – die Kohlendioxidpartialdrucke unterscheiden sich aber um ein Vielfaches. Ein Blut-P_{CO2} unterhalb von 0,4 kPa signalisiert Wasseratmung. Ein Standard-Diagramm der Atmungsphysiologie, das P_{CO2} *vs.* P_{O2} -Diagramm (Abb. 3.**4**), bei dem alle P_{CO2} - P_{O2}-Wertepaare, sei es im äußeren Medium oder im Blut, aufgetragen werden, verdeutlicht diesen wichtigen Befund.

3.7 Innere Konvektion: Perfusion

In diesem Abschnitt wollen wir uns nur unter dem Aspekt „Konvektionsstrom" mit Blut und Kreislauf beschäftigen. Die Sauerstoffmenge $\dot{M}_{O2}$, die von der Umgebung bis in die Zellen transportiert wird, bleibt konstant, gleich welcher Transportabschnitt oder welches Kompartiment betrachtet wird. Dies gilt für die Ventilation im Außenbereich, die Diffusion durch das respiratorische Epithel und den konvektiven Transport im Körper.

Wie sieht es mit der Konduktanzgleichung für die Perfusion aus? Die physikalisch gelösten Mengen Sauerstoff oder Kohlendioxid spielen im Blut nur eine untergeordnete Rolle. Die Kapazitätskoeffizienten $\beta_{b,O2}$ und $\beta_{b,CO2}$ hängen im wesentlichen vom chemisch gebundenen Sauerstoff und Kohlendioxid ab (Abb. 3.**5**). Sauerstoff wird von Atmungsproteinen wie z. B. Hämoglobin (Hb) chemisch gebunden, Kohlendioxid wird als Bikarbonat oder als Carbamatverbindung transportiert. Die chemische Bindung der Gase erhöht die Transportkapazitäten im Blut, vor allem von Sauerstoff, um ein Vielfaches. Ohne Atmungsproteine wie Hämoglobin müßte die Perfusion ähnlich wie die Ventilation eines Wasseratmers um Größenordnungen höher sein, als sie es tatsächlich ist. Beim Menschen heben die 150 g Hb/l Blut die Sauerstofftransportkapazität so stark an, daß die blutgelöste Sauerstoffmenge mit der in der Luft vergleichbar wird (207 ml O_2/l Blut *vs.* 209 ml O_2 /l Luft). Die Kohlendioxidmenge, die als Bikarbonat und Carbamat chemisch gebunden und zusätzlich physikalisch gelöst wird, ist noch größer als die chemisch gebundene (HbO_2) und physikalisch gelöste Menge Sauerstoff (Abb. 3.**5**). Die größere Steilheit der Kohlendioxidbindungskurve ($\beta_{b,CO2}$) im Vergleich zur Sauerstoffbindungskurve ($\beta_{b,O2}$) im Bereich zwischen dem sauerstoffreichen, kohlendioxidarmen (a: arteriell) und dem sauerstoffarmen, kohlendioxidreichen (v: venös) Blut wird durch Unterschiede in den Partialdrucken ausgeglichen: ΔP_{CO2} ist sehr viel kleiner als ΔP_{O2}.

Die große Gastransportkapazität des Blutes entlastet die Perfusion. Beim Menschen sind auf Grund vergleichbarer Transportkapazitäten in Luft ($\beta_m \cdot (P_i - P_e)$) und Blut ($\beta_b \cdot (P_a - P_v)$), Ventilationsstrom ($\dot{V}_m$) und Perfusionsstrom ($\dot{Q}_b$) ebenfalls vergleichbar (7,5 l Luft $\cdot$ min^{-1} *vs.* 5 l Blut $\cdot$ min^{-1}). Wie sieht es mit unserem Wasseratmer, dem Katzenhai aus? Rechnet man den unterschiedlichen Sauerstoffbedarf ein, so zeigt sich, daß der relative Blutfluß des Katzenhais nur ca. 2mal größer ist als der des Menschen. Die geringere absolute Transportkapazität des Fischblutes (bzw. dessen geringere Nutzung) erzwingen hier einen etwas erhöhten inneren Konvektionsstrom, doch ist es im allgemeinen so, daß sich Wasseratmer in der Perfusion nicht wesentlich von Luftatmern unterscheiden.

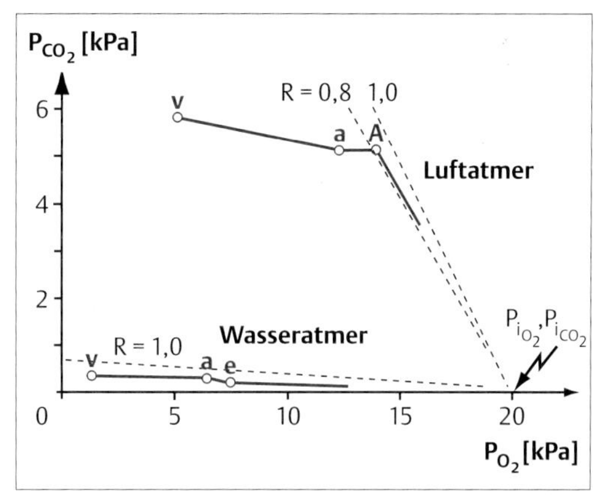

Abb. 3.4 Die Auftragung der Sauerstoff- und Kohlendioxidpartialdrucke als Wertepaare, sei es im Atemmedium (A: alveolar, e: „exspired“, i: „inspired“) oder im Blut (a: arteriell, v: venös), zeigt deutlich die fundamentalen atmungsphysiologischen Unterschiede zwischen Wasser- und Luftatmern. In Abhängigkeit von der Nahrung (Fett, Kohlenhydrate etc.) ändert sich der respiratorische Quotient R, das Verhältnis von abgegebener CO_2-Menge zu aufgenommener O_2-Menge (nach Dejours 1981).

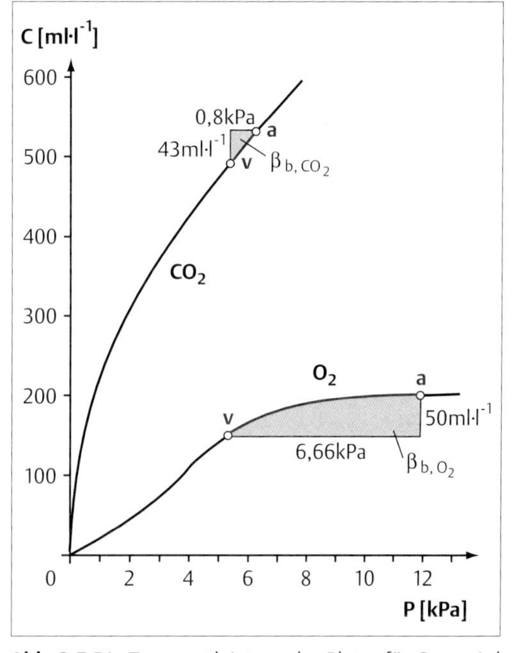

Abb. 3.5 Die Transportleistung des Blutes für Gase wird durch chemische Bindung um ein Vielfaches größer. Die Form der Beladungskurve ist beim Kohlendioxid neben dem physikalisch gelöstem Anteil vor allem durch Bikarbonat-Bildung und Carbamatbindung bestimmt. Beim Sauerstoff spielt außer dem kleinen physikalisch gelösten Anteil die chemische Bindung durch Atmungsproteine diese Rolle (nach Scheid et al. 1989).

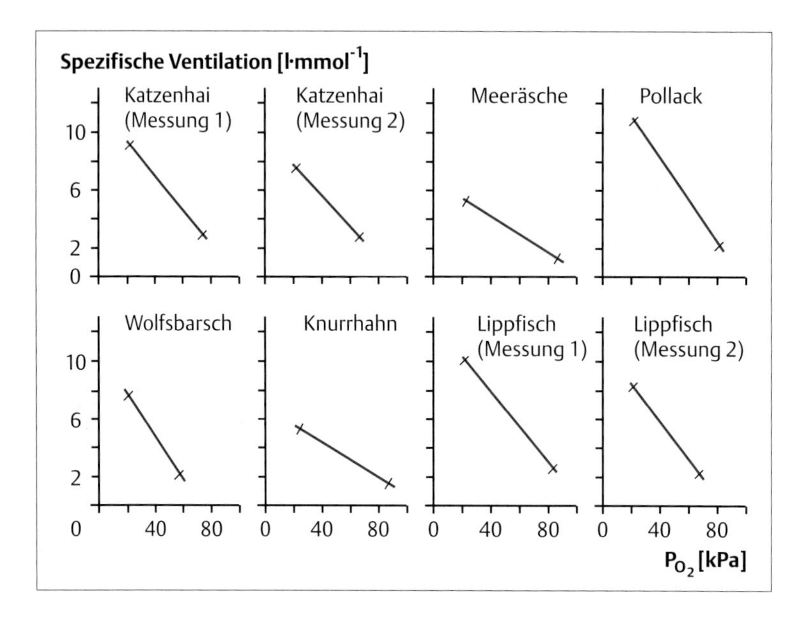

Abb. 3.6 Eine Auswahl von sechs oxyregulierenden Fischarten (mit zwei Doppelbestimmungen) zeigt das typische Ventilationsverhalten von Wasseratmern bei unterschiedlichen Sauerstoffpartialdrukken im Wasser. Ein Anstieg des Ventilationsstromes (hier: spezifische Ventilation $\dot{V}_w/\dot{M}_{O2}$) hält auch bei Hypoxie die Sauerstoffaufnahme konstant (nach Dejours 1981).

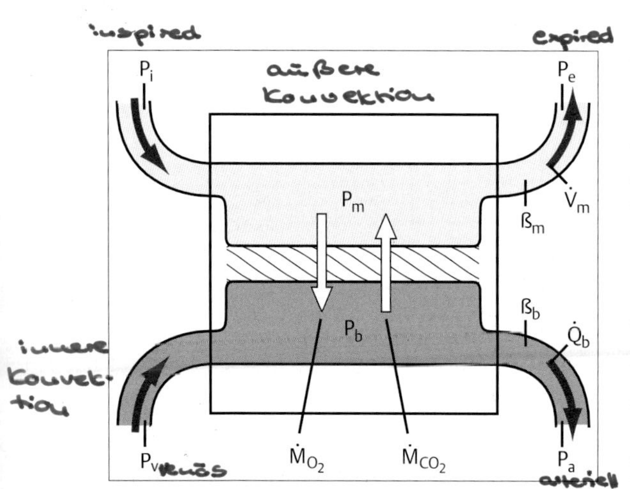

Abb. 3.7 Prinzip des Gastransports: Der Transport der Atemgase erfolgt häufig konvektiv im Außenmedium (m), dann immer diffusiv durch das respiratorische Epithel und meistens wieder konvektiv im Blut (b) (nach Scheid et al. 1989).

3.8 Oxyregulation und Ventilation

Sauerstoffmangel in der Umwelt tritt häufig in Küstengewässern oder kleineren Seen und Tümpeln des Festlandes auf. Fische oder Krebstiere, als relativ komplexe Organismen, sind darauf angewiesen, unter solch schwankenden Bedingungen, ihre Energieversorgung auch über längere Zeiträume zu sichern: Sie sind Oxyregulierer. Welche physiologischen Anpassungsleistungen liegen hier vor? Die Analyse der Regulation einer Vielzahl von Wasseratmern (Abb. 3.**6**) ergab, daß ein Absinken der Umgebungskonzentration von Sauerstoff vorwiegend über eine Erhöhung des Ventilationsstromes kompensiert wird. Die Konstanz der Sauerstoffaufnahme über einen weiten Bereich hypoxischer Sauerstoffpartialdrucke wird durch eine Adaptation in der Häufigkeit der Atembewegungen (Ventilationsfrequenz) gewährleistet, wobei das ventilierte Volumen pro Atembewegung weitgehend konstant bleibt.

Fassen wir zusammen (Abb. 3.**7**): Der Transport von Sauerstoff von der Umgebung zu den Zellen und von Kohlendioxid in umgekehrter Richtung basiert (bei vielen Tieren) auf äußerer Konvektion (Ventilation), Diffusion durch das respiratorische Epithel und (meistens) innerer Konvektion (Perfusion). Der letzte Kompartimentswechsel (vom Blut in die Gewebszelle) geschieht wieder über diffusiven Gastransport. Konvektiver Transport folgt dem Fick'schen Prinzip und läßt sich in Form einer Konduktanzgleichung beschreiben. Diffusiver Transport läßt sich mit dem Fick'schen Diffusionsgesetz beschreiben (vgl. Box 4.**1**).

3.9 Erzeugung von Ventilationsströmen im Wasser

Einige sessile Tiere wie zum Beispiel Polypen oder verschiedene Fließgewässerorganismen verzichten völlig auf eigene Pumpbewegungen und lassen sich einfach vom äußeren Wasserstrom umspülen. Andere aquatische Tiere, wie der Wattwurm *Arenicola*, leben in Röhren und erzeugen durch peristaltische Muskelkontraktionen einen gerichteten Wasserstrom durch ihre Höhle (vgl. Abb. 14.**3**). Stachelhäuter erzeugen Konvektionsströme auf ihrer Körperoberfläche durch Cilienschlag. Wasserflöhe strudeln mit ihren Beinen Nahrung, aber auch sauerstoffreiches Wasser heran. Kiemen können aktiv bewegt werden, um einerseits einen selbstverursachten Sauerstoffmangel zu vermeiden und andererseits Diffusionsgrenzschichten, die den Gasaustausch behindern, zu minimieren (vgl. Absatz 3.13 und 3.14).

Die größeren, dekapoden Krebstieren haben einen speziellen Pumpmechanismus entwickelt (Abb. 3.**8**). Die Kiemen sind im Kiemenraum aufgehängt, und der Wasserstrom zieht von Eintrittsöffnungen zwischen den Beinen über die durchbluteten Kiemenoberflächen zu einer paarigen, vorn gelegenen Austrittsöffnung. Ein Paar breite, natürliche Paddel (Scaphognathiten), die sich in zwei Austrittsröhren unterhalb der Antennen befinden, erzeugen einerseits Unterdruck in der Kiemenkammer, also eine treibende Kraft für den Einwärtsstrom und drücken andererseits das Wasser aus den Austrittsröhren ins Freie.

Knochenfische besitzen eine komplexe Pumpe im Mund- und Kiemenraum (Abb. 3.**9**), die einen gerichteten Wasserstrom über die Kiemen treibt. Zuerst senkt sich der Mundboden bei geöffnetem Maul. Die Vergrößerung des Mundraumvolumens führt zu einem Unterdruck und Wasser strömt ein. Der Kiemenraum wird durch eine Auswärtsbewegung der Kiemendeckel (Operculum) vergrößert, wobei die Branchiostegalmembran an der Körperwand nach vorn gleitet und den Kiemenraum abdichtet. Der entstehende Unterdruck führt zu einem Wasserstrom über die Kiemen. Dann schließt sich die Mundöffnung druckdicht, und die Verkleinerung des Mundraumes führt zu einem Überdruck: Wasser wird über die Kiemen gepreßt. Während der Einwärtsbewegung der Kiemendeckel (→ Überdruck) hebt sich die Branchiostegalmembran von der Körperwand ab, und läßt das Atemwasser nach außen strömen.

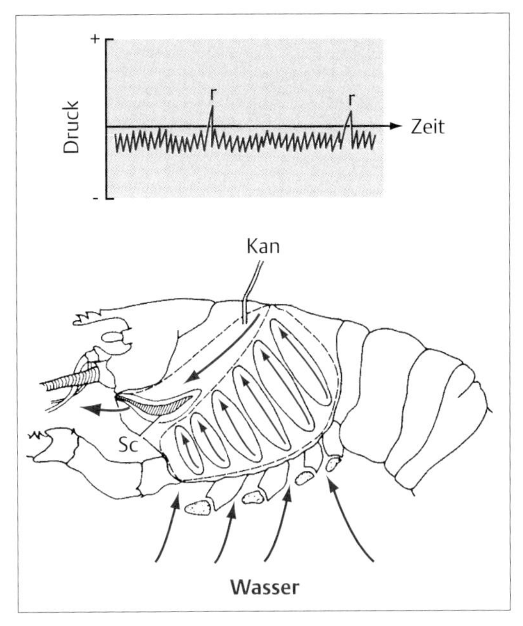

Abb. 3.8 Das Ventilationssystem der Krebstiere: Druckmessungen mit einer Kanüle (Kan) zeigen einen stetigen Unterdruck, verursacht durch die schlagenden Scaphognathiten (Sc). Eine gelegentliche Schlagumkehr (r: „reversal") hat kiemenreinigende Funktion (nach Wells 1980).

Manche sehr schnelle Fische wie Thunfisch oder Makrele ventilieren ihre Kiemen über ihre hohe Relativgeschwindigkeit. Sie öffnen ihr Maul, und Wasser strömt bei hohen Schwimmgeschwindigkeiten passiv über die Kiemen und nach außen.

3.10 Erzeugung von Ventilationsströmen in der Luft

Diffusion, aber auch Ventilation sind die treibenden Kräfte für den Gastransport im Körper von Insekten, der hier – unabhängig von Blut und Kreislauf – in einem speziellen Luftröhrensystem, dem Tracheensystem erfolgt (siehe unten). Körperbewegungen der Tiere, vor allem dorso-ventrale Abflachungen oder teleskopartige Verlängerungen des Abdomens durch entsprechende Muskelkontraktionen führen zu Überdrucken und zur Ausatmung. Die Einatmung erfolgt hier passiv oder bei Käfern und Heuschrecken auch aktiv.

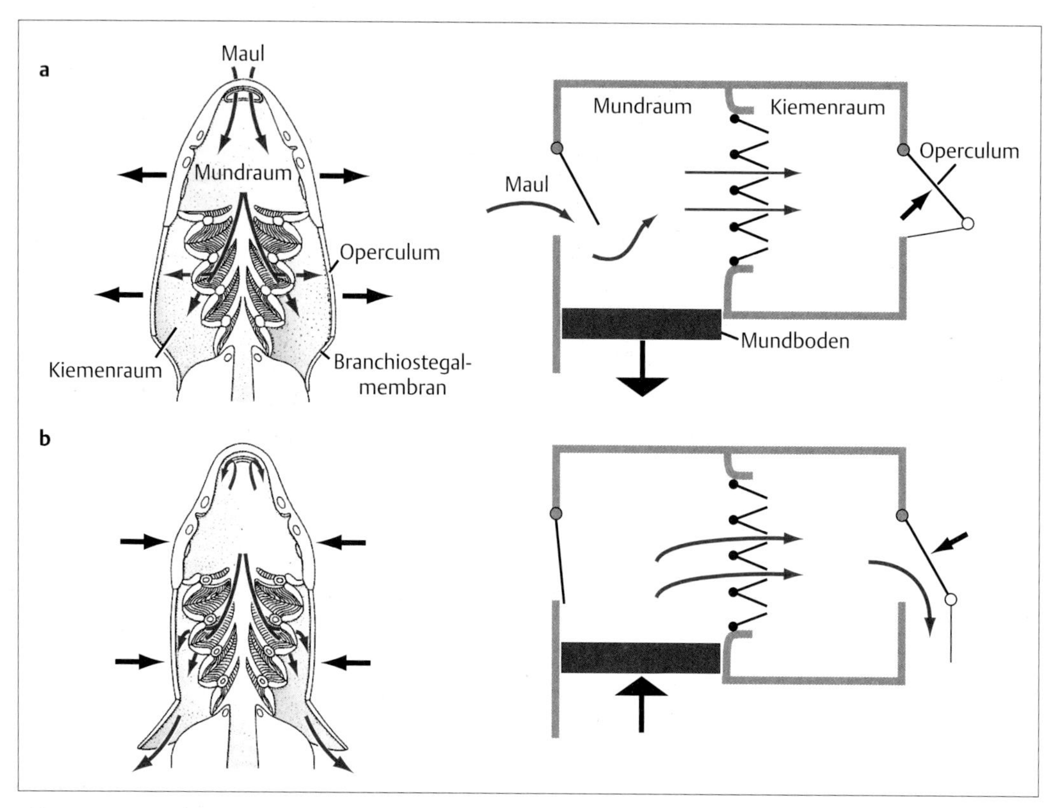

Abb. 3.9 Das Ventilationssystem der Knochenfische während des Einatmens (a) und des Ausatmens (b) (nach Urich 1977)

Die Lungen der Wirbeltiere, außer denen der Amphibien, werden vor allem über Saugpumpen ventiliert. Bei Vögeln wird die eigentliche, sehr kompakte Lunge (**Parabronchien**) über ein spezielles Luftsacksystem mit einem unidirektionalen Luftstrom versorgt; bei Säugern sind Ventilationsapparat und Gasaustauschsystem Teile einer einheitlichen Struktur.

Die Vogellunge wird mehr oder weniger kontinuierlich von Atemluft durchströmt, die aus dem Luftsacksystem stammt (Abb. 3.**10**). Das Volumen der eigentlichen Lunge (Parabronchien) bleibt konstant, die 3 Paar vorderen (vL) und 2 Paar hinteren Luftsäcke (hL) arbeiten wie Blasebälge: Einatmen vergrößert das Luftsackvolumen, Ausatmen verkleinert es. Die Luftröhre gabelt sich in zwei Hauptäste (H), die jeweils eine Lunge durchziehen und in den großen Abdominalsäcken (A) enden. Von den Hauptbronchien ziehen ventrale (V) und dorsale (D) Bronchien weg, die über eine große Zahl feiner Lungenpfeifen (Parabronchien P) – die eigentliche Lunge – verbunden sind (vgl. Abb. 4.**5**). Bei den meisten Vögeln gibt es weitere Parabronchien im Neopulmo (N), die bis zu einem Viertel des Gesamtlungenvolumens ausmachen. Die Atemfrequenz der Vögel ist gewöhnlich niedriger als die der Säuger; sehr kleine Vögel wie z. B. Kolibris (ca. 200–300 min^{-1}) nähern sich aber den Werten von z. B. Spitzmäusen an. Fliegen und andere körperliche Höchstleistungen können die Frequenz um das 12–15fache steigern. Dabei ändert sich das Atemzugvolumen der Vögel kaum. Wegen der Luftsäcke kann es aber wesentlich größer als das der Säuger sein.

Wie arbeitet das Luftsacksystem? Eingeatmetes Indikatorgas befindet sich nach dem ersten Atemzug nur in den hinteren Luftsäcken, nach der nächsten Inspiration ist es in den vorderen Luftsäcken und wird in der anschließenden Exspiration ausgeatmet. Diese und weitere Experimente ergaben folgendes Bild: Die Einatmungsluft strömt zuerst in die hinteren Luftsäcke (und teilweise durch den Neopulmo). Die Luft in den

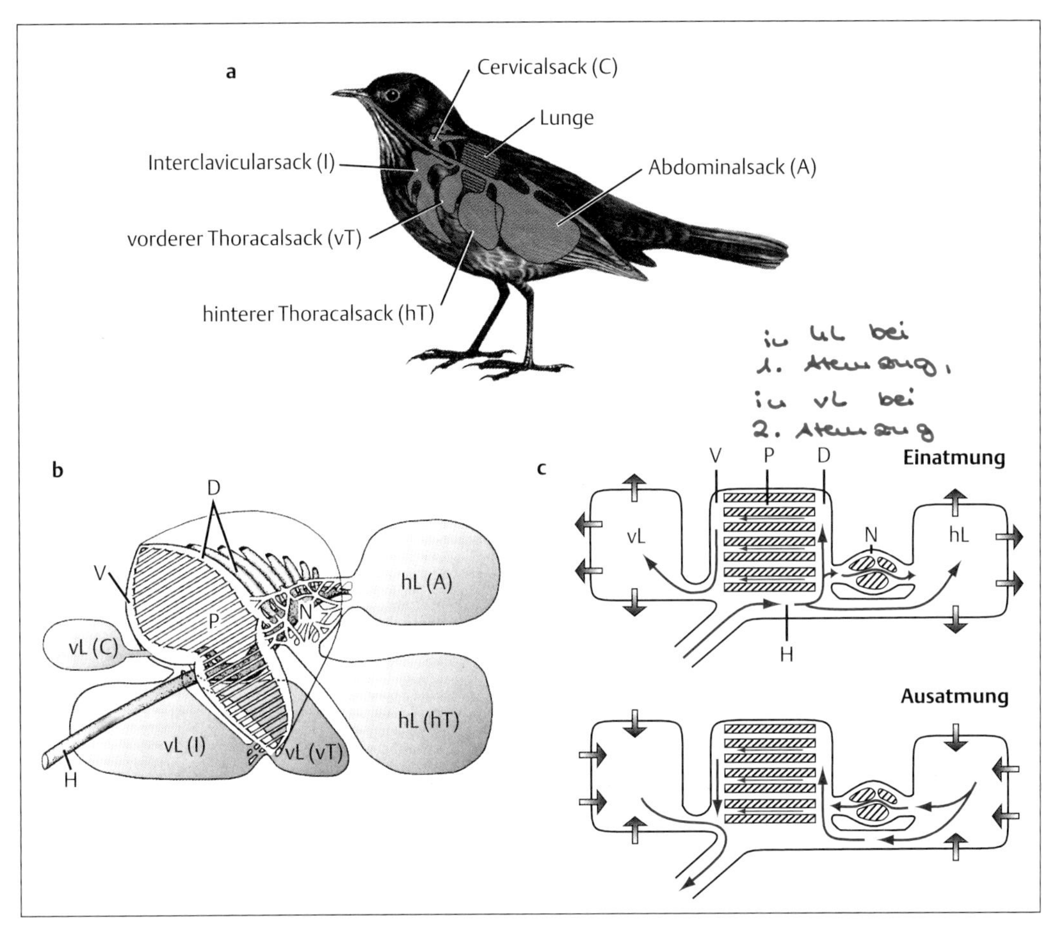

Abb. 3.10 Das Ventilationssystem der Vögel: Lage im Tier (a), Anatomie (b) und Funktion (c). H Hauptbronchus, V Ventrobronchien, P Parabronchien, D Dorsobronchien, vL vordere Lungensäcke, hL hintere Lungensäcke, N Neopulmo (nach Schmidt-Nielsen 1999 und Urich 1977).

Parabronchien strömt dabei in die vorderen Luftsäcke. Beim Ausatmen verläßt die Luft der vorderen Luftsäcke den Vogel, und die Luft der hinteren Luftsäcke strömt in und durch die Parabronchien (bzw. teilweise wieder durch den Neopulmo). Die Steuerung der Luftströme an den Kreuzungspunkten erfolgt nicht mit Hilfe von Ventilen, sondern auf Grund aerodynamischer Effekte, die mit den hohen Strömungsgeschwindigkeiten zu tun haben.

Sowohl während Inspiration als auch während Expiration wird der Neopulmo und die Parabronchien mit Luft durchströmt, letztere sogar stets in gleicher Richtung.

Bei der Säugerlunge sind Ventilationsmechanismus und Gasaustauschzone (Alveolen) eng verknüpft. Einatmen bedeutet Erweiterung des Brustraumes durch Kontraktion (Abflachung) des bauchwärts gerichteten Zwerchfells (Diaphragma) und der die Rippen verbindenden Inspirationsmuskeln (Anhebung der Rippen gegen die jeweilig nächsthöheren). Ausatmen bedeutet Verkleinerung des Brustraumes durch Erschlaffung des Zwerchfells; bei verstärkter Ausatmung kontrahieren zusätzlich Expirationsmuskeln, die die jeweils obere Rippe der darunterliegenden annähern und so eine Thoraxsenkung herbeiführen. Die Bewegungen des Brustkorbes (Thorax) werden elastisch über einen flüssigkeitsgefüllten Spalt (Intrapleuralspalt) von der inneren Thoraxwand auf die Lungenoberfläche übertragen. Einatmen führt zu einem Sog (Unterdruck), ausatmen zu einem Überdruck. Die Lunge selber besteht aus starren, volumenkonstanten Luftwegen (Luftröhre, Bronchien etc.) und dehnbaren Alveolen (vgl. Abb. 4.**2**). Letzendlich sind es also Volumenveränderungen im Alveolarbereich, die zu einem konvektiven Ein- und Ausstrom in die Alveolargänge führen. Der restliche Weg in der Luftphase von den Alveolargängen, in die Alveolen bis zu den respiratorischen Epithelien wird via Diffusion zurückgelegt.

3.11 Funktion der Atmungsorgane der Wirbeltiere: Gegenstrom, Kreuzstrom, „Pool", „Offen"

Ausgehend von einem allgemeinen Modell des Gastransports (Abb. 3.**7**) können wir uns nun die speziellen Gasaustauschsysteme der verschiedenen Wirbeltierklassen ansehen (Abb. 3.**11**). Besondere Bedeutung haben hierbei die jeweiligen Stromrichtungen von Ventilation und Perfusion.

In der Fischkieme (vgl. Abb. 4.**6**) strömen Atemwasser und Blut gegeneinander (**Gegenstrom**). Am Eintrittspunkt des Atemwassers in das Atmungsorgan (Partialdruck P_i) bestehen bestimmte Partialdruckdifferenzen zum ausströmenden arteriellen Blut (P_a). Der $P_{m,O2}$ im Medium fällt dann vom $P_{i,O2}$ kontinuierlich bis zum $P_{e,O2}$ ab, der $P_{b,O2}$ im Blut steigt vom $P_{v,O2}$ kontinuierlich bis zum $P_{a,O2}$ an. Damit werden die Partialdruckdifferenzen (ΔP_{O2}; aber auch ΔP_{CO2}) über die gesamte Länge der Austauschstrecke konstant gehalten. Der entscheidende Vorteil des Gegenstromaustauschers ist die Konstanz des Gastransports in jedem Abschnitt des Austauschbereichs, ermöglicht durch konstante Partialdruckdifferenzen. Bei einem Gleichstromaustauscher (Ventilation und Perfusion in einer Richtung) würden sich die Partialdrucke in Medium und Blut fortlaufend annähern, und der Gasaustausch wäre im Anfangsabschnitt am stärksten und im Endabschnitt nahe Null. Beim Gegenstromaustauscher erreicht das arterielle Blut fast die Partialdrucke des einströmenden Wassers (fast vollständiger Gastransport von einem Medium ins andere), beim Gleichstromaustauscher würden sich die Partialdrucke in beiden Medien in etwa in der Mitte treffen (Annäherung der Gaskonzentrationen in den Medien).

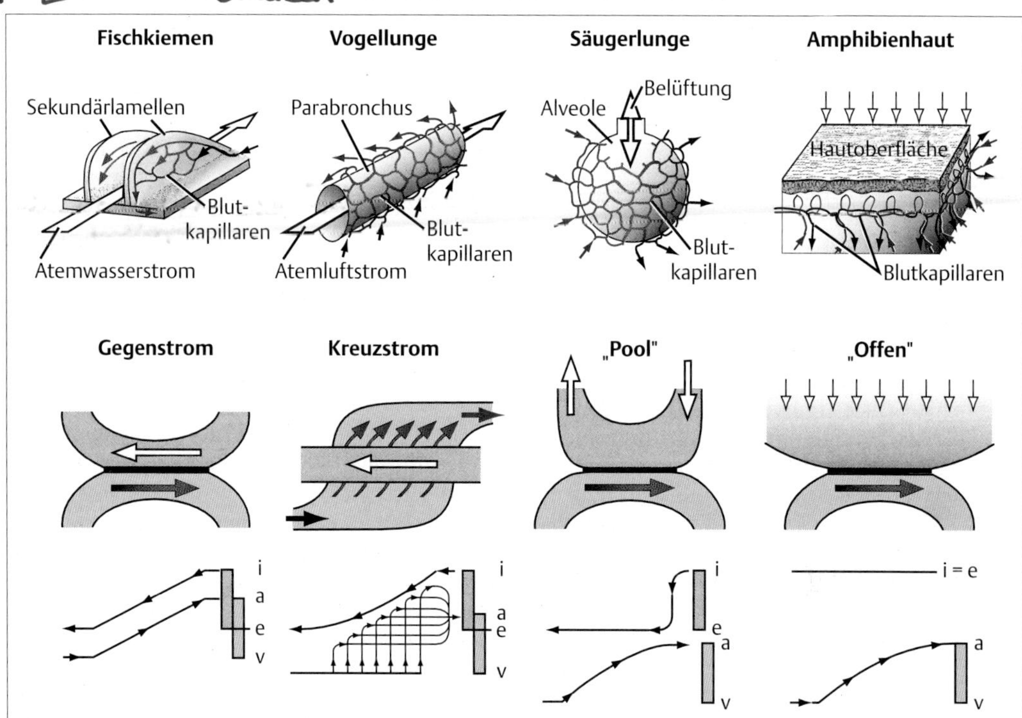

Abb. 3.11 Die Gasaustauschsysteme der Wirbeltiere (nach Scheid et al. 1989)

a: arteriell i: inspired
v: venös e: expired

In der Vogellunge erfolgt der Gastransport in den Parabronchien konvektiv, von dort erfolgt diffusiver Transport in die senkrecht zu diesen stehenden kleinen Luftkapillaren (vgl. Absatz 4.3). Das in den verschiedenen Abschnitten der Parabronchien mit Sauerstoff beladene Kapillarblut gelangt in eine Sammelkapillare; dabei trägt das Kapillarblut nahe der Lufteintrittsöffnung in die Parabronchien am meisten, das nahe der Luftaustrittsöffnung am wenigsten zur Gesamtsauerstoffbeladung bei. Es zeigt sich, daß diese sogenannte **Kreuzstromanordnung** ein recht effektives Austauschsystem darstellt, wobei der arterielle P_{O2} größer als der $P_{e,O2}$ in der ausströmenden Luft sein kann. Dieser Austauscher ist nicht so effektiv wie die Fischkieme, aber effektiver als die Lunge.

Bei der Lunge (**„Pool"**) erreicht der arterielle P_{O2} nicht einmal ganz den P_{O2} der ausströmenden Luft. Die Partialdrucke in den Kapillaren können sich den Partialdrucken in den Alveolen nur annähern.

Bei Hautatmern (z. B. Amphibienhaut) ist die Konduktanz G (der diffusive Leitwert der Haut und der aufgelagerten diffusionsbehindernden Wasserschichten; vgl. Box 4.**1**) so schlecht, daß der arterielle P_{O2} den Sauerstoffpartialdruck der Atmosphäre nicht erreicht, der aber natürlich größer als der P_{O2} der Lungenalveolen ist.

Wir sehen also, daß die besonders ungünstige Situation der Sauerstoffversorgung bei Wasseratmern eine besonders effiziente Art des Gasaustausches in den Kiemen notwendig gemacht hat. Auch bei Crustaceenkiemen ist das Prinzip des Gegenstromaustausches von Gasen verwirklicht.

3.12 Diffusiver Gastransport und größere Tiere

Wie wir gerade am Beispiel der Amphibienhaut gesehen haben, kann auch bei größeren Tieren diffusiver Gastransport erfolgen. Dies setzt aber Diffusion in der Luftphase voraus. Erinnern wir uns, daß Diffusion in der Luft viele tausendmal schneller ist als im Wasser. Trotzdem sind solche Tiere meist träge; sie haben einen relativ geringen Sauerstoffverbrauch, der gerade noch über Diffusion gedeckt werden kann. Amphibien besitzen eine gute Durchblutung der Haut und zusätzlich (ventilierte) innere Atemorgane.

Andere luftatmende Tiere, die Diffusion benutzen, verlagern ihre Atemorgane ins Körperinnere, um die Wasserabgabe zu minimieren. Zu hoher Wasserverlust ist das Hauptproblem eines Luftatmers, stellt aber für die Amphibien der Feuchtgebiete nur ein geringes Problem dar. Diffusion im Außenmedium kommt bei einer großen Zahl von luftatmenden Wirbellosen vor.

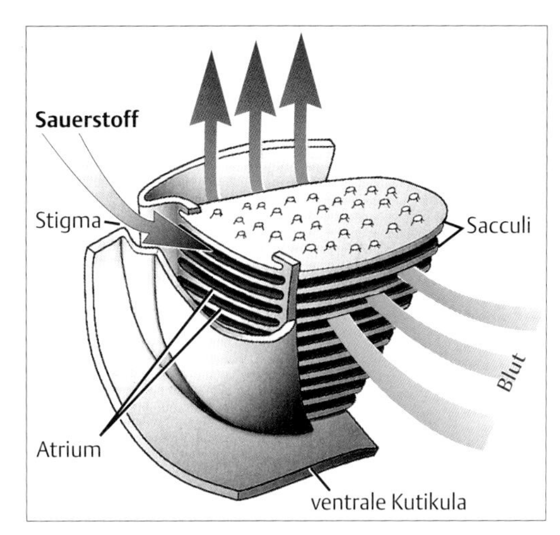

Abb. 3.12 Viele Spinnentiere besitzen Buchlungen als Atemorgane (nach Foelix 1979)

Die meisten Spinnen und Skorpione besitzen im Körperinneren mehrere Buchlungen (Abb. 3.**12**). Der Sauerstofftransport von der Umgebung, durch Eintrittsöffnung (Stigma) und Vorhof (Atrium), in die vielen hämolymphumspülten Atemtaschen (Sacculi; „Buchseiten") erfolgt im wesentlichen über Diffusion. Die Diffusionsstrecke ist hier relativ kurz (wenige mm) und die Querschnittsfläche des Luftweges relativ groß (einige mm^2). Eine Regulation des Gasaustausches erfolgt über Veränderungen der Querschnittsfläche (Diffusionskontrolle) der Stigmen.

Die größte Tiergruppe, die auf innere Gasdiffusion setzt, sind die Insekten. Wir haben weiter oben schon gesehen, daß auch hier Ventilation vorkommt; es gibt aber viele Arten bzw. Entwicklungsstadien (Puppen), die den Sauerstoff von der Atmosphäre zu den Mitochondrien diffusiv transportieren. Die Insekten, aber auch einige Spinnentiere besitzen ein luftgefülltes Röhrensystem im Körperinneren, das **Tracheensystem** (Abb. 3.**13**). Ähnlich wie bei den Buchlungen beginnt dieses mit verschließbaren Eintrittsöffnungen, den Stigmen. Dann folgt das wandverstärkte Röhrensystem, das sich fortlaufend verzweigt und schließlich in feinen Ver-

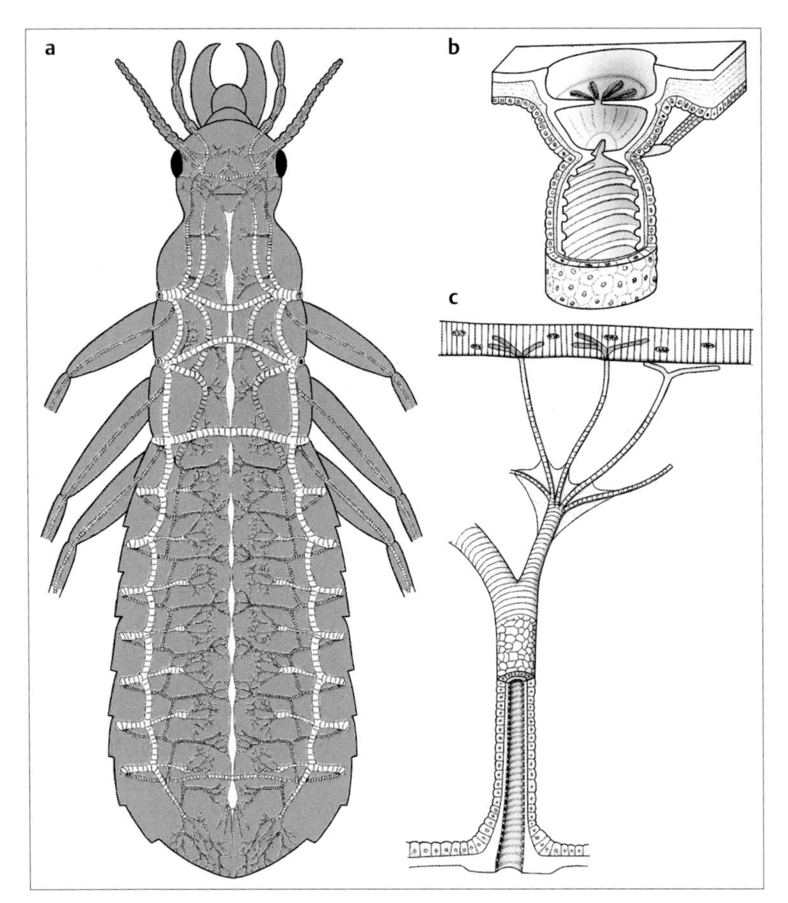

Abb. 3.13 Das Tracheensystem der Insekten besteht aus (a) einem inneren, hochverzweigten Röhrensystem, (b) Eintrittsöffnungen (Stigmen) und (c) der Gasaustauschzone in den Tracheolen, die die Mitochondrien der Zellen fast direkt erreichen (nach Barnes 1987 und Remane, Storch, Welsch 1994).

ästelungen die Zielzellen oder im Flugmuskel die Mitochondrien erreicht. Die Feinverzweigung dient der Einzelzellversorgung, führt aber weiterhin dazu, daß die Oberfläche im Tracheolenbereich stark zunimmt und die Wandstärke abnimmt. Beides erleichtert den Austausch der Gase.

Eine Besonderheit einiger Insekten ist die **diskontinuierliche Atmung** (Abb. 3.**14**). Genauere Beobachtung der Stigmen ergab, daß es Phasen gibt, wo diese fest verschlossen sind (C: „constricted"). Es schließt sich eine Phase an, bei der sich die Stigmen immer wieder kurz öffnen und schließen – sie „flattern" (F: „fluttering"). Schließlich gibt es eine dritte Phase, bei der die Stigmen sich für eine kurze Zeit ganz öffnen (O: „open"). Was passiert hier? Während der C-Phase wird der aufgenommene und im Tracheensystem befindliche Sauerstoff verbraucht; das dabei entstehende Kohlendioxid löst sich in den Körperflüssigkeiten und Geweben.

Ein Gaswechsel über die Stigmen findet nicht statt. Nachdem der P_{O2} im Tracheensystem stark gesunken und der P_{CO2} dort nicht so stark angestiegen ist – Kohlendioxid ist vor allem in der wäßrigen Phase gelöst – entsteht ein gewisser Unterdruck in den Röhren. Wenn jetzt in der F-Phase die Stigmen kurz öffnen, gelangt Sauerstoff einerseits konvektiv mit dem Luftstrom und andererseits diffusiv entlang seines Partialdruckgefälles ins Körperinnere. Kurz bevor der Unterdruck abgebaut ist, schließen die Stigmen wieder, und das Spiel beginnt von Neuem (Unterdruckbildung). Dieser Vorgang erlaubt den Insekten frische Luft (Sauerstoff) aufzunehmen, ohne viel Kohlendioxid und Wasser (!) abgeben zu müssen, denn deren Auswärtsdiffusion wird durch den konvektiven Einstrom stark behindert. Letzterer führt auch zu einer Anreicherung von Stickstoff im Tracheensystem und damit zu verstärkter Auswärtsdiffusion von N_2. Erst nachdem sehr viel CO_2 im Tier akkumuliert

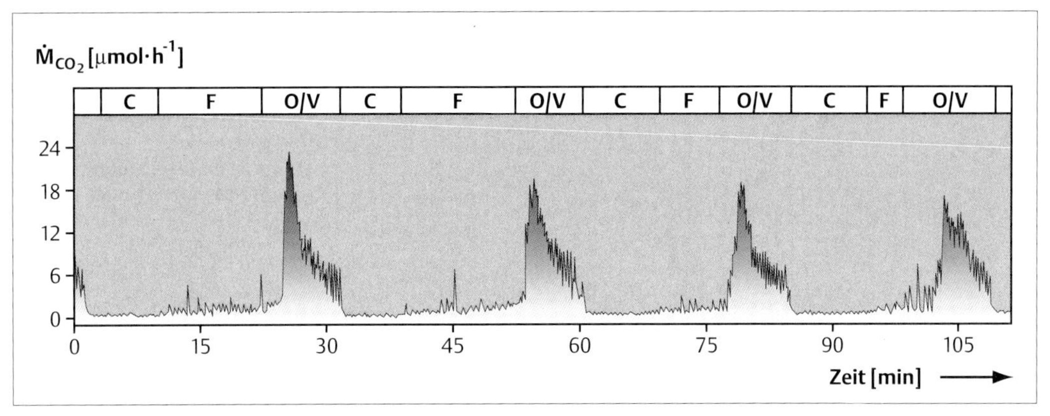

Abb. 3.14 Diskontinuierliche Atmung (CFV-Atmung) bei einem ruhenden Schabenmännchen Periplaneta americana (nach Kestler 1984) C: Constricted F: fluttering O: Open V: Ventilation

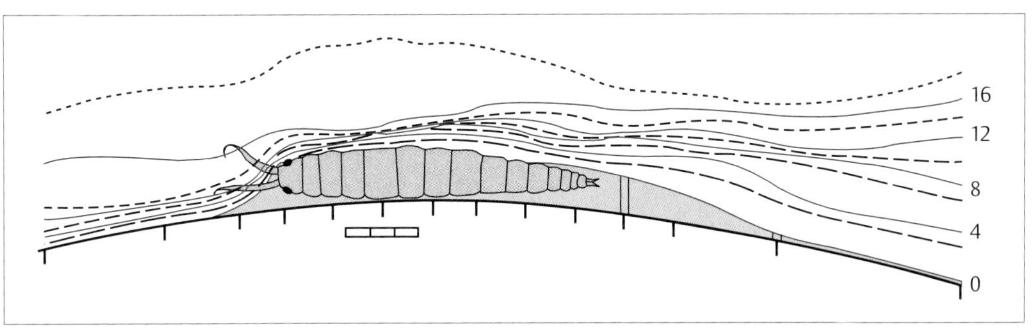

Abb. 3.15 Strömungslinien, also Orte gleicher Strömungsgeschwindigkeit (in cm/s), um einen Bachflohkrebs (nach Lampert und Sommer 1993)

wurde, öffnen sich die Stigmen weit (O-Phase), und das gesamte Kohlendioxid wird rasch abgegeben und der Sauerstoff erneuert. Dieser Austausch kann durch ventilatorisches Pumpen unterstützt werden (dann nennt man diesen Zeitabschnitt V-Phase). Der entscheidende Vorteil der diskontinuierlichen Atmung ist die Minimierung der Wasserverluste: Nur in der relativ kurzen O/V-Phase kann Wasser verloren gehen. Dieser Mechanismus ist vor allem für Bewohner der Trockengebiete, aber auch für Stadien (Puppen), denen eine Wasseraufnahme verwehrt ist, von großer Bedeutung.

3.13 Konvektion und Diffusionsgrenzschichten

Auf Grund von Adhäsionskräften kommt es bei Wasser- und Hautatmern zur Anlagerung von Wasserschichten an das respiratorische Epithel; es bildet sich eine Stillwasserzone mit rein diffusivem Gastransport. Strömungen im Wasser beeinflussen die Dicke dieser Grenzschicht: Je stärker die Strömung, umso dünner wird diese, den Gasaustausch behindernde Schicht, da ihre äußere Zonen in Bewegung geraten. Die Atmung wird erleichtert, da konvektiver Gastransport um Größenordnungen schneller ist als diffusiver Transport. Die Atmung von Fließgewässerorganismen (Abb. 3.**15**) oder von Fischeiern wird so deutlich verbessert.

3.14 Selbsterzeugte Sauerstoffsenken

Viele kleine Wasseratmer würden von den durch Eigenbedarf entstandenen hypoxischen Bereichen um sie herum beeinträchtigt werden. Sie müssen fortlaufend diese selbsterzeugten Sauerstoffsenken verlassen und sauerstoffreiches Wasser aufsuchen oder Frischwasser her-

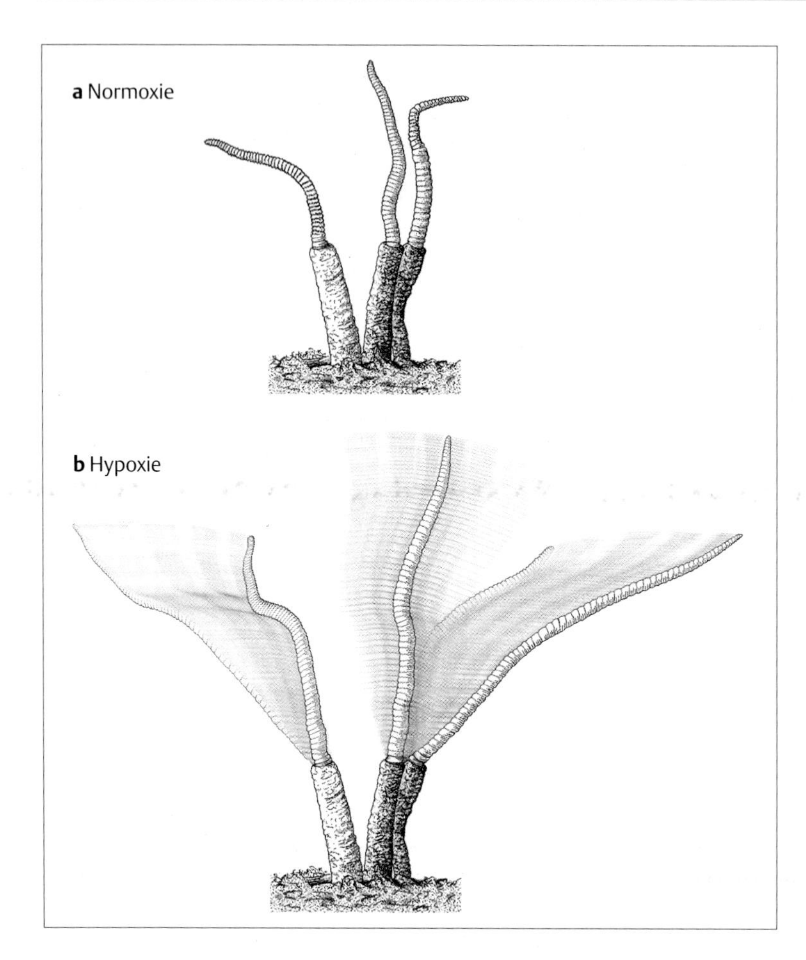

Abb. 3.16 Bei ausreichender Sauerstoffversorgung befindet sich Tubifex größtenteils in seiner Röhre (a). Bei geringer werdenden Wasserströmungen (Sauerstoffmangel) kommt er weit heraus und beginnt mit heftigen Schlängelbewegungen (b)

anfördern. Die Schlängelbewegungen des teils im Schlamm der Fluß- und Seeränder verankerten Wurmes *Tubifex* (Abb. 3.**16**) oder die ruckartigen Schwimmbewegungen des Wasserflohs *Daphnia* dienen neben anderen Zwecken (Nahrungsaufnahme, Flucht etc.) auch solchen Aufgaben.

4 Gasaustauschorgane: Diffusion

4.1 Diffusion von Gasen 43
4.2 Gasaustausch in der menschlichen Lunge 44
4.3 Gasaustausch in der Vogellunge 46
4.4 Gasaustausch über die Amphibienhaut 47
4.5 Gasaustausch in den Fischkiemen 47
4.6 Physikalische Kieme und Plastron 48
4.7 Integument, Kiemen und Lungen 50

Vorspann

Innerhalb des Außenmediums (Salzwasser, Süßwasser, Luft) oder des Innenmediums (Extrazellulärflüssigkeit, Blut) erfolgt Gastransport meist konvektiv im Mediumsstrom, und Konduktanzgleichungen (Fick'sches Prinzip) dienen zu dessen quantitativer Beschreibung (Kap. 3). An den Gasaustauschorganen (Körperoberfläche, Kiemen, Lungen) findet der Gastransport von einem Medium ins Andere mit Hilfe von Diffusion statt. Diffusiv erfolgen auch die Gasaustauschprozesse zwischen Extrazellulärflüssigkeit/Blut und Zellen. Die treibende Kraft für Gasaustauschvorgänge zwischen unterschiedlichen Medien sind aber nicht Konzentrationsunterschiede, sondern Partialdruckdifferenzen, so daß eine modifizierte Form des Fick'schen Diffusionsgesetzes der quantitativen Beschreibung dient. Die eigentlichen Orte des Gasaustausches (Epithelien der Haut, Kiemen und Lungen) weisen zur Optimierung der Gasaustauschrate eine Maximierung der Fläche und eine Minimierung der Strecke auf. Unterschiedliche Krogh-Konstanten für Sauerstoff und Kohlendioxid bedingen unterschiedliche Partialdruckdifferenzen für beide Gase. Luftatmer nutzen meist Lungen (Einstülpungen der Körperoberfläche), Wasseratmer meist Kiemen (Ausstülpungen der Körperoberfläche) für den Gasaustausch. Beide Tiergruppen können aber auch direkt Teile der Körperoberfläche für den Gasaustausch verwenden.

4.1 Diffusion von Gasen

Gleichverteilung einer Substanz ist der wahrscheinlichste Zustand. Liegt eine Ungleichverteilung vor, so gibt es solange einen Netto-Flux dieser Substanz von einem Ort höherer zu einem Ort niedrigerer Konzentration bis der Unterschied ausgeglichen ist (Diffusion; s. Kap. 1). Diese Gesetzmäßigkeit (Fick'sches Diffusionsgesetz) gilt im Prinzip auch für Gase, wobei hier aber einige Besonderheiten zu berücksichtigen sind. Betrachten wir ein Beispiel (Abb. 4.**1**): Wenn wir Gasdiffusion zwischen zwei Räumen betrachten, der eine mit einem Öl, der andere mit Salzwasser gefüllt, so stellen wir fest, daß Sauerstoff von einem Ort niedrigerer zu einem Ort höherer Konzentration diffundiert.
Eine Aufhebung des Fick'schen Diffusionsgesetzes? Nein; aber wir müssen die quantitative Beschreibung der Gasdiffusion etwas modifizieren. Wenn wir Gasdiffusion nicht nur in einem Medium betrachten, sondern die Diffusion eines Gases von einem Medium in ein Anderes, so ist die treibende Kraft die Partialdruckdifferenz des Gases (Box 4.**1**). Diffusion von Gasen zwischen zwei unterschiedlichen Medien tritt an allen Gasaustauschorganen (Haut, Kiemen, Lungen) auf. Sauerstoff diffundiert vom Außenmedium in die Extrazellulärflüssigkeit oder ins Blut. Kohlendioxid diffundiert vom Innenme-

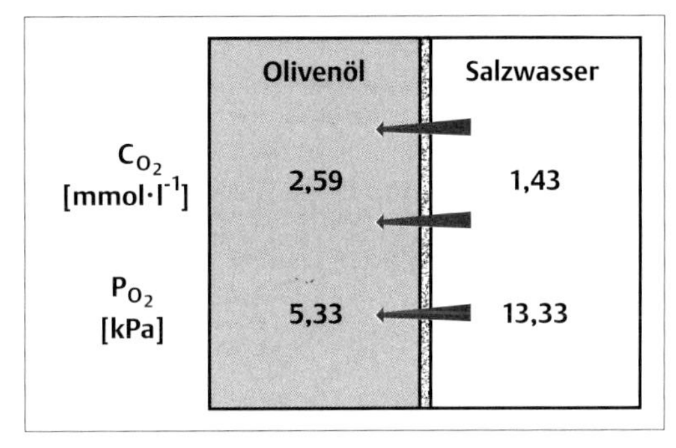

Abb. 4.1 Diffusion von Sauerstoff durch eine Membran entlang einer Partialdruckdifferenz (P), aber gegen eine Konzentrationsdifferenz (C), von einem mit Salzwasser in einen mit Olivenöl gefüllten Raum (nach Dejours 1981).

Box 4.1 Gasdiffusion

Die Diffusion von Gasen zwischen unterschiedlichen Medien hängt von Partialdruckdifferenzen und nicht von Konzentrationsunterschieden ab. Folglich gilt für die Transportrate eines Gases ($\dot{M}_g$):

$$\dot{M}_g = D_g \times \beta_g \times (F/l) \times \Delta P_g$$

(Modifiziertes Fick'sches Diffusionsgesetz)

D_g: Diffusionskonstante des Gases; β_g: Kapazitäts- bzw. Löslichkeitskoeffizient des Gases (siehe Kap. 3); F, l: Fläche und Länge des Diffusionsbereichs; ΔP_g: Partialdruckdifferenz des Gases

Häufig wird $D_g \times \beta_g$ zusammengefaßt zur sogenannten Krogh-Konstante (**K_g**):

$$\dot{M}_g = K_g \times (F/l) \times \Delta P_g$$

Schließlich kann diese Diffusionsgleichung analog der Konduktanzgleichung (Box 3.**3**) formuliert werden:

$$\dot{M} = G_{diff} \times \Delta P$$

G_{diff}: Diffusive Konduktanz des Gases

Box 4.2 Krogh-Konstanten

Krogh-Konstanten für Sauerstoff und Kohlendioxid in verschiedenen Medien (pmol Gas sec^{-1} cm^{-1} kPa^{-1}; 20 °C; nach Dejours 1981 und Wells 1980):

Luft

Ko_2	$102{,}63 \cdot 10^3$
Kco_2	$82{,}1 \cdot 10^3$

Destilliertes Wasser

Ko_2	0,34
Kco_2	6,98

Froschmuskel

Ko_2	0,11
Kco_2	3,9

Chitin

Ko_2	$9{,}75 \cdot 10^{-3}$

dium ins äußere Salzwasser, Süßwasser oder in die Luft.

Bei einer quantitativen Betrachtung dieser Prozesse müssen wir besonders die unterschiedlichen Krogh-Konstanten für beide Gase berücksichtigen (Box 4.**2**). Sauerstoff ist etwas leichter als Kohlendioxid (Molekulargewichte: 32 *vs.* 44) und diffundiert deshalb in der Luft etwas schneller (Do_2: 0,25 cm^2 sec^{-1}, Dco_2: 0,2 cm^2 sec^{-1}; T = 20 °C). Betrachten wir aber die Diffusion in Wasser, so bewegt sich zwar das Einzelmolekül Sauerstoff immer noch etwas schneller als das Einzelmolekül Kohlendioxid (Do_2: $2{,}5 \times 10^{-5}$ cm^2 sec^{-1}, Dco_2: $1{,}8 \times 10^{-5}$ cm^2 sec^{-1}; T = 20 °C), die pro Zeiteinheit transportierte Gesamtmenge Kohlendioxid ist aber auf Grund der höheren Löslichkeit dieses Gases in Wasser viel höher als beim Sauerstoff (Unterschied der Krogh-Konstanten um einen Faktor von ca. 21 in Wasser mit einer Temperatur von 20 °C).

4.2 Gasaustausch in der menschlichen Lunge

Durch Ventilation (Kap. 3) gelangen Luftströme in die menschliche Lunge oder aus ihr heraus. Über Luftröhre (Trachea), Hauptbronchien, Nebenbronchien, Terminalbronchiolen gelangt der konvektive Luftstrom in die zum Gasaustausch befähigten Teile der Lunge (Acinus, Acini): respiratorische Bronchiolen, Alveolargänge, Alveolarsäcke, Alveolen (Abb. 4.**2**). Volumen- bzw. Druckänderungen in diesem Bereich sind die treibende Kraft für den konvektiven Ventilationsstrom.

Der Transport in den Blutraum oder umgekehrt von dort in die Acini erfolgt aber mit Hilfe von Diffusion. Die einzelnen Teilbereiche der diffusiven Gasaustauschregion lauten: endalveolare Lufträume, wäßriger Film aus sogenannten „surfactants" (reduzieren die Oberflächenspannung der Grenzfläche und verhindern ein Kollabieren der Alveolen), Alveolarepithel, interstitieller Raum, Kapillarendothel, Blutplasma und Innenraum der Erythrocyten (Abb. 4.**3**). Die Diffusion in der Luftphase (endalveolarer Raum: 50–300 µm) ist um Größenordnungen leichter und schneller als in den nachfolgenden und unterschiedlichen „wäßrigen Medien" (Zellen, Plasma; Gesamtstrecke: ca. 1–2 µm), da sich dabei die Krogh-Konstanten um einen Faktor 20000–900000 unterscheiden (Box 4.**2**). Auf jeden Fall wird die Diffusionsstrecke in der „wäßrigen Phase" minimiert (1–2 µm), und die Diffusionsfläche maximiert: ca. 300 Millionen Lungenbläschen (Alveolen) bilden eine Austauschfläche von ca. 100 m^2 (die Hälfte eines Tennisplatzes), so daß der Term „F/l" im Fick'schen Diffusionsgesetz (Box 4.**1**) sehr groß wird. Die Partialdrucke im strömenden Kapillarblut nähern sich denen in den Lufträumen (Alveolen) an, erreichen sie aber nicht ganz, da ein Teil der Partialdruckdifferenz für den diffusiven Transport benötigt wird (Abb. 4.**4**, Tab 4.**1**).

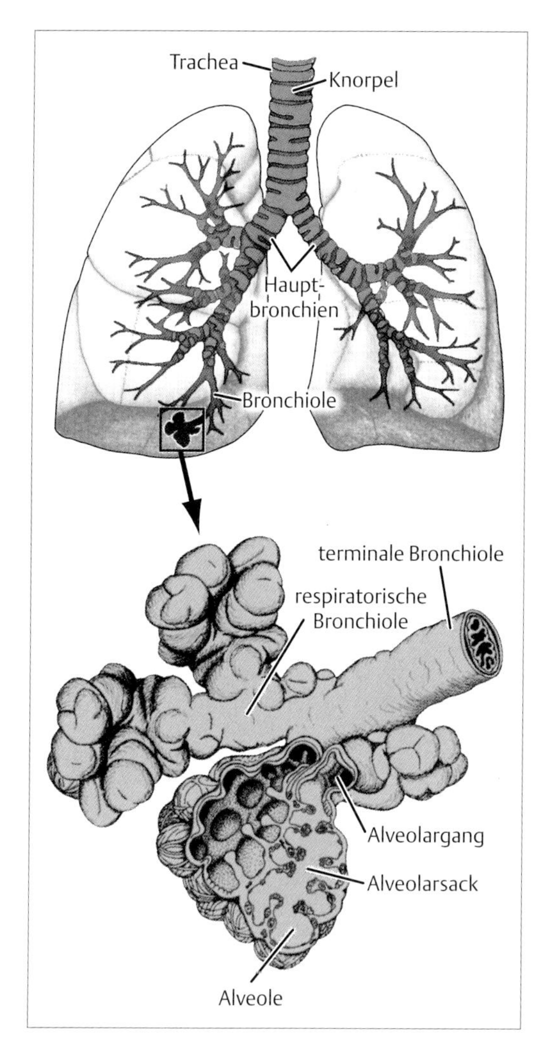

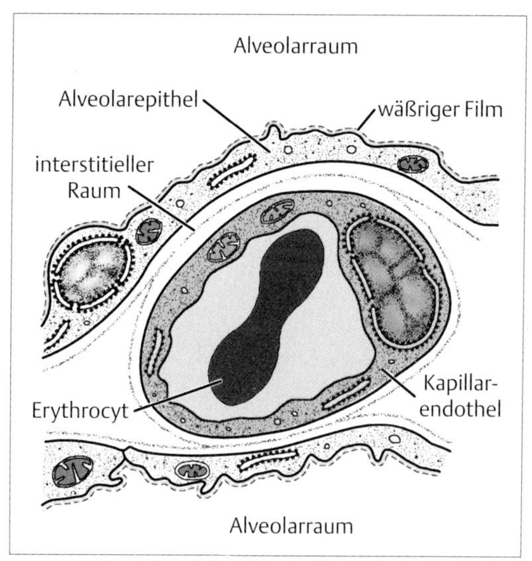

Abb. 4.3 Diffusionsstrecke (ca. 1–2 µm) in „wäßrigem Medium“ (Zellen, Blutplasma) in der menschlichen Lunge (nach Remane et al. 1994)

Abb. 4.2 Durch Knorpel befestigte Luftwege (oben) und Gasaustauschbereiche (Acinus; unten) in der menschlichen Lunge (nach Oehlmann und Markert 1997, Faller 1974)

Während der Passage einer Alveole durch einen Erythrocyten im Kapillarblut (Kontaktzeiten: 0,75 sec in Ruhe; 0,25 sec bei körperlicher Arbeit) diffundiert Sauerstoff von der Alveole in den Erythrocyten und wird durch Hämoglobin chemisch gebunden (Kap. 5). Kohlendioxid wird aus Bikarbonat oder aus der Karbaminoverbindung frei (Absatz 5.7) und nimmt den umgekehrten Weg.

Analysieren wir kurz die Gaspartialdrucke, die im Bereich der menschlichen Lunge auftreten (Tab. 4.**1**). Die Einatmungsluft gelangt konvektiv in die Alveolen. Von dort diffundiert Sauerstoff ins Blut, eindiffundierendes Kohlendioxid reichert sich zusammen mit Wasserdampf an. Beim Ausatmen vermischt sich die Alveolarluft mit der Restluft in den nicht an der Atmung beteiligten Luftwegen, so daß die Ausatmungsluft zwar immer noch voll mit Wasserdampf gesättigt ist, aber wieder etwas mehr Sauerstoff und etwas weniger Kohlendioxid enthält als die Alveolarluft. Die Ausatmungsluft besitzt also aus zwei Gründen einen deutlich höheren Sauerstoffpartialdruck als das arterielle Blut: (i) Partialdruckabfall in der „wäßrigen Austauschzone“ (Zellen, Plasma) zwischen Alveolen und Blut und (ii) Restluft-Beimischung (siehe auch Abb. 3.**11**; „Pool“-Modell). Die Partialdrucke aller vier am Gemisch beteiligten Gase (O_2, CO_2, N_2, Wasserdampf) summieren sich zum Luftdruck. Da der Wasserdampfpartialdruck nur von der Körpertemperatur (37 °C) abhängig ist, verändert sich der Partialdruck des Teilgases Stickstoff in der Lunge.

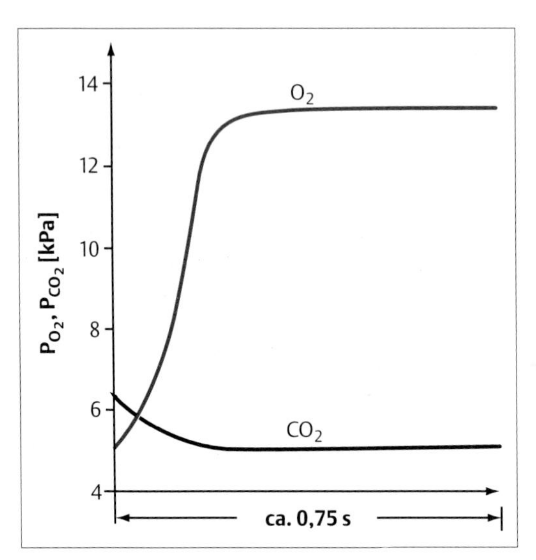

Abb. 4.4 Partialdruckveränderungen im Kapillarblut während der Alveolarpassage (nach Silbernagel und Despopoulos 1991)

Tab. 4.1 Gaspartialdrucke (kPa) im Bereich der menschlichen Lunge (aus Silbernagel und Despopoulos 1991)

	P_{O_2}	P_{CO_2}	P_{N2}	P_{H_2O}
Einatmungsluft (trocken)	21,17	0,03	80,13	
Ausatmungsluft	15,33	4,4	75,33	6,27
Alveolen	13,33	5,2	76,5	6,27
Kapillarblut (arteriell)	12,66	5,47		6,27
Kapillarblut (venös)	5,33	6		6,27

Die Partialdruckdifferenzen, die treibenden Kräfte für den diffusiven Gastransport zwischen Acini und Erythrocyten werden entlang der Alveolarpassage fortlaufend kleiner und verändern sich beim Sauerstoff von 8 auf 0,67 kPa und beim Kohlendioxid von 0,8 auf 0,27 kPa. Die arteriellen Sauerstoffpartialdrucke bleiben am Ende etwas unterhalb (um 0,67 kPa), die arteriellen Kohlendioxidpartialdrucke etwas oberhalb (um 0,27 kPa) der alveolaren Partialdrucke, da Partialdruckdifferenzen für die Diffusion durch die „wäßrige Austauschzone" (Abb. 4.**3**) benötigt werden.

Die Unterschiede in den Partialdruckdifferenzen für Sauerstoff und Kohlendioxid (maximal um einen Faktor 10: 8 *vs.* 0,8 kPa) hängen vor allem mit den deutlich unterschiedlichen Krogh-Konstanten in wäßrigen Medien zusammen (Box 4.**2**). Die Dynamik der Partialdruckveränderungen (Faktor 12 für Sauerstoff: 8 *vs.* 0,67 kPa; Faktor 3 für Kohlendioxid: 0,8 *vs.* 0,27 kPa) wird von den Kapazitätskoeffizienten im Blut bestimmt (Abb. 3.**5**).

Arterielles Blut ist sauerstoffreich und etwas kohlendioxidärmer, venöses Blut ist sauerstoffarm und etwas kohlendioxidreicher. Die Sauerstoffpartialdruckabnahme im Blut von 12,66 auf 5,33 kPa (Differenz: 7,33 kPa) im ruhenden Menschen bewirkt eine Sauerstoffbeladungsabnahme des Hämoglobins von ca. 8,96 mmol O_2/ l Blut (97% Sättigung) auf 6,75 mmol O_2/ l Blut (73% Sättigung; vgl. Abb. 3.**5**). Die Kohlendioxidpartialdruckzunahme im Blut von 5,47 auf 6 kPa (Differenz: 0,53 kPa) bewirkt eine Zunahme im chemisch gebundenen Anteil (Bikarbonat/Karbaminoverbindung) von ca. 20,9 (19,7/1,2) mmol CO_2/l Blut auf 23 (21,5/1,5) mmol CO_2/l Blut (vgl. Abb. 3.**5**). Die physikalisch gelösten Mengen Sauerstoff bzw. Kohlendioxid im Blut ändern sich dabei von 0,12 auf 0,05 mmol O_2/l Blut bzw. von 1,2 auf 1,4 mmol CO_2/l Blut. Die Unterschiede in den Gesamtkonzentrationen von Sauerstoff bzw. Kohlendioxid im arteriellen und venösen Blut sind weitgehend identisch (2,28 mmol O_2/l Blut bzw. 2,3 mmol CO_2/l Blut) und hängen nur von der Ernährungsweise ab: Je nach der genutzten Nährstoffklasse (Kohlenhydrate, Fette, Eiweiße) ändert sich der respiratorische Quotient (R), und damit auch die Gaskonzentrationsdifferenzen im Blut.

4.3 Gasaustausch in der Vogellunge

Das Luftsacksystem der Vogellunge (Abb. 3.**10**) führt zu einer konvektiven Versorgung der eigentlichen Gasaustauschzone dieser Lunge, den Parabronchien, sowohl bei der Einatmung als auch bei der Ausatmung. Diese mehrere Zentimeter langen und an beiden Seiten offenen Luftpfeifen werden von dorsal nach ventral durchströmt (Abb 4.**5**). Der eigentliche Gasaustausch ist aber ähnlich wie bei der Säugerlunge wieder diffusiv. Sauerstoff diffundiert in die senkrecht an die Parabronchien angeschlossenen Luftkapillaren und von dort durch verschiedene Gewebsschichten in die Blutkapillaren. Kohlendioxid nimmt den umgekehrten Weg.

Der Luftstrom in den Parabronchien und der Blutstrom in den Kapillaren bilden eine kreuzförmige Anordnung (siehe Abb. 3.**11**). Dies bedeutet für den Gasaustausch folgendes: Dorsale Luftkapillaren besitzen hohe Sauerstoffpartialdrucke und niedrige Kohlendioxidpartialdrucke; bei den ventralen Luftkapillaren ist es umgekehrt. Dorsale Blutkapillaren können deshalb mehr Sauerstoff von den Luftkapillaren übernehmen als ventrale. Für Kohlendioxid gilt entsprechendes. Das Kapillarblut der einzelnen Anreicherungszonen (von dorsal bis ventral) wird schließlich gemischt und der Partialdruck des arterialisierten Gesamtblutes kann höher (Sauerstoff) oder niedriger (Kohlendioxid) liegen, als die Partialdrucke im Luftstrom, der aus den Parabronchien austritt.

4.4 Gasaustausch über die Amphibienhaut

Bei Hautatmern wie z. B. bei Amphibien liegen die Partialdrucke des umgebenden Mediums direkt an der Gasaustauschzone (Epithelien der Körperoberfläche incl. äußerer Diffusionsgrenzschichten) an (Abb. 3.**11**). Diese Situation ist für den Gasaustausch an sich günstig. Andererseits ist die diffusive Konduktanz (G_{diff}; vgl. Box 4.**1**) aber meist so gering, daß die arteriellen Partialdrucke weit weg von den Mediumspartialdrucken liegen.

4.5 Gasaustausch in den Fischkiemen

Bei vielen ventilierenden Wasseratmern (Fischen, Crustaceen) bilden Wasserstrom und Blutstrom einen Gegenstromaustauscher (Abb. 3.**11**). Die eigentliche Gasaustauschzone bilden bei Knochenfischen Kiemen mit folgendem Aufbau: Vier Kiemenbögen auf jeder Seite des Fisches weisen seitliche, paarige Kiemenfilamente auf, auf denen wiederum senkrecht oben und unten dünnhäutige Lamellen sitzen (Abb. 4.**6**). In den Lamellen strömt Blut entgegengesetzt zum Wasserstrom. Die Gase diffundieren ihren Partialdruckgefällen folgend über mehrere Schichten zwischen Wasser und Blut: Äußere Schleimschicht, Epithel, Basalmembran, Kapillarendothel, Blutplasma, Zellraum der Erythrocyten (Abb. 4.**7**). Die Diffusionstrecke in der „wäßrigen Phase" beträgt hier ca. 3–8 µm.

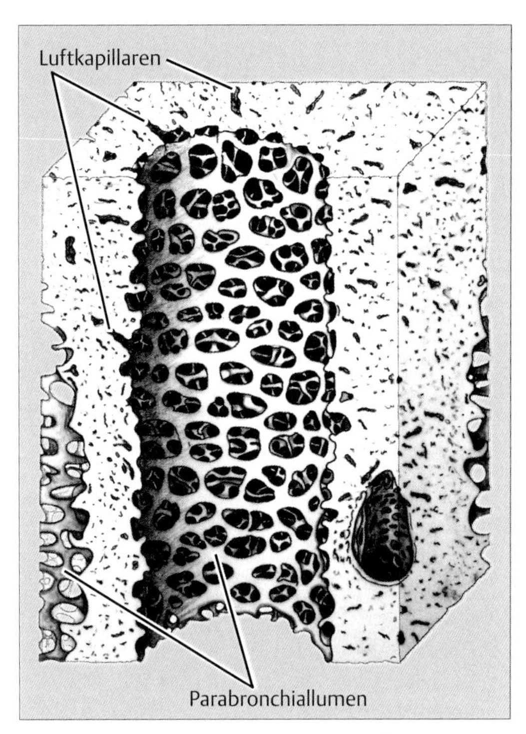

Abb. 4.5 Gasaustauschzone in der Vogellunge: Parabronchus mit seitlichen Luftkapillaren (nach Schmidt-Nielsen 1980)

Einströmendes Wasser hat den höchsten Sauerstoffpartialdruck und den niedrigsten Kohlendioxidpartialdruck. Diffusiver Gasaustausch findet hier mit Kapillarblut statt, das bereits stark sauerstoffgesättigt bzw. von Kohlendioxid entleert ist. Kurz vor dem Ausstrom tauscht das Wasser noch einmal Gase mit venösem Kapillarblut aus. Die Partialdruckdifferenz zwischen Wasserstrom und Blutstrom bleibt über die gesamte Lamellenlänge konstant, und der diffusive Gasaustausch findet über die gesamte Lamellenoberfläche statt. Dieser Gegenstromaustauscher hat zur Folge, daß das arterialisierte Blut Partialdrucke besitzt, die deutlich höher (Sauerstoff) bzw. niedriger (Kohlendioxid) sind als die im ausströmenden Wasser. Gase werden höchst effizient von einem Medium ins andere transferiert.

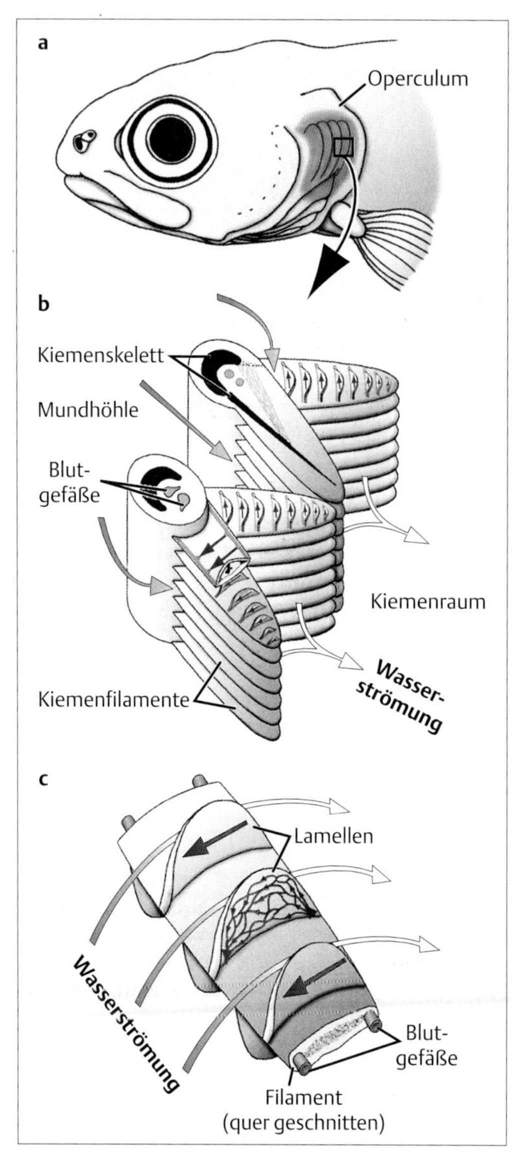

Abb. 4.6 Gasaustauschzonen in den Fischkiemen: Wasserstrom und Kapillarblut in den Lamellen bilden einen Gegenstromaustauscher (nach Eckert 1993)

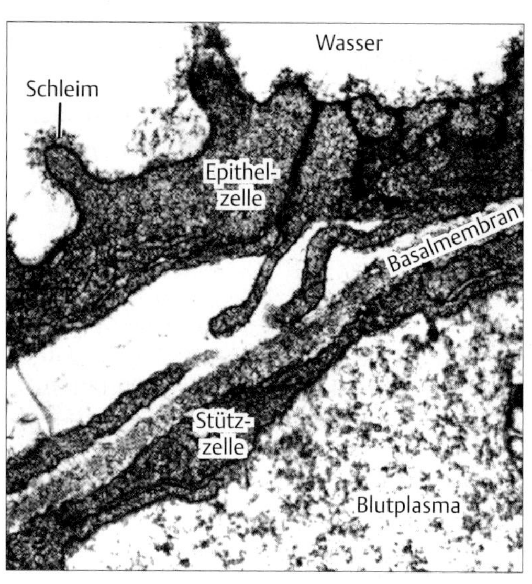

Abb. 4.7 Diffusionsstrecke (ca. 3–8 µm) in wäßrigem Medium (Zellen, Blutplasma) in den Fischkiemen (nach Eckert 1993)

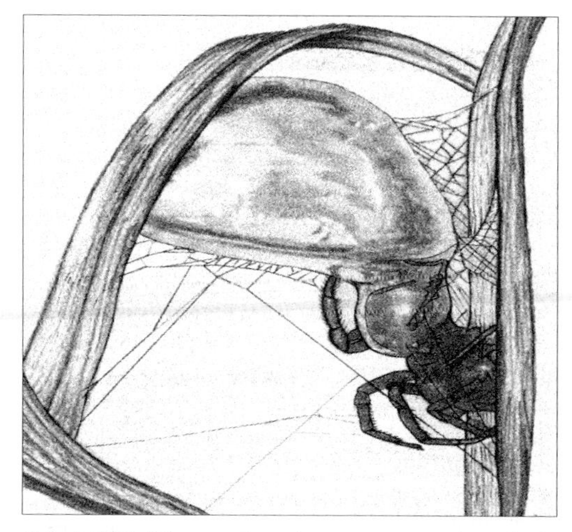

Abb. 4.8 Die Wasserspinne *Argyroneta aquatica* mit einer Luftblase (nach Stern und Kullmann 1981)

4.6 Physikalische Kieme und Plastron

Arthropoden wie z. B. einige Insekten (Gelbrandkäfer, Notonectidae, Corixidae) und Spinnen (*Argyroneta aquatica*) nehmen an der Wasseroberfläche Luftvorräte auf und können mit diesen für einige Zeit unter Wasser leben (Abb. 4.**8**). Die Nutzung dieser Luftblasen ist etwas komplizierter, als es auf den ersten Blick erscheint. Wird das Wasser vor einem Experiment mit Stickstoff äquilibriert, so reicht der Vorrat in der Blase für ca. 5 Minuten. Bei Verwendung von Luft reicht dieser für ca. 6 Stunden. Überraschenderweise führt eine Äquilibrierung mit reinem Sauerstoff zu einer Verminderung der maximalen Tauchzeit auf 35 Minuten. Entscheidend für die Verwendung der Luftblasen ist Stickstoff. Fangen wir mit der Situation an der Wasseroberfläche an. Luft ist im wesentlichen ein Gemisch aus Sauerstoff und Stickstoff. Bleibt das Tier nahe der Wasseroberfläche ist der Luftdruck in der Blase in etwa gleich dem Luftdruck in der Atmosphäre. Das Tier entnimmt der Blase Sauerstoff, der z. B. ins Tracheensystem diffundiert und von dort in die Zellen gelangt. Das vom Tier produzierte Kohlendioxid gelangt ins Freie und löst sich gut im umgebenden Wasser. Das Problem ist aber der Stickstoff. Da Sauerstoff aus der Blase verschwindet und der Luftdruck in der Blase gleich bleibt (P_{atm} = konstant), steigt automatisch der Stickstoffpartialdruck ($P_{N2}\uparrow$). Auf Grund der Sauerstoffentnahme sinkt der Sauerstoffpartialdruck ($Po_2\downarrow$) in der Blase. Es gilt prinzipiell: $P_{atm} = Po_2 + P_{N2}$. Da das Oberflächenwasser mit Luft äquilibriert ist, entstehen Partialdruckdifferenzen für Sauerstoff und Stickstoff. Der Po_2 in der Blase wird kleiner, der P_{N2} in der Blase wird größer als die entsprechenden Umgebungspartialdrucke. Deshalb diffundiert Stickstoff aus der Blase in die Umgebung und Sauerstoff aus der Umgebung in die Blase. Dies hat zwei Konsequenzen: Erstens schrumpft die Blase mit der Zeit auf Grund des Stickstoffverlustes bis diese verschwindet und das Tier zur Wasseroberfläche zurückkehren muß. Zweitens gelangt über Diffusionsprozesse viel mehr Sauerstoff in die Blase und weiter ins Tier als ursprünglich als Sauerstoffvorrat in der Blase war. Die Blase wirkt als eine Art **physikalische Kieme,** über die Sauerstoff von der Umgebung ins Tier gelangt. Bei reinem Stickstoff und keinem Sauerstoff in der Umgebung diffundiert der Sauerstoff nicht nur aus der Blase ins Tier, sondern geht auch in die Umgebung verloren. Bei reinem Sauerstoff und keinem Stickstoff in der Umgebung wird die Partialdruckdifferenz für Stickstoff sehr groß: Stickstoff diffundiert nach außen, und die Blase schrumpft sehr schnell.

Taucht das Tier in die Tiefe steigt mit dem Wasserdruck der Luftdruck in der Blase. Damit steigt auch die Partialdruckdifferenz für Stickstoff, und die Blase schrumpft noch schneller. Das Tier kann nicht mehr so lange tauchen.

Eine Lösung des Problems (z. B. bei *Aphelocheirus*) ist die Abkapselung der Luftblase durch viele feine und hydrophobe Haare auf der Kutikula (**Plastron**). Aufgrund der Kohäsionskräfte des Wassers (Wasserspannung) beeinflußt der Wasserdruck die Luftschichten zwischen den Haaren nicht. Dies bedeutet, daß das Luftvolumen hier konstant bleibt. Zu Beginn der Sauerstoffentnahme sinkt der Sauerstoffpartialdruck ($Po_2\downarrow$) und aus diesem Grund auch der Luftdruck in dieser Schicht ($P_{atm}\downarrow$), während der Stickstoffpartialdruck unverändert bleibt (P_{N2} = konstant). Sauerstoff diffundiert dann von Außen in diese Luftschichten und weiter ins Tierinnere. Da keine Partialdruckdifferenz für Stickstoff vorliegt, diffundiert dieses Gas nicht nach Außen, und das Volumen der Luftschichten bleibt unverändert. Das Tier kann unbegrenzt tauchen.

Abb. 4.9 Hämoglobin im geöffneten Hinterleib des Rükkenschwimmers *Anisops*

Ökologisch betrachtet, ist beim Tauchen mit physikalischer Kieme oder Plastron der Auftrieb ein Problem. Die Luftblase oder die Luftschichten ziehen die Tiere nach oben. Damit können sie nur vertikale Beutezüge unternehmen: Rasches Abtauchen und wieder nach oben schweben. Der Rückenschwimmer *Anisops* hat dieses Problem gelöst (Abb. 4.**9**). Im Hinterleib besitzt er große Mengen Hämoglobin, die Sauerstoff chemisch binden. Von Zeit zu Zeit bewegt er eine kleine Luftblase zu den Stigmen des Hin-

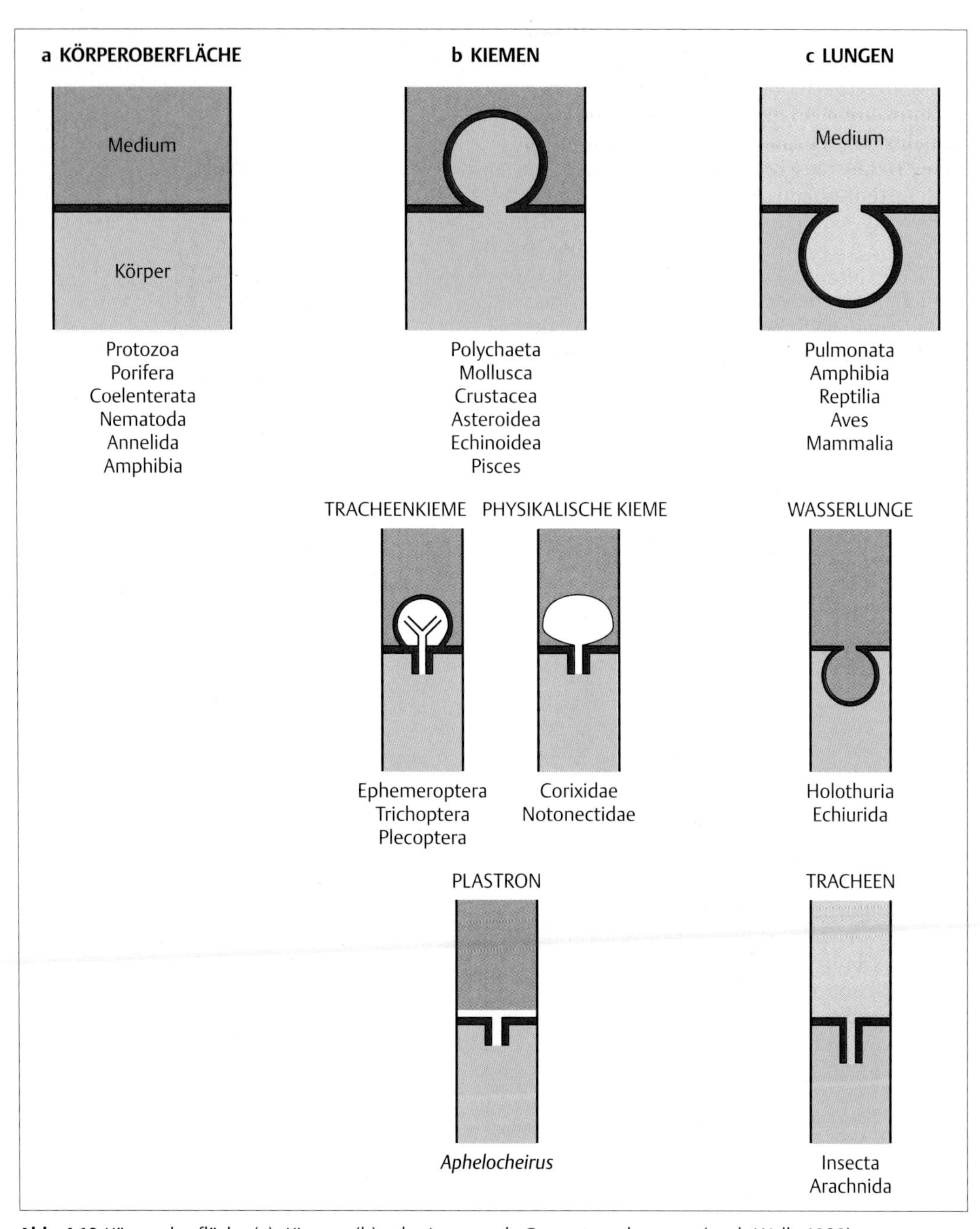

Abb. 4.10 Körperoberfläche (a), Kiemen (b) oder Lungen als Gasaustauschorgane (nach Wells 1980)

terleibs, tankt Sauerstoff nach und bewegt diese wieder nach vorn zu den Stigmenöffnungen des Tracheensystems. Die Kleinheit der Luftblase ermöglicht horizontale Beutezüge. Nach mehreren Minuten geht er kurz nach oben und befüllt rasch wieder seine „Hämoglobin-Tanks".

4.7 Integument, Kiemen und Lungen

Vor allem kleine Tiere nutzen zumindest Teile ihrer **Körperoberfläche** als Gasaustauschzone. Bei Amphibien wird dies durch eine starke Durchblutung (Vaskularisierung) der Haut verstärkt. Wasseratmer besitzen häufig **Kiemen**, die Ausstülpungen der Körperoberfläche darstellen. Luftatmer besitzen häufig **Lungen**, die als Einstülpungen der Körperoberfläche zu verstehen sind. Der Landgang der Tiere machte äußere Gasaustauschorgane verletzlich (Staub, Kollabieren an Luft, Austrocknung). Problematisch war auch der starke Wasserverlust über diese dünnhäutigen Körperregionen. Die Einstülpung der Gasaustauschorgane ins Körperinnere diente dem mechanischen Schutz und erlaubte eine Reduzierung des respiratorischen Wasserverlustes. Sehr effiziente Mechanismen zum Schutz vor Wasserverlust wurden von einigen Insekten („diskontinuierliche Atmung"; Abb. 3.**14**) und höheren Wirbeltieren („zeitlicher Gegenstromaustauscher in der Nase"; Kap. 7.4) entwickelt.

Wir wollen uns zum Abschluß dieses Kapitels noch einmal einen Überblick über die verschiedenen Gasaustauschzonen und Gasaustauschorgane der Tiere verschaffen (Abb. 4.**10**): Körperoberfläche, Kiemen und Lungen. Dabei sei kurz erwähnt, daß **Tracheenkiemen** bei aquatischen Insektenlarven vorkommen. Sie sind Ausstülpungen des Integuments mit Kiemenfunktion, wobei aber nicht Blut, sondern Tracheen dem Transport der Gase ins Tierinnere dienen. Diese **Tracheen** und natürlich auch die der luftatmenden Insekten verästeln sich im Körper immer weiter und erreichen direkt die zu versorgenden Zellen (Abb. 3.**13**). Der Endtracheenbereich besitzt eine große Austauschfläche. Die Chitinschicht im Bereich der Endabschnitte der Tracheen ist sehr dünn (< 1 µm), so daß Atemgase zwischen Tracheen und Zellen diffundieren können. Bei einigen Stachelhäutern (Seegurken) kommen sogenannte **Wasserlungen**, also Einstülpungen ins Körperinnere, vor. Diese Gasaustauschorgane, die als Anhänge des hinteren Darmabschnittes auftreten, werden über die hintere Darmöffnung mit Wasser ventiliert.

5 Die extrazellulären Körperflüssigkeiten

5.1 Entwicklung der extrazellulären Flüssigkeiten 52
5.2 Aufgaben der extrazellulären Flüssigkeiten 54
5.3 Zusammensetzung der extrazellulären Flüssigkeiten 54
5.4 Sauerstofftransport im Blut 56
5.4.1 Rote, grüne, blaue und rosafarbene Blutfarbstoffe 56
5.4.2 Aufbau der Hämoglobine und Hämocyanine 57
5.4.3 Struktur einer Hämoglobinuntereinheit 57
5.4.4 Struktur einer Hämocyaninuntereinheit 57
5.4.5 Aufbau der Chlorocruorine und Hämerythrine 57
5.4.6 Atmungsproteine und Blutzellen 58
5.4.7 Transportmengen von Sauerstoff 59
5.4.8 Arbeitsweise der Atmungsproteine 59
5.4.9 Modulatoren und Temperatur beeinflussen Lage und Gestalt von Sauerstoffbindungskurven 60
5.4.10 Konzentration der Atmungsproteine im Blut 62
5.4.11 Die Funktion der Hämocyanine 62
5.4.12 Die Funktion der Hämerythrine 64
5.4.13 Die Funktion der Chlorocruorine 65
5.4.14 Die Funktion der Daphnienhämoglobine 65
5.7 Kohlendioxidtransport im Blut 65

Vorspann

Extrazelluläre Flüssigkeiten versorgen Körperzellen mit Nährstoffen und Sauerstoff, und sie entsorgen von Endprodukten und Kohlendioxid. Zellen kommunizieren mit Zellen über bluttransportierte Hormone. Stoffwechselwärme kann im Blutstrom nach Außen gelangen. Dies sind aber keineswegs alle Aufgaben der Extrazellulärflüssigkeiten oder des Blutes. In diesem Kapitel wollen wir uns vor allem auf den Gastransport im Blut konzentrieren. Das Atmungsprotein Hämoglobin verleiht dem Blut der Wirbeltiere und mehrerer Gruppen der Wirbellosen die rote Farbe. Viele Tiere nutzen aber auch grüne, blaue und rosafarbene Sauerstoffträger in ihrer Blutbahn. Innerhalb dieser Eiweißmoleküle ist teilweise Eisen, teilweise aber auch Kupfer das zentrale, sauerstoffbindende Atom. Die Sauerstoffbindungseigenschaften dieser Moleküle können durch eine Reihe von niedermolekularen Substanzen komplex moduliert werden. Anpassungsreaktionen an veränderte Umweltbedingungen können aber auch über eine veränderte Proteinsynthese erfolgen. Atmungsproteine leisten zusätzlich einen wichtigen Beitrag zum Kohlendioxidtransport.

5.1 Entwicklung der extrazellulären Flüssigkeiten

Nach der Ei-Befruchtung beginnen die Zellteilungen. Die neu entstehenden Zellen haben direkten Kontakt miteinander und befinden sich innerhalb der Befruchtungsmembran. Auf diese Weise bildet sich nach eine Reihe von Teilungen eine aus Zellen bestehende Kugel (Blastula), die erstmalig einen zellfreien Innenraum (Blastocoel) vom Außenraum abtrennt. Dieser Innenraum ist mit einer Flüssigkeit gefüllt, deren Zusammensetzung schon geregelt und kontrolliert wird. Die Zellkugel bildet nun eine Einfaltung aus (Gastrulation), aus der sich bei Wirbellosen später Urmund (Blastoporus) und Urdarm (Archenteron) entwickeln. Flüssigkeit des Blastocoels fließt dabei in das sich ausbildende Archenteron. Entweder aus dem Archenteron oder aus einem Spaltraum innerhalb des Mesoderms bildet sich dann eine sekundäre Leibeshöhle (Coelom) aus, die nicht mit dem Blastocoel in Verbindung steht. Dieser Raum wird bei Anneliden (Ringelwürmer) und Echinodermen (Stachelhäuter) funktionell wichtig. Der wichtigste Innenraum der adulten Coelenteraten (Hohltiere) bleibt aber der Darm (Enteron). Nematoden (Fadenwürmer) bilden aus Mesodermzellen ein sogenanntes Pseudocoel als Leibeshöhle. Bei Arthropoden und Mollusken wird das Coelom funktionell unwichtig. Aus dem Blastocoel entwickeln sich die zukünftigen blutgefüllten

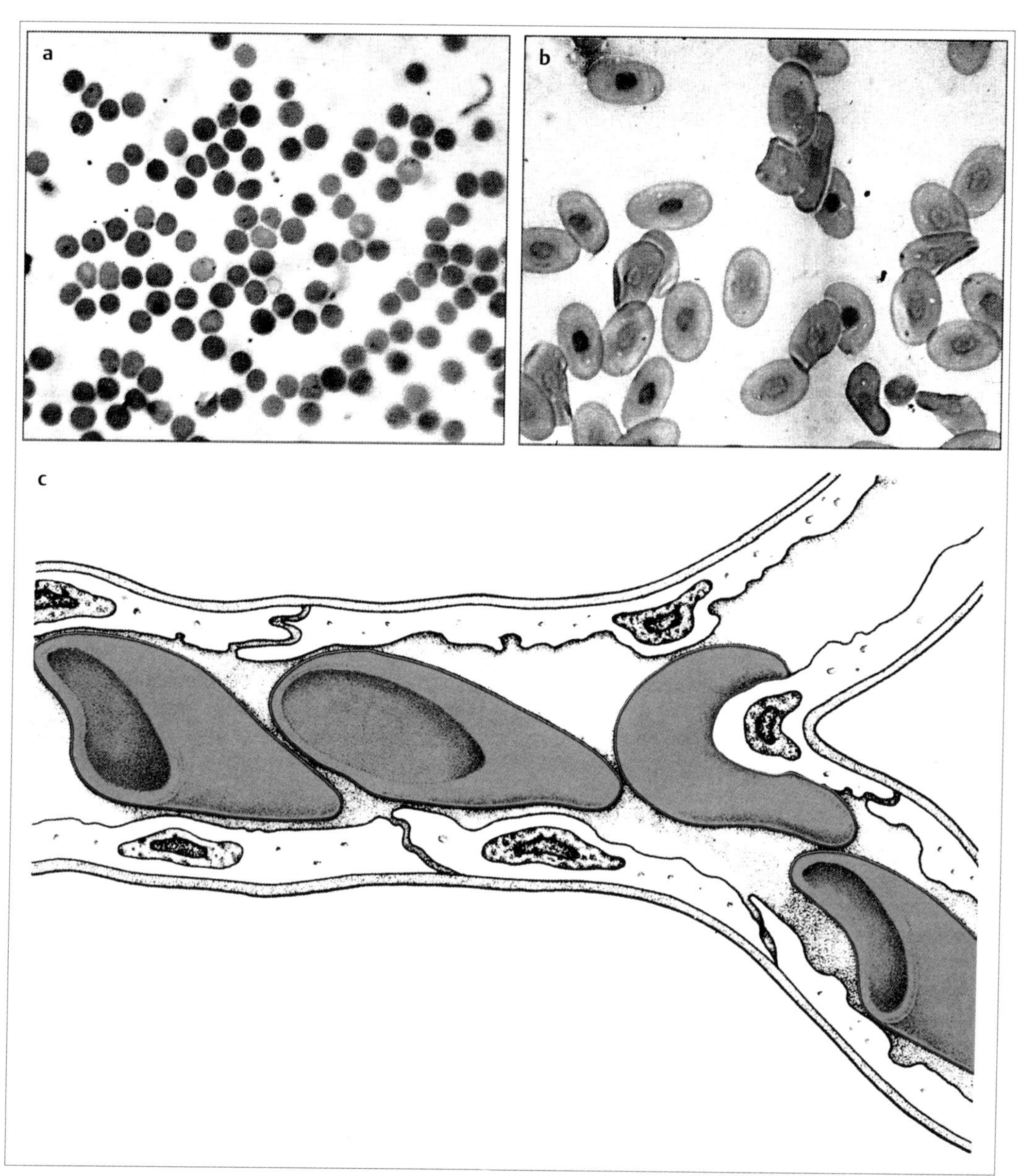

Abb. 5.1 Bei Wirbeltieren ist das Atmungsprotein Hämoglobin in Blutzellen (Erythrocyten) eingeschlossen. Menschliche Erythrocyten (a) besitzen keinen Zellkern mehr, im Gegensatz zu denen eines Reptils (b). Erythrocyten sind sehr elastisch und passen sich den unterschiedlichen Geschwindigkeiten und Gefäßdurchmessern im Kreislaufsystem an (c: im Kapillarsystem; nach Thews und Vaupel 1981).

Räume, das Gefäßsystem des Körperkreislaufs. Bei vielen wirbellosen Tieren (z.B. Insekten) sind Gefäße (Arterien, Venen) nur begrenzt vorhanden. Man spricht hier von offenen im Gegensatz zu geschlossenen Kreislaufsystemen. Blut und sonstige Extrazellulärflüssigkeit sind nicht getrennt, und man bezeichnet deshalb diese Flüssigkeit häufig als **Hämolymphe.**

5.2 Aufgaben der extrazellulären Flüssigkeiten

Um chemische Substanzen (Nährstoffe, Stoffwechselendprodukte, Gase) noch hinreichend rasch in den immer größer werdenden Körpern der Vielzeller verteilen zu können, wurde im Laufe der Evolution der konvektive Massentransport von gelöster Substanz entwickelt. Mit steigender Transportgeschwindigkeit war Größenwachstum möglich, und entfernte Gewebe und Organe des Körpers konnten zu einem funktionellen Ganzen integriert werden. Dabei hatten Hormone eine besondere Bedeutung. Die Extrazellulärflüssigkeit kann man sich aus dem Urmeer, das die ursprünglichen Einzeller beherbergte, abgeleitet denken. Damals tauschten Zellen Stoffe direkt mit der Umgebung aus. Später übernahm die Extrazellulärflüssigkeit die Aufgabe, Substanzen des Energiestoffwechsels, Botenstoffe, Ionen oder Wärme zu den Zellen hin oder von diesen wegzuführen. Die Aufgaben der Extrazellulärflüssigkeiten sind also folgende:

a) Nährstofftransport vom Verdauungstrakt oder von Speicherorganen (z. B. Leber) zu den Verbrauchsorten
b) Transport von Stoffwechselzwischenprodukten (z. B. Laktat vom Skelettmuskel zum Herzen)
c) Transport von Stoffwechselendprodukten zu den Ausscheidungsorganen (z. B. Niere)
d) Gastransport und -speicherung (z. B. Sauerstoff)
e) Hormontransport
f) Transport von Zellen mit Spezialaufgaben (z. B. Immunabwehr)
g) Wärmetransport
h) Hydraulikflüssigkeit, z. B. bei der Lokomotion von Regenwürmern oder auch von Spinnen (hydraulische Extension der Beine)

Die Themen Metabolittransport (a-c) bzw. Hormon- und Wärmetransport sowie Hydraulik werden in anderen Kapiteln behandelt (Kap. 12, 13 bzw. 2, 10 und 6). Eine Besprechung der Mechanismen der Immunabwehr oder der Gerinnungsprozesse würde den Rahmen dieses Buches sprengen. (Diese Prozesse werden in einschlägigen biochemischen und medizinischen Fachbüchern beschrieben.) Wir werden uns in diesem Kapitel vor allem mit den Mechanismen des Sauerstoff- und Kohlendioxidtransports beschäftigen.

5.3 Zusammensetzung der extrazellulären Flüssigkeiten

Aus der Flüssigkeit des Blastocoels entwickelt sich Blut und Extrazellulärflüssigkeit bzw. Hämolymphe sowie bei Vertebraten u. a. die Lymphe oder der Liquor des Gehirns. Größere Mengen der Flüssigkeit der sekundären Leibeshöhle (Coelomflüssigkeit) findet man nur bei Echinodermen (90 % des gesamten Körperwassers) oder Anneliden. Bei Arthropoden oder Wirbeltieren bildet diese Flüssigkeit häufig nur noch einen hauchdünnen Film aus. Ihre Zusammensetzung ist bei marinen Wirbellosen sehr ähnlich der des Meerwassers; bei Süßwasser- und Landtieren finden sich deutlich verringerte Ionenkonzentrationen. Manchmal findet sich sogar das Atmungsprotein Hämoglobin in diesen Räumen (z. B. beim Blutegel).

Konzentrieren wir uns aber auf die Zusammensetzung von Blut und Extrazellulärflüssigkeit (Tab. 5.**1**). Die dominierenden Ionen des Meerwassers sind Na^+ und Cl^-. Diese dominieren auch in den Extrazellulärflüssigkeiten (Verwendung physiologischer Kochsalzlösung in der Medizin!). Bei den einfachen Wirbellosen (z. B. Coelenteraten) sind nicht nur die Proportionen, sondern sogar die absoluten Ionenkonzentrationen fast genauso wie im Meer. Bei komplexeren Vielzellern sinkt gewöhlich die Ionenkonzentration und zeigt charakteristische Werte je nach Lebensraum (Meer, Süßwasser, Land). Insekten sind ein Sonderfall; bei ihnen ist die Konzentration von Na^+ meist relativ niedrig, die von K^+ und zweiwertigen Ionen vergleichsweise hoch und statt großer Mengen von Cl^- finden sich häufig Aminosäuren als Anionen.

Wieviel Hämolymphe oder Blut besitzen die Tiere? Tiere mit offenen Kreislaufsystemen können Hämolymphe bis zu 79 % ihres Körpergewichts besitzen wie z. B. in der marinen Schnecke *Aplysia*. Bei anderen Mollusken macht diese 20–50 % und bei höheren Krebsen 8–25 % des Körpervolumens aus. Wenn sich ein geschlossenes Gefäßsystem ausgebildet hat, so teilt sich diese Flüssigkeit auf in einen kleineren Anteil Blut und in einen größeren Anteil sonstige Extrazellulärflüssigkeit (6 *vs.* 22 % beim Kraken; 7–10 *vs.* 11–15 % bei Säugern). Diese Flüssigkeitsmengen werden durch verschiedene Regelsysteme kontrolliert (Kap. 8).

Neben Ionen, Metaboliten und Zellen finden sich vor allem Eiweißmoleküle in der Blut- oder Hämolymphbahn. Sie sind häufig Träger für an-

Tab. 5.1 Zusammensetzung (Konzentration in mmol/l H_2O) und Osmolarität (mosm/l) der extrazellulären Flüssigkeiten verschiedener Tiere (nach Eckert 1993)

	Habitat	Osmol.	$[Na^+]$	$[K^+]$	$[Ca^{2+}]$	$[Mg^{2+}]$	$[Cl^-]$	$[SO_4^{2-}]$	$[HPO_4^{2-}]$	Harnstoff
Meerwasser		1000	460	10	10	53	540	27		
Coelenterata										
Aurelia	MW		454	10,2	9,7	51,0	554	14,6		
Echinodermata										
Asterias	MW		428	9,5	11,7	49,2	487	26,7		
Annelida										
Arenicola	MW		459	10,1	10,0	52,4	537	24,4		
Lumbricus	T		76	4,0	2,9		43			
Mollusca										
Aplysia	MW		492	9,7	13,3	49	543	28,2		
Loligo	MW		419	20,6	11,3	51,6	522	6,9		
Anodonta	SW		15,6	0,49	8,4	0,19	11,7	0,73		
Crustacea										
Cambarus	SW		146	3,9	8,1	4,3	139			
Homarus	MW		472	10,0	15,6	6,7	470			
Insecta										
Locusta	T		60	12	17	25				
Periplaneta	T		161	7,9	4,0	5,6	144			
Cyclostomata										
Eptatretus	MW	1002	554	6,8	8,8	23,4	532	1,7	2,1	3
Lampetra	SW	248	120	3,2	1,9	2,1	96	2,7		0,4
Chondrichthyes										
Katzenhai	MW	1075	269	4,3	3,2	1,1	258	1	1,1	376
Carcharhinus	SW	-	200	8	3	2	180	0,5	4,0	132
Coelacantha										
Latimeria	MW	-	181	51,3	6,9	28,7	199			355
Teleostei										
Paralichthys	MW	337	180	4	3	1	160	0,2		
Carassius	SW	293	142	2	6	3	107			
Amphibia										
Rana esculenta	SW	210	92	3	2,3	1,6	70			2
Rana cancrivora	SW	290	125	9			98			40
	80 % MW	830	252	14			227			350
Reptilia										
Alligator	SW	278	140	3,6	5,1	3,0	111			
Aves										
Anas (Ente)	SW	294	138	3,1	2,4		103		1,6	
Mammalia										
Homo sapiens	T		142	4,0	5,0	2,0	104	1	2	
Laborratte	T		145	6,2	3,1	1,6	116			

MW: Meerwasser, SW: Süßwasser, T: terrestrisch
Osmolarität und Zusammensetzung des Meerwassers schwanken; die obigen Werte sind daher keine unveränderlichen Größen. Die Zusammensetzung der Körperflüssigkeiten bei Osmokonformern unterliegt ebenfalls Schwankungen, je nach der Zusammensetzung des Meerwassers, in dem sie untersucht wurden.

dere Stoffe wie z. B. Hormone, fettähnliche Substanzen oder Blutgase. Ihre Konzentration bestimmt den für Ultrafiltrationsprozesse (Niere, Kapillaren) wichtigen kolloidosmotischen Druck sowie die Viskosität der Körperflüssigkeit.

Wir wollen uns solche Blutproteine am Beispiel der Atmungsproteine, die als Sauerstoffträger und häufig auch als Kohlendioxidträger in der Blutbahn arbeiten, genauer anschauen.

5.4 Sauerstofftransport im Blut

Sauerstofftransport ist eine der wichtigsten Aufgaben des Blutes. Dafür kommen meistens Atmungsproteine zum Einsatz, da Sauerstoff im Gegensatz zu Kohlendioxid nur schwer in wäßrigen Medien zu lösen ist (Box 3.**1**). Trotzdem sind Atmungsproteine auch beim Kohlendioxidtransport beteiligt (Abschnitt 5.7). Die Verbesserung der Gaslöslichkeit ist aber nicht ihre einzige Aufgabe beim Sauerstofftransport. Ihre meist sigmoide (s-förmige) Sauerstoffbindungskurve (Abb. 5. **2**) führt zu einer „Pufferung" des Sauerstoffpartialdrucks bei relativ hohen Werten: Der Sauerstoffpartialdruck im gewebsnahen Blut wird stabilisiert und damit wird die Sauerstoffpartialdruckdifferenz als treibende Kraft für den diffusiven Sauerstofftransport zwischen Blut und Zellen aufrecht erhalten.

Weiterhin können blutgelöste oder intrazelluläre Atmungsproteine als Sauerstoffspeicher dienen (z. B. Hämoglobin und intrazelluläres Myoglobin bei tauchenden Robben und Walen).

Schließlich können vor allem kleine Atmungsproteine die Diffusion von Sauerstoff erleichtern, da neben physikalisch gelöstem Sauerstoff auch Atmungsproteine entlang eines Konzentrationsgradienten diffundieren können. So können sauerstoffbeladene Myoglobinmoleküle vom Zellrand (hohe Konzentration von Myoglobin-O_2) ins Zellinnere (niedrige Konzentration von Myoglobin-O_2) diffundieren. Nichtbeladene Myoglobinmoleküle würden statistisch gesehen eher den umgekehrten Weg nehmen.

Bei größeren Tieren und dem Menschen wird innere Konvektion (Abschnitt 3.7) genutzt, um die großen Distanzen zwischen Gasaustauschorganen und Zellen zu überbrücken. Die im Kreislauf transportierte Menge Sauerstoff oder Kohlendioxid hängt einerseits von der Herzleistung (Herzzeitvolumen = Herzfrequenz × Schlagvolumen) und andererseits vom Kapazitätskoeffizienten (physikalische plus chemische Gaslöslichkeit des Blutes) ab (Box 3.**3** bzw. Abb. 3.**5**). Der Kapazitätskoeffizient wird in entscheidendem Maße von den im Blut gelösten Atmungsproteinen (Blutfarbstoffen) bestimmt.

5.4.1 Rote, grüne, blaue und rosafarbene Blutfarbstoffe

Atmungsproteine sind Eiweißmoleküle mit der Eigenschaft Sauerstoff reversibel binden und transportieren zu können. Wirbeltiere nutzen die roten Blutfarbstoffe Hämoglobin und das sich in Gewebszellen befindende Myoglobin. Bei wirbellosen Tieren gibt es neben Hämoglobin, noch andere Atmungsproteine wie das grüne Chlorocruorin, das blaue Hämocyanin und das rosafarbene Hämerythrin. Der Farbeindruck entsteht durch die spezifische spektrale Lichtabsorption der Moleküle. Diese hängt von der Beladung der Atmungsproteine mit Sauerstoff ab: Sauerstoffbeladenes (**oxygeniertes**) Hämocyanin hat die Farbe blau und nichtbeladenes (**desoxygeniertes**) Hämocyanin erscheint farblos. Oxygeniertes Hämoglobin ist hellrot („arterielles Blut"), desoxygeniertes Blut wirkt dunkelrot („venöses Blut"). Die Veränderungen der spektralen Absorption eines Atmungsproteins bei der Beladung mit Sauerstoff können mit Hilfe eines Photometers registriert und zur Bestimmung der Sauerstoffbindungskurven (Abb. 5.**2**) verwendet werden.

Das Vorkommen der Atmungsproteine bei den verschiedenen Tiergruppen folgt nicht der natürlichen Systematik. Mindestens zehn Tierstämme verwenden Hämoglobin, so zum Beispiel Echinodermen (Seeigel, Seesterne), Anneliden (z. B. Regenwurm), niedere Krebse und Wirbeltiere. Chlorocruorin, ein Verwandter des Hämoglobins, findet sich bei einigen Familien der Polychäten. Hämocyanin ist das typische Atmungsprotein der Mollusken (Schnecken, Muscheln), der Spinnentiere und der höheren Krebse. Hämerythrine sind schließlich bei Spritz- und Priapswürmern anzutreffen. In einer Art können auch unterschiedliche Atmungsproteine auftreten (Hämocyanin im Blut und Myoglobin im Muskelgewebe bei einer Käferschnecke).

Venen = zum Herzen
Arterien = vom Herz weg

5.4.2 Aufbau der Hämoglobine und Hämocyanine

Berücksichtigt man Arten- bzw. Individuenzahl, so sind Hämocyanine und Hämoglobine die häufigsten Atmungsproteine. Beide Blutpigmente sind Proteinaggregate, wobei die Proteinuntereinheit des Hämoglobins meist ein Molekulargewicht von ca. 16 000, des Hämocyanins der Arthropoden (Spinnentiere, Krebse) von ca. 75 000 und des Hämocyanins der Mollusken von ca. 400 000 bis 450 000 hat. Die Zahl der Proteinuntereinheiten bzw. Molekülabschnitte („Domänen"), die jeweils ein Sauerstoffmolekül binden können, schwankt beim Hämoglobin je nach Art zwischen 1 und mehr als 250, beim Hämocyanin zwischen 6 und 160. Damit ergeben sich Gesamtmolekulargewichte beim Hämoglobin bis zu fast 4 Millionen, beim Hämocyanin bis zu 9 Millionen.

5.4.3 Struktur einer Hämoglobinuntereinheit

Proteinuntereinheiten des Hämoglobins bestehen aus einem Proteinanteil (Globin) und der sogenannten Hämgruppe, einem Porphyrinsystem mit zweiwertigem Eisen im Mittelpunkt (Abb. 5.**3**). Sauerstoff kann reversibel an eine Koordinationsstelle des Eisens gebunden werden, wobei sich dessen Wertigkeit nicht ändert. Bei den Wirbeltieren besteht das Hämoglobinmolekül aus vier Proteinuntereinheiten (Globin und Hämgruppe) mit einem Molekulargewicht von jeweils ca. 16 000. Dieses Molekül bindet also maximal vier Sauerstoffmoleküle reversibel. Das nur aus einer Proteinuntereinheit bestehende Myoglobin bindet nur ein Sauerstoffmolekül reversibel, und besitzt eine wesentlich höhere Sauerstoffaffinität (Linksverschiebung der Sauerstoffbindungskurve).

5.4.4 Struktur einer Hämocyaninuntereinheit

Beim Hämocyanin wird nicht Eisen, sondern Kupfer zur Sauerstoffbindung genutzt. Im aktiven Zentrum wird ein Sauerstoffmolekül über zwei Kupferatome reversibel gebunden, wobei Kupfer seine Wertigkeit verändert. Die Kupferatome werden jeweils über drei Histidine gebunden. Eine Hämocyaninuntereinheit der Arthropoden (Molekulargewicht: ca. 75 000) besitzt zwei Kupferatome und kann somit ein Sauerstoffmolekül reversibel binden. Die Hämocyaninuntereinheit der Mollusken (Molekulargewicht: ca. 400 000 bis 450 000) besitzt 7–8 kupferhaltige Domänen, die jeweils ein Molekül Sauerstoff binden können. Die einzelne sauerstoffbindende Domäne ist also ca. 50 000 groß.

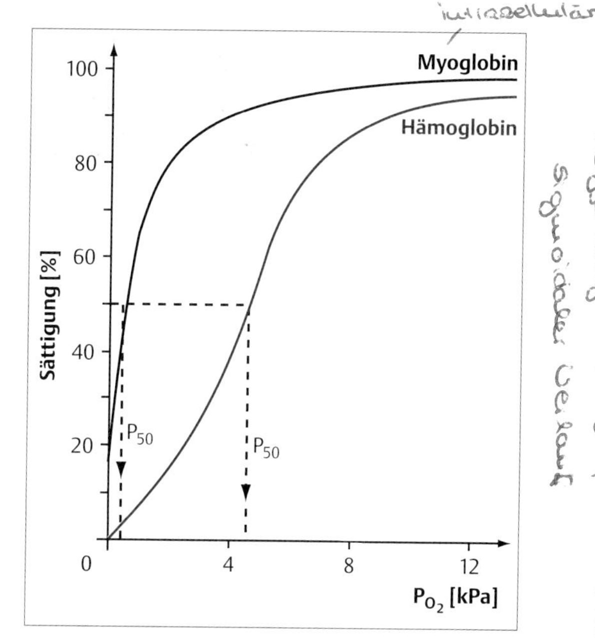

Abb. 5.2 Sauerstoffbindungskurven von Hämoglobin und Myoglobin: Diese zeigen den Grad der Beladung/Sättigung des Proteins mit Sauerstoff als Funktion des O_2-Partialdrucks im umgebenden wäßrigen Medium. Die Sauerstoffaffinität des Atmungsproteins wird als P_{50}, als Sauerstoffpartialdruck bei 50 % Sauerstoffsättigung des Atmungsproteins, angegeben (nach Eckert 1993).

5.4.5 Aufbau der Chlorocruorine und Hämerythrine

Chlorocruorine unterscheiden sich chemisch nur wenig von den Hämoglobinen. Bei ihnen sind Seitenketten der Hämgruppen der Proteinuntereinheiten chemisch etwas modifiziert, wobei diese Modifikation aber ausreicht, sie andersfarbig erscheinen zu lassen. Die Proteinuntereinheiten aggregieren, und die Gesamtmoleküle erreichen ein Molekulargewicht von ca. 3 Millionen.

Hämerythrine nutzen ebenfalls Eisen um Sauerstoff zu binden. Im Unterschied zu Hämoglobinen und Chlorocruorinen besitzen sie aber kein Porphyrinsystem. Das aktive sauerstoffbindende Zentrum besitzt zwei Eisenatome, die

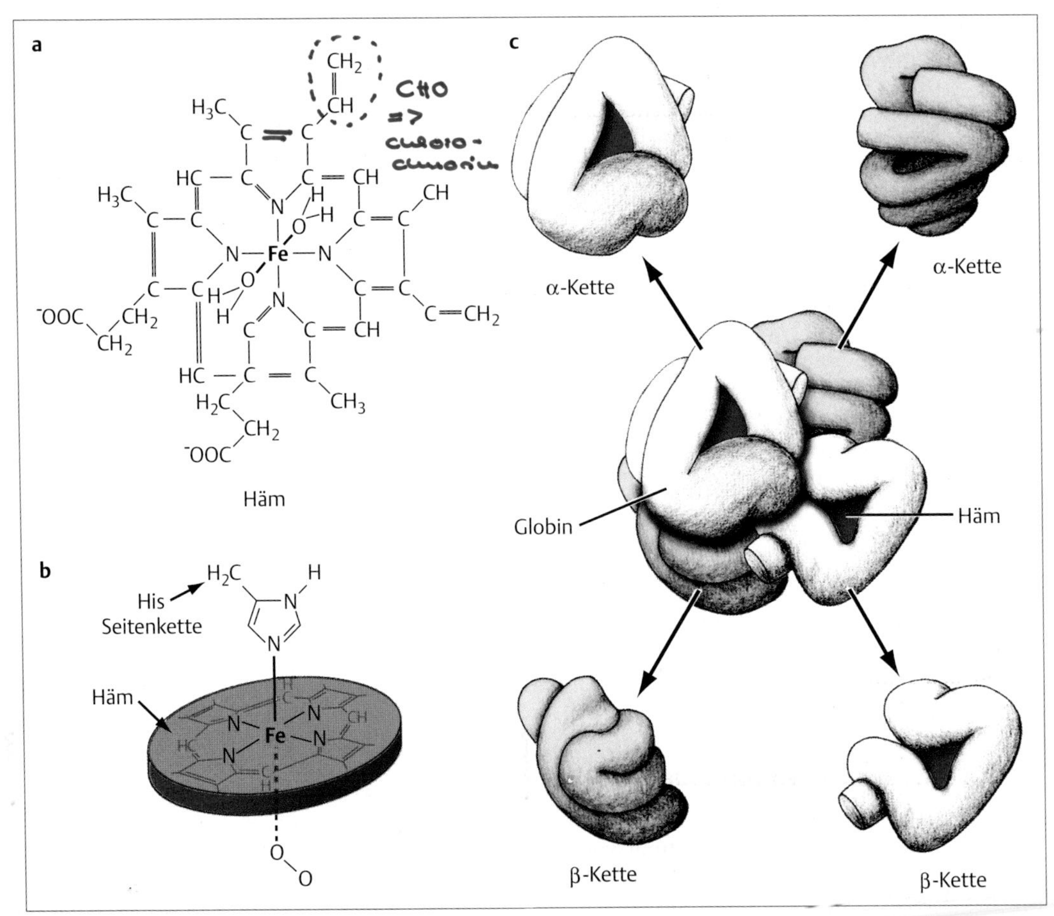

Abb. 5.3 Hämoglobin aus Blutzellen besteht aus vier Proteinuntereinheiten: 2 α-Ketten und 2 β-Ketten (c). Jede Untereinheit besitzt ein Häm-Molekül, bestehend aus einem Porphyrinring mit einem zentralen Eisenatom (a). Hier kann ein Sauerstoffmolekül gebunden werden (b). (nach Eckert 1993)

über Aminosäureseitenketten am Protein gebunden sind. Bei Sauerstoffbeladung ändern die Eisenatome ihre Wertigkeit. Das Molekulargewicht einer Proteinuntereinheit beträgt ca. 13 000. Bis zu acht Untereinheiten können zusammentreten, um hochaggregierte Proteine (Molekulargewicht: ca. 100 000) zu bilden.

5.4.6 Atmungsproteine und Blutzellen

Bei Wirbeltieren kommt das Atmungsprotein (Hämoglobin) nur in Blutzellen (rote Blutkörperchen; Erythrocyten) vor, und das Molekulargewicht des Blutfarbstoffs ist relativ gering. Bei Wirbellosen sind die Atmungsproteine teils in Zellen verpackt, teils aber auch als hochaggregierte Proteine frei gelöst. Hämoglobin kann je nach Tiergruppe in beiden Formen auftreten. Darüberhinaus findet man es, ähnlich dem Myoglobin, auch in Körperzellen (Muskel-, Nerven- oder Eizellen). Chlorocruorin tritt nur frei in der Blutbahn auf, bei manchen Arten zusammen mit Hämoglobin, bei anderen ist Hämoglobin nur in den Körperzellen anzutreffen. Hämocyanin ist immer frei in der Blutbahn gelöst, wobei einige Mollusken zusätzlich Myoglobin in Teilen ihrer Muskulatur besitzen. Die Hämerythrine sind immer in Zellen anzutreffen, sei es im Blut oder sei es in Muskelzellen (Myohämerythrin). Ein wichtiger Grund für den Einschluß in Blutzellen ist die Schaffung einer spezifischen Mikroumgebung für die Atmungsproteine: Eine Reihe niedermolekularer Substanzen, sogenannte Effektoren bzw. Modulatoren, modifizieren die Sauerstoffbindungseigenschaften von Atmungsproteinen, so daß ein zellulärer Einschluß die Möglichkeit einer genaueren Kontrolle der Modulatorkonzentration schafft.

Das Viskositätsverhalten des Blutes der Wirbeltiere wird stark durch die plastischen Eigenschaften der Erythrocyten bestimmt. Prinzipiell erhöht das Vorhandensein solcher Sauerstoff transportierender Blutzellen zwar die Viskosität des Blutes; die Viskosität paßt sich aber dem Durchmesser der durchströmten Gefäße an. Bei sinkendem Gefäßquerschnitt sinkt die Blutviskosität, und Arteriolen oder Kapillaren können mit einer geringeren Herzarbeit perfundiert werden: Eine Schlange aus verformten Erythrocyten strömt in der Mitte, während der Plasmamantel am Rand durch den Partikelstrom immer wieder erneuert wird, so daß diffusible Substanzen leicht dorthin gelangen können. Die Viskosität des Wirbeltierblutes hängt zusätzlich von der Strömungsgeschwindigkeit ab. Bei starker Strömung sinkt die Viskosität. Die Erythrocyten nehmen in großen Gefäßen eine ellipsoide, in kleinen Gefäßen eine geschoßähnliche Gestalt an (Abb. 5.**1**). Bei langsamer Strömung bilden sich geldrollenartige Aggregate und Vernetzungen, und die Viskosität steigt.

5.4.7 Transportmengen von Sauerstoff

Die Funktion von Atmungsproteinen wird durch die im Blut auftretenden Sauerstoffpartialdrucke bestimmt: Der Beladungsgrad der Moleküle mit Sauerstoff ist eine Funktion dieses Partialdrucks (Abb. 5.**2**). Der Sauerstofftransport im Blut hängt aber auch von der Blutstromstärke ab. Der antarktische Eisfisch zum Beispiel kann wegen der relativ guten Sauerstofflöslichkeit von kaltem, wäßrigem Medium auf Atmungsproteine verzichten, muß dann aber doch die deutlich geringere Sauerstoffkonzentration dieses „Blutes" durch ein erhöhtes Herzzeitvolumen kompensieren. Die von Atmungsproteinen transportierte Menge Sauerstoff im Blut hängt vom Kapazitätskoeffizienten ab (Abb. 3.**5**). In Abhängigkeit von Lage und Gestalt der Sauerstoffbindungskurve sowie der Konzentration des Atmungsproteins ändert dieser seine Größe, die der Steilheit der Bindungskurve im Bereich von arteriell bis venös entspricht. Der Kapazitätskoeffizient β_b verbindet, bei Anwesenheit eines Atmungsproteins, Konzentration und Partialdruck des Sauerstoffs im Blut, ähnlich wie dies der physikalische Löslichkeitskoeffizient α für wäßrige Medien nach dem sogenannten Henry'schen Gesetz macht (Box 3.**1**).

5.4.8 Arbeitsweise der Atmungsproteine

Nahe der Gasaustauschorgane (z. B. Lunge oder Kiemen) werden die Atmungsproteine im Blut meist voll mit Sauerstoff beladen (ca. 100 % Sättigung). Die an die Gewebszellen abgegebene Menge Sauerstoff hängt vom Aktivitätsgrad der Tiere ab. Nach Passage aller Abgabeorte ist die Sauerstoffbeladung der Atmungsproteine im sogenannten gemischt-venösen Blut variabel. Beim ruhenden Menschen ist Hämoglobin noch zu ca. 70 % gesättigt. Bei körperlicher Leistung sinkt die Sauerstoffbeladung deutlich; bei manchen Tieren nähert sie sich der 0 % Sättigung. Es gibt also eine „venöse Sauerstoffreserve", die benötigt wird, um den Mehrbedarf an Sauerstoff zu decken. Bei den zwei entscheidenden Prozessen – Beladung mit Sauerstoff und Abgabe von Sauerstoff – muß das Atmungsprotein zwei widersprüchlichen Anforderungen genügen: Für die Beladung ist eine hohe Affinität der Moleküle zum Sauerstoff wünschenswert, der obere Teil der Sauerstoffbindungskurve sollte möglichst weit links liegen. Für die Abgabe ist eine möglichst hohe Partialdruckdifferenz zwischen Blut und Gewebszellen wichtig, der untere Teil der Sauerstoffbindungskurve sollte möglichst weit rechts liegen. Daraus ergibt sich die Forderung nach einem möglichst steilen Anstieg der Sauerstoffbindungskurve im Bereich der Abgabeorte, um die Bedingungen für die Sauerstoffabgabe zu stabilisieren und zu optimieren: Die Atmungsproteine „puffern" den Sauerstoffpartialdruck im peripheren Blut, um die treibende Kraft für den Sauerstofftransport, die Partialdruckdifferenz zwischen Blut und Gewebszellen, möglichst konstant zu halten. Diese teils widersprüchlichen Anforderungen können nur von Atmungsproteinen erfüllt werden, die sigmoide Sauerstoffbindungskurven aufweisen. Diese Eigenschaft beruht auf komplexen Interaktionen der Untereinheiten im hochaggregierten Atmungsprotein, die als **Kooperativität** bezeichnet wird. Diese basiert auf Veränderungen in der Sauerstoffaffinität der Untereinheiten: Bei Beladung einer ersten Untereinheit mit einem Sauerstoffmolekül (bei niedrigem Sauerstoffpartialdruck) werden die anderen Untereinheiten über Proteinkonformationsänderungen derart beeinflußt, daß ihre Sauerstoffaffinität steigt. Wenn alle Untereinheiten bei höherem Sauerstoffpartialdruck sauerstoffbeladen sind, befindet man sich im Sättigungsbereich der Bindungskurve. Eine Lösung, die nur nichtaggregierte Proteinuntereinheiten (Monomere) enthält, zeigt eine hyperbolische Sauerstoffbindungskurve. Das in Muskelzellen eingelagerte Myoglobin stellt ein solches Monomer dar, das sich aus Hämgruppe und Globin zusammensetzt. Dessen hyperbolische Bindungskurve mit hoher Sauerstoffaffinität ist nur unter den speziellen Umgebungsbedingungen der Gewebszelle mit ihren niedrigen Sauerstoffpartialdrukken funktionell sinnvoll.

5.4.9 Modulatoren und Temperatur beeinflussen Lage und Gestalt von Sauerstoffbindungskurven

Zur Beschreibung von Lage bzw. Gestalt einer Sauerstoffbindungskurve werden zwei Parameter verwendet, einerseits der Sauerstoffpartialdruck bei dem 50% des Atmungsproteins sauerstoffbeladen ist (**P_{50}**) und andererseits die Steigung (**n_{50}**) der Sauerstoffbindungskurve am P_{50} in einer speziellen graphischen Darstellung (Hill-Plot). Der Hill-Koeffizient n_{50} ist mit der Kooperativität verknüpft. Lage und Gestalt einer Sauerstoffbindungskurve sind nicht nur genetisch determiniert, sondern unterliegen einer Modulation durch verschiedene externe Faktoren. Einer davon ist die Umgebungstemperatur. Dazu kommen **Effektoren** bzw. **Modulatoren** (die Verwendung des zuletzt genannten Namens setzt eine nachgewiesene physiologische Bedeutung voraus). Diese sind weitere Liganden am Atmungsprotein. Protonen zum Beispiel bewirken gewöhnlich eine Rechtsverschiebung der Bindungskurve. Andere Effektoren/Modulatoren sind Ionen (Ca^{2+}, Mg^{2+} oder Cl^-), Kohlendioxid oder organische Substanzen wie organische Phosphatverbindungen, Laktat („Milchsäure"), Urat („Harnsäure") oder Dopamin. Das Zusammenspiel verschiedener Modulatoren mit dem Atmungsprotein oder auch die physiologische Interaktion und Vernetzung dieser Faktoren untereinander ist hochkomplex. Im folgenden werden einige Beispiele besprochen werden:

Eine Ansäuerung des Blutes (pH-Abfall) oder ein Anstieg der Kohlendioxidkonzentration führen zu einer Rechtsverschiebung der Sauerstoffbindungskurve: Die Affinität der Atmungsproteine zu Sauerstoff sinkt (Abb. 5.**4a**). Wenn sich die genannten Außenparameter in die andere Richtung verändern, steigt die Sauerstoffaffinität. Diese Prozesse werden als ***Bohr-Effekt*** bezeichnet. In der Nähe der Gewebe wird Kohlendioxid (und evtl. auch Protonen: anaerober Stoffwechsel) ins Blut abgegeben. Die dabei sinkende Sauerstoffaffinität der Atmungsproteine erleichtert die Abgabe von Sauerstoff in die Zellen. Während der Lungen- oder Kiemenpassage wird Kohlendioxid abgeatmet. Das Absinken der Kohlendioxidkonzentration im Blut erhöht die Sauerstoffaffinität der Atmungsproteine und Sauerstoff wird vermehrt ins Blut übernommen. Mit Hilfe des Bohr-Effekts werden also Sauerstoff- und Kohlendioxidtransport im Blut sinnvoll miteinander gekoppelt. Die Stärke des Bohr-Effekts ($\Delta \log P_{50}/\Delta pH$) hängt bei Wirbeltieren von der Tiergröße ab. Bei einer Maus ist der Bohr-Effekt groß (ca. -0,95), bei einem Elefanten klein (ca. -0,4). Dies trägt dazu bei, die hohe spezifische Stoffwechselrate kleiner Tiere aufrechtzuerhalten.

Organische Phosphatverbindungen führen zu einer Rechtsverschiebung der Sauerstoffbindungskurve von Wirbeltieren: 2,3-Diphosphoglycerat (DPG) bei vielen Säugern, Inositolpentaphosphat (IPP) bei Vögeln oder Adenosintriphosphat (ATP) oder Guanosintriphosphat (GTP) bei Fischen vermindern die Sauerstoffaffinität der Atmungsproteine. Diese organischen Phosphatverbindungen spielen u. a. eine Rolle bei den unterschiedlichen Affinitäten der Atmungsproteine von Fötus und Mutter (das fetale Hämoglobin ist affiner zu Sauerstoff) oder bei der Höhenanpassung des Menschen (Anstieg der DPG-Konzentration bzw. Rechtsverschiebung der Sauerstoffbindungskurve mit der Konsequenz verbesserter Abgabe von Sauerstoff an die Gewebe).

Wie bei allen Reaktionen, an denen Proteine (Enzyme) beteiligt sind, spielt die Temperatur ebenfalls eine Rolle. Bei poikilothermen Tieren führt ein Anstieg der Körpertemperatur zu einer Rechtsverschiebung der Sauerstoffbindungskurve (Abb. 5.**4b**). Dies erleichtert bei höheren Temperaturen und damit höherer Stoffwechselrate die Abgabe von Sauerstoff in die Gewebe. Zusätzlich kann aber Temperaturakklimatisation der Tiere eine Rolle spielen. Bei einem Wels zum Beispiel ist die Bindungskurve bei kaltangepaßten Tieren nach rechts bzw. bei warmangepaßten Tieren nach links verschoben (Abb. 5.**4b**). Dies bedeutet, daß die Kurven von kaltangepaßten Tieren in der Kälte und von warmangepaßten Tieren in der Wärme näher beieinander liegen. Vermutlich wird auf diese Weise der physiko-chemische Effekt des Temperaturanstiegs (Rechtsverschiebung) durch ge-

genläufige Prozesse in den Erythrocyten vermindert. Das Ziel ist es hier die Sauerstoffbindungskurve in ihrer Lage möglichst unverändert zu belassen. Da Wärme auch eine geringere Sauerstofflöslichkeit des umgebenden Wassers bedeutet, ist die möglichst weitgehende Beibehaltung einer hohen Sauerstoffaffinität der Atmungsproteine vorteilhaft.

Als weiteres Beispiel für Anpassungen von Wirbeltierhämoglobinen betrachten wir die Sauerstoffbindungskurven von höhenangepaßten Tieren der Anden (Lama, Vicuña). Diese besitzen Gene für spezielle Hämoglobine mit hoher Sauerstoffaffinität (Abb. 5.4**c**). Der Luftdruck und der Sauerstoffpartialdruck sind im Gebirge niedrig. Atmungsproteine mit hoher Sauerstoffaffinität sind hier wichtig, da das Problem der Sauerstoffbeladung im Mittelpunkt steht. Zur Verbesserung der Entladung besitzen diese Tiere ein dichtes Kapillarnetz in den Geweben, das zu einer Reduktion der Diffusionsdistanz zwischen Blut und Gewebszellen führt. Der genetisch nicht an größere Höhen angepaßte Mensch versucht im Hochgebirge über eine Rechtsverschiebung der Bindungskurve die Gewebsversorgung sicherzustellen, und löst das Problem der Sauerstoffbeladung durch eine Verstärkung der Ventilation. Dabei entstehen aber andere Probleme (u. a. eine respiratorische Alkalose durch Hyperventilation).

Als letztes Beispiel für den Einfluß von Modulatoren auf Atmungsproteine wollen wir kurz über die Schwimmblase sprechen. Zur Regelung ihres Auftriebs besitzen viele Fische eine Schwimmblase, die mit Hilfe eines Kapillarnetzes, das einen Gegenstromaustauscher mit Schleife darstellt (vgl. Abb. 10.**5**), mit Sauerstoff gefüllt wird. Dabei wird eine spezielle Eigenschaft des Fischblutes genutzt. Im Blut befinden sich unterschiedliche Hämoglobinarten, die bei Ansäuerung teils keinen Sauerstoff mehr transportieren können, teils aber nur mit Veränderungen des P_{50} auf pH-Veränderungen reagieren

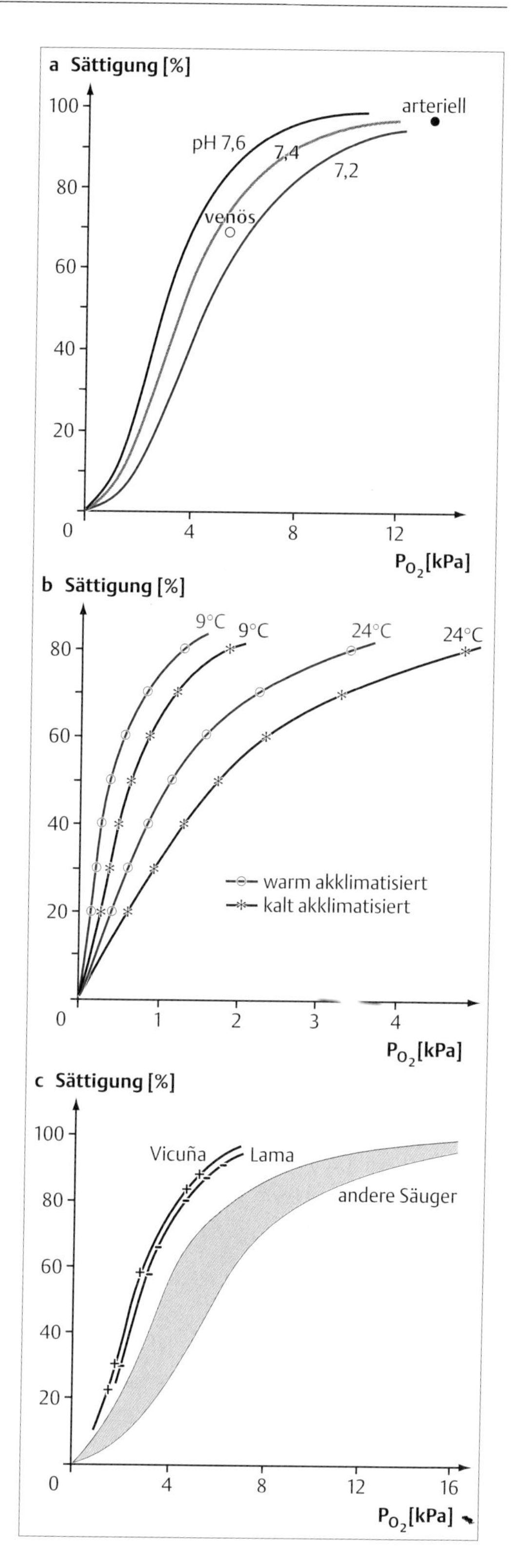

Abb. 5.4 Die Sauerstoffbindungseigenschaften von Atmungsproteinen können moduliert werden. Eine Zunahme der Konzentration von Protonen (Bohr-Effekt; a) führt ebenso wie ein Anstieg der Temperatur (b) zu einer Verminderung der Sauerstoffaffinität. Darüberhinaus gibt es genetisch verankerte Unterschiede in der Sauerstoffaffinität wie zum Beispiel bei höhenangepaßten Gebirgstieren (c). Details werden im Text besprochen. (nach Eckert 1993 und Schmidt-Nielsen 1999)

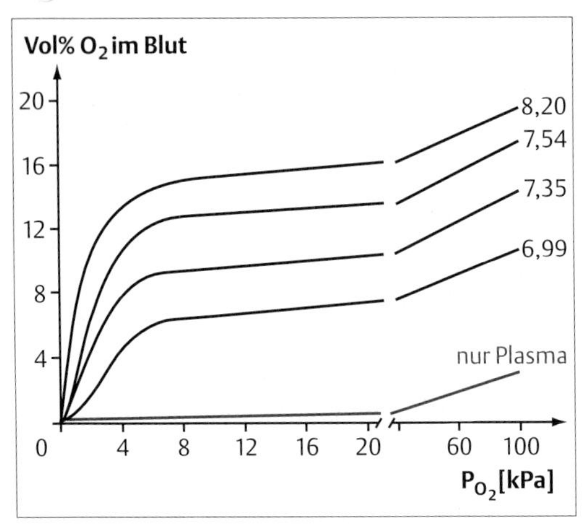

Abb. 5.5 Sauerstoffbindungskurven des Blutes eines Fisches bei verschiedenem pH-Wert. Bei niedrigem pH-Wert kann das Fischhämoglobin nicht voll gesättigt werden (Root-Effekt) (nach Eckert 1993)

(Abb. 5.**5**). Bei fallendem pH vermindert sich also insgesamt die Sauerstoffkapazität des Blutes und nicht nur die Sauerstoffaffinität. Bei saurem pH ist dieses Fischblut nicht mit Sauerstoff sättigbar, wie hoch der Sauerstoffpartialdruck auch immer sein mag. Dies wird als ***Root-Effekt*** bezeichnet. Im Kapillarnetz wird das zur Schwimmblase fließende Blut angesäuert und Sauerstoff freigesetzt, der dann trotz bereits sehr hoher Sauerstoffpartialdrucke in der Blase weiterhin dorthin diffundieren kann.

5.4.10 Konzentration der Atmungsproteine im Blut

Die Konzentration des Hämoglobins in den Erythrocyten der Wirbeltiere ist sehr konstant (ca. 150 g/l). Die maximale Sauerstoffkonzentration in einer Volumeneinheit Blut (Sauerstoffkapazität) beträgt ca. 209 ml O_2/l Blut und erreicht damit fast die Sauerstoffkonzentration der Luft (210 ml O_2/l Luft). Es sei hier am Rande vermerkt, daß die Ähnlichkeit der Atemzeit- und Herzzeitvolumina (7,5 l Luft min^{-1} *vs.* 5 l Blut min^{-1}) des Menschen mit der Ähnlichkeit der Konzentrationswerte in Luft und Blut zu tun hat (vgl. Box 3.**3**). Im Gegensatz dazu zeigen Wirbellose eine sehr große Variabilität, die teilweise physiologisch interpretierbar ist, bei der teilweise aber noch Erklärungsbedarf besteht. Bei Wasserflöhen (Daphnien) zum Beispiel variiert die Konzentration des frei gelösten Hämoglobins bei Tieren aus verschiedenen Standorten maximal um einen Faktor 16. Wenn man von einem Sauerstoffpartialdruck, wie er in der Luft auf Meereshöhe herrscht, ausgeht, so wären rein physikalisch ca. 5–6 ml Sauerstoff in einem Liter Blut gelöst. Hämoglobinarme Daphnien können nur wenig mehr Sauerstoff lösen (ca. 7 ml O_2/l Blut), dagegen kämen hämoglobinreiche Tiere bereits auf ca. 30 ml O_2/l Blut. Dies ist eine deutliche Verbesserung, obwohl die Sauerstoffkapazität des menschlichen Blutes nicht annähernd erreicht wird.

Nach diesem Überblick über die Grundlagen des Sauerstofftransports durch Atmungsproteine und einer kurzen Besprechung der Funktion der Wirbeltierhämoglobine wollen wir uns die Bedeutung der Arthropodenhämocyanine, Hämerythrine, Chlorocruorine und Daphnienhämoglobine als Beispiele für Atmungsproteine bei Wirbellosen etwas genauer ansehen.

5.4.11 Die Funktion der Hämocyanine

Die Arthropodenhämocyanine sind aus 6 (z. B. bei der Languste), 12 (bei den Krabben), 24 (bei den Spinnen und Skorpionen) oder 48 (bei Pfeilschwanzkrebsen) Proteinuntereinheiten zusammengesetzt, also aus Vielfachen von sogenannten Hexameren (6 Untereinheiten). Welche Bedeutung hat diese Aggregation für die Physiologie der Tiere? Einerseits sind kooperative Wechselwirkungen zwischen den Untereinheiten für die Ausbildung einer sigmoiden Sauerstoffbindungskurve notwendig. Andererseits hat die Aggregatbildung mit dem Salz- und Wasserhaushalt der Tiere zu tun. Osmoregulation und Exkretion sind meist mit Ultrafiltration verbunden, die bei höherem Blutdruck steigt, aber bei größerem kolloidosmotischen Druck sinkt (Abschnitt 1.3.4). Der osmotische Druck hängt von der Zahl gelöster Teilchen, also der Konzentration der Proteinmoleküle ab, ist aber unabhängig von der Molekülgröße. Da Herzleistung und Blutdruck im offenen Kreislaufsystem vieler Wirbelloser gering sind, sind dem kolloidosmotischen Druck obere Grenzen gesetzt. Daher findet man eine Minimierung des kolloidosmotischen Drucks, also eine Begrenzung der Proteinkonzentration durch Aggregatbildung, die gleichzeitig eine Maximierung der Sauerstoffkapazität bedeutet. Zusätzlich sind die Proteinkonzentrationen im Blut der Wirbellosen meist niedrig, so daß die Blutviskosität und die Arbeitsbelastung des Herzens minimiert werden.

Welche Rolle spielt Hämocyanin beim Sauerstofftransport? Die Hämocyaninkonzentration schwankt von Individuum zu Individuum, im Laufe der Zeit aber auch innerhalb eines Tieres zwischen ca. 15 und 85 g Hämocyanin/l Hämolymphe. Dies ermöglicht eine Sauerstofftransportleistung durch Hämocyanin von ca. 7–22 ml O_2/l Blut. Vergleicht man dies mit der rein physikalisch gelösten Menge an Sauerstoff unter normoxischen Bedingungen (ca. 5–6 ml O_2/l), so zeigt sich, daß Hämocyanin die Transportleistung des Blutes für Sauerstoff nicht gerade um Größenordnungen erhöht. Dabei darf aber nicht nur die Sauerstoffkapazität des hämocyaninhaltigen Blutes betrachtet werden, sondern es müssen die jeweiligen Anteile von proteingebundenem und physikalisch gelöstem Sauerstoff im Blut berücksichtigt werden. Die Frage, die sich nämlich stellt, ist: Wann wird Hämocyanin benötigt? Es zeigt sich, daß Hämocyanin und vielleicht auch andere Atmungsproteine der Wirbellosen vor allem dann für den Sauerstofftransport wichtig werden, wenn eine Sauerstoffmangelsituation (Hypoxie) auftritt, sei es in der Umwelt oder verursacht durch körperliche Leistung.

Viele Wasseratmer kompensieren Sauerstoffmangel in der Umwelt mit einem Anstieg der Ventilationsrate. Die Sauerstoffaufnahme kann so konstant gehalten werden (Oxyregulation). Die erhöhte Ventilationsrate führt aber auch zu einer verstärkten Abgabe von Kohlendioxid und damit zu einer Alkalisierung des Blutes (respiratorische Alkalose). Dieser Anstieg des Blut-pH verursacht eine Linksverschiebung der Sauerstoffbindungskurve (Bohr-Effekt), d. h. die Affinität des Hämocyanins zum Sauerstoff steigt: Hämocyanin wird besser mit Sauerstoff beladen. Die Kombination von sinkendem Sauerstoffpartialdruck im Blut bei Hypoxie und Linksverschiebung der Sauerstoffbindungskurve verbessert den Nutzungsgrad der Atmungsproteine (Abb. 5.**6**). Dieser Effekt wirkt aber nur kurzfristig, da der Blut-pH nach gewisser Zeit wieder auf den Ausgangswert geregelt wird.

Bei verschiedenen Arthropoden, vor allem bei Krebstieren wurden eine Reihe von niedermolekularen, organischen Modulatoren für Hämocyanin gefunden, wie zum Beispiel Laktat, Urat oder Dopamin.

Schon bei einer leichten Sauerstoffmangelsituation in der Umwelt erhöht sich die Konzentration von Urat-Molekülen (Harnsäure) im Blut, da ein Gewebsenzym für den normalen

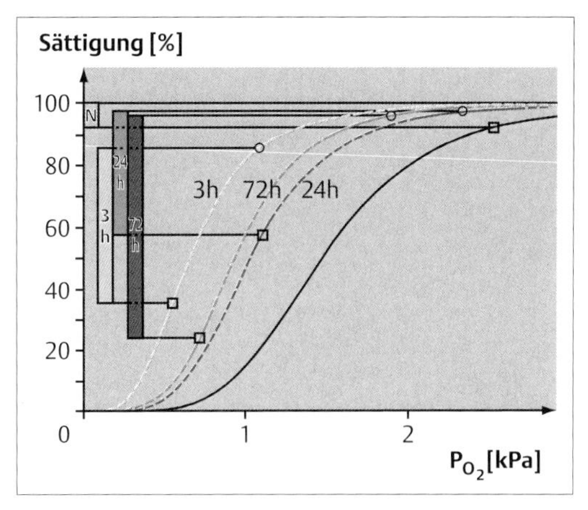

Abb. 5.6 Sauerstoffbindungskurven des Blutes der „Strandkrabbe" bei hinreichendem Sauerstoffangebot (Normoxie: durchgezogene Linie) bzw. nach verschieden langer Anpassung der Tiere (3, 24, 72 Stunden) an Sauerstoffmangel in der Umwelt (unterbrochene Linien). In der Graphik sind zusätzlich die Sauerstoffpartialdrucke im Blut vor (Quadrate) und nach (Kreise) den Kiemen und der jeweilig daraus folgende Nutzungsgrad des Hämocyanins (linke Balken) dargestellt. Die Affinität zu Sauerstoff ändert sich während der Anpassungsreaktion an Sauerstoffmangel. Dabei verbessert sich der Nutzungsgrad des Hämocyanins erheblich (nach Truchot 1992).

Urat-Abbau Sauerstoff benötigt (vgl. Abb. 13.**6**). Eine moderate Sauerstoffmangelsituation führt mittelfristig über die modulierende Wirkung des Urats zu einer Erhöhung der Sauerstoffaffinität des Hämocyanins (Abb. 5.**6**).

Bei starkem Sauerstoffmangel in der Umwelt tritt bei den Tieren neben mitochondrialer Atmung zusätzlich anaerobe Energiegewinnung auf (Milchsäuregärung), und Laktat tritt in die Blutbahn über. Laktat wirkt ebenfalls als Modulator der Hämocyaninfunktion, erhöht die Sauerstoffaffinität und verbessert die Sauerstoffbeladbarkeit des Hämocyanins (Abb. 5.**6**). Beide Mechanismen, Urat- und Laktat-Effekt sind eher mittelfristige Anpassungen an Sauerstoffmangel. Bei langandauernder Hypoxie von mehr als 7 Tagen kann es zu einer Aktivierung des Proteinsyntheseapparats kommen: Es werden vermehrt Atmungsproteine hergestellt, wobei diese veränderte Eigenschaften (z. B. erhöhte Sauerstoffaffinität) besitzen können.

Was passiert bei einer Umweltsituation mit hinreichendem Sauerstoffangebot, wenn die Tiere starke körperliche Leistung zeigen? Häufig kommt es hier im Zusammenhang mit anaero-

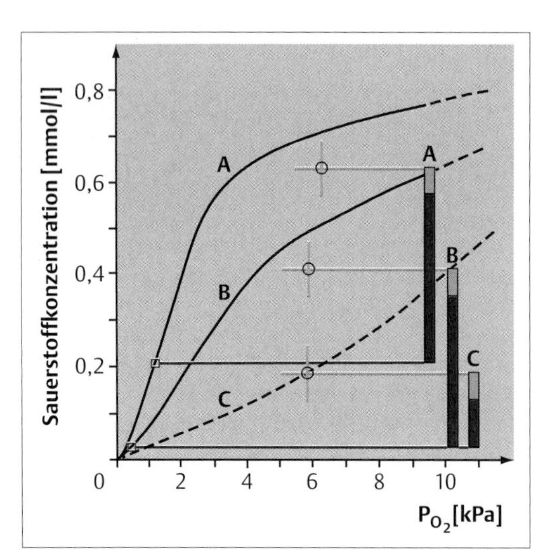

Abb. 5.7 Starke körperliche Leistung einer „Blauen Krabbe" kann zu nicht-oxidativer (anaerober) Energiegewinnung führen. Dabei können Protonen, aber auch Laktat in die Blutbahn gelangen. Die Protonen bewirken eine „Rechtsverschiebung" der Sauerstoffbindungskurve (von A nach B oder C). Falls nicht nur Protonen (C), sondern auch Laktat in die Blutbahn kommen (B), ist die Affinitätsverminderung nicht so stark ausgeprägt. Wie die Beziehungen zwischen Partialdruck und Konzentration von Sauerstoff im Blut (Kreise, Quadrate) und die daraus ableitbaren Konzentrationsdifferenzen (rechte Balken) zeigen, bleibt auf diese Weise der volle Nutzungsgrad des Hämocyanins erhalten (rote Balkenbereiche). Zusätzlich führt die „Rechtsverschiebung" der Bindungskurve zu einem Anstieg des Sauerstofftransports vom Blut in die Gewebe (nach Burggren, McMahon und Powers 1991).

bem Stoffwechsel zu einer Ansäuerung des Blutes (metabolische Acidose). Die Sauerstoffbindungskurve des Hämocyanins verschiebt sich nach rechts (Bohr-Effekt), und die Abgabe von Sauerstoff vom Hämocyanin in die Gewebe wird erleichtert (Abb. 5.**7**). Die Affinität des Hämocyanins sinkt, und Sauerstoff kann leichter in die Gewebe diffundieren. Damit kann der Sauerstoffbedarf für die gestiegene Stoffwechselrate gedeckt werden. Zusätzlich kommt es zu einem Anstieg der Durchblutung (Perfusion). Die Rechtsverschiebung der Sauerstoffbindungskurve führt zu einer stärkeren Nutzung der venösen Reserve und zu einem Anstieg der Sauerstoffpartialdruckdifferenz zwischen Blut und Zellen. Man muß aber neben der Sauerstoffabgabe gleichzeitig die Sauerstoffbeladung im Auge behalten. Die Rechtsverschiebung der Bindungskurve kann zu einer mangelhaften Sauerstoffbeladung während der Kiemenpassage führen. Hier kommt aber wieder der Laktat-Effekt zu Hilfe. Anaerober Stoffwechsel bei erhöhter körperlicher Leistung führt häufig zu einem Anstieg der Laktat-Konzentration im Blut. Die Sauerstoffaffinität des Hämocyanins wird nicht so stark abgeschwächt, und die Atmungsproteine können auch bei starker körperlicher Leistung noch voll mit Sauerstoff beladen werden (Abb. 5.**7**).

Die variierende Hämocyanin-Konzentration in der Blutbahn (siehe oben) kann mit einer Nutzung der Atmungsproteine als Proteinreserve zu tun haben. Hungernde Tiere greifen auf ihre Hämocyanin-Reserven zurück. Diese Proteinreserve kann auch für die Häutung benötigt werden. Dabei fallen Ähnlichkeiten auf allen Ebenen der Proteinstruktur zwischen Hämocyaninen und Speicherproteinen (Hexamerine) von Insektenlarven auf. Von den Speicherproteinen wird vermutet, daß sie als Aminosäurespeicher und als Energiequelle bei der Proteinsynthese dienen sowie bei der Aushärtung (Sklerotisierung) der Hülle (Kutikula) der Puppe beteiligt sind.

Das sehr große Molekulargewicht einer Untereinheit des Hämocyanins wirft ebenfalls Fragen auf. Das Problem läßt sich vielleicht lösen, wenn man nicht nur den Sauerstofftransport, sondern auch andere Funktionen ins Kalkül zieht: Es gibt Hinweise für eine Beteiligung des Hämocyanins beim Transport des für die Häutung wichtigen Hormons Ecdyson (Kutikulabildung). Weiterhin wurde im Zusammenhang mit Strahlungsresistenzuntersuchungen bei Wüstenskorpionen entdeckt, daß Hämocyanin auch enzymatische Aktivitäten (Katalase) aufweist. Hämocyanin könnte also neben seiner Funktion als Sauerstoffträger auch als Proteinspeicher dienen, Transportmolekül für wasserunlösliche Substanzen im Blut sein und außerdem verschiedene enzymatische Aktivitäten aufweisen.

5.4.12 Die Funktion der Hämerythrine

Zur Funktion der Hämerythrine gibt es recht wenige physiologische Daten. Hämerythrine können bei bestimmten Spritzwurmarten sowohl in Blutzellen, als auch in Coelomzellen sowie in Muskelzellen vorkommen. Dabei steigt die Sauerstoffaffinität der unterschiedlich gebauten Hämerythrine Schritt um Schritt an und erleichtert so die Übergabe des Sauerstoffs in der ganzen Transportkaskade vom Meerwasser bis zu den Mitochondrien. Im Gegensatz zu anderen hochaggregierten Atmungsproteinen wurden kooperative Effekte der Untereinheiten sowie Modulation durch Liganden bei Hämerythrinen bisher aber nicht festgestellt.

5.4.13 Die Funktion der Chlorocruorine

Die den Hämoglobinen strukturell sehr nahe stehenden Chlorocruorine wurden bisher auch nicht sehr intensiv untersucht. Sie zeigen aber eine beträchtliche Kooperativität sowie einen starken Bohr-Effekt. Chlorocruorine können im Blut einiger Anneliden zusammen mit Hämoglobin auftreten. Auffallend ist dabei die niedrige Sauerstoffaffinität der Chlorocruorine, die für eine wichtige Rolle dieser Moleküle bei der Sauerstoffabgabe an die Gewebe spricht. Auf Grund ihrer beträchtlichen Konzentration im Blut können sie auch eine Rolle als kurzfristiger Sauerstoffspeicher bei Sauerstoffmangel spielen.

5.4.14 Die Funktion der Daphnienhämoglobine

Die Struktur des Daphnien-Hämoglobins ist noch nicht im Detail bekannt. Es ist aber ebenfalls ein hochaggregiertes Proteinmolekül mit einem Molekulargewicht von ca. 500000, das aus 16 Untereinheiten besteht, die jeweils 2 Sauerstoffmoleküle tragen können.

Die Hämoglobinkonzentration im Blut der Daphnien hängt entscheidend vom Sauerstoffangebot in der Umwelt ab. Bei Sauerstoffmangel wird vermehrt Hämoglobin synthetisiert und erreicht ein Maximum in ca. 12 Tagen. Umgekehrt dauert es genauso lange, bis die Hämoglobinkonzentration bei hinreichendem Sauerstoffangebot in der Umwelt wieder auf den Ausgangswert gesunken ist. Da diese Zeiträume beachtliche Teile der Gesamtlebensspanne ausmachen, müssen hier auch Entwicklungsprozesse berücksichtigt werden: Es zeigt sich, daß die Hämoglobinkonzentration von der Größe bzw. dem Alter der Tiere abhängt. Hämoglobin wird offenbar nach Erreichen der Geschlechtsreife von der Mutter auf die Eier übertragen. Danach ist die Hämoglobinkonzentration der Mutter niedriger. Der Bestand an Hämoglobin in einer Tierpopulation ist eine Art Generationenvertrag: Je hämoglobinreicher die Elterngeneration ist, umso hämoglobinreicher sind die Kinder. Das Hämoglobin in den Eiern und Embryonen hat sicherlich eine ähnliche Sauerstoffspeicherfunktion wie Myoglobin in den menschlichen Muskelzellen. Hämoglobin ermöglicht den sich in der Bruttasche entwickelnden Tieren eine konstantere Sauerstoffversorgung.

Wie sieht es mit der Funktion des Hämoglobins bei erwachsenen Tieren aus? Auf den Sauerstoffverbrauch an sich hat die Hämoglobinkonzentration keinen Einfluß. Der wichtige Unterschied ist aber, daß hämoglobinreiche („red“) im Gegensatz zu hämoglobinarmen („pale“) Tieren bei wesentlich geringeren Sauerstoffkonzentrationen in der Umwelt noch Sauerstoff aufnehmen können. Dies wirkt sich auch auf das Verhalten aus: „Red“ kann bei Sauerstoffmangel im Wasser noch schwimmen, „pale“ nicht. Daphnien benötigen also Hämoglobin, um bei Sauerstoffarmut in der Umwelt überleben zu können. Dies ist aber gerade in den Sommermonaten, wenn organisches Material in den Teichen und Tümpeln verrottet, ein immer wieder eintretender Zustand. Daphnien besitzen damit in Form einer verstärkten Hämoglobinsynthese eine Chance, diese Periode zu überleben.

5.7 Kohlendioxidtransport im Blut

Sauerstoff wird zu den Zellen und Mitochondrien transportiert. Kohlendioxid, das im Stoffwechsel vor allem während des Citrat-Zyklus (Abb. 13.**8**) entsteht, nimmt den umgekehrten Weg. Es diffundiert seinem Partialdruckgefälle folgend aus den Gewebszellen in die Blutbahn. Dort löst es sich rein physikalisch in der wäßrigen Phase. Dann kommt es aber zu mehreren Folgereaktionen, die die Kohlendioxidmenge im Blut stark ansteigen lassen. Als erster Schritt reagiert Kohlendioxid mit Wasser:

$$CO_2 + H_2O \leftrightarrow H_2CO_3 \leftrightarrow H^+ + HCO_3^-$$

Die entstehende Kohlensäure des ersten Schrittes zerfällt rasch in Protonen und Bicarbonat (HCO_3^-). Der Schritt zur Kohlensäure wird meist durch ein Enzym, die Carboanhydrase, katalysiert, der zweite Schritt erfolgt spontan. Das Enzym Carboanhydrase findet sich z. B. in den Erythrocyten oder, bei Wirbellosen, auch frei in der Blutbahn oder in den Geweben der Gasaustauschorgane. Kohlendioxid wird also nicht nur physikalisch gelöst transportiert, sondern auch chemisch gebunden in Form des Bicarbonats. Damit diese chemische Reaktion möglichst weit voranschreiten kann, so daß sich also möglichst

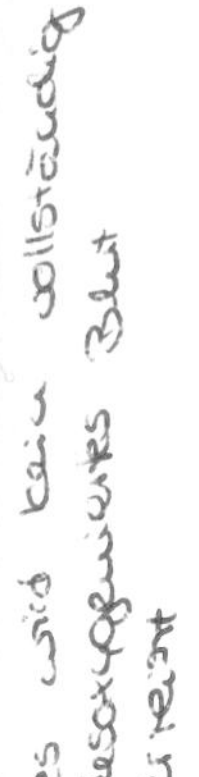

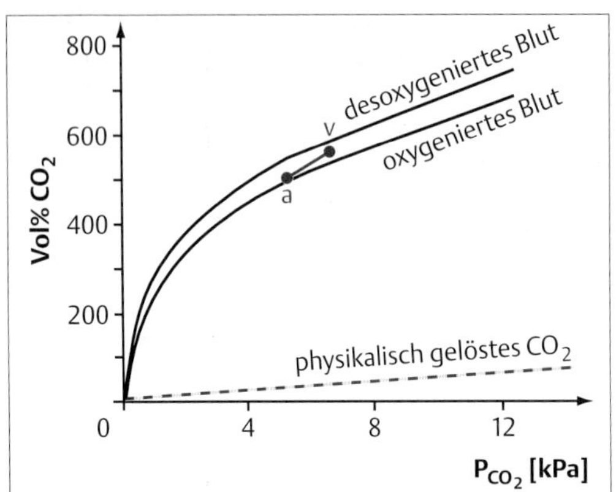

Abb. 5.8 Der Kohlendioxidtransport im Blut hängt auch von dessen Sauerstoffbeladung ab. Die physiologische Kohlendioxidbindungskurve wird durch die arteriellen (a) und venösen (v) Kohlendioxid- bzw. Sauerstoffpartialdrucke festgelegt. Der physikalisch gelöste Anteil (gestrichelte Linie) ist vergleichsweise gering (nach Schmidt-Nielsen 1999).

viel Bicarbonat bildet, müssen die Reaktionsprodukte entfernt werden. Dies geschieht in den Erythrocyten folgendermaßen. Die Protonen werden vom Hämoglobin gebunden („gepuffert"). Das Bicarbonat wird im Austausch gegen Cl^--Ionen (carrier-vermittelter Transport; sogenannter „Hamburger-Shift") aus den Erythrocyten entfernt. Wie weit die Reaktion zum Bicarbonat voranschreitet, hängt also u. a. von der Pufferkapazität des Blutes ab.

Ein weiterer Mechanismus des Kohlendioxidtransports im Blut, an dem Hämoglobin (Hb) beteiligt ist, ist die sogenannte Carbaminobindung des Kohlendioxids an den Aminoenden der Proteinuntereinheiten:

$$\text{Hb-NH}_2 + CO_2 \leftrightarrow \text{Hb-NH-COO}^- + H^+$$

Es gibt also neben dem physikalisch gelösten Kohlendioxid noch zwei Arten chemisch gebundenen Kohlendioxids im Blut, an denen beide Male Hämoglobin beteiligt ist (vgl. Absatz 4.2).

Im Blut nahe der Gasaustauschorgane finden die umgekehrten Reaktionen statt. Die Carbaminobindung wird gespalten und Kohlendioxid wird frei. Bicarbonat wird im Austausch gegen Cl^--Ionen in die Erythrocyten transportiert und zusammen mit den Protonen, die vom Hämoglobin gepuffert worden waren, entsteht wieder Kohlensäure bzw. freies Kohlendioxid. Auch hier spielt die Carboanhydrase eine wichtige geschwindigkeitsbeschleunigende Rolle. Es entsteht eine Partialdruckdifferenz für Kohlendioxid vom Blut in das Umgebungsmedium, die zu einer Auswärtsdiffusion dieses Gases führt.

Die Rolle des Hämoglobins für den Kohlendioxidtransport ist damit aber noch nicht vollständig beschrieben. Zusätzlich spielt die Sauerstoffbeladung dieses Atmungsproteins eine wichtige Rolle. Sauerstoffbeladenes oder nichtbeladenes Hämoglobin ist unterschiedlich stark sauer (Säure: Protonendonator; Base: Protonenakzeptor).

$$\text{(I) } HbO_2H \leftrightarrow HbO_2^- + H^+$$
$$\text{(II) } HbH \leftrightarrow Hb^- + H^+$$

Das Gleichgewicht der Reaktion I liegt stärker auf der rechten Seite als das der Reaktion II. Oxygeniertes Hämoglobin ist demnach eine stärkere Säure als desoxygeniertes Hämoglobin. Wenig bis unbeladenes Hämoglobin ist eher ein Protonenakzeptor, beladenes Hämoglobin ist eher ein Protonendonator. In der Peripherie ist Hämoglobin eher desoxygeniert und puffert deshalb besonders leicht Protonen; oxygeniertes Hämoglobin in der Nähe der Gasaustauschorgane gibt leichter Protonen ab. Diese Eigenschaft des Hämoglobins unterstützt den Kohlendioxidtransport. In der Peripherie wird die Bicarbonatbildung durch Protonenaufnahme unterstützt, in der Nähe der Gasaustauschorgane wird die Kohlendioxidfreisetzung durch Protonenabgabe erleichtert. Diese Wechselbeziehung zwischen hämoglobin-vermitteltem Sauerstofftransport und Erleichterung des Kohlendioxidtransports wird als ***Haldane-Effekt*** bezeichnet: Oxygeniertes Blut transportiert weniger, desoxygeniertes Blut mehr Kohlendioxid. Die Kohlendioxidbindungskurve (eine Auftragung völlig analog der Sauerstoffbindungskurve) zeigt diese Zusammenhänge (Abb. 5.**8**).

Venöses Blut ist kaum vollständig sauerstofffrei. Die im Blut zu messenden Wertepaare aus Partialdruck und Konzentration liegen deshalb auf einer „physiologischen" Kohlendioxidbindungskurve, die zwischen den Bindungskurven für oxygeniertem und desoxygeniertem Blut verläuft.

Vergleichen wir den Kurvenverlauf von physikalisch gelöstem Kohlendioxid mit dem chemisch gebundenen Anteil, so sehen wir für letzteren einen steilen Anstieg bei niedrigen Kohlendioxidpartialdrucken und ein „Flacherwerden" der Bindungskurve in einem Sättigungsbereich. Der physikalisch gelöste Anteil folgt dem Henryschen Gesetz (Box 3.**1**) und steigt deshalb fortlaufend mit dem Partialdruck. Der chemisch gebundene Anteil hängt von der Zahl der freien Protonenbindungsstellen und Aminoenden des Hämoglobins ab, und ist deshalb sättigbar. Trotzdem werden, auch im Vergleich zum hämoglobinabhängigen Sauerstofftransport (Abb. 3.**5**), große Mengen von Kohlendioxid in der Blutbahn transportiert, wobei aber der physiologische Arbeitsbereich (Beladung, Entladung) nur einen kleineren Teil der Gesamtmenge betrifft. Weitere Zusammenhänge und Erklärungen zu diesem Punkt finden sich bei der Besprechung des Säure-Basen-Haushalt (Kap. 9).

Die Zusammenhänge zwischen blutgelöstem Kohlendioxid, Perfusion und Kohlendioxidabgabe wurden bereits in einem anderen Abschnitt dieses Buches besprochen (Abschnitt 3.7; Box 3.**3**).

6 Konvektiver Transport im Innenmedium: Perfusion

6.1 Modelle für den Kreislauf 68
6.2 William Harvey und der Blutkreislauf 70
6.3 Der Kreislauf des Menschen 71
6.4 Das Herz des Menschen 75
6.5 Der Kreislauf der Wirbeltiere 78
6.6 Der Kreislauf der Wirbellosen 78
6.6.1 Mollusken 78
6.6.2 Insekten und Krebstiere 79
6.6.3 Spinnen: Interaktionen zwischen Kreislauf und hydraulischem Bewegungssystem 80
6.6.4 Stachelhäuter 83

Vorspann

Tiere bewegen ihre Extrazellulärflüssigkeit bzw. ihr Blut entweder mit Cilienschlägen oder mit Hilfe von Muskelkontraktionen (Körperbewegungen, Herzschlag). Die innere Konvektion (Perfusion) erlaubt den Massentransport von Substanzen über größere Strecken im Tierkörper. Cilien erzeugen lokale Bewegungen oder Flüsse nahe der Zelloberflächen. Muskeltätigkeit erzeugt kräftigere Konvektionsströme. Coelenteraten und Echinodermen nutzen beide Formen. Nematoden verschieben die Flüssigkeit ihres Pseudocoels durch Körperbewegungen. Bei Arthropoden gewinnt neben Körperbewegungen das Herz, das teils myogen, teils neurogen gesteuert wird, zunehmende Bedeutung für den Transport der Hämolymphe. Cilien kommen bei diesen beiden Gruppen nicht vor. Bei den Gliedertieren kann das Kreislaufsystem entweder noch nahezu offen sein (Insekten) oder auch schon eine sehr starke Gefäßbildung aufweisen (höhere Krebse). Bei Anneliden, Mollusken und Wirbeltieren dominiert der herzgetriebene Blutfluß, obwohl hier Cilien für Ströme im Coelomraum, in den Exkretionsorganen (Annelida), in den Geschlechtsorganen (Mollusken) oder in der Cerebrospinalflüßigkeit (Wirbeltiere) sorgen. Diese Tiergruppen besitzen häufig geschlossene Kreislaufsysteme.

6.1 Modelle für den Kreislauf

Der Kreislauf der Tiere besteht meist aus einer oder mehreren Pumpen (**Herzen**) und einem angeschlossenen Zirkulationssystem, das entweder offene mit Hämolymphe gefüllte Räume oder durch Gefäße abgeschlossene Bluträume umfaßt. Vom Herzen wegführende Gefäße werden als **Arterien,** hinführende als **Venen** bezeichnet. Dazwischen befindet sich bei Tieren mit geschlossenem Kreislaufsystem ein peripheres Kapillarsystem. Der Blutstrom in der Zeit, also das Herzzeitvolumen (**„Perfusionsrate“**) ergibt sich aus dem Produkt aus Herzfrequenz f_h und Schlagvolumen ΔV (Auswurfvolumen). Bevor wir uns aber im Detail mit Struktur und Funktion der Kreislaufsysteme der Tiere beschäftigen wollen, werden wir uns anhand eines einfachen Gefäßmodells grundlegende Zusammenhänge klarmachen.

Wir betrachten dazu ein starres Rohr, durch das z. B. Wasser fließt. Getrieben durch die Druckdifferenz ΔP (P_1–P_2) strömt Wasser mit einer mittleren Geschwindigkeit v durch die Röhre. Wir gehen von einer sogenannten laminaren Strömung aus. Dies bedeutet, daß die Geschwindigkeit des strömenden Wassers positionsabhängig ist und Teilchen gleicher Geschwindigkeit sich nicht vermischen: In der Mitte des Rohres strömt Wasser am schnellsten, am Rande geht die Geschwindigkeit gegen Null. Anders formuliert: Das Geschwindigkeitsprofil in der Röhre läßt sich durch einzelne Stromfäden symbolisieren, die sich nicht vermischen, sondern unter Beibehaltung von Geschwindigkeit und Richtung aneinander vorbei gleiten. Das Gegenteil einer laminaren Strömung ist eine turbulente Strömung, bei der sich Wirbel ausbilden, d. h. die Stromfäden sich vermischen. Ein Beispiel für eine laminare Strömung ist ein langsam geradeaus fließender Fluß, Turbulenz tritt z. B. hinter einem Brückenpfeiler auf. Die Geschwindigkeit eines einzelnen Stromfadens v_x hängt von der Druckdifferenz ΔP und geometrischen Größen ab:

$$v_x = [(r^2 - r_x^2)/(l \times \eta \times 4)] \times \Delta P$$

Wir gingen von einer einfachen, homogenen Flüssigkeit (Wasser) aus, deren Viskosität (η) nur von der Temperatur abhängt. Blut hingegen zeigt ein sehr komplexes Viskositätsverhalten (Abschnitt 5.4.6), so daß bereits hier eine Einschränkung der physiologischen Anwendbarkeit eines einfachen Röhrenmodells deutlich wird. Dagegen ist Laminarität des Blutflusses meistens gegeben, wenn auch an Verzweigungspunkten oder Ventilen im Gefäßsystem, speziell bei höheren Fließgeschwindigkeiten (arterieller Bereich), Turbulenzen auftreten können.

Ein weitere Annahme, die im Tier so nicht gegeben ist, betrifft die Geschwindigkeit des Stromes in der Zeit. Wir gingen von einem stationären Fluß aus, dessen Geschwindigkeit sich zeitlich nicht ändert: Die lokale Geschwindigkeit bleibt konstant. Im Kreislauf der Tiere gibt es aber sehr wohl Geschwindigkeitsveränderungen vor allem im arteriellen Anfangsabschnitt: Im physiologischen Fall haben wir häufig eine nicht-stationäre Strömung.

Schließlich sind die Gefäße nicht starr, sondern elastisch (Aorta, Kapillaren, Venen), so daß unser Modell nur eine Annäherung an die tatsächliche Situation darstellen kann. Trotzdem erlaubt es uns, grundsätzliche Zusammenhänge besser zu verstehen, und gerade aus dem unterschiedlichen Verhalten von Modell und Natur die Besonderheiten des Kreislaufsystems richtig einschätzen zu können.

Einer dieser im Kreislaufsystem auftretenden Zusammenhänge ist die als Kontinuitätsbedingung bekannte reziproke Beziehung zwischen Gefäßquerschnittsfläche und Flußgeschwindigkeit (Box 6.**1**). Die Kontinuitätsbedingung gilt nicht nur für das Einzelgefäß, sondern auch für die Summe aller Flächen eines bestimmten Abschnitts im Kreislaufsystem. Das bedeutet, daß die mittlere Geschwindigkeit im Kreislaufsystem sowohl von der Zahl als auch der Fläche der einzelnen Gefäße eines bestimmten Kreislaufabschnitts abhängt.

Wir wollen nun die bereits begonnene Diskussion der Beziehung zwischen Flußrate und Druckdifferenz vertiefen. Beide Größen sind über einen Strömungswiderstand verknüpft. Betrachtet man dabei den Widerstand des ganzen Kreislaufsystems, so spricht man von dem „totalen peripheren Widerstand" (**TPR**). Auf jeden Fall gilt, daß die Flußrate (z. B. in ml Blut/min) direkt von der Blutdruckdifferenz und dem reziproken Wert des Strömungswiderstands („Leitwert") abhängt (Box 6.**2**). Kräftige ($\Delta V \uparrow$) und schnell schlagende Herzen ($f_h \uparrow$) produzieren stärkere Blutströme.

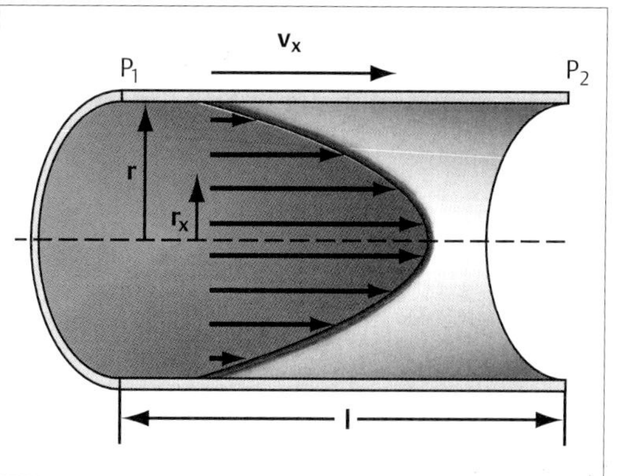

Abb. 6.1 Stationäre laminare Strömung von Wasser in einer starren Röhre als Gefäßmodell (l: Länge des Rohres, P_1: Wasserdruck am Rohranfang, P_2: Wasserdruck am Rohrende, r: Radius des Gefäßes, r_x: Entfernung eines einzelnen Stromfadens mit der Geschwindigkeit v_x von der Rohrmitte) (nach Busse 1982)

Box 6.1 Die Kontinuitätsbedingung

Die Fläche (F) bzw. das Volumen (V) eines Rohres beträgt $r^2 \times \pi$ bzw. $r^2 \times \pi \times l$. Der Fluß pro Zeiteinheit (t), die Perfusionsrate $\dot{Q}$, in diesem Rohr ist gleich V/t bzw. F × l/t und damit gleich F × v.

Die mittlere Strömungsgeschwindigkeit v ist also umgekehrt proportional zur Querschnittsfläche F:

$$v = \dot{Q}/F$$

Box 6.2 Das Hagen-Poiseuille'sche Gesetz

Ähnlich wie beim Ohm'schen Gesetz in der Elektrizitätslehre sind in den Kreislaufsystemen die Größen ΔP (Blutdruckdifferenz $\propto$ Spannung) und $\dot{Q}$ (Perfusionsrate $\propto$ Strom) über den Widerstand R verknüpft:

$$\Delta P/\dot{Q} = R$$

Unter bestimmten Randbedingungen ist R eine Funktion vor allem des Gefäßradius r sowie der Gefäßlänge l und der Viskosität des Blutes η:

$$R = (l \times \eta \times 8)/(r^4 \times \pi)$$

Damit gilt für die Flußrate $\dot{Q}$ folgendes Gesetz:

$$\dot{Q} = [(r^4 \times \pi)/(l \times \eta \times 8)] \times \Delta P$$

Ähnlich wie bei den Kirchhoff'schen Gesetzen der Seriell- und Parallelschaltung von Widerständen in der Elektrizitätslehre lassen sich einzelne Strömungswiderstände verrechnen:

$$\text{Seriell: } R_{gesamt} = R_1 + R_2 + \ldots + R_n$$

$$\text{Parallel: } 1/R_{gesamt} = 1/R_1 + 1/R_2 + \ldots + 1/R_n$$

Box 6.3 Das Laplace'sche Gesetz

Die auf die Wand eines zylindrischen Blutgefäßes wirkende Kraft (Wandspannung) T ist mit dem transmuralen Druck P_t, d. h. der Druckdifferenz in den Flüssigkeiten auf der Innen- und Außenseite des Gefäßes, dem Innenradius des Gefäßes r und dessen Wandstärke h folgendermaßen verknüpft:

$$T = (P_t \times r)/h$$

Seriell geschaltete Strömungswiderstände werden addiert. Bei parallel geschalteten Strömungswiderständen addieren sich die reziproken Werte der Einzelwiderstände zum reziproken Wert des Gesamtwiderstandes: Praktisch bedeutet dies, daß der kleinste Einzelwiderstand maßgeblich den Gesamtwiderstand beeinflußt.

Zum Abschluß der Modellbetrachtungen soll noch kurz die Belastung einer Gefäßwand (Wandspannung) bei einem bestimmten Blutdruck in ihrem Zusammenhang mit Wandstärke und Radius dieses Gefäßes angesprochen werden (Box 6.**3**). Die Konsequenzen werden später besprochen.

6.2 William Harvey und der Blutkreislauf

Die kurze Nacherzählung der Untersuchungen von William Harvey aus dem Jahre 1628 (aus „Autrum: Biologie – Entdeckung einer Ordnung") soll uns beispielhaft zeigen, wie man zu physiologischen Aussagen kommt, die auch heute noch gültig sind, so daß diese Herangehensweise an physiologische Probleme auch heutzutage noch aktuell und lehrreich ist.

Im Jahre 1600 glaubte man, daß in der Leber, wie bei einer Wasserquelle, Blut ständig aus verdauter Nahrung entsteht und dann durch Venen in den Körper oder durch die Hohlvene in die rechte Herzkammer abfließt. Das Herzblut sollte durch die Kammerscheidewand in die saugende linke Kammer sickern. Hier, so glaubte man, würde durch den Zusammenprall von Lungenluft und Blut ein vitales Prinzip, der Lebenshauch („Spiritus vitalis") entstehen, bei dessen Herstellung Körperwärme frei würde. Die Lunge sollte dabei für Kühlung sorgen. Der Ruß, der bei der Wärmeproduktion entsteht, sollte dann im Blutstrom durch die Lungenvene – unter Umgehung der hereinströmenden Kühlungsluft – in die Lunge und nach Außen gelangen.

„Zum Teufel, es gibt keine Löcher in der Herzscheidewand .." und „Als ich mein Sinnen und Trachten der Beobachtung zuwendete, den Zweck und Nutzen der Herzbewegung durch eigene Anschauung und nicht aus Büchern und Schriften anderer herauszufinden, da fand ich diese Sache rund heraus beschwerlich und unausgesetzt voller Schwierigkeiten.." (gekürzt), so schrieb William Harvey 1628 in seinem Buch. Und weiter: „Was ich über .. (das) durch Herz und Venen hindurchwandernde Blut zu sagen habe, ist so neu und unerhört, daß ich .. eine Unbill für mich fürchte .." (gekürzt).

Die experimentelle Vorgehensweise von Harvey war folgende: Er wollte herausfinden, wie das Herz funktioniert und in welcher Richtung das Blut strömt. Er öffnete den Körper von Kaltblütern (Frosch, Fisch) und sah, daß während der Herzbewegung die Spitze sich aufrichtet und an die Brust pocht und daß das Herz sich verkleinert und dabei härter wird. Überdies wurde es weißlich bei der Bewegung und blutrot während des dazwischenliegenden Rastens. Daraus schloß Harvey, daß die aktive Phase die Bewegungsphase (Systole) und nicht die dazwischenliegende Rastphase (Diastole) sei, und daß die Bewegung dazu dient, Blut zu verdrängen und nicht anzusaugen. Dann sah er, daß die Herzbewegung immer mit einem Weiterwerden der Arterien verknüpft war. Der Arterienpuls entsteht durch den Blutausstoß aus der linken Herzkammer in die Gefäße, die sich elastisch verformen.

Er untersuchte dann das Zusammenspiel von Vorhof (Atrium) und Hauptkammer (Ventrikel) des Herzens bei der Kontraktion, und er entdeckte, daß Blut des rechten Herzens in Richtung Lunge, und das des linken Herzens in Richtung Aorta und Körperarterien gedrückt wird. Er beschrieb genau den Lungenkreislauf, ohne aber schon angeben zu können, welchen Zweck dieser hat: „Welchen Sinn dieser Kreislauf hat, müssen spätere Untersuchungen klären". Er trennte zwischen den Dingen, die er beantworten und solchen, die er nicht beantworten konnte, und er ließ sich durch die Fülle der Fragen nicht beirren, die sich aus seinen Beobachtungen ergaben.

Beim Fisch gab es keine Lunge und nur eine Herzkammer. Diese vergleichend-physiologische Herangehensweise lieferte ihm Beweise, daß die ganze Vorstellung des „Spiritus vitalis" und seiner Entstehung nicht stimmen konnte. Hier konnte Luft und Blut nicht zusammenprallen, und dabei Wärme entstehen. Harvey ersetzte die „Deduktion vom allgemeinen Prinzip zum Einzelfall" durch die Induktion, die vom Einzelfall ausgeht und durch den Vergleich zur allgemeinen Aussage gelangt.

Weiterhin führte er quantitative Überlegungen in die Biologie ein, die ihm halfen Wesentliches von Unwesentlichem zu trennen. Er untersuchte die Blutmenge im toten Herzen und fand zwei Unzen (ca. 60 g). Um sich nicht zu verschätzen, ging er von einer Minimalmenge von 1/2 Unze aus, die pro Herzschlag ausgeworfen wird. 4800 Herzschläge in der Stunde (80 Schläge pro min) fördern also 72 l Blut. Diese Menge konnte nicht aus der Nahrung stammen, sondern mußte im Umlauf fortlaufend umgepumpt werden. Harvey vermied es bei seiner Rechnung genauer zu sein, als es für den beabsichtigten Zweck notwendig war. Dies machte seine Abschätzungen unangreifbar.

Harvey beschrieb richtig die Herzfunktion als Blutpumpe und entdeckte die Kreislaufsysteme. Er vermied es über die Lungenfunktion oder über das „Wozu des Kreislaufs" zu spekulieren, und grenzte seinen Arbeitsbereich präzise ab. Er sagte wiederholt, daß all dies späteren Versuchen und Beobachtungen vorbehalten sei. Das quantitative Denken, Messen und Zählen Harveys und die brilliante Neuinterpretation bekannter anatomischer Fakten sind auch heute noch beispielhaft.

6.3 Der Kreislauf des Menschen

Das menschliche Kreislaufsystem, und das aller Säuger, besteht aus zwei Hohlmuskeln, dem rechten und linken Herzen, die als Pumpen arbeiten, und den zwei Kreisläufe bildenden Gefäßen: Hauptarterie (**Aorta**), **Arterien, Arteriolen, Kapillaren, Venolen, Venen, Hohlvenen.** Das rechte Herz versorgt den Lungenkreislauf, das linke Herz den Körperkreislauf. Zwei Arten von passiven, druckgesteuerten Ventilen trennen einerseits die zwei Kammern beider Herzen (Vorkammer≠Atrium bzw. Hauptkammer≠ Ventrikel) und andererseits die Ventrikel vom nachfolgenden Arterienbereich: zuerst die **Segelklappen** (Atrioventrikularklappen) und dann die **Taschenklappen** (Semilunarklappen). Diese Ventile sorgen für einen gerichteten Blutfluß. Lungen- und Körperkreislauf sind seriell geschaltet, die Blutversorgungszweige der Organe und Gewebe sind parallel geschaltet (Abb. 6.**2**). Der Blutfluß ist folgender: Hohlvenen → rechtes Atrium → rechter Ventrikel → Lungenarterie → Lungenkreislauf → Lungenvene → linkes Atrium → linker Ventrikel → Aorta → Körperkreislauf

Betrachten wir Zahl und Geometrie der Gefäße, so sehen wir, daß Kapillaren die kürzesten, dünnsten, aber auch zahlreichsten Gefäße sind, und daß die Venen das größte Volumen besitzen (Abb. 6.**3**). Die Aorta leitet in den Körperkreislauf, die Lungenarterie in den Lungenkreislauf über. Die obere Hohlvene (V. cava superior) sammelt Blut aus der oberen Körperhälfte, die untere Hohlvene (V. cava inferior) aus der unteren Hälfte.

Alle Gefäße sind innen mit einem einschichtigen Endothel ausgekleidet. Dann folgen glatte Muskelzellen und elastisches Fasergewebe: (i) in den Arterien, mehrere Lagen von beidem, (ii) in den Arteriolen, eine einschichte Muskelzelllage, (iii) in den Kapillaren, meist nur Endothel, (iv) in den Venolen, nur Fasergewebe und (v) in den Venen, Fasergewebe und eine dünne Lage von Muskelzellen (Abb. 6.**4**).

Das Gesetz von Laplace zeigte uns (Box 6.**3**), daß mit steigender Druckdifferenz über der Gefäßwand und steigendem Gefäßradius, die Wandstärke steigen muß, um der Belastung (Wandspannung) entgegenzuwirken. Deshalb sind die Wandstärken von Aorta und Arterien am größten.

Aorta und herznahe Arterien sind dehnbar. Sie nehmen einen Teil des in der **Systole** vom Herzen ausgestoßenen Blutes in Form einer Volumenerweiterung auf und geben dieses während der Ruhephase (**Diastole**) wieder ab (Volumenverminderung). Der pulsförmige Blutfluß aus dem Herzen (Strompuls) wird gedämpft (**Windkessel-Effekt**), und das Blut fließt hinter der Aorta sowohl während der Herzsystole als auch während der Diastole. Die Elastizität des arteriellen Anfangsabschnitts erlaubt die Beschleunigung und den Auswurf auch von kleineren Blutmengen (ca. 65–80 ml Blut) durch das Herz. Bei starren Gefäßen müßte die gesamte angeschlossene Blutsäule beschleunigt werden, und die Blutflußgeschwindigkeiten wären für Austauschprozesse viel zu hoch.

Die Blutdrucke im arteriellen System sind folgendermaßen zu interpretieren: Die systolische Druckwelle in der Aorta (Abb. 6.**5**) wird durch ein rasches Signal (Frank'sche Incisur: Verschluß der Taschenklappe) von der diastolischen Druckwelle getrennt, die durch den Windkessel-Effekt verursacht wird (Drucke während Systole bzw. Diastole: 120 mmHg zu 80 mmHg). Die Elastizität dieses Bereiches des arteriellen Systems sowie die Höhe des peripheren Widerstandes in nachgeschalteten Gefäßen bestimmen ebenfalls den Druckverlauf. Entscheidend für den Blutfluß ist der mittlere Blutdruck (P_m). Wie uns das Gesetz von Hagen-Poiseuille (Box 6.**2**) zeigt, sind diese Größen direkt miteinander gekoppelt: P_m und peripherer Widerstand bestimmen den gesamten Blutfluß $\dot{Q}$ falls keine lokalen Autoregulationsmechanismen wirksam sind.

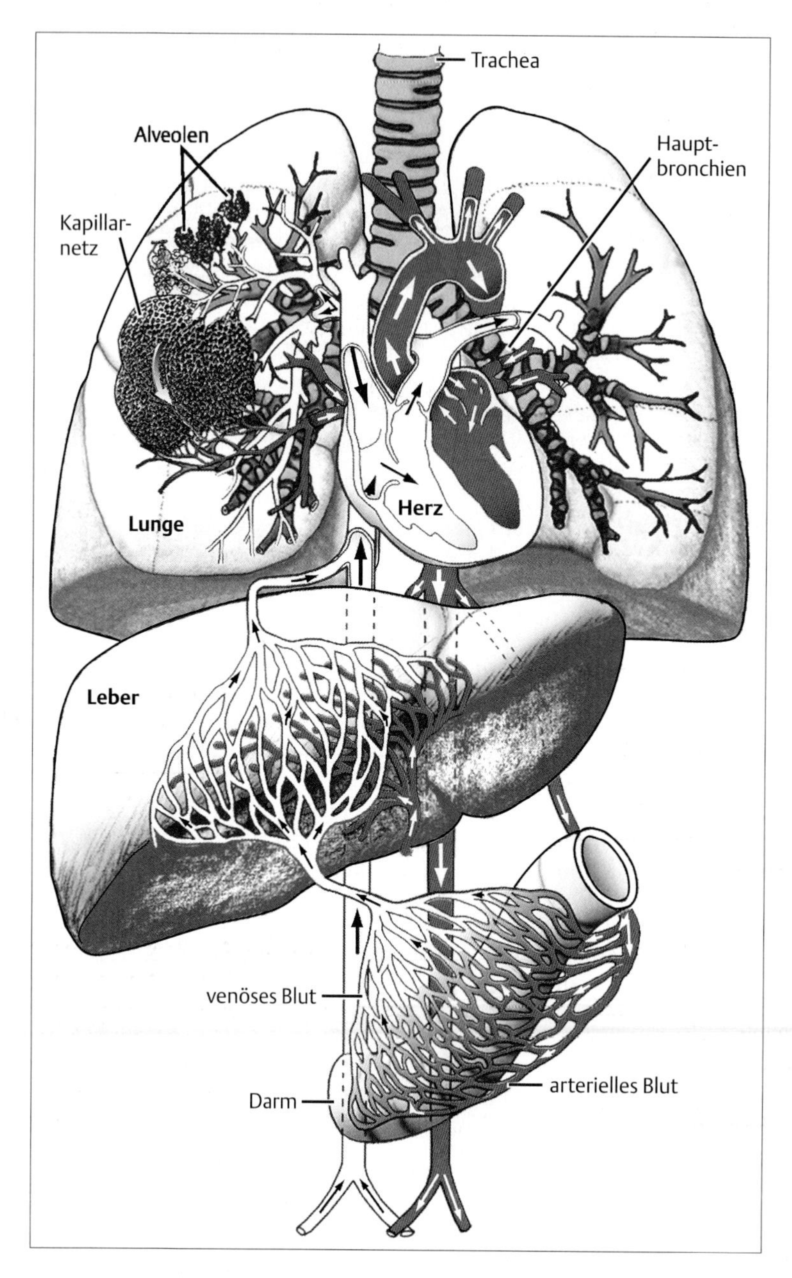

Abb. 6.2 Herz und Kreislaufsystem des Menschen: Der rechte Ventrikel pumpt sauerstoffarmes Blut (weiß) in den Lungenkreislauf. Der linke Ventrikel versorgt den Körperkreislauf mit sauerstoffreichem Blut (rot). Nach Passage der Arterien und Arteriolen erfolgt im Bereich der Kapillaren der Stoffaustausch mit den Geweben. Eine Besonderheit stellt die Versorgung der Leber dar, die einerseits über die Leberarterie mit sauerstoffreichem Blut und andererseits über die Pfortader von den Baucheingeweiden her mit sauerstoffarmem, aber nährstoffreichem Blut versorgt wird. Die Leberkapillaren stellen also ein zweites, nachgeschaltetes Kapillargebiet dar. Die Besonderheit zweier hintereinandergeschalteter Kapillarnetze findet sich auch im Bereich der Niere (glomeruläre und peritubuläre Kapillaren bzw. Vasa recta). Die Rückkehr zum rechten Herzen erfolgt in Venolen und Venen. (nach Comroe 1980, Faller 1974, Pfandzelter 1966)

Das weitere arterielle System wird zunehmend unelastischer und starren Rohren immer ähnlicher. Die durch das Herz verursachte Druckwelle im Blut (also Teilchen-Teilchen-Interaktionen) durchläuft diese starren Bereiche besonders rasch und eilt dem tatsächlichen Blutstrom weit voraus. Aus der sogenannten Pulslaufgeschwindigkeit (Druckwelle) lassen sich Aussagen über die Gefäßelastizität gewinnen. Diese nimmt im Alter ab.

Der Blutdruck in den Arterien zeigt eine teils recht komplexe Form (Abb. 6.**5**). Der Druckverlauf sowie die Druckmaxima und -minima können stark variieren, da Druckreflexionen an arteriellen Verzweigungspunkten und nachfolgend Interferenzen zwischen vorwärts und rückwärts laufenden Druckpulsen auftreten.

Während körperlicher Arbeit steigt der arterielle systolische Blutdruck, während der diastolische Druck in etwa konstant bleibt. Damit steigt auch der mittlere Blutdruck (P_m) und der Blutfluß $\dot{Q}$. Eine Verdopplung der Herzfrequenz zum Beispiel bewirkt bei gleichbleibendem peripheren Widerstand eine Verdopplung von Blutfluß und Blutdruck: $R = 2P_m/2\dot{Q}$. Bei sinkendem peripherem Widerstand würde P_m aber deutlich weniger steigen.

Ein Großteil des totalen peripheren Widerstandes ist in den Arteriolen lokalisiert (ca. 50% des TPR). Diese Widerstandsgefäße sind auf Grund ihrer starken Muskelschichten in der Lage relativ große Veränderungen im Radius durchzuführen. Nach dem Gesetz von Hagen-Poiseuille (Box 6.**2**) geht eine Veränderung im Radius mit der vierten Potenz in den Widerstandswert ein, so daß die englumigen Arteriolen sehr effektiv die Durchblutung nachgeschalteter Gefäßabschnitte (Steuerung der Organdurchblutung) steuern können. Auf Grund des hohen Widerstandes findet über die Arteriolen auch ein starker Abfall des Blutdruckes statt. Hier endet das **Hochdrucksystem** innerhalb des Kreislaufs (linker Ventrikel während der Systole, Aorta, Arterien, Arteriolen) und der Niederdruckbereich wird erreicht.

Die Steuerung von Gefäßweiten erfolgt einerseits lokal (Autoregulation) und andererseits durch neuronale Signale (Sympathicus) und Hormone. Die Autoregulation ermöglicht es bei wechselndem Blutdruck (z. B. bei körperlicher Leistung) bestimmte Organe (z. B. die Niere) weiterhin mit einem konstanten Blutstrom zu versorgen sowie die Versorgung der Organe und Gewebe an die jeweiligen Bedürfnisse (z. B. an den jeweiligen Sauerstoffbedarf) anzupassen. Autoregulation basiert auf (i) myogenen Mechanismen (Gefäßkontraktion nach blutdruckbedingter Gefäßerweiterung), sauerstoffabhängigen Mechanismen (meist Gefäßerweiterung bei

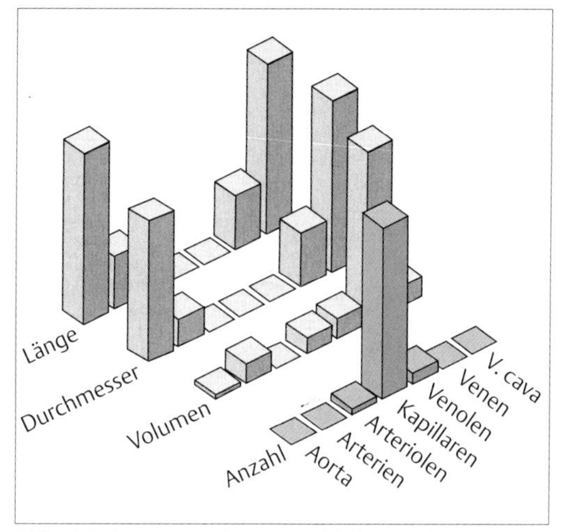

Abb. 6.3 Geometrie des menschlichen Gefäßsystems

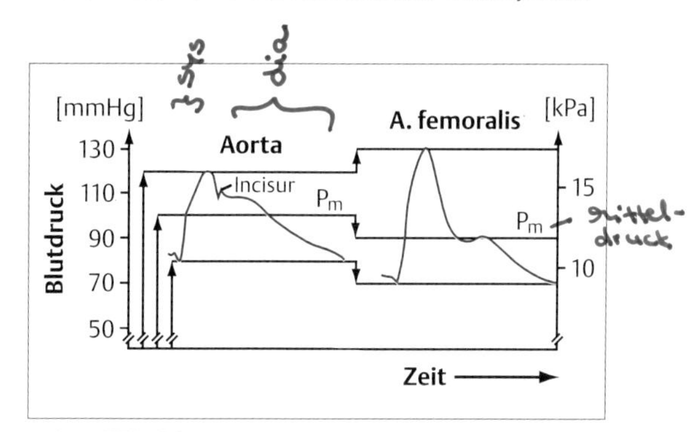

Abb. 6.5 Arterielle Blutdruckverläufe (nach Thews und Vaupel 1981)

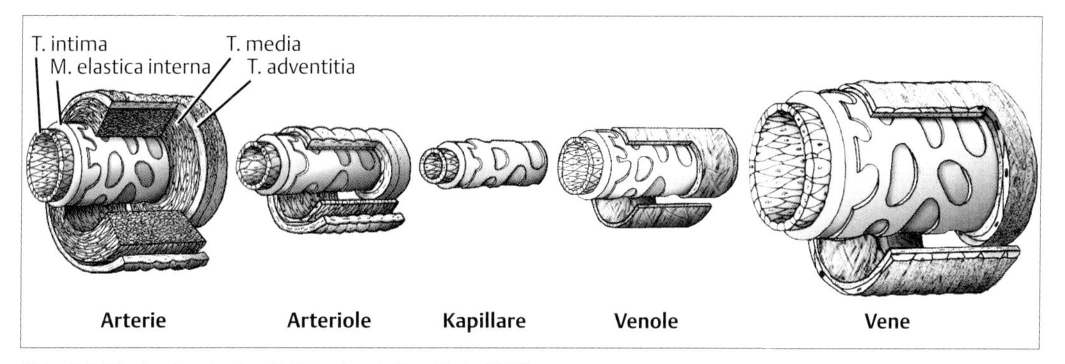

Abb. 6.4 Die Anatomie der Gefäße (nach Zweifach 1991)

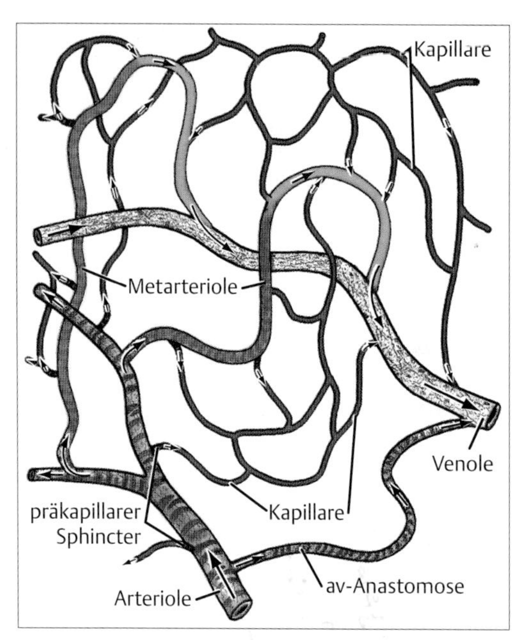

Abb. 6.6 Die terminale Strombahn (nach Zweifach 1991)

Sauerstoffmangel) und metabolitabhängigen Mechanismen (Gefäßerweiterung beim lokalen Anstieg der Konzentration von Reaktionsprodukten des Stoffwechsels: u. a. CO_2, Protonen, ADP, AMP). Die Art der Sympathicuskontrolle hängt von den in den Gefäßen vorliegenden Rezeptortypen ab: α-Rezeptoren (Vasokonstriktion), β_2-Rezeptoren (Vasodilatation). Die hormonelle Kontrolle der Gefäßweite erfolgt über Katecholamine. Weitere Mechanismen erlauben eine Koordination der verschiedenen Kontrollsysteme.

Den Übergang zwischen Arteriolen und Venolen schaffen die muskelschwachen Metarteriolen. Von diesen zweigen Kapillarnetze ab (Abb. 6.**6**), deren Durchblutung durch muskulöse Anfangsabschnitte („präkapillare Sphincter") kontrolliert wird (Autoregulation). Hier erfolgt nach der Grobkontrolle durch die Arteriolen eine Feinkontrolle der Blutversorgung von Geweben und Zellen, so daß diese immer adäquat mit dem, was sie gerade benötigen, versorgt werden. Im Bereich der Körperoberflächen sind noch weitere Übergangsgefäße zwischen Arteriolen und Venolen zu finden, und zwar die muskelstarken Anastomosen. Diese werden im Dienste der Wärmeregulation unterschiedlich stark durchblutet.

Der Blutdruck in den Kapillaren hängt von der Druckdifferenz zwischen Arteriolen und Venolen ab. Der in den Kapillaren lokalisierte Anteil des totalen peripheren Widerstandes beträgt nur ca. 25%, da hier viele (ca. 40 Milliarden), kurze (4–10 µm) Gefäße parallelgeschaltet sind. Der Blutdruck in den Kapillaren führt zu Ultrafiltrationsprozessen durch das Kapillarendothel (parazellulär durch 2–5 nm weite Interzellularfugen sowie durch weniger zahlreiche 20 - 80 nm weite große Poren), dem aber der Sog durch den kolloidosmotischen Druck entgegensteht (vgl. Absatz 1.3.4). Am Kapillaranfang ist der Blutdruck größer und proteinarmes Blutplasma verläßt die Kapillaren (ca. 1/10 des Kapillarstromes); am Kapillarende übersteigt der kolloidosmotische Druck den mittlerweile abgesunkenen Blutdruck, und ein Großteil der Flüssigkeit kehrt in den Blutraum zurück (**Starling-Mechanismus**). Der nicht zurückgekehrte Anteil (**Lymphe**) sammelt sich in Lymphkapillaren und Lymphgefäßen (hier befinden sich die Lymphknoten als biologische Filter), die schließlich ins Venensystem einmünden. Neben diesem Beistrom, findet im Kapillarbereich transzellulärer, diffusiver Austausch von lipophilen Substanzen (Blutgase) und parazellulär von hydrophilen Stoffen (Ionen, Glukose) über Spalten und Poren im Endothel zwischen Blutraum und Zellen statt. Aktive Transportprozesse finden sich im Bereich der Blut-Hirn-Schranke. Im Kapillarbereich vergrößert sich die Oberfläche des Gefäßsystems auf ca. 600 m^2, die Diffusionsdistanzen sind kurz, so daß optimale Bedingungen für Diffusion gegeben sind (Abb. 6.**7**). Die Flußgeschwindigkeit ist minimal, so daß ca. 1,5 sec bleiben, um z. B. Gase zwischen Erythrocyten und Zellen auszutauschen. Die Verlangsamung der Flußgeschwindigkeit hat mit der großen Gesamtquerschnittsfläche der Kapillaren zu tun. Hier wirkt sich die Kontinuitätsbedingung aus (Box 6.**1**). Gewebe und Zellen, die viel Sauerstoff benötigen (rote Muskelfasern), erhalten eine bessere Kapillarisierung als solche, die weniger darauf angewiesen sind (weiße Muskelfasern).

Am Ende der Körperkapillaren herrschen Drucke um etwa 17 mmHg, und weitere 4 mmHg fallen über die Venolen ab, so daß im Bereich der großen Hohlvenen Drucke zwischen 0 und 9 mmHg zur Wiederfüllung des Herzens bereitstehen. Darüber hinaus wird der Rückfluß von Blut durch zusätzliche Mechanismen unterstützt: (a) Kontraktionen der Skelettmuskulatur (Muskelpumpe) führen zusammen mit Klappventilen in peripheren Venen zu einem gerichteten Rückfluß von Blut. Weiterhin kommt es

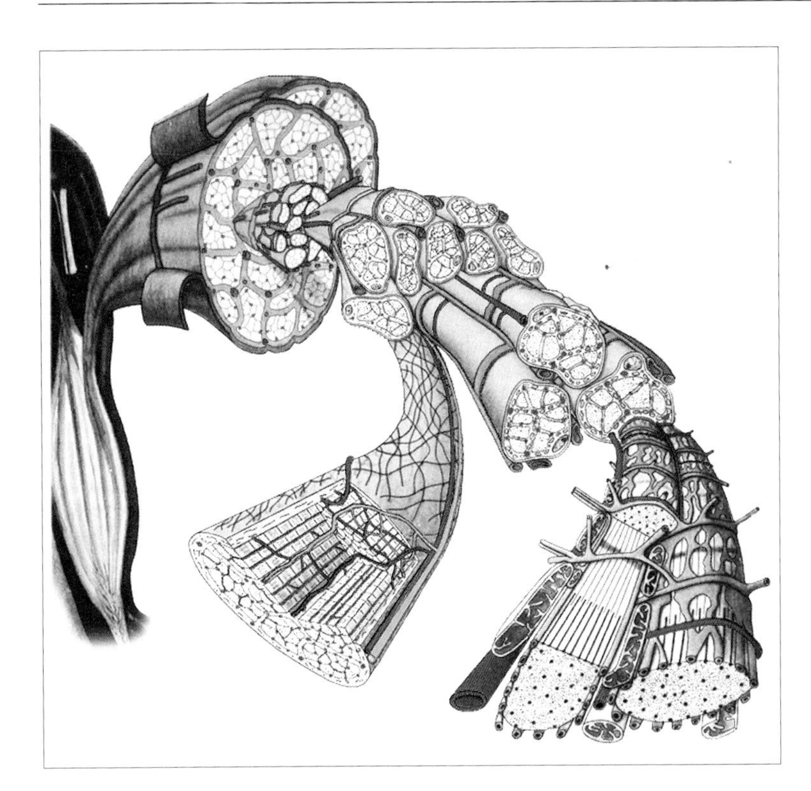

Abb. 6.7 Kapillarversorgung eines Muskels

beim Atmen zu (b) zyklischen Verengungen der Venen durch Druckanstiege im Bauchraum bei Absenkung des Zwerchfells sowie zu (c) zyklischen Aufweitungen der elastischen Venen im Brustraum. Die Körperlage hat wenig Einfluß auf diese Blutströme, da Arterien- und Venendruck durch die jeweilige Hohe des Blutraumes (hydrostatischer Druck) auf gleiche Weise beeinflußt werden. Die große Elastizität der Venen ermöglicht eine Reservoir- oder Depotfunktion, so daß veränderliche Blutvolumina in diesem Bereich „abgepuffert" werden (z. B. bei Bluttransfusion oder Blutverlust). Die Venen werden als **Kapazitätsgefäße** bezeichnet (60 % des Blutvolumens). Im gesamten **Niederdrucksystem** befindet sich ca. 85 % des Blutes. Im Hochdrucksystem befindet sich nur ca. 15 % des Blutes. Je nach Gesamtblutmenge ändert sich im Kreislaufsystem vor allem der Venendruck.

6.4 Das Herz des Menschen

Kommen wir zum Zentralorgan des Kreislaufs, dem Herzen. Wie arbeitet das Herz als Pumpe und wie füllt sich das Herz mit Blut? Die Herzkontraktion basiert auf der Arbeit zweier unterschiedlicher Zelltypen: Impulsbildende und -weiterleitende sowie kontraktionsfähige Herzmuskelzellen. Erstere (autonome Rhythmusgeneratoren) erlauben eine Reizbildung innerhalb des Organs (Autorythmie bzw. Autonomie des Herzens). Wechselnde Membranleitfähigkeiten vor allem für Calcium- und Kaliumionen verursachen zyklisch ein Schrittmacherpotential (Präpotential) und, bei Übersteigen des Schwellenpotentials, ein eher langsam ansteigendes Aktionspotential in diesen Zellen. Die kontraktionsfähigen Zellen bilden in ihrer Summe das Myocard, das nach Reizung immer vollständig kontrahiert (Alles-oder-Nichts-Kontraktion). Hier verursachen Einströme von Natriumionen ein rasch ansteigendes Aktionspotential. Im Bereich des **Sinusknotens** des Herzens (dort wo die V. cava superior in den rechten Vorhof mündet) befinden sich die erregungsbildenden Zellen (Schrittmacher). Ihre Erregung wird zu Beginn eines Herzzyklus über die Vorhöfe weitergeleitet (Abb. 6. **8**), und führt zu deren Kontraktion. Dies fördert die Blutfüllung der Ventrikel (Diastole). Die Erregung erreicht den **Atrioventrikularknoten**

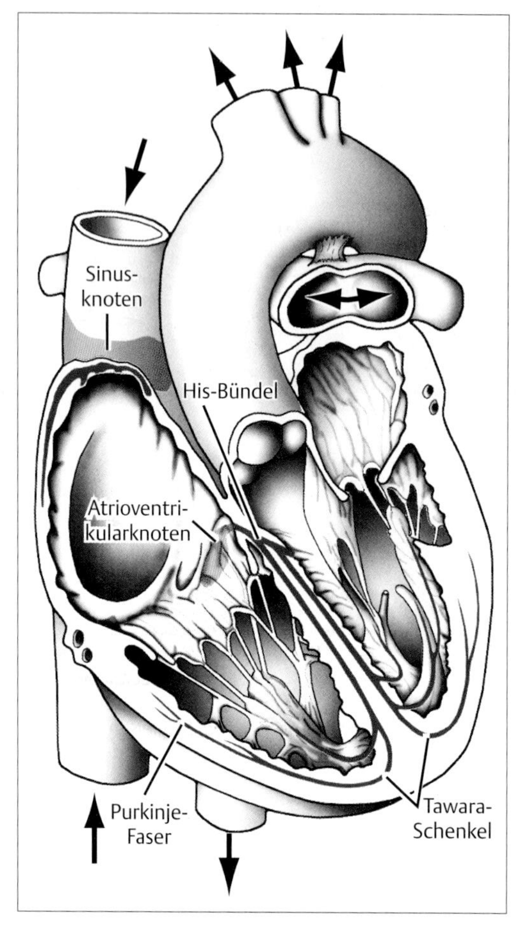

Abb. 6.8 Die Erregungsausbreitung am Herzen (nach Betz 1991)

(AV-Knoten), wo es zu einer kurzen Verzögerung kommt.

Dann breitet sich die Erregung über Hissches Bündel, Tawara-Schenkel und Purkinje-Fäden weiter aus, springt dann auf das Myocard der Ventrikel über und breitet sich dort von innen nach außen bzw. von unten nach oben aus. Diese Reizung verursacht eine simultane Kontraktion beider Ventrikel (Systole): Blut wird vom Herzen ausgestoßen.

Der Herz arbeitet – wie wir gesehen haben – autonom (**myogenes Herz**). Eine Anpassung an wechselnde Arbeitsleistung wird aber durch Herznerven (Parasympathicus, Sympathicus) gesteuert. Verändert werden können dabei (i) die Herzfrequenz (Chronotropie; Beinflussung des Schrittmachers), (ii) die Geschwindigkeit der Erregungsleitung (Dromotropie; Beinflussung vor allem des AV-Knotens), (iii) die Kraftentfaltung des Myocards (Inotropie; Beinflussung der intrazellulären Ca^{2+}-Konzentration und Modifikation der Aktin-Myosin-Interaktionen) und (iv) die Erregbarkeit (Bathmotropie; Beeinflussung der Reizschwelle). Aktivität des Nervus vagus des parasympathischen Teils wirkt negativ-chronotrop und negativ-dromotrop: Die Herzfrequenz sinkt. Der Sympathicus kann positiv-chronotrop, positiv-dromotrop, positiv-inotrop und positiv-bathmotrop wirken: Herzfrequenz, Herzkraft und Erregbarkeit steigen. Ein Herzfrequenzanstieg führt vor allem zu einer Verkürzung der Diastolenzeit.

Betrachten wir nun die einzelnen Phasen des Herzzyklus etwas genauer (Abb. 6.**9**). Während der ersten Phase der Diastole entspannen sich die Ventrikel (**Entspannungsphase;** isovolumetrische Entspannung). Die Ventrikeldrucke fallen unter die Arteriendrucke, und die passiven Taschenklappen fallen zu. Die Ventrikel dehnen sich dann auf Grund ihrer elastischen Komponenten (Bindegewebe) wieder aus. Dabei entstehen Soge in den Ventrikeln, Unterdrucke, die der Ventrikelfüllung mit Blut dienen. Wenn die Drucke in den Ventrikeln kleiner werden als in den Vorhöfen öffnen sich die passiven Segelklappen und Blut strömt ein (**Füllungsphase**). Zusätzlich führt das Herz im Brustraum auch Bewegungen durch, die die Füllung unterstützen: Bei der Entspannung bewegt es sich nach oben, der Blutsäule entgegen, während es bei der Anspannung leicht nach unten wandert. Die Füllungsphase der Ventrikel wird abgeschlossen durch die Kontraktion der Vorhöfe, die zusätzlich Blut für die sich nun anschließende Systole bereitstellen.

Die Ventrikelkontraktion beginnt mit einer ersten Phase (**Anspannungsphase;** isovolumetrische Kontraktion), bei der die Segelklappen schließen, wenn die Ventrikeldrucke größer als die Vorhofdrucke werden. Die Ventrikelkontraktion erweitert nebenbei die Vorhöfe durch die Absenkung der Ebene, wo sich die Segelklappen befinden (**Ventilebenen-Mechanismus**). In den Vorhöfen entstehen so Unterdrucke, die maßgeblich dafür verantwortlich sind, Blut aus dem venösen System heranzuschaffen. Übersteigen die Ventrikeldrucke die Arteriendrucke öffnen sich die Taschenklappen, und die zweite Phase der Systole beginnt (**Austreibungsphase;** auxotonische Kontraktion): Der Ventrikeldruck steigt dann nur noch leicht, und ein Blutpuls ergießt sich in die herznahen

Arterien. Diese Phase findet wieder ihren Abschluß mit dem Verschluß der Taschenklappen.

Das menschliche Herz arbeitet also als Druck- und Saugpumpe und sorgt selbst für eine Blutbereitstellung aus dem venösen System. Anstiege im Herzzeitvolumen des linken Ventrikels (z. B. bei körperlicher Leistung) werden durch eine Blutbereitstellung aus dem zentralen Blutvolumen (Sofortdepot; u. a. Lungenkreislauf) ausgeglichen. Da die Kraftentfaltung des Herzmuskels mit der Vorspannung (Vorfüllung) steigt, sorgen Autoregulationsmechanismen (**Frank-Starling-Mechanismus**) dann dafür, das Schlagvolumen des rechten Ventrikels (über einen Anstieg des venösen Rückstroms) an den des linken Ventrikels anzupassen, um ein Leerpumpen des Lungenkreislaufs zu verhindern. Diese Mechanismen funktionieren sinngemäß auch bei einem Absinken des Herzzeitvolumens: Autoregulatorisch werden die Schlagvolumina der beiden Ventrikel angeglichen.

Betrachten wir zum Abschluß dieses Abschnitts noch einmal Blutdrucke und Blutflüsse in Körper- und Lungenkreislauf des Menschen (Abb. 6.**10**). Wir sehen die Veränderung der Fließgeschwindigkeit im Zusammenhang mit der Querschnittsfläche der Gefäße sowie die Variationen im Blutdruckmuster und den besonders großen Druckabfall im Bereich der Widerstandsgefäße (Arteriolen). Uns fallen auch die stark unterschiedlichen Druckniveaus im Körper- und Lungenkreislauf auf. Der Widerstand des Lungenkreislaufs ist deutlich niedriger. Hohe Blutdrucke im Lungenkreislauf wären auch höchst problematisch, da Ultrafiltrationsprozesse im Bereich des Lungenkapillarendothels zu einem Wasserübertritt in die Alveolen führen würde. Hohe Blutdrucke im Körperkreislauf führen aber über eine Ultrafiltration zu einer besseren Versorgung der Körperzellen.

Blutflußgeschwindigkeit und Querschnittsfläche der Strombahn verhalten sich reziprok.

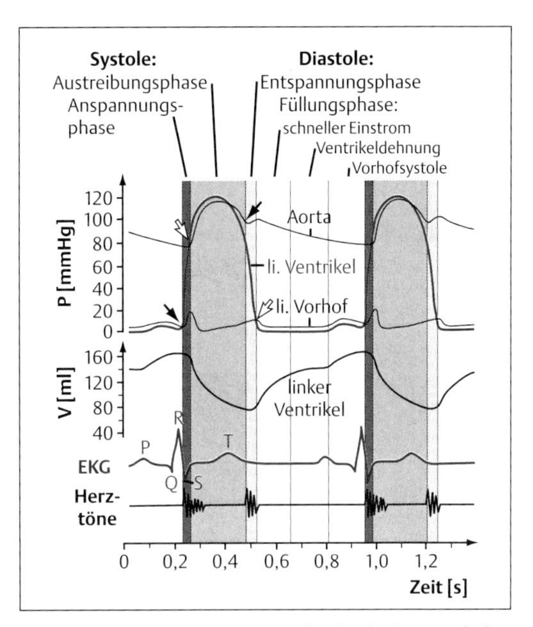

Abb. 6.9 Veränderungen im Blutdruck (Aorta, linker Ventrikel und Vorhof) und im Ventrikelvolumen während der Herzzyklen. Zusätzlich wird die zeitliche Zuordnung zum EKG und zu den Herztönen gezeigt. Die Pfeile kennzeichnen Öffnen (weiß) und Schließen (schwarz) der Herzklappen (nach Betz 1991).

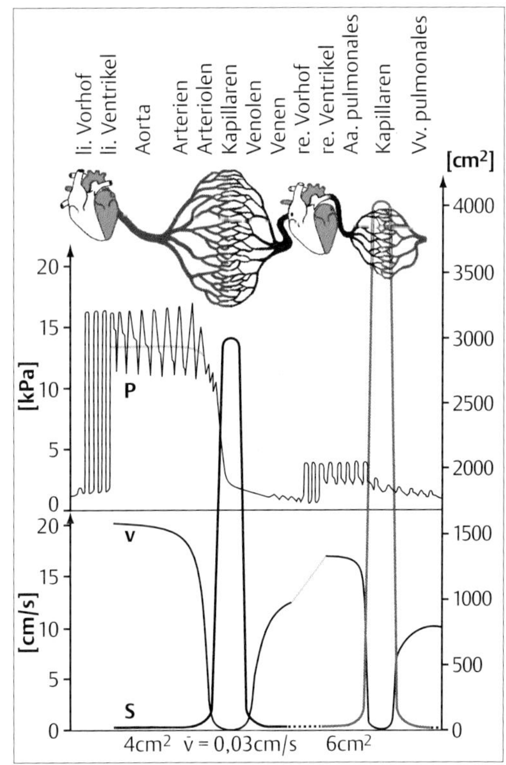

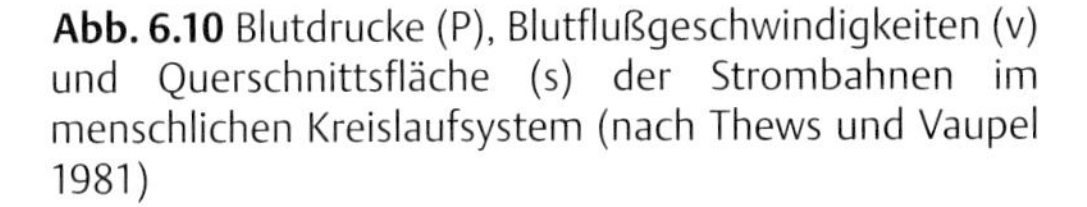
Abb. 6.10 Blutdrucke (P), Blutflußgeschwindigkeiten (v) und Querschnittsfläche (s) der Strombahnen im menschlichen Kreislaufsystem (nach Thews und Vaupel 1981)

6.5 Der Kreislauf der Wirbeltiere

Die Trennung zwischen einem Hochdruck- und einem Niederdrucksystem und damit die Verwendung zweier Pumpen, des linken und des rechten Herzens, hat sich in der Evolution der Wirbeltiere erst Schritt um Schritt ausgebildet. Bei Fischen liegt eine Serienschaltung eines einkammerigen Herzens mit nachgeschalteten Kiemen und nachfolgendem Körperkreislauf vor. Bei Amphibien werden Haut und Lungen bereits über einen speziellen Kreislauf versorgt; die zwei Vorhöfe sind schon getrennt, während der Ventrikel noch einen Raum umfaßt. Bei Reptilien, außer bei den noch höher entwickelten Krokodilen, ist der Ventrikel auch nur teilweise gekammert. Trotz der nur im Ansatz vorhandenen anatomischen Strukturen sind aber hier wie auch schon bei den Amphibien die Ströme oxygenierten bzw. desoxygenierten Blutes zumindest teilweise hydrodynamisch getrennt. Erst bei Vögeln und Säugern gibt es dann zwei getrennte Atrien und Ventrikel.

Beim Fischherz sind folgende Räume hintereinandergeschaltet: Sinus venosus, Atrium, Ventrikel und Bulbus arteriosus (Knochenfische) bzw. Conus arteriosus mit 2–7 Klappenpaaren (Knorpelfische).

Atrium, Ventrikel und Conus des Herzens eines Hais, also eines Knorpelfisches, befinden sich innerhalb eines steifen Herzbeutels (Pericards) und arbeiten folgendermaßen zusammen: Das Atrium kontrahiert und füllt Ventrikel und Conus, der aber über eine Klappe am Ausgang noch von der ventralen Aorta getrennt ist. Mit dem Einsetzen der Ventrikelkontraktion fließt Blut in Richtung Conus und schließlich auch in die ventrale Aorta. Dann schließt sich die Conuskontraktion an, die relativ langsam vom Herzen weg in Richtung Aorta verläuft. Da das Pericard steif ist, erzeugen Ventrikel- und Conuskontraktionen Unterdrucke in der Pericardialhöhle und damit eine Aufweitung und verbesserte Blutfüllung des Atriums.

Beim Herzen eines Knochenfisches sind Bulbus und ventrale Aorta im Gegensatz zu der hinter den Kiemen liegenden dorsalen Aorta sehr elastisch. Die Elastizität dieser Gefäße erlaubt eine Windkesselfunktion zum Ausgleich des Pulsstromes vom Herzen: Die Kiemen werden hier mehr oder weniger kontinuierlich durchblutet.

Noch einfachere Wirbeltiere wie z. B. die Rundmäuler (Cyclostomata) besitzen ein teilweise offenes System mit zusätzlichen akzessorischen Herzen neben dem Hauptherzen, das einen s-förmigen, muskulösen Teil des ventralen Gefäßes (mit Sinus venosus, Atrium und Ventrikel) darstellt. Auch hier sorgt ein versteiftes Pericard für Unterdruckbildung im Atrium. Die besonders im venösen System angesiedelten Zusatzherzen arbeiten teilweise nach ganz anderen Funktionsprinzipien (zentrale, elastische Trennwand mit rechten und linken Muskelsträngen, die abwechselnd diese Trennwand verbiegen und so in den rechts und links befindlichen Räumen Volumenänderungen herbeiführen).

Die Menge an Blut und auch an sauerstofftragendem Hämoglobin steigt im Kreislauf der Wirbeltiere Schritt um Schritt an (Tab. 6.**1**). Während einer Kreislaufpassage, vom Gasaustauschorgan in den Körper und zurück, transportiert das Blut der Säuger viel mehr Sauerstoff als das der Knochenfische. Zusätzlich ist die pro Zeit gepumpte Blutmenge bei den höheren Wirbeltieren größer als bei den Fischen. Die viel höhere Perfusionsrate erfordert mehr Kraft und höhere Blutdrucke um den Widerstand im Gefäßsystem zu überwinden. Dies führt zu dickwandigen Herzmuskeln mit eigener Koronarversorgung.

Tab. 6.1 Wirbeltiere im Vergleich (nach Chapman 1980)

	Blutmenge (% des Körpergewichts)	Sauerstoffkapazität des Blutes (Vol. O_2/ 100 Vol. Blut)	Sauerstoff im Gesamtblut (ml O_2 in einem 100 g Tier)
Haie	5	5	0,25
Knochenfische	1,5–3	6–15	0,1–0,4
Amphibien	6–9	8	0,5–0,7
Reptilien	6–9	10	0,6–0,9
Vögel	6–9	11–20	0,8–1,8
Säuger	7–10	15–29	1,1–2,9

6.6 Der Kreislauf der Wirbellosen

6.6.1 Mollusken

Weichhäuter besitzen Hämolymphe, aber im Pericard sowie in den damit verbundenen Nierenräumen und in den Gonadenräumen noch Coelomflüssigkeit. In Abhängigkeit vom Blutdruck kommt es bei einigen Mollusken zur Ultrafiltration durch die Herzwand in die Pericardhöhle mit anschließendem Transport in die Nieren.

Die Gefäße sind verschieden stark entwickelt: Häufig ist das Kreislaufsystem offen, während es bei den am höchsten entwickelten Mollusken, den Cephalopoden, fast vollständig geschlossen ist. Auf jeden Fall sind die Gefäße sehr elastisch und variabel in Größe und Gestalt, da sie sich jeder Körperverformung anpassen müssen. Diese Körperbewegungen unterstützen natürlich auch den Blutfluß. Die Herzen sind nicht kapillarisiert (keine Koronargefäße) und können keine sehr hohen Blutdrucke produzieren (z. B. Weinbergschnecke: 25 mmHg). Entsprechend lang sind die Zirkulationszeiten, die im Bereich mehrerer Minuten liegen. Die fehlende Herzkapillarisierung begrenzt die Wandstärke des Herzens, da Sauerstoff bis in die zentralen Lagen des Herzmuskels diffundieren muß. Alternativ muß über eine größere Lockerheit des Zellverbands Hämolymphe zwischen die Herzmuskelzellen gelangen können (bei Schnecken).

Besonders entwickelt, wie schon erwähnt, ist das Kreislaufsystem der Cephalopoden. Schauen wir uns einmal die zentralen Teile des Kreislaufsystems eines Tintenfisches an (Abb. 6.**11**). Das Herz besitzt zwei Atrien und einen dickeren Ventrikel mit wegführenden Arterien. Die Kiemen sind – im Gegensatz zu den Fischen – dem Herzen vorgeschaltet, und jeweils ein Branchialherz pumpt Blut durch die gasaustauschenden Organe. Zwei Typen von Herzen dienen also dazu die Widerstände nachgeschalteter Kapillarnetze zu überwinden.

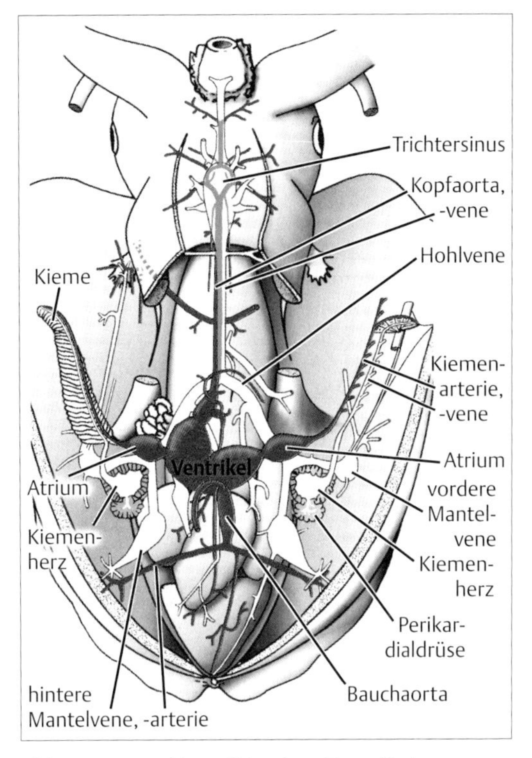

Abb. 6.11 Hauptblutgefäße eines Tintenfisches

6.6.2 Insekten und Krebstiere

Arthropoden besitzen ein dorsal gelegenes mehr oder weniger röhrenförmiges Herz, das Spaltöffnungen (Ostien) und abführende Arterien besitzt (Abb. 6.**12**). Das Herz ist im Körperinneren mit Hilfe von Ligamenten aufgehängt, die am Chitinexoskelett inserieren. Die elastischen Ligamente ermöglichen auch die diastolische Wiederfüllung des vorher kontrahierten Herzens. Ventile am Übergang vom Herzen zu den Arterien verhindern Blutrückflüsse. Das Herz befindet sich innerhalb eines ebenfalls aufgehängten Pericards.

Bei Insekten ist der Herzschlag myogen, also von Muskelzellen mit Schrittmacherfunktion gesteuert. Doch meistens finden wir neurogene

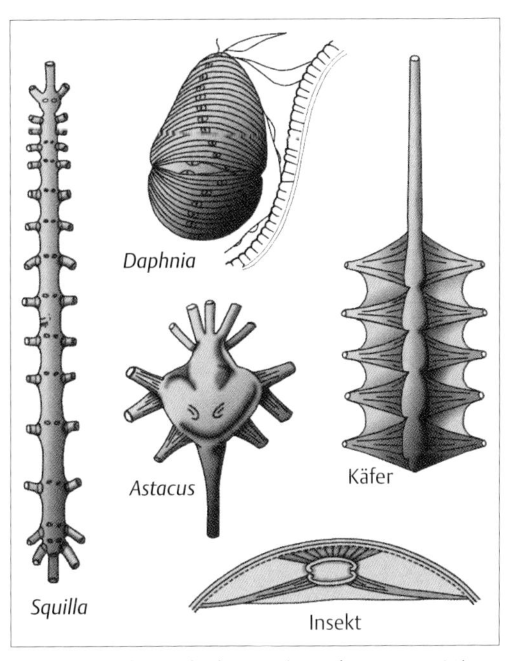

Abb. 6.12 Arthropodenherzen (aus Chapman 1980)

(Krebstiere: neurogen)

Herzen (Krebs- und Spinnentiere), bei denen ein dorsal dem Herzen aufliegendes Ganglion die Herzkontraktion steuert. Teile des Zentralnervensystems beeinflussen wiederum diese Herzganglien oder auch das myogene Insektenherz. Blutdrucke sind auch hier niedrig, und Zirkulationszeiten lang. Bei Insekten spielt das Kreislaufsystem keine bedeutende Rolle für den Sauerstofftransport (Tracheenatmung). Entsprechend gering ist der Grad der Gefäßdifferenzierung. Hier finden sich meist nur kurze vom Herzen wegführende Arterien sowie auch akzessorische Herzen und Leitmembranen im offenen Gefäßsystem. Körperbewegungen spielen eine große Rolle für den Blutfluß. Ein zyklisches Aussetzen des Herzschlages für längere Zeit ist ein weit verbreitetes Phänomen.

6.6.3 Spinnen: Interaktionen zwischen Kreislauf und hydraulischem Bewegungssystem

Exemplarisch für Wirbellose wollen wir die Struktur und Funktion des offenen Kreislaufsystems der Spinnen genauer betrachten. Spinnen besitzen darüber hinaus ein hydraulisches Bewegungssystem mit der Hämolymphe als Hydraulikflüssigkeit. Hier kommt es während der Lokomotion zu Komplikationen zwischen Fortbewegung und Zirkulation.

Das röhrenförmige Spinnenherz ist mit Hilfe von Ligamenten im Hinterleib aufgehängt und befindet sich innerhalb eines Pericards, das durch Gewebshüllen um diese Ligamente aufgespannt wird (Abb. 6.**13**). Die Hämolymphe erreicht das Herzlumen durch Ostien und verläßt es durch die vordere Hauptaorta und weitere Arterien. Ventile in den Arterien verhindern den Rückfluß. Das Kreislaufsystem ist ein Niederdrucksystem. Der systolische Herzdruck liegt bei 5–10 mmHg. Auf Grund des besonderen Typs der Aufhängung des Herzens und des Pericards wird während der Systole ein Unterdruck von -1 bis -2 mmHg im Pericard erzeugt; die elastische Volumenzunahme sowohl des Herzens als auch des Pericards während der Diastole verursacht in beiden Räumen ebenfalls Unterdrucke in ähnlicher Größe. In dem offenen Kreislaufsystem der Spinne findet der venöse Rückfluß also durch Ansaugen statt, und es wird während Systole und Diastole ein ziemlich konstanter Hämolymphfluß durch die Buchlungen erzeugt.

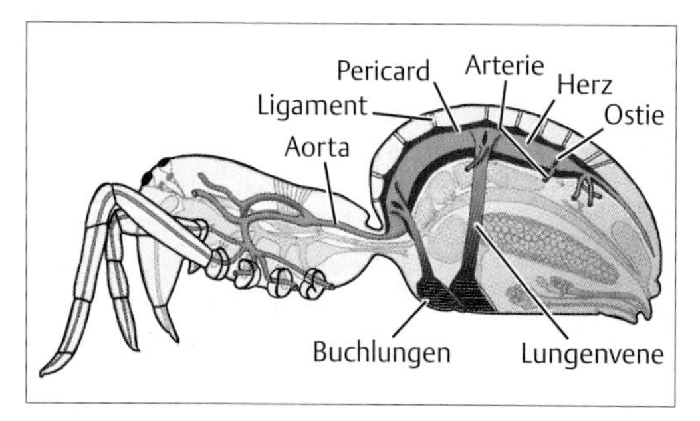

Abb. 6.13 Das Kreislaufsystem einer Vogelspinne (nach Paul 1990)

Spinnen strecken ihre Beine mit Hilfe von hydraulischen Kräften aus, indem sie die Hämolymphe als Hydraulikflüssigkeit benutzen. Während schneller Lokomotion wird der Hämolymphdruck im vorderen Körperteil durch rasches und immer wiederkehrendes Abflachen des Vorderleibs durch Kontraktion spezieller Muskeln auf Spitzenwerte bis zu 450 mmHg getrieben, und Blut dringt in die Beine ein (Ausstreckung der Beine). Während dieser raschen Fortbewegung sinkt die Zirkulation des Vorderleibs, da das Herz die Hämolymphe aufgrund zu geringer eigener Kraftentfaltung nicht nach vorn pumpen kann. Der Sauerstofftransport zur vorderen Lokomotionsmuskulatur wird unterbrochen, und diese Muskeln müssen über kurz oder lang Energie anaerob gewinnen (Laktatgärung).

Der Vorderleib wird durch die Aorta versorgt. Die Aorta verzweigt sich in feine Äste und sendet in jedes Bein eine Hauptarterie (Abb. 6. **14**). Dort ist der Verzweigungsgrad aber eher gering. Die arteriellen Endungen haben Durchmesser, die denen der menschlichen Arteriolen vergleichbar sind. Nach Verlassen dieser Endgefäße wird der offene Hämolymphraum erreicht (Abb. 6.**15**), wo das Blut in den Zwischenräumen von Muskelfasern und Geweben zurück zu den Buchlungen fließt.

Der Sauerstofftransport von der Hämolymphe zu den Muskelfasern geschieht hauptsächlich im offenen Kreislaufsystem. Die Größe der Zwischenräume und damit die Blutversorgung ist an den Sauerstoffbedarf der jeweiligen Gewebe angepaßt.

Wir haben also im Kreislaufsystem der Spinne geschlossene, gefäßbegrenzte und offene Bereiche (Spalt- und Zwischenräume). Das arterielle System dient der gerichteten und raschen Blutverteilung. Der Kreislauf stellt ein Niederdruck-

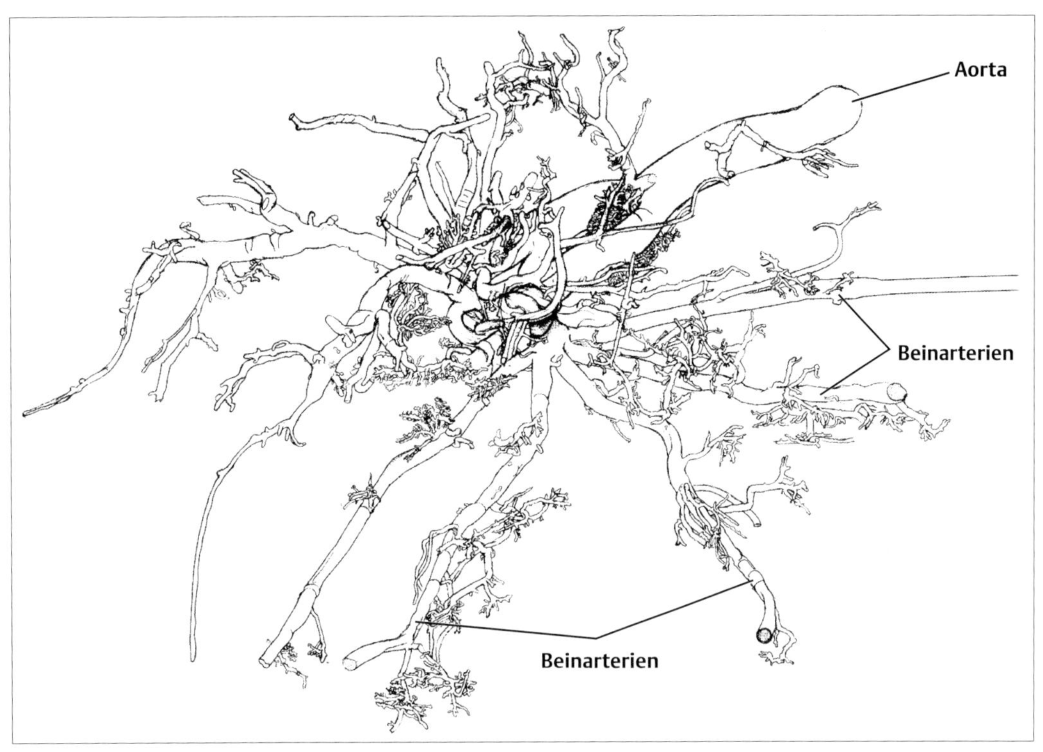

Abb. 6.14 Das arterielle System im Vorderleib einer Vogelspinne (Zeichnung nach einem Kunststoffausguß)

system dar, da fehlende Kapillarisierung (Herzkapillarisierung), die Dicke des Herzmuskels stark begrenzen. Der Gasaustausch zwischen Blut und Herzmuskelzellen erfolgt diffusiv. Das Herz ist schwach und entsprechend sind die herzerzeugten Blutdrucke niedrig. Da die Blutdrucke niedrig sind, muß der periphere Widerstand ebenfalls klein sein, so daß eine gesteuerte Versorgung der Organe mit Blut über Veränderungen im Arteriolendurchmesser, wie bei einem Hochdrucksystem, nicht möglich ist. Kurz gesagt: Durchblutungssteuerung über Querschnittsveränderungen im arteriellen System (Arteriolen) setzt ein Hochdrucksystem voraus, das wiederum eine Kapillarisierung unter anderem des Herzens voraussetzt. Da nur zwischen Buchlungen und Pericard Venen vorhanden sind, liegt eigentlich kein Blut, sondern Hämolymphe vor. Da die gesamte Hämolymphe (20% des Körpergewichts) umgepumpt wird, sind die Zirkulationszeiten niedrig.

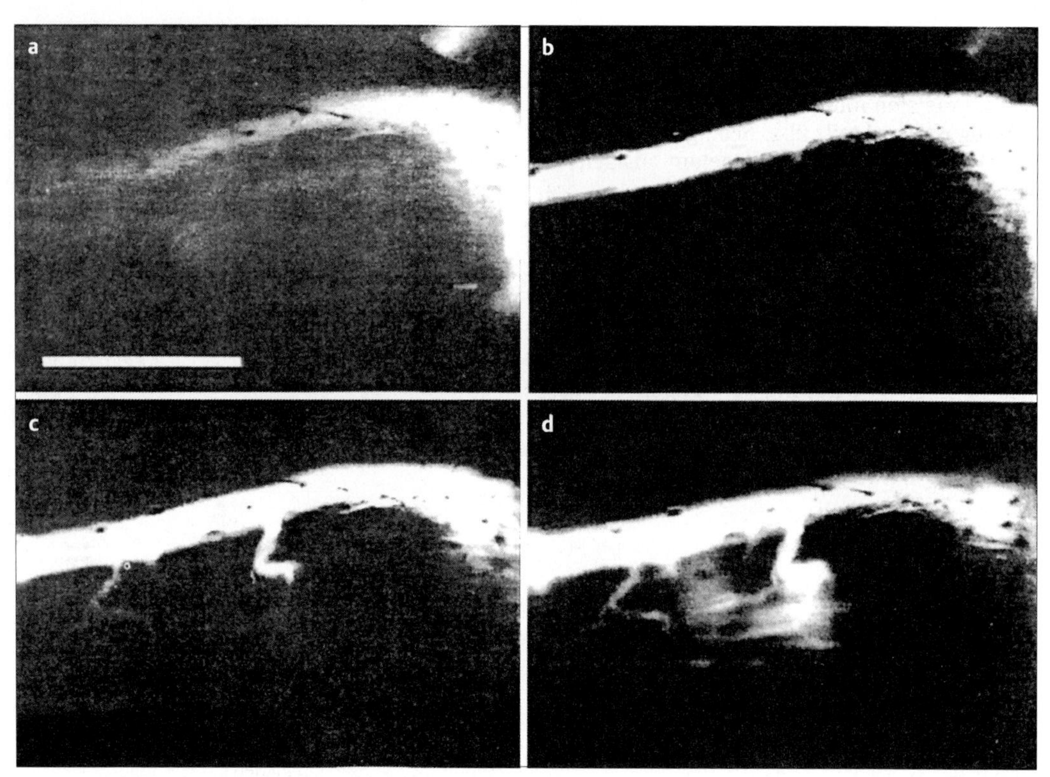

Abb. 6.15 Der Übertritt eines Farbstoffpulses von einer Hauptbeinarterie, also dem geschlossenen Teil des Kreislaufsystems ins offene System (nach Colmorgen und Paul 1995)

6.6.4 Stachelhäuter

Die Coelomflüssigkeit der Echinodermata, die für die meisten internen Transportprozesse zuständig ist, wird teils über Schläge eines Ciliensaums des, das Perivisceralcoelom auskleidenden, Epithels bewegt (Abb. 6.**16: a**). Zusätzlich führen Bewegungen der Ambulakralfüßchen zu innerer Konvektion von Coelomflüssigkeit (Abb. 6.**16: b**). Diese „Beinchen" werden durch Muskelkontraktion im Bereich der Ampullen hydraulisch gestreckt. Die Kontraktion von Muskeln im Bereich der „Beinchen" führt wieder zu einer Erweiterung der Ampullen. Diese Volumenschwankungen erzeugen konvektive Flüsse in der, außerhalb der Ampullen liegenden, Coelomflüssigkeit.

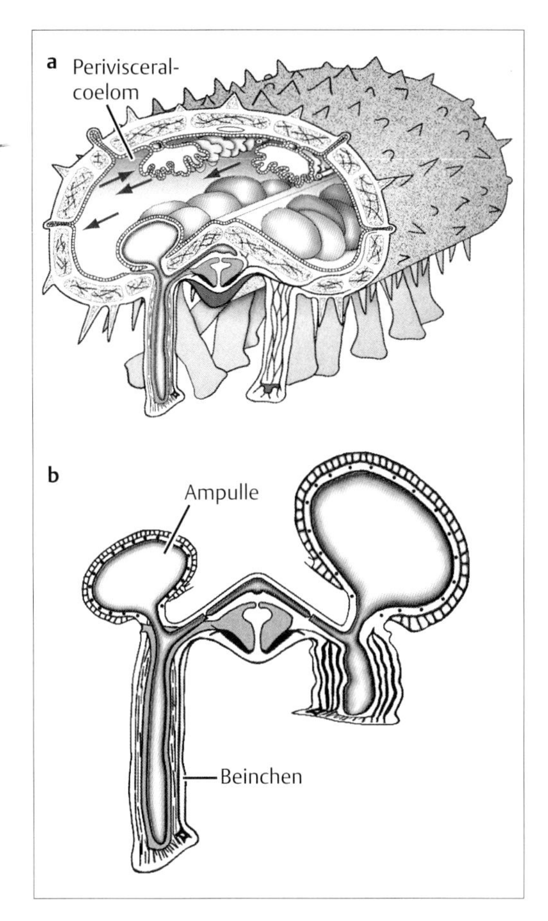

7 Wasserhaushalt

7.1 Wasser: Ein einfaches Molekül mit interessanten Eigenschaften 84
7.2 Wasserhaushalt bei Insekten 86
7.3 Wasserhaushalt bei Reptilien 87
7.4 Wasserhaushalt bei Säugetieren 88

Vorspann

Wasser ist die Grundlage allen Lebens. Der Wasserhaushalt der Tiere, die Bilanz von Wassergewinn (Einnahmen) und Wasserverlust (Ausgaben), muß also zumindest langfristig ausgeglichen sein. Die möglichen Wege an Wasser zu gelangen sind für die meisten Tiere einheitlich, spezifische Adaptationen zum Beispiel für das Leben in Trockengebieten setzen eher auf der Ausgabenseite an: Mit Hilfe verschiedener Mechanismen werden Wasserverluste minimiert. Besonders erfolgreich waren bestimmte Insektengruppen sowie einige Reptilien und Säuger in ihrer Anpassung an das Leben in der Wüste.

7.1 Wasser: Ein einfaches Molekül mit interessanten Eigenschaften

Wasser, ein scheinbar simples Molekül aus zwei Wasserstoff- und einem Sauerstoffatom, besitzt eine Reihe überraschender Eigenschaften, die größtenteils auf Wasserstoffbrücken-Bindungen beruhen, die sich zwischen einsamen Elektronenpaaren von Sauerstoffatomen der Wassermoleküle und Wasserstoffatomen anderer Wassermoleküle ausbilden. Wasser ist polarisiert, mit einem elektronegativen Ende ($O^{\delta-}$) und zwei elektropositiven Enden ($H^{\delta+}$), so daß sich Wassermoleküle über elektrostatische Kräfte anziehen. Im Eis sind Wassermoleküle durch diese Bindungen in einem Kristallgitter fixiert und fast unbeweglich. Beim Schmelzen wird ein Teil der Wasserstoffbrücken gelöst, und die Wassermoleküle werden beweglich. Erst bei starker Wärmezufuhr können die Wassermoleküle vollständig ihre Bindungen abstreifen und in den Luftraum übertreten (Wasserdampf). Der große Energiebedarf für die Verdampfung von flüssigem Wasser (molare Verdampfungswärme: ca. 44 kJ mol^{-1} bei 25 °C) erlaubt den Einsatz von Verdunstungsprozessen (Wärmeentzug) für die Thermoregulation (vgl. Absatz 10.1). Die große Wärmeaufnahmefähigkeit des Wassers (spezifische Wärmekapazität: 4,19 kJ kg^{-1} K^{-1} bei 20 °C) sorgt für die Aufrechterhaltung gleichmäßiger und moderater Temperaturen in aquatischen Lebensräumen. Die geringe Komprimierbarkeit des Wassers ist Voraussetzung für die Ausbildung der Hydroskelette, z. B. bei Würmern. Süßwasser erreicht seine größte Dichte bei 4 °C, so daß Teiche im Winter zuerst an der Oberfläche eine Eisdecke ausbilden und selten bis zum Grund durchfrieren. Leben unter dieser Eisdecke ist weiterhin möglich (z. B. Karpfen, Goldfische). Wasser besitzt eine große Oberflächenspannung, die es manchen Tieren (z. B. Wasserläufern) erlaubt, auf der Wasseroberfläche zu laufen und Beute zu entdecken. Die Polarisierung seiner Moleküle macht Wasser für viele Substanzen zu einem ausgezeichneten Lösungsmittel, was die Voraussetzung für chemische Reaktionen dieser Substanzen untereinander oder mit Wasser darstellt: „Corpora non agunt nisi soluta“ (Substanzen reagieren nicht, wenn sie nicht gelöst sind). Wasser ist Reaktionspartner einer Vielzahl wichtiger biochemischer Reaktionen (z. B. hydrolytische Spaltungen bei Verdaungsprozessen; vgl. Absatz 12.3). Der unter Nutzung der Sonnenenergie von den Pflanzen produzierte Sauerstoff und die in Zuckermolekülen gebundenen Wasserstoffatome stammen vom Wasser. In den Mitochondrien wird über Redoxreaktionen aus Sauerstoff und Wasserstoff unter Energiegewinn (ATP) wieder Wasser gebildet (vgl. Absatz 13.3.4) Die sehr gute Kohlendioxidlöslichkeit des Wasser erlaubt die Ausbildung eines hervorragenden Puffersystems, des Bikarbonat-Puffers (z. B. im Blut), der Schwankungen in der Protonenkonzentration ausgleicht (vgl. Absatz 9.2.1). Wasser ist die Basis aller Lebensprozesse, so wie wir sie kennen.

Die Tiere haben sich bei ihrem Landgang während der Evolutionsgeschichte neben einer Reihe großer Vorteile (z. B. bessere Sauerstoffverfügbarkeit, erhöhte Stoffwechselrate durch die Möglichkeit die Körpertemperatur über das Umgebungsniveau anzuheben) einen großen Nachteil eingehandelt, und zwar die Gefahr rasch Wasser durch Verdunstung zu verlieren und dabei auszutrocknen, zu dehydrieren. Die Frage wie Wasserdampf entsteht und über welche Mechanismen die Tiere Wasserdampf verlieren, muß also genauer betrachtet werden. Die Entstehung von Wasserdampf hängt nur mit der Temperatur zusammen. Je höher diese steigt, um so mehr Wassermoleküle gehen in den Luftraum über, bis schließlich bei kochendem Wasser der Wasserdampfdruck den herrschenden Luftdruck erreicht hat. Entsprechend fällt die Siedetemperatur mit der Höhe über dem Meeresspiegel (im Hochgebirge fällt es z. B. schwer Eier hart zu kochen). Der Wasserdampfpartialdruck in der Gasphase eines Flüssigkeits-Gas-Gemisches hängt also nur von der Temperatur ab. Diese Abhängigkeit zeigt Tab. 7.**1**, wobei neben dem Wasserdampfpartialdruck (in kPa) auch die absolute Feuchte, ein Konzentrationsmaß (in mg Wasserdampf/l Luft), angeben ist. Die sogenannte „relative Feuchte" (r.F.; in %) gibt die Feuchte in Relation zur absoluten Feuchte (= 100 % r.F.) an. Ist Luft bei einer bestimmten Temperatur maximal mit Wasserdampf gesättigt (100 % r. F.) und ändert sich nur die Temperatur, aber nicht der Gehalt an Wassermolekülen, so sinkt beim Wärmerwerden die relative Feuchte (die Luft wird trockener), oder es bilden sich beim Kälterwerden Wassertröpfchen (Kondensation; z. B. Nebelbildung).

Wie verlieren Tiere Wasserdampf oder allgemeiner formuliert, wie erfolgt der Transport von Wasserdampf? Die Anwort lautet, genauso wie bei den Atemgasen Sauerstoff und Kohlendioxid, über passiven Transport (Diffusion) oder Konvektion. Bei der Diffusion von Wasserdampf ist allein die Wasserdampf-Partialdruckdifferenz (ΔP_{H2O}) die treibende Kraft; Unterschiede in der relativen oder absoluten Feuchte spielen für den diffusiven Wasserdampftransport keine Rolle!

Betrachten wir die Wasserbilanz, die Wassergewinn und -verlustrechnung eines Tieres (Abb. 7.**1**). Der Wassergewinn kann aus drei Quellen stammen: (i) Trinkwasser, (ii) Wasser in der Nahrung und (iii) Oxidationswasser (als Endprodukt der Nahrungsnutzung bei den mitochondrialen Redoxreaktionen). Ein Wasserverlust erfolgt vor allem über vier Wege: (i) Urin, (ii) Wasser in den Faeces, Wasserdampf (iii) in Schweiß und (iv) ausgeatmeter Luft. Manche Tiere können bis zu 40 % ihres Körpergewichts an Wasser verlieren, der Mensch erträgt nur 15 % Verlust. Im Prinzip läßt sich der Wasserverlust eines Tieres mit Hilfe einer

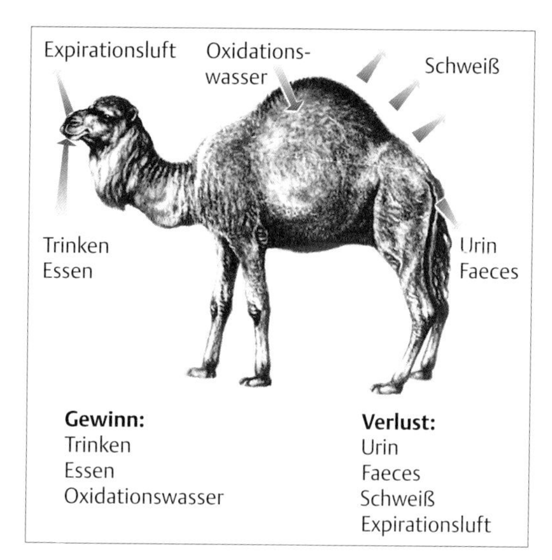

Abb. 7.1 Wasserbilanz eines Tieres (nach Wüst 1965)

Tab. 7.1 Wasserdampf und Temperatur (nach Schmidt-Nielsen 1999)

Temperatur (°C Luft)	Wasserdampf-partialdruck (kPa)	Abs. Feuchte (mg H_2O/l)
0	0,61	4,8
10	1,23	9,4
20	2,34	17,3
30	4,24	30,3
37	6,28	43,9
40	7,38	51,1
50	12,33	83,2
100	101,33	598,0

Waage abschätzen, da sich der Gewichtsverlust eines Tieres aus der Summe von abgegebenem Urin, Faeces und Wasserdampf ergibt; die Kohlenstoffabgabe in Form von CO_2 wird dabei größtenteils durch die Sauerstoffaufnahme ausgeglichen. Die fortlaufende Bestimmung des Gewichts von Tier, Urin und Faeces führt zur Abschätzung des Wasserverlustes in Form von Wasserdampf (evaporativer Wasserverlust). Die Größe dieses Verlustes (Verdunstung von Wasser) hängt einerseits von der Tiertemperatur (hier bestehen Beziehungen z. B. zur Umgebungstemperatur oder zur Bestrahlungsstärke in Kombination mit einer bestimmten Färbung des Tieres) und andererseits vom Wasserdampfpartialdruck und ggf. der Windstärke (Konvektionsstrom) im Luftraum ab.

7.2 Wasserhaushalt bei Insekten

Viele Insekten und Arthropoden im allgemeinen sind hervorragend an die trockenen, ariden Regionen unserer Erde angepaßt. Diese Anpassungen sind auf morphologischer, physiologischer und ethologischer Ebene anzutreffen. Beginnen wir mit Strukturmerkmalen. Mit die wichtigsten Schutzmechanismen zur Verhinderung von Wasserverlust sind neben den Fettbestandteilen der Kutikula, Überzüge aus Wachs. Einige *Tenebrioniden* (Dunkel- oder Schwarzkäfer) der Sonora- und Namibwüste produzieren bei niedriger Luftfeuchte ein feines Wachsgewebe auf der Kutikula. Dieses Gespinst, das nebenbei auch die Farbe des Käfers durch Lichtstreu-Effekte verändert, verhindert eine direkte, feuchtigkeitsabziehende Wirkung von Windströmungen auf die Kutikula, da eine isolierende Luftgrenzschicht von dem Gewebe festgehalten wird. Die Eintrittsöffnungen in das Tracheensystem, die Stigmen, sind versenkt, und verschiedene, verschließbare Spalten trennen Tracheen- und Luftraum. Auch hier können sich Diffusionsgrenzschichten mit langsameren Wasserdampfverlusten aufbauen, die nicht von konvektiven Luftströmen erreicht werden (vgl. Absatz 3.13). Einige flugunfähige *Tenebrioniden* besitzen unter ihren Flügeldecken (Elytren) Hohlräume mit hoher Luftfeuchte. Die abdominalen Stigmen öffnen sich in diesen Luftraum, so daß die tracheale (respiratorische) Wasserdampfabgabe minimiert wird. Die Ausatmungsluft verläßt von Zeit zu Zeit diesen Hohlraum über ein oberhalb des Anus gelegenes Ventil. Diese *Tenebrionid*-Arten besitzen zusätzlich die stark wassereinsparende Fähigkeit zur diskontinuierlichen Atmung (s. Absatz 3.12 und Abb. 3.**14**). Nur in den in größeren Abständen stattfindenden Kohlendioxidabgabephasen („bursts“) wird respiratorisch Wasserdampf verloren. Ein weiterer Sparmechanismus der Insekten besteht darin den Wassergehalt des Harns und der Faeces auf ein Minimum zu begrenzen (s. Absatz 8.10 und 12.5). Bei verschiedenen *Tenebrioniden* finden wir all diese Mechanismen (Abb. 7.**2**). Einige Arten können ihre Wasserverluste auf diese Weise bis auf 0,1 mg Wasser pro cm^2 Körperoberfläche pro Stunde reduzieren (vgl. Tab. 7.**2**). Da diese Tiere meist nur absolut trockenes Futter bekommen, wird es aber ab und zu doch notwendig Wasser aufzunehmen. Eine Zeitlang kann die Hämolymphe noch als Wasserspeicher dienen, deren Menge dabei abnimmt und diese auch eindicken läßt (Anstieg der Osmolarität). Doch dann muß Wasser aufgenommen werden. Über die Namibwüste ziehen Nebel vom Meer. Eine *Tenebrioniden*-Art nutzt tagsüber schattige Zonen und nachts die Wärme des Sandes, doch morgens läuft der Käfer eine Sanddüne hinauf und richtet seinen Hinterleib in die ziehenden Nebel; Wasserdampf kondensiert, und Wassertropfen laufen den Körper herab, bis zum Mund des trinkenden Tieres (Abb. 7.**3**). Auf diese Weise nimmt er bis zu 34% seines Körpergewichts an Wasser auf. Andere *Tenebrioniden* bauen flache Gräben senkrecht zum Wind, an deren Kanten mehr Wasser als auf der Düne kondensiert. Danach sammeln die Käfer dieses Wasser beim Flachtreten der feuchten Sandgräben auf.

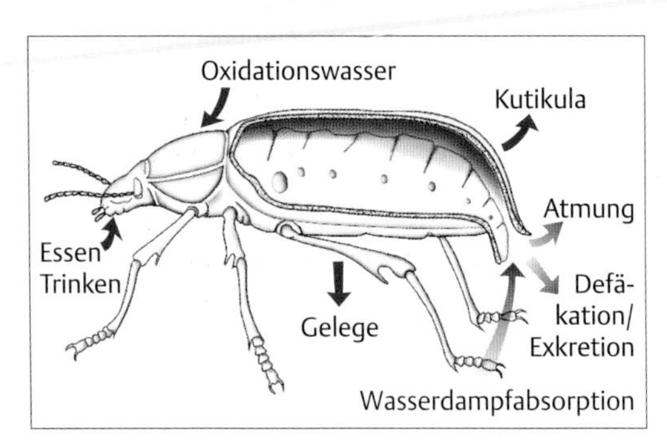

Abb. 7.2 Wassergewinn und Wasserverlust bei *Tenebrioniden*. Wasserdampfgefüllte Hohlräume unter den Elytren, diskontinuierliche Atmung und eingesenkte Stigmen führen zur Minimierung respiratorischer Wasserverluste. Wachsschichten im Bereich der Epikutikula und effiziente Wasserrückgewinnung aus Harn und Faeces reduzieren die Wasserverluste dieser Käfer weiter (nach Louw 1993)

Eine besondere Art der Wasseraufnahme vor allem bei flugunfähigen Insekten ist die Absorption von Wasserdampf aus der Luft, ein Mechanismus, um der ungesättigten Atmosphäre Feuchtigkeit zu entziehen. Derartige Systeme können im oralen oder analen Bereich lokalisiert sein. Dabei spielen die Exposition hygroskopischer (feuchtigkeitsaufnehmender) Sekrete und die spätere, gemeinsame Aufnahme von Sekret und kondensiertem Wasserdampf eine wichtige Rolle. Einige *Tenebrioniden*-Larven absorbieren im Rectum Wasserdampf mit Hilfe von Salzlösungen extremer Osmolarität (9000 mosmol kg^{-1}). Bei einer Wüstenschabe (*Arenivaga investigata*) scheinen die hydrophilen Eigenschaften feinster Kutikulahaare auf dem Hypopharynx (im Mundbereich) zur Akkumulation von Wasser genutzt zu werden (Abb. 7.**4**).

Fluginsekten profitieren von ihrem extrem hohen spezifischen Sauerstoff- und Nahrungsverbrauch, der zu großen Mengen Oxidationswasser führt. Diese Mengen reichen z. B. bei schwärmenden Heuschrecken völlig aus, um Wasserverluste während des Fluges zu kompensieren. Bei den viel größeren Vögeln oder Fledermäusen mit ihren geringeren spezifischen Stoffwechselraten ist es anders; hier tritt während des Fluges ein Nettoverlust von Wasser auf.

Die Farbe der Insekten und das Verhalten dieser Tiere beeinflussen ihre Aufwärmung im Sonnenlicht und damit den Grad des Wasserverlustes. Bei Wüstenzikaden wurde sogar berichtet, daß bei ca. 39 °C eine Zunahme der Wasserausscheidung durch die Kutikula auftritt; diese Insekten können schwitzen.

Soziale Insekten wie Ameisen und Termiten bauen temperaturgeschützte Nester im Boden oder darüber, die ein günstiges, also feuchtes Mikroklima aufweisen. Einige Individuen sammeln Wassertröpfchen und verteilen diese unter ihren Artgenossen. Aus den angesammelten Futterreserven kann Wasser gewonnen werden. Bei Trockenheit sinkt die Population, wobei die Königin als Trägerin der Gene aber wohl versorgt wird. Insekten zeigen also eine Vielzahl von Mechanismen und Überlebensstrategien gegen Wasserverlust und Austrocknung.

Abb. 7.3 Ein Tenebrionide beim Wassersammeln (aus Louw 1993)

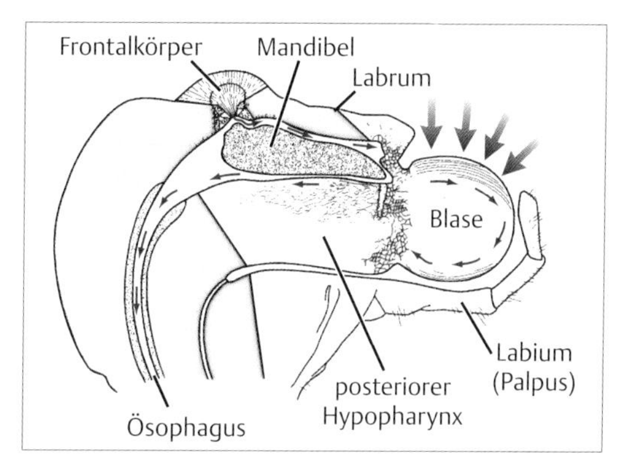

Abb. 7.4 Gewinn von Wasserdampf aus der Luft bei einer Wüstenschabe (der Kopf ist angeschnitten, um den Hypopharynx zu zeigen). Hydrophile Kutikulahärchen auf der Oberfläche zweier blasenartiger Strukturen absorbieren Wasserdampf. Durch Blutfüllung des Hypopharynx werden diese Blasen nach vorn gestülpt. Die Frontalkörper geben eine nicht-hygroskopische Flüssigkeit ab, die über die Blasenoberflächen fließt. Der von den Blasen aufgenommene Wasserdampf vereint sich mit dem von den Frontalkörpern ausgehenden Flüssigkeitsstrom und gelangt in den Ösophagus (nach Louw 1993)

7.3 Wasserhaushalt bei Reptilien

Reptilien zeigen ebenfalls eine erstaunliche Resistenz gegen Austrocknung.

Sie können die über die Nieren ausgeschiedenen Urinmengen kontrollieren (vgl. Absatz 8.6). Sie scheiden Harnsäure anstatt des gut wasserlöslichen Harnstoffs aus (Absatz 13.3.3 und Abb. 13.**6**), und sparen dabei sehr viel Wasser. Die Wasserrückgewinnung aus Faeces und Urin in Enddarm und Kloake ist so weit entwickelt, daß die Ausscheidungsprodukte fast trocken sind (vgl. Absatz 12.3). Salzdrüsen erlauben die Abgabe von Salzüberschüssen ohne parallelen Wasserverlust (Absatz 8.7). Das Integument der Tiere ist nahezu wasserdicht, so daß hier kaum Verdunstung auftritt. Auf Grund der geringen Stoffwechselrate sind respiratorische Wasserverluste minimal. Bei einigen Reptilien kommt eine Art Wasserspeicher mit einer hypoosmotischen Flüssigkeit in einem Seitenast des Darms („Blase") vor. Diese Einsparmechanismen sind so effizient (vgl. Tab 7.**2**), daß die Wasseraufnahme über die Nahrung meist ausreicht und Trinken unterbleibt.

Tab. 7.2 Evaporativer Wasserverlust (Expiration, Transpiration) einiger Pflanzenfresser (nach Louw 1993)

Art	Körpermasse (g)	Temperatur (°C)	gewichtsbezog. Wasserverlust ($mg\ g^{-1}\ h^{-1}$)	oberflächenbez. Wasserverlust ($mg\ cm^{-2}\ h^{-1}$)
Insekten				
Wüstenkäfer *(Onymacris plana)*	0,7	30	1,34	0,1
Wüstenkäfer *(Lepidochora discoidalis)*	0,08	30	2,84	0,1
Heuschrecke *(Locusta migratoria)*	1,6	30	4,1	0,82
Reptilien				
Wüsteneidechse *(Dipsosaurus dorsalis)*	50	Freiland (Sommer)	0,35	0,13
Wüstenschildkröte *(Gopherus agassizii)*	$1,8 \times 10^3$	23	1,32	1,56
Vögel				
Zebrafink *(Poephila guttata)*	11,5	23–25	8,58	2,69
Trauertaube *(Zenaidura macroura)*	118,7	23–25	1,04	0,73
Strauß *(Struthio camelus)*	84×10^3	23–25	0,25	1,73
Kleine Säuger				
Känguruhratte *(Dipodomys merriami)*	38,0	28	1,6	0,53
Liomys salvani	55	28	0,6	0,23
Rattus rattus	132,0	28	1,5	0,75
Huftiere				
Beduinenziege (hydriert)	$16,3 \times 10^3$	30	1,08	2,1
Beduinenziege (dehydriert)	$16,3 \times 10^3$	30	0,55	1,07
Schaf	-	38	1,9	-
Grant's Gazelle (hydriert)	25×10^3	40 (tags) 22 (nachts)	1,95	4,45
Grant's Gazelle (dehydriert)	25×10^3	40 (t.) 22 (n.)	1,35	3,08
Oryx (hydriert)	100×10^3	40 (t.) 22 (n.)	1,56	5,90
Oryx (dehydriert)	100×10^3	40 (t.) 22 (n.)	0,90	3,39
Hereford Rind (hydriert)	225×10^3	40 (t.) 22 (n.)	1,95	9,96
Hereford Rind (dehydriert)	225×10^3	40 (t.) 22 (n.)	1,60	8,11
Mensch (schwitzend)	70×10^3	25	-	50,0

7.4 Wasserhaushalt bei Säugetieren

In den Wüstenregionen der Erde leben auch eine Reihe von Säugetieren. Die Bewältigung des Konflikts zwischen Hitze und Wassermangel erfordert eine Reihe spezieller Anpassungen, da sich Wüstentiere z. B. eine Abkühlung durch Verdunstungskälte (Schwitzen) auf Grund des damit verbundenen hohen Wasserverlustes kaum leisten können. Ein herausragendes Beispiel für die Anpassung an Trockengebiete ist die nordamerikanische Wüstenratte. Dieser kleine Nager meidet tagsüber die Hitze und ist nachtaktiv. In seinem kühlen Bau vermeidet er eine Überhitzung und zu hohe respiratorische Wasserverluste. Bei Umgebungstemperaturen, die deutlich unter der Kerntemperatur seines Körpers liegen, gewinnt dieses Tier über ein zeitliches Gegenstromsystem in der Nase (vgl. Abb. 10.**6**) den größten Teil der respiratorischen Luftfeuchtigkeit zurück: Beim Einatmen gelangt kühlere Luft an die Nasengewebe und wird dort erwärmt und angefeuchtet. Auf dem Weg in die Lunge setzt sich dieser Prozess fort. Beim Ausatmen gelangt die Luft wieder über den Nasengang. Dieser ist durch die vorherige Abgabe von Wärme und Wasserdampf abgekühlt. Dadurch kann die Ausatmungsluft bis knapp über die Umgebungstemperatur abgekühlt werden. Dadurch steigt die relative Feuchte dieser Luft bis der Wasserdampf am Nasenepithel kondensiert. Beim nachfolgenden Atemzug dient das Kondenswasser wieder der Anfeuchtung. Die Epitheloberflächen sind zur Optimierung dieser Austauschprozesse labyrinthartig vergrößert. Würde sich die Känguruhratte der Tageshitze aussetzen, würde die Nasentemperatur und damit der respiratorische Wasserverlust stark ansteigen. Zusätzlich besitzt dieses Tier eine äußerst effiziente Niere (vgl. Absatz 8.6) und gibt nur hochkonzentrierten Harn ab (5500 mosmol kg^{-1} Wasser). Ähnliches gilt für die Wasserrückgewinnung im Enddarmbereich, die zur Produktion von nahezu trockenen Exkrementen führt. Die Känguruhratte ernährt sich von trokkenen Samen, die kaum Wasser enthalten. Oxidationswasser stellt somit die vorherrschende Wasserquelle (90% des Wassergewinns) für dieses Tier dar.

Bei Kamelen kommen ähnliche Wassersparmechanismen zum Zuge: z. B. Vermeidung des Schwitzens und zeitliches Gegenstromsystem im Nasengang. Sie reduzieren den Wassergehalt aber nicht nur über die Temperatur der Ausatmungsluft (geringere absolute Feuchte bei 100% r. F.), sondern reduzieren auch die relative Feuchte der Ausatmungsluft. Bei schon stark dehydrierten Tieren hat diese in der Nacht nur eine relative Feuchte von 75% (tagsüber 100%). Dies hat mit den hygroskopischen Eigenschaften der Nasenepithelien zu tun. Bei Wassermangel trocknen die Oberflächen des Nasenganges aus, und eine aufgelagerte Schicht aus trockenem Schleim, Ablagerungen und Salz gibt beim Einatmen trockener Wüstenluft noch Wasser ab, resorbiert aber Wasser beim Ausatmen. Die Nieren der Kamele sind sehr effizient (Urin: 3200 mosmol kg^{-1} Wasser), und die Exkremente sind stark dehydriert (40 – 50% Wassergehalt; im Gegensatz zu nicht angepaßten Huftieren, bei denen 70 – 80% normal sind). Durch adaptive Hyperthermie bei gleichzeitiger selektiver Gehirnkühlung (s. Absatz 10.5.4) können Kamele tagsüber eine Aufwärmung des Körpers tolerieren (Abkühlung in der Nacht) und so Wasserverlust durch Verdunstung (Schwitzen) vermeiden. Die Fettreserven in den Höckern der Kamele stellen eine wichtige Quelle für Oxidationswasser dar.

Der Vorteil der Nutzung von Beduinenziegen in ariden Gebieten (vgl. auch Absatz 10.4) im Vergleich z. B. zu Schafen hat vor allem damit zu tun, daß diese Tiere über 2–4 Tage hinweg nicht trinken müssen. Dabei verlieren sie bis zu 30% ihres Körpergewichts. Beim Aufsuchen einer Wasserquelle können sie aber diese Verluste innerhalb von 2 Minuten kompensieren. Der Rumen (Pansen) des Wiederkäuermagens stellt hier offenbar eine Barriere zur Vermeidung eines osmotischen Schocks bei rascher Rehydrierung dar. Diese Anpassung der Beduinenziegen erlaubt eine Beweidung von Arealen, die bis zu 2 Tage vom nächsten Wasserloch entfernt sind.

8 Aktiver Transport und Osmoregulation

8.1 Aufbau der Epithelien 90
8.2 Epithelialer Transport: Untersuchungen am intakten Gewebe 91
8.3 Eine Auswahl spezifischer Transportepithelien 93
8.3.1 NaCl-resorbierende Gewebe 93
8.3.2 NaCl-sezernierende Gewebe 94
8.3.3 Säure-sezernierende Gewebe 94
8.3.4 Nährstoff-resorbierende Gewebe 95
8.3.5 Wassertransport 95
8.4 Epitheliale Membranproteine: Proteinstruktur und -funktion 96
8.4.1 Ionenkanäle 96
8.4.2 Carrier 96
8.4.3 Aktive Ionenpumpen 97
8.5 Epithelialer Transport und intrazelluläre Regulation 98
8.6 Die Niere 99
8.7 Die Salzdrüse 103
8.8 Osmoregulation bei Amphibien 103
8.9 Osmoregulation bei Fischen 104
8.10 Osmoregulation bei Wirbellosen 106

Vorspann

Das komplexe Netzwerk der zellulären Stoffwechselprozesse basiert auf dem kontrollierten und selektiven Transport von Stoffen über die Zellmembran. Dafür sind, neben einfacher Diffusion, vor allem spezifische Transportprozesse verantwortlich, die auf der Tätigkeit membranständiger Proteine (Ionenkanäle, Carrier, aktive Ionenpumpen) beruhen. Diese stellen die Grundbausteine spezieller Transportgewebe der Tiere, der Epithelien, dar. Sie bilden ein Grenzgewebe zwischen Umwelt und Körper in Haut, Lunge und Niere, im Darm oder gegenüber dem Blutraum. Eine besonders wichtige Rolle erfüllen Epithelien im Rahmen des Salz- und Wasserhaushalts. Deshalb werden speziell vor dem Hintergrund der Epithelialfunktion wichtige osmoregulatorisch und exkretorisch tätige Organe und ihre Bedeutung für die osmoregulatorischen Probleme verschiedener Tiergruppen besprochen.

8.1 Aufbau der Epithelien

Bei Einzellern trennt eine Plasmamembran den Innenraum (Cytoplasma) vom Außenraum. Vielzellige Tiere haben als eine Art Trennschicht zwischen Außenwelt und Körperzellen spezielle Grenzgewebe (Epithelien) entwickelt. Sie bilden den Abschluß der Haut, die u.a. Ionen-, Wasser- und Wärmeverluste minimiert, aber durch Schweiß auch Abkühlung verschaffen kann. Epithelien sind im Bereich der Nieren (Nephrone), des Gastrointestinaltraktes, der exokrinen Drüsen oder der Luftwege der Atmungsorgane zu finden. Die Epithelien der Nierentubuli resorbieren wertvolle Substanzen und sezernieren z.B. einige Stoffwechselendprodukte. Die Darmepithelien produzieren Verdauungssekrete, resorbieren Nährstoffe und üben auch Kontrolle auf den Salz- und Wasserhaushalt aus. Exokrine Drüsen geben Gemische aus Wasser, Salz und Enzymen nach außen ab. Die respiratorischen Epithelien dienen dem Gasaustausch, haben aber auch Reinigungs- und Sekretionsfunktion. Bei Wirbeltieren trennt ein mehr oder weniger dichtes Endothel den Blutraum von der restlichen Extrazellulärflüssigkeit ab. Besonders dicht und nur für bestimmte Substanzen permeabel ist die Endothelschicht im Bereich des Gehirns (Blut-Hirn-Schranke).

Sehen wir uns den Aufbau solcher **Epithelien** genauer an (Abb. 8.**1**). Epithelien bestehen aus polaren Zellen, die durch Kommunikationskanäle (**„gap junctions"**) zu einem Zellverbund (Syncytium) zusammen geschlossen sind. Die Proteine der gap junctions bilden Kanalkomplexe, die einen Stoffaustausch kleinerer Moleküle sowie einen elektrischen Informationsfluß zwischen Zellen erlauben. Gap junctions können geöffnet und geschlossen werden. Weitere Kontaktstellen (**„tight junctions"**, **„adherens junctions"**) dienen der Kontrolle von parazellulären Transportprozessen bzw. der mechanischen Stabilität des Zellverbandes. Eine Polarität von Epithelzellen ist mikroskopisch zu erkennen: z.B. Mikrovilli auf der äußeren (luminalen/**apikalen**/mukosalen) Seite, Einstülpungen auf der inneren (basalen und lateralen ∝ **basolateralen**/serosalen) Seite. Die apikale Membran kann als neue Errungenschaft im Rahmen der Epithelialentwicklung betrachtet werden, die basolaterale Membran entspricht der alten Plasmamembran der Einzeller.

Mitochondrien und andere Komponenten im Cytoplasma sind auch asymetrisch verteilt. Vor allem enthalten apikale und basolaterale Membranen eine unterschiedliche Ausstattung an Transportproteinen. Transport durch die Epithelialzellen (transzellulärer Transport) wird also an zwei unterschiedlichen Stellen kontrolliert und auf meist unterschiedliche Weise durchgeführt: Epithelien stellen kontrollierbare Transportgewebe dar. Von großer Bedeutung ist auch der zwischen den Zellen verlaufende parazelluläre Transport: Je nach Zahl der Kontaktstellen zwischen zwei benachbarten Zellen im Bereich der tight junctions können Epithelien sehr durchlässig oder aber fast vollständig dicht sein. Entsprechend unterschiedlich ist die Bedeutung des parazellulären Transports für den Gesamttransport an Substanz. Durch fixierte Ladungen kann der Transport im Bereich der tight junctions sogar eine gewisse Ionenselektivität besitzen. Tight junctions spielen auch eine Rolle bei der Aufrechterhaltung der Polarität von Epithelialzellen: Ein Verlust dieser Zellverbindungen führt zu einem Verlust der polaren Anordnung bestimmter Membranproteine.

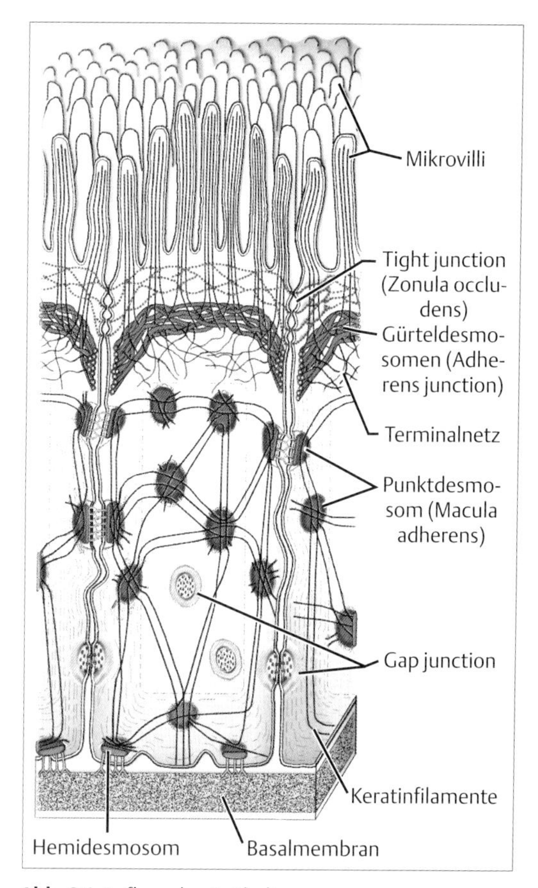

Abb. 8.1 Aufbau der Epithelien

8.2 Epithelialer Transport: Untersuchungen am intakten Gewebe

Wir wollen uns einem genauen Verständnis der für die Lebensfunktionen eines Tieres essentiellen epithelialen Transportprozesse Schritt um Schritt nähern, und dabei auch etwas über die eingesetzten Methoden erfahren. Wir betrachten zuerst die Funktionen intakter Epithelien, um dann die Eigenschaften der Membranen und der verschiedenen Membranproteine zu studieren. Letzendlich müssen wir dann aber vom Molekül oder von der Zellkultur wieder zurück zum intakten Epithel im Tier, um einen Eindruck von den hochkomplexen, zellulären Regulationsprozessen zu gewinnen.

Am Beginn der Forschung an epithelialen Transportprozessen standen Untersuchungen vor allem an der Froschhaut. Mit Hilfe einer speziellen Vorrichtung, der **Ussing-Kammer** wurden epitheliale Ionentransporte und Stromflüsse untersucht (Abb. 8.**2**).

Als Trennschicht zwischen zwei Kammern dient die sorgfältig wegpräparierte Froschhaut. In den Kammern befinden sich elektrolythaltige, wässrige Lösungen (z. B. Ringerlösungen). Die Bauchhaut bleibt noch einige Stunden intakt, solange für ausreichende Sauerstoff- evtl. Glucosezufuhr gesorgt ist. Durch die epithelialen Transportprozesse entsteht eine Spannung über der Haut, die mit Elektroden gemessen werden kann (die apikale Seite kann bis zu -90 mV negativ gegenüber der basolateralen Seite geladen sein). Eines der Experimente, die nun durchgeführt werden können, ist die direkte Beobachtung der Ionenströme mit Hilfe radioaktiver „Tracerionen" (z. B. $^{22}Na^{+}$). Gibt man eine bestimmte Konzentration solcher Ionen auf die apikale Seite, so läßt sich später Radioaktivität auf der basolateralen Seite nachweisen. In umgekehrter Richtung funktioniert das Experi-

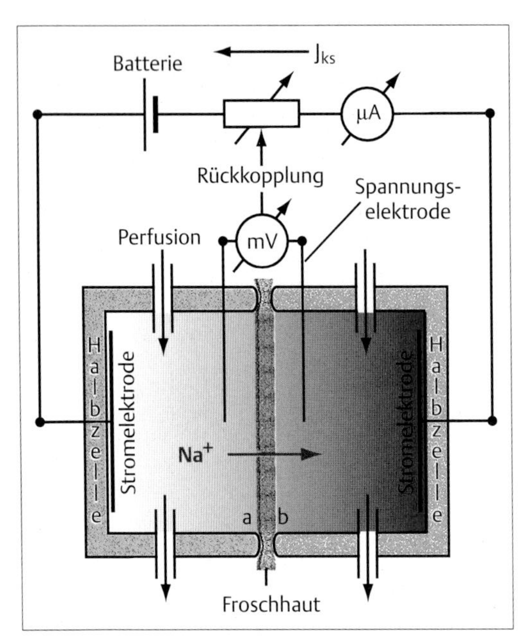

Abb. 8.2 Die Ussing-Kammer (nach Greger und Windhorst 1996)

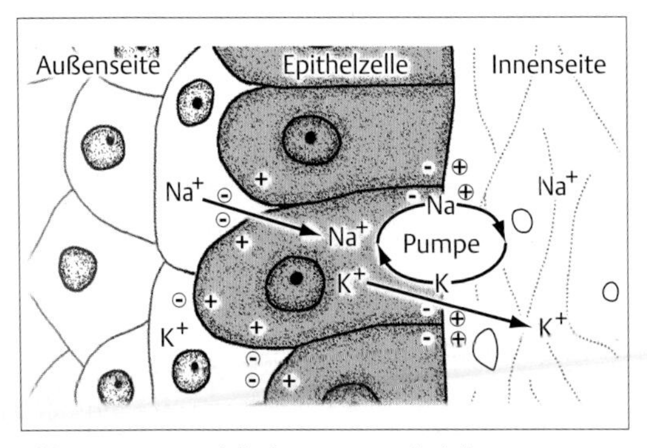

Abb. 8.3 Ein Modell des transepithelialen Transports durch die Froschhaut (nach Eckert 1993)

ment mit deutlich geringerem Erfolg, so daß wir einen Nettoflux von Na^+ von außen nach innen feststellen können. Ionenstrom heißt auch elektrischer Strom. Wir können also versuchen, den elektrischen Strom durch das Epithel zu bestimmen und diesen dann mit dem vorher gemessenen Na^+-Strom zu vergleichen. Die Strommessung sollte so erfolgen, daß nur aktive Ionentransporte erfaßt werden, dagegen durch elektrochemische Gradienten verursachte passive Transportvorgänge nicht beteiligt sind. Wir müssen also Konzentrationsgradienten zwischen apikaler und basolateraler Seite vermeiden und zusätzlich die entstandene Spannung auf Null bringen. Dies geschieht mit Hilfe eines entgegengesetzt zum Ionenstrom gerichteten elektrischen Stroms, der über ein weiteres Elektrodenpaar appliziert wird (in der wäßrigen Phase wird der Strom durch Cl^--Ionen getragen). Die Stromstärke wird so eingestellt, daß die Spannung über der Haut gleich Null wird (Kurzschlußbedingung). Die elektrische Stromstärke J_{ks} entspricht unter dieser Bedingung genau dem aktiven Ionenstrom Φ. Experimente dieser Art ergaben nun, daß der elektrische Strom (in $\mu A \cdot cm^{-2}$) genau gleich dem mit Tracer-Methoden bestimmten Na^+-Strom (in nmol $Na^+ \; cm^{-2} \cdot min^{-1}$) war:

$$\Phi_{na} = J_{ks} / (z \cdot F)$$

Der elektrische Strom durch die Froschhaut ist also ein Na^+-Strom. Dieser hatte auch die Spannung von -90 mV erzeugt, die einen passiven Cl^--Strom durch die Haut treiben kann. Weitere Experimente mit der Ussing-Methode zeigten u. a., daß (i) die Applikation eines für die aktive Na^+-Pumpe (siehe unten) spezifischen Hemmstoffes (Ouabain) nur auf der Innenseite wirksam ist, daß (ii) ein weiterer Hemmstoff (Amilorid), der den passiven Transport durch Ionenkanäle hemmt, den Na^+-Strom nur unterbricht, wenn er auf der Außenseite angewendet wird, daß (iii) ein Na^+-Strom nur dann auftritt, wenn K^+-Ionen auf der Innenseite vorhanden sind und schließlich, daß (iv) der Na^+-Strom nur dann in Form einer Sättigungskinetik abhängig von der Substratkonzentration ist, wenn die Na^+-Konzentration auf der Außenseite verändert wird. Diese und weitere Experimente führten zu einem ersten Modell des transepithelialen Stromflusses durch die Froschhaut (Abb. 8.**3**).

Epithelien können auch unter „normalen" Bedingungen (ohne Anlegen eines Gegenstroms) untersucht werden: Der transepitheliale Widerstand R_{te} läßt sich durch Messung der transepithelialen Spannung V_{te} (ΔV_{te}) bei apikaler Applikation von Strompulsen J_{ks}' bestimmen ($R_{te} = V_{te}/J_{ks}$'). Elektrische Modelle eines Epithels helfen dabei solche Messungen genauer einzuordnen (Abb. 8.**4**). Die Feinheiten dieser Methode sollen uns nicht weiter beschäftigen (vgl. dazu Greger und Windhorst 1996). Hier nur soviel: Mit Hilfe von Mikroelekroden kann neben V_{te} auch die Spannung über der basolateralen Membran V_b gemessen werden und damit V_a errechnet werden (nach $V_{te} = V_b - V_a$). Auch die anderen Größen des elektrischen Modells (Widerstände, Spannungen, elektrochemische Kräfte) lassen sich mit Hilfe geeigneter Experimente (Blockierung spezifischer Ionenkanäle oder Veränderung von Ionenkonzentrationen) bestimmen bzw. aus den Ergebnissen errechnen. Daraus erhält man Informationen über die Ionenspezifität des Membrantransports sowie des trans- und parazellulären Transports. Ein Nephronabschnitt der Niere läßt sich so z. B. folgendermaßen charakterisieren: Die apikale Membran zeigt fast nur K^+-Leitfähigkeit; der parazelluläre Weg ist dreimal permeabler für Na^+ als für Cl^-, die basolaterale Membran ist fast nur für Cl^- permeabel. Mit Hilfe geeigneter Doppelelektroden (für Potential- und Ionenbestimmung) lassen sich simultan Zellpotentiale und cytoplasmatische Ionenkonzentrationen messen. Letzere werden in die entsprechenden Nernst-Potentiale umgerechnet. Messungen wieder an einem Nephronabschnitt ergaben folgende Werte:

$$E_K = -90 \text{ mV}, V_a = -78 \text{ mV}$$
$$E_{Cl} = -35 \text{ mV}, V_b = -72 \text{ mV}$$

Aus diesen Daten läßt sich ableiten, daß die Triebkraft für den apikalen Efflux von K^+ +12 mV, und für den basolateralen Efflux von Cl^- -37 mV beträgt (siehe Absatz 8.4.1). Diese und die weiter oben geschilderten Methoden erlauben es schließlich ein Modell aufzustellen, daß alle relevanten Transportprozesse enthält.

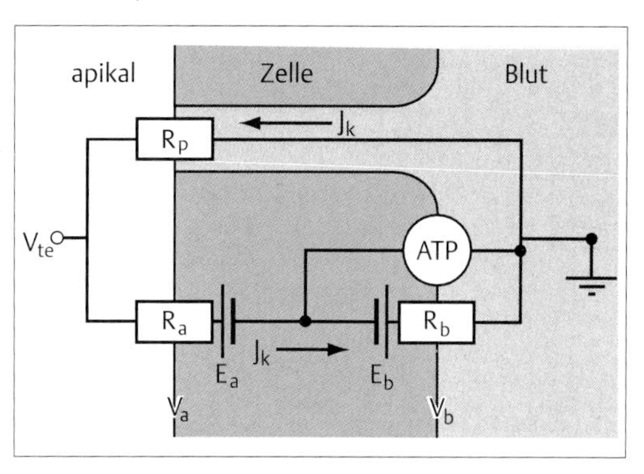

Abb. 8.4 Elektrisches Modell eines Epithels: Das Modell enthält in der äußeren und inneren Membran zwei elektrochemische Antriebskräfte (E_a und E_b) sowie in der blutseitigen Membran eine stromerzeugende Ionenpumpe (Na^+-K^+-ATPase). Widerstände treten in der apikalen (R_a) und basolateralen Membran (R_b) sowie im parazellulären Transportweg (R_p) auf. Angetrieben durch die elektrochemischen Kräfte und die Pumpe fließt ein Strom im Kreis (J_k). Wenn die Blutseite auf Masse liegt, ist auf der apikalen Seite die transepitheliale Spannung V_{te} zu messen. Über der apikalen und basolateralen Membran fallen ebenfalls Spannungen ab: V_a und V_b. Das Modell kann mit Hilfe der Ohmschen und Kirchhoffschen Gesetze analysiert werden. (nach Greger und Windhorst 1996)

8.3 Eine Auswahl spezifischer Transportepithelien

Die Vielfalt der transportierenden Membranproteine, also die verschiedenen Ionenkanäle und Carrier sowie die energieverbrauchenden Ionenpumpen (ATPasen) dienen als Grundbausteine um spezifische Lösungen für spezielle Transportprobleme zu entwickeln. Wir besprechen deshalb kurz eine Reihe von wichtigen Transportepithelien. Danach werden wir uns intensiver mit den Membranproteinen auseinandersetzen.

8.3.1 NaCl-resorbierende Gewebe

Der transepitheliale Transport benötigt Antriebskräfte, in dichten Epithelien sogar größere transepitheliale Gradienten, für seine Aufgabe. In der basolateralen Membran befindet sich deshalb meistens eine energieverbrauchende Ionenpumpe, die (Na^++K^+)-ATPase, die pro ATP im Austausch drei Na^+-Ionen nach außen und zwei K^+-Ionen nach innen pumpt, damit also einen Nettostrom erzeugt: Rheogene Pumpe. Wir wollen nun zwei unterschiedliche Epithelien betrachten (Abb. 8.**5**): Eines davon ist im Bereich der tight junctions sehr durchlässig (Bsp.: proximaler Nierentubulus, Gallenblase), das andere ist dort aber sehr dicht (Bsp.: Dickdarm, Nierensammelrohr).

Im durchlässigen Epithel (Abb. 8.**5a**) treibt die basolaterale ATPase einen transzellulären Na^+-Strom. K^+ gelangt über Ionenkanäle wieder ins Blut. Der Na^+-Strom wird von einem Bikarbonat-Strom begleitet, der indirekt vom apikalen Na^+/H^+-Austauscher (hier überquert gelöstes CO_2 die Membran) und direkt vom basolateralen Na^+-$3HCO_3^-$-Cotransporter vermittelt wird. Die transzellulären Ströme erzeugen elektrochemische Gradienten, die dann zu einer Resorption von Na^+ und Cl^- über den parazellulären Weg führen. Über diesen Weg gelangen zweimal mehr Na^+-Ionen durch das Epithel als über den transzellulären Weg. Obwohl die transepithelialen Gradienten für Na^+ und Cl^- klein bleiben, erlaubt die große Konduktanz des parazellulären Wegs große Ionenströme. Das Ganze stellt sich als ökonomische Lösung her-

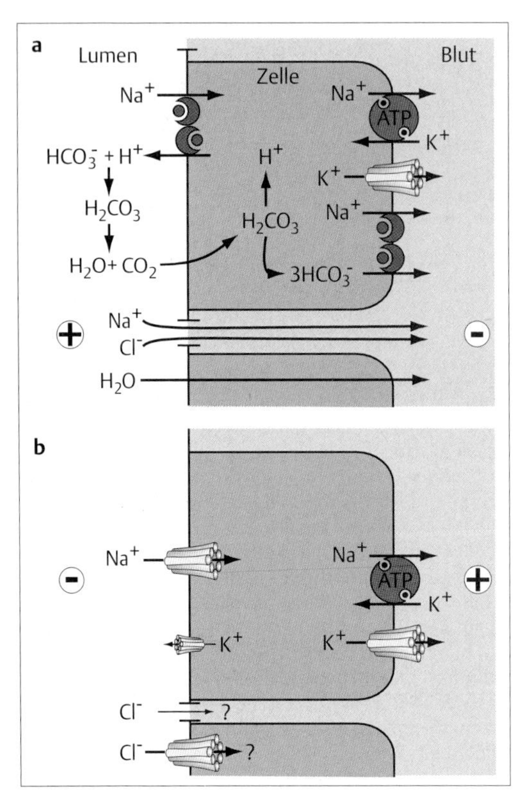

Abb. 8.5 NaCl-resorbierende Gewebe im Bereich des proximalen Tubulus (a) und des Sammelrohrs (b) der Niere. (ATP/Kreis: aktive Ionenpumpe; Kreis: Carrier; Tunnel: Ionenkanal) (nach Greger und Windhorst 1996)

aus, da auf diese Weise 5 statt nur 3 mol NaCl/ pro mol ATP transportiert werden. Wir finden im Fall der durchlässigen Epithelien also Transportgewebe, die sehr ökonomisch große Mengen Elektrolyte transportieren können.

Im dichten Epithel ist die Situation anders (Abb. 8.**5b**): Die basolaterale aktive Na^+-Pumpe erzeugt wieder einen transzellulären Na^+-Strom. In der apikalen Membran gelangt Na^+ über Ionenkanäle ins Zellinnere. K^+ verläßt basolateral und apikal wieder die Zelle. Der Na^+-Strom erzeugt hier einen beachtlichen transepithelialen Na^+-Gradienten und eine lumen-negative, transepitheliale Spannung. (Die Na^+-Pumpe arbeitet elektrogen, da der Strom zu einer Spannung führt.) Dieses treibt entweder einen parazellulären oder transzellulären Cl^--Strom. Das dichte Epithel ist darauf spezialisiert, selbst bei sehr geringen apikalen Na^+-Konzentrationen (< 1 mmol/l) Ionen aufzunehmen, große Na^+-Gradienten auszubilden und zu halten und damit Na^+-Verluste des Körpers auszugleichen. Hier darf parazellulär kein Na^+-Transport (und damit ein möglicher Na^+-Verlust) stattfinden, was aber zu Lasten der Transportökonomie geht.

Die Na^+-Resorption ist hormongesteuert. Als Reaktion auf Na^+-Verluste bewirkt zum Beispiel das Steroidhormon Aldosteron eine Zunahme der apikalen Na^+-Kanäle, der basolateralen aktiven Na^+-Pumpen und eine Zunahme mitochondrialer Enzyme zur verstärkten ATP-Produktion.

Die Aufnahme von Na^+ aus hochverdünntem Teichwasser erfordert beim Frosch (und wahrscheinlich bei vielen Süßwasserbewohnern) noch weitere Antriebskräfte: In der Haut wird durch einen apikalen Ausstrom von Protonen (H^+ V-ATPase; siehe Absatz 8.4.3) eine Spannung über dieser Membran erzeugt (Zellinneres negativ), die den Na^+-Transport aus dem Teichwasser durch die Ionenkanäle ins Cytoplasma antreibt. Cl^- gelangt über einen apikalen Cl^-/HCO_3^--Austauscher ins Zellinnere.

8.3.2 NaCl-sezernierende Gewebe

Exokrine Drüsen des Gastrointestinaltraktes produzieren große Mengen Verdauungssekret. Bis auf den Magensaft sind diese Sekrete reich an Na^+ und meist auch HCO_3^-. Ähnliches gilt z. B. auch für die Schweißdrüsen. Die Grundstruktur des Transports in diesen Epithelien ist folgende (Abb. 8.**6**): Auf der basolateralen Seite befindet sich auch hier eine aktive Na^+-Pumpe. Ein dort ebenfalls lokalisierter Co-Transporter sorgt für den Einstrom von Na^+ zusammen mit 2 Cl^- und K^+.

Cl^- gelangt transzellulär über einen apikalen Ionenkanal ins Lumen. K^+ verläßt die Zelle basolateral. Beide Prozesse erzeugen eine lumen-negative Spannung, die Na^+ parazellulär nachzieht. Die Transportökonomie ist dank des parazellulären Na^+-Transports mit 6 mol NaCl pro mol ATP wieder sehr hoch.

8.3.3 Säure-sezernierende Gewebe

Der schon besprochene Na^+/H^+-Austauscher (Abb. 8.**5a**) kann gegen einen Gradienten von bis zu einer pH-Stufe Protonen abgeben. In der Niere und vor allem im Magen werden aber höhere pH-Gradienten aufgebaut. Die Protonensekretion von Magenwandzellen (Belegzellen) beruht auf einer apikalen H^+/K^+-ATPase, die einen Gradienten von über 6 pH-Stufen aufbauen kann (Abb. 8.**7**). Die Protonen stammen von der Reaktion: $CO_2 + H_2O \leftrightarrow HCO_3^- + H^+$, die vom Enzym Carboanhydrase katalysiert wird. Bikarbonat verläßt basolateral über einen Cl^-/HCO_3^--Austauscher die Zelle. Für jedes sezernierte Proton gelangt ein Bikarbonatmolekül (eine Base) ins Blut. Cl^- wird ebenso wie K^+ über apikale Ionenkanäle und Carrier ins Lumen abgegeben. Unterstützung erfährt die pH-Regulation (Homöostase) der Zelle durch einen basolateralen Na^+/H^+-Austauscher im Verbund mit der basolateralen Na^+-K^+-Pumpe. K^+ gelangt über Ionenkanäle ins Blut.

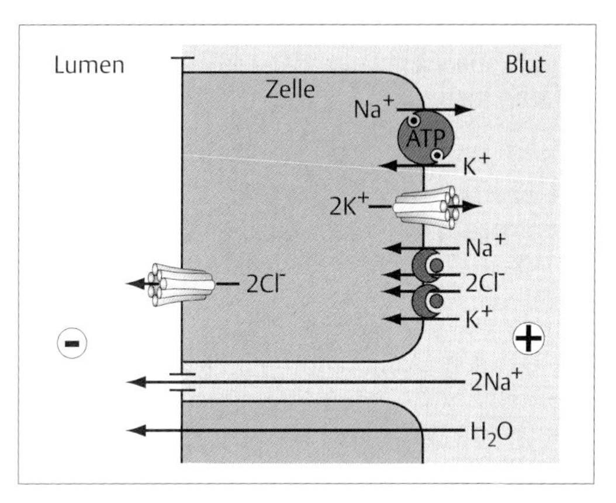

Abb. 8.6 NaCl-sezernierende Drüsengewebe im Bereich des Gastrointestinaltraktes. (ATP/Kreis: aktive Ionenpumpe; Kreis: Carrier; Tunnel: Ionenkanal) (nach Greger und Windhorst 1996)

8.3.4 Nährstoff-resorbierende Gewebe

Epithelien des Darmes und der Niere resorbieren sekundär-aktiv Monomere der Nährstoffe, also Glucose und andere Zucker sowie Aminosäuren. Die treibende Kraft ist hier ein durch basolaterale Na^+-K^+-ATPasen erzeugter Na^+-Gradient, der zum Einstrom von Na^+ und Monomeren über apikale Na^+-Cotransporter führt (Abb. 8.**8**). Auf der Lumenseite bindet erst Na^+, dann das Monomer an den Cotransporter. Dann erfolgt eine Konformationsänderung des Carriers, und Na^+ und später das Monomer dissozieren ab und befinden sich im Zellinneren. Der leere Carrier faltet sich dann zurück. Dabei werden ein oder mehrere Na^+-Ionen pro Monomer in die Zelle transportiert. Die Monomere folgen schließlich ihren eigenen Gradienten und werden mit Hilfe passiver Carrier ins Blut transportiert. Fructose gelangt über einen fructose-spezifischen Carrier ins Cytoplasma, und über einen unspezifischeren Carrier ins Blut.

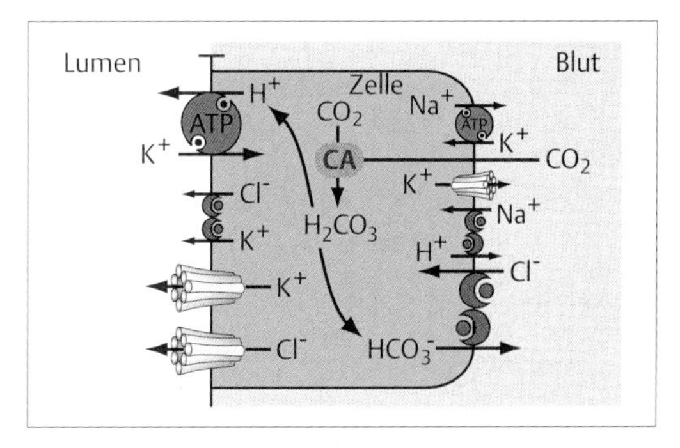

Abb. 8.7 Protonen-sezernierende Zellen der Magenwand (ATP/Kreis: aktive Ionenpumpe; Kreis: Carrier; Tunnel: Ionenkanal) (nach Greger und Windhorst 1996)

8.3.5 Wassertransport

Bei genauerer Betrachtung der Abbildungen ergab sich schon der Hinweis, daß Wasser vor allem transzellulär transportiert wird. Die basolaterale Membran ist immer wasserpermeabel. Die apikale Seite kann bezüglich der Wasserdurchlässigkeit geregelt werden. Die Wasserpermeabilität des Sammelrohrs der Niere wird z. B. durch das Hormon ADH (Antidiuretisches Hormon) beeinflußt: Über cAMP-abhängige Exocytose gelangen vermehrt Wasserkanäle, spezifische Kanalproteine, in die apikale Membran. Der Wasserstrom folgt den transepithelialen osmotischen Gradienten, wobei auf Grund der sehr großen Wasserpermeabilität geringste

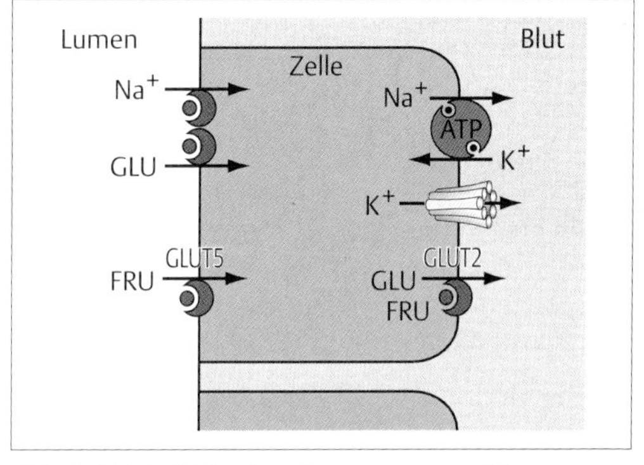

Abb. 8.8 Na^+-abhängiger Cotransport von Monomeren. (ATP/Kreis: aktive Ionenpumpe; Kreis: Carrier; Tunnel: Ionenkanal) (nach Greger und Windhorst 1996)

Gradienten für hohe Wasser-Fluxraten ausreichen. Transepithelialer Wassertransport ist sehr kostengünstig.

8.4 Epitheliale Membranproteine: Proteinstruktur und -funktion

Nachdem wir nun die wichtigsten epithelialen Transportprozesse besprochen haben, wollen wir uns den Membranproteinen selber zuwenden. Für die Untersuchung ihrer Funktion wurde eine Vielzahl unterschiedlicher Methoden entwickelt. Mit Hilfe der Vesikeltechnik können Transporter der apikalen oder basolateralen Seite in Membranvesikeln isoliert studiert werden. Patch-clamp-Techniken erlauben die Analyse einzelner Ionenkanäle. Transportproteine können proteinbiochemisch gereinigt und untersucht werden. Antikörper werden genutzt, um die Verteilung von spezifischen Transportproteinen in Geweben und Organen zu untersuchen. Basierend auf der cDNA von Transportproteinen können Expressionsstudien in speziellen Zellsystemen durchgeführt werden. Molekularbiologische Methoden erlauben die Modifikation der Transportproteinstruktur und z. B. das Studium der entsprechenden physiologischen Konsequenzen in transgenen Tieren. Diese Untersuchungen führen dazu, daß Schritt um Schritt Pfeile und Symbole in den Modellen des transepithelialen Transports durch konkrete Informationen über Struktur und Funktion der transportierenden Membranproteine ersetzt werden. Bei aller Zunahme an Detailkenntnissen ist es aber wichtig im Auge zu behalten, daß hier wie auch in anderen biologischen Systemen das Ganze mehr ist als die Summe der Einzelteile. Primäre oder sekundäre Zellkulturen von Epithelzellen zum Beispiel verhalten sich nicht unbedingt wie intakte Epithelien: Die für die Transportfunktion des Epithels grundlegende Zellpolarität geht häufig verloren. Zell-Zell-Kontakte und tight junctions sind für die spezifischen Eigenschaften der Epithelien unersätzlich.

8.4.1 Ionenkanäle

Eine erste Gruppe von Membranproteinen leitet selektiv Ionen durch die Membran. Über ihre Proteinstruktur und -funktion ist noch nicht sehr viel bekannt. Funktionell lassen sie sich mit Hilfe von patch-clamp-Messungen am Einzelkanal charakterisieren. Die treibende Kraft für den Strom durch den Einzelkanal ist die elektrochemische Potentialdifferenz (ΔU):

$$\Delta U = V - E_i$$

(V: Membranpotential; E_i: Nernstpotential für das Ion i)

Einige Ionenkanäle sind permanent aktiv: Sie zeigen ein fortwährendes Öffnen und Schließen und, damit verbunden, entsprechende Stromschwankungen, die auf dem Transport von vielen tausend Ionen pro Kanal in kürzester Zeit beruhen. Auf Grund der generell großen Transportraten von Ionenkanälen sind nur relativ wenige in der Membran vorhanden. Andere Kanäle sind normalerweise geschlossen und benötigen geeignete Steuersignale zum Öffnen, wobei der Kanal dann entweder nur für eine kurze Periode offen ist (spannungsgesteuerte Kanäle), oder so lange aktiv ist (mit entsprechenden Öffnungs- und Verschlußphasen) so lange das Steuersignal anliegt. Als Steuersignale kommen eine größere Zahl von Faktoren in Frage: Spannungssteuerung, Steuerung über Neurotransmitter, „second messenger“, G-Proteine sowie über ATP bzw. ADP.

8.4.2 Carrier

Carrier sind membranständige Transportproteine, die ihr Substrat auf einer Membranseite binden, eine Konformationsänderung durchführen, und das Substrat dann auf der anderen Membranseite abgeben. Dann folgt eine Rückfaltung zur Ausgangsstruktur. Die treibende Kraft für den Carrier-Transport sind entweder direkt elektrochemische Gradienten (erleichterte Diffusion) oder die sekundäre Ankopplung an gleichsinnig (**Symport**) oder gegensinnig (**Antiport**) transportierte andere Molekülarten. Besonders wichtige primäre Triebkräfte sind Na^+-Gradienten. Die carrier-vermittelte Transportrate durch die Membran hängt von der Wechselzahl eines Carriers (zwischen ca. 50 und 10^4 pro Sekunde) und der Carrierdichte in der Membran ab.

Betrachten wir den carrier-abhängigen Glucosetransport durch Membranen (vgl. Abb. 8.**8**). Die Transportgeschwindigkeit folgt der Michaelis-Menten-Kinetik (vgl. Abb. 13.**2**), wobei Affinität K_M und Maximalgeschwindigkeit v_{max} sich mit der Richtung des Fluxes ändern. Tatsächlich gibt es z. B. nicht nur einen Glucose-Transporter (GLUT), sondern eine ganze Familie von ihnen

(GLUT1–5). Dies gilt für alle Carrier. Sie kommen in unterschiedlichen Geweben vor und zeigen unterschiedliche Affinitäten zum Substrat Glucose (oder auch zur Fructose). Einige sind insulin-abhängig (GLUT4 aus Fett- und Muskelzellen), was vermutlich bedeutet, daß Insulin eine Überführung und Einlagerung solcher Transporter aus Speichervesikeln im Cytoplasma in die Membran bewirkt (Exocytose). Andere sind dies nicht (aus Leber-, Darm- und Nierenzellen). In der Membran sind 12 α-Helices dieser Glucose-Transportproteine nebeneinander angereiht.

Im Überblick sollen verschiedene Carrier und ihre Funktionen vorgestellt werden:

- Der Na^+/H^+-Austauscher ist an der Na^+-Resorption im Darm und in den proximalen Nierentubuli beteiligt (Abb. 8.**5**). Weiterhin spielt er als basolaterales Membranprotein eine wichtige Rolle bei der Homöostase des cytoplasmatischen pH (Abb. 8.**7**).
- Der HCO_3^-/Cl^--Austauscher in der Erythrocytenmembran sorgt dafür, daß beim Kohlendioxidtransport im Blut (vgl. Absatz 5.7) Bikarbonat in der Nähe der Gewebe nach außen bzw. in der Nähe der Lunge nach innen transportiert wird (Hamburger-Shift). Weiterhin ist er bei protonen-sezernierenden Prozessen beteiligt (Abb. 8.**7**).
- Die Glucose- und Monomer-Transporter wurden bereits besprochen.
- Weitere Na^+-abhängige Cotransporter schaffen Harnstoff, Phosphat, Sulfat oder Chlorid über Membranen.
- Der $Na^+2Cl^-K^+$-Cotransporter spielt eine wichtige Rolle bei der Cl^--Sekretion (Abb. 8.**6**) sowie bei der Zellvolumenkontrolle (Volumenzunahme von Zellen durch intrazelluläre NaCl-Akkumulation).
- Der KCl-Cotransporter entfernt KCl und Wasser aus Zellen (Abb. 8.**7**).
- Spezielle $Na^+(HCO_3^-)/Cl^-$-Austauscher spielen eine wichtige Rolle bei der Säure-Basen-Regulation der Zelle.

8.4.3 Aktive Ionenpumpen

Aktive Transportprozesse verbrauchen Energie (ATP). Allgemeiner formuliert heißt dies: Die Energie aus einem Phosphatübertragungspotential (ATP-Hydrolyse) kann zur Erzeugung eines elektrochemischen Gradienten genutzt werden (vgl. Absatz 13.3.4). Eine kleine Zahl von Membran-ATPasen erzeugt elektrochemische

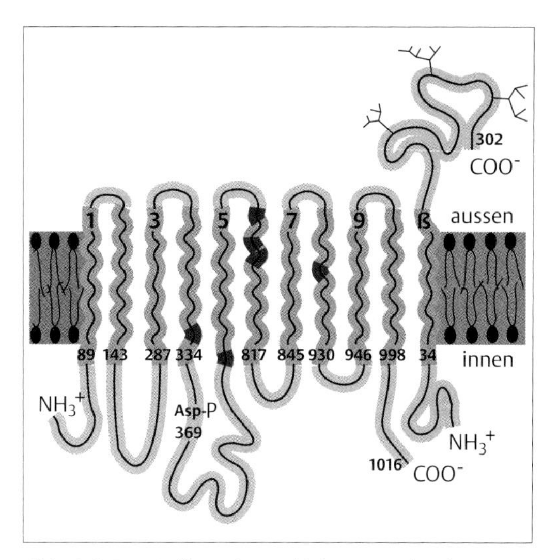

Abb. 8.9 Der Aufbau der Na^+/K^+-ATPase (nach Greger und Windhorst 1996)

Gradienten über einer Membran und ermöglicht aktive Ionentransporte:

- Die Na^+/K^+-ATPase (auf Grund des phosphorylierten Übergangszustands auch **Na^+/K^+ P-ATPase** genannt) befindet sich vor allem in der basolateralen Membran der Epithelien und dient der Aufrechterhaltung der Ionenverteilung zwischen Intra- und Extrazellulärraum.
- Ca^{2+} P-ATPasen befinden sich in Plasmamembran und sarcoplasmatischem Reticulum. Die Ca^{2+}-ATPase transportiert vermutlich ein Ca^{2+}-Ion pro gespaltenem ATP.
- Drei Arten von H^+-ATPasen dienen unterschiedlichen Zwecken (siehe weiter unten).

Die aktiven Ionenpumpen nutzen mit hohem Wirkungsgrad die freie Energie der ATP-Hydrolyse dafür, elektrochemische Gradienten aufzubauen oder gegen solche Gefälle Ionen zu transportieren.

Die Na^+/K^+-Pumpe transportiert 3 Na^+ im Tausch gegen zwei K^+ pro gespaltenem ATP. Sie kann eine enorme Dichte in der Membran besitzen (in der Nierenmedulla: 12 000 pro μm^2). Die Pumpe besteht aus einer α- und einer β-Untereinheit. Die α-Einheit zieht sich mit 10 α-helicalen Elementen durch die Membran (Abb. 8.**9**) und ist der Arbeitsbereich der Pumpe: Die Phosphorylierungsstelle liegt in einer cytoplasmatischen Schleife (Asp-369). Die Kationenbindungsstellen (rote Quadrate) befinden sich in

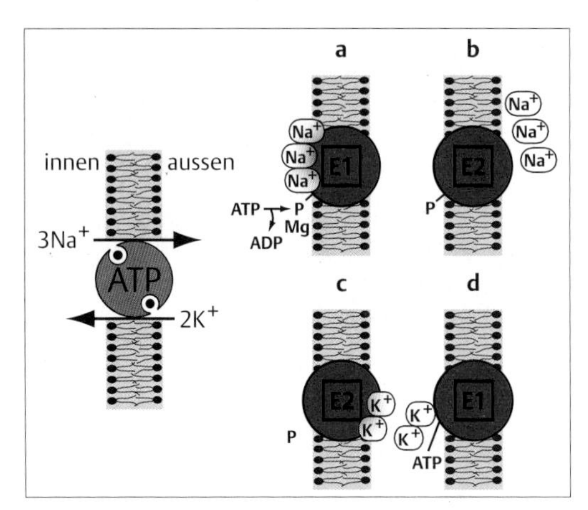

Abb. 8.10 Der aktive Na^+/K^+-Austausch (nach Greger und Windhorst 1996)

den helicalen Bereichen. Die β-Einheit sorgt u. a. offenbar für die korrekte Membraneinlagerung der Pumpe.

Der Pumpvorgang selber läuft folgendermaßen ab (Abb. 8.**10**): Nach einer Bindung von ATP an die Pumpe (E1-ATP) werden Bindungsstellen für Na^+-Ionen frei: 3 Na^+-Ionen lagern sich an. Dann erfolgt die ATP-Hydrolyse und die Pumpe wird phosphoryliert (a). Dies löst eine Konformationsänderung des Proteins (E2-P) aus: Die Ionen gelangen auf die andere Membranseite, wo sie abdissozieren (b). Die neue Konformation hat zwar eine herabgesetzte Affinität für Na^+-Ionen, aber neue Bindungsstellen für K^+-Ionen. Die Bindung von zwei K^+-Ionen (c) führt zur Dephosphorylierung (E2). Nach erneuter Bindung von ATP kommt es zur Rückfaltung des Membranproteins (E1-ATP) und zur Freisetzung der K^+-Ionen auf der Ausgangsseite (d).

Der Vakuolentyp der H^+-ATPasen (**H^+ V-ATPase**) transportiert 2 Protonen pro gespaltenem ATP. Die V-ATPasen sind mit den F-ATPasen (s. u.) verwandt und kommen z. B. in Lysosomen und Vakuolen vor. Sie werden aber auch zunehmend als wichtige Antriebskräfte für transepitheliale Transportprozesse erkannt, z. B. in Malphigischen Gefäßen und Epithelien des Darmes von Insekten (siehe Absätze 8.10 und 12.5). Als elektrogene Pumpen apikaler Membranen erzeugen sie primär eine auf der Außenseite positive Spannung (Protonenausstrom), die dann weitere Prozesse beeinflußt.

Ein zweiter Typ von Protonenpumpe (H^+/K^+-ATPase), der zur Familie der P-ATPasen gehört, sorgt für die Ansäuerung des Magens (Abb. 8.**7**), aber auch für die K^+-Resorption in Niere und Dickdarm. Der dritte Typ, die mitochondriale **H^+ F-ATPase** („coupling factor" in Mitochondrien), arbeitet sozusagen rückwärts, um aus einem Protonengradienten ATP zu gewinnen (vgl. Abb. 13.**9**).

8.5 Epithelialer Transport und intrazelluläre Regulation

Die Transportraten der verschiedenen Ionenkanäle, Carrier und Ionenpumpen der Epithelien sind einander angepaßt, geregelt und koordiniert. Teils geschieht dies über passive, den jeweiligen Gradienten folgende Mechanismen. Es gibt aber auch eine Vielzahl aktiver Prozesse wie Steuerung von Ionenkanälen durch andere Ionen, Kanalkontrolle durch cytoplasmatische Inhibitoren, hormongesteuerte Aktivierung über Exocytose und nachfolgendem Membraneinbau von Kanälen und Pumpen, Ionenkontrolle durch Zell-Zell-Kontakte (gap junctions) im Epithelverband oder auch gegenseitige Kontrolle durch nicht direkt gekoppelte Zellen (Neurone und Gliazellen). Diese intra- und extrazellulären Regulationsprozesse sind erst teilweise verstanden.

Besonders interessante Phänomene sind die Trennung transzellulärer Transporte vom cytoplasmatischen Stoffwechselgeschehen. Die proximalen Tubuluszellen der Niere transportieren große Mengen Glucose und Aminosäuren vom Lumen ins Blut. Sie nutzen diese Metabolite aber nicht für den eigenen Stoffwechsel! Sie gewinnen ihre Stoffwechselenergie aus kurzkettigen Fettsäuren, die sie über die basolaterale Membran aufnehmen. Bei Nahrungsüberschuß bilden sie sogar Glucose neu (Gluconeogenese).

Na^+-, H^+- oder Ca^{2+}-transportierende Epithelien müssen ihr Cytoplasma gegenüber diesen Ionenströmen schützen und für intrazelluläre Homöostase sorgen. Messungen zeigen tatsächlich trotz großer Ionenströme wenig veränderte intrazelluläre Ionenkonzentrationen. Import und Export müssen also einander angeglichen werden und zwar aktiv durch geeignete Steuersignale, da ja die passiven Triebkräfte, die Gradienten, sich kaum verändern. Die intrazelluläre Homöostase ist wiederum Vorausetzung für eine effektive Volumenkontrolle der Zelle. Potentielle Signalsubstanzen wie die Ca^{2+}-Ionen müssen auch vom Zellplasma fern gehalten werden. Deshalb erfolgen Ca^{2+}-Transporte entweder parazellulär oder die Ionen werden mit Hilfe spezieller Transportproteine durchs Cytoplasma gebracht.

8.6 Die Niere

Nachdem wir uns recht ausführlich mit den Grundlagen des epithelialen Transports beschäftigt haben, ist nun ein Verständnis der Funktionsweise der Niere recht einfach zu erzielen. Die Niere erfüllt wesentliche Aufgaben im Salz- und Wasserhaushalt (Osmoregulation) und im Säure-Basen-Haushalt des Körpers. Mit ihrer Hilfe können Stoffwechselendprodukte und Fremdstoffe (z. B. Medikamente) ausgeschieden werden (Exkretion).

Wie ist ihr anatomischer Aufbau (vgl. Abb. 8.**12** und 8.**13**)? Makroskopisch läßt sich eine äußere Rinde (Cortex) vom inneren Mark (Medulla) unterscheiden. Das Mark umgibt das innere Nierenbecken, aus dem wiederum der Harnleiter (Ureter) in Richtung Harnblase zieht. Nierenarterie und -vene versorgen und entsorgen das Organ. Mikroskopisch zeigen sich **Nephrone** (über eine Million bei der Säugerniere), die durch Rinde und Mark ziehen. Dies sind die funktionellen Einheiten der Niere. Hier wird das Blut zuerst gefiltert (Ultrafiltration); dann werden wichtige Substanzen, die nicht verloren gehen dürfen, aus dem sogenannten Primärharn zurückgewonnen (resorbiert) und andere Stoffe, die ausgeschieden werden sollen, selektiv abgegeben (sezerniert). Schließlich wird der Harn konzentriert und gelangt als Endharn in die Harnblase. Die Nephrone können in verschiedene Abschnitte untergliedert werden:

Im Rindenbereich befinden sich die **Malphigischen Nierenkörperchen;** ∅ 0,2 mm), die aus einem Teil des Blutgefäßsystems (afferente Arteriole → Glomerulus → efferente Arteriole) und einer den Glomerulus umhüllenden Bowmanschen Kapsel bestehen (Abb. 8.**11**). Endothel (Porengröße: 50–100 nm) und Epithel (5 nm) von Glomerulus und Kapsel sind porös, so daß Ultrafiltration (vgl. Absatz 1.3.4) zur Bildung von Primärharn führt, der die niedermolekularen Substanzen enthält (Zellen und Makromoleküle werden im Blut zurückgehalten; dabei spielen auch negative Wandladungen der Basalmembran eine wichtige Rolle). Die Filtratmenge beträgt ca. 20 % des durch die Nieren fließenden Blutplasmas. Autoregulationsmechanismen (Vasodilatation, -konstriktion) führen

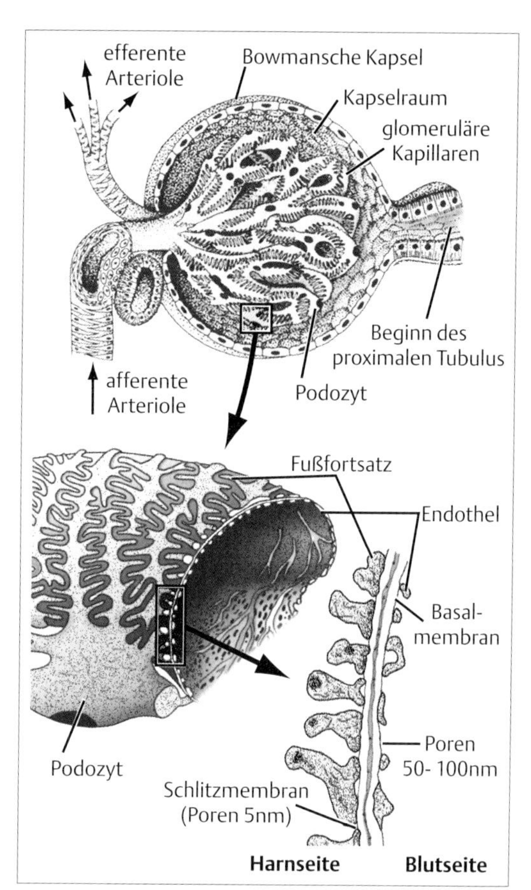

Abb. 8.11 Anatomie der Nierenkörperchen (nach Oehlmann und Markert 1997, Silbernagel und Despopoulos 1991)

dazu, daß bei schwankendem Blutdruck im Körperkreislauf die Nierendurchblutung bzw. der Blutdruck im Glomerulus und damit die Filtrationsrate weitgehend konstant bleiben. Die Nieren, vor allem die Rinde (90 %), werden intensiv durchblutet (20 – 25 % des Herzminutenvolumens) und (beim Menschen) ca. 180 l Primärharn pro Tag gebildet. Dies ist mehr als das 30fache des gesamten Blutvolumens (ca. 5 l). Die tatsächlich abgegebene Menge Endharn beträgt aber nur ca. 1,5 l pro Tag.

Die Rückgewinnung von Stoffen (incl. Wasser) aus dem Primärharn setzt direkt im Anschluß an die Nierenkörperchen, in den **proximalen Nierentubuli,** ein (Abb. 8.**12**). Hier befinden sich NaCl-resorbierende Epithelien (vgl. Abb. 8.**5**), die 70 % des Salzes, als auch 70 % des Wassers resorbieren (aktiver Na^+-Transport und zugeordnete passive Transportformen)

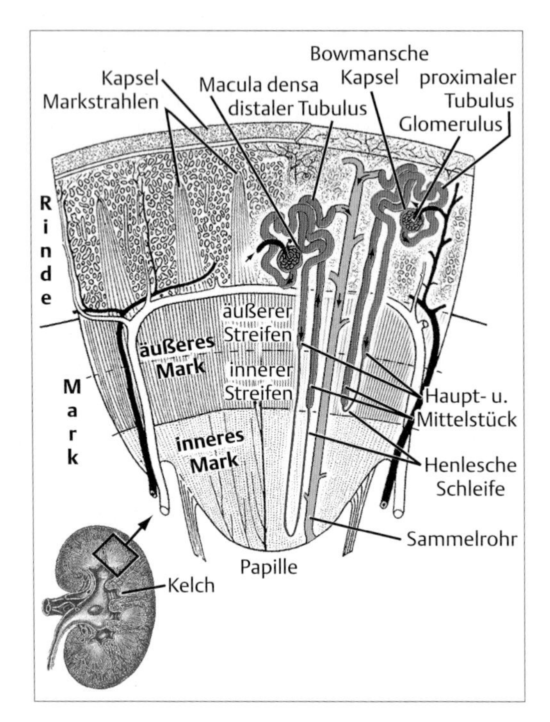

Abb. 8.12 Aufbau der Nephrone (nach Remane et al. 1994)

und in die Blutbahn schaffen. Zurückgewonnen werden auch K^+ und Ca^{2+} sowie Bikarbonat und Harnstoff. Der Na^+-Transport stellt auch die Antriebskraft für die Rückgewinnung von Nährstoffen (sekundär-aktiver Transport von Glucose, Aminosäuren und Laktat, aber auch von Phosphat und Sulfat) dar (vgl. Abb. 8.**8**). Im Wasserstrom gelangen auch gelöste Substanzen zurück ins Blut („solvent drag"). Die Epithelien sind hier sehr durchlässig und da keine großen osmotischen Gradienten zwischen Urin und Blut meßbar sind, spricht man von isotoner Resorption. In den Harn gelangen über zelluläre oder transzelluläre Sekretion körpereigene Substanzen wie Ammoniak, Protonen und Harnsäure und körperfremde Medikamente oder Giftstoffe. Das Grundprinzip der Nierenfunktion ist also folgendes: Zuerst wird unspezifisch filtriert und dann selektiv noch benötigte Substanzen resorbiert, aber auch unerwünschte oder schädliche Stoffe spezifisch sezerniert. Auf Grund des Prinzips von Filtration und Resorption ist die Niere auch für die Ausscheidung neuartiger Substanzen, die in der Evolution noch nicht auftraten, gewappnet.

Den proximalen Tubuli folgen die **Henleschen Schleifen**, die verschieden stark in die Markzone ziehen (Abb. 8.**13**): 80% kortikale Nephrone (bis ins äußere Mark), 20% juxtamedulläre Nephrone (bis ins innere Mark). In der Fortsetzung des aufsteigenden Astes der Henleschen Schleifen haben spezielle Epithelzellen (Macula densa) engen Kontakt mit Glomeruluszellen. Zusammen mit den Henleschen Schleifen ziehen auch Blutgefäße ins Mark, die als zweites Kapillarnetz (nach den Glomeruli) den efferenten Arteriolen entspringen. Die kurzen Schleifen werden von peritubulären Kapillaren umsponnen, die langen von schleifenförmigen Vasa recta begleitet (Abb. 8.**13**).

Die Vasa recta sind vom Prinzip Gegenstromaustauscher mit Haarnadelschleife. Auf Grund des Blutflusses bestehen osmotische Gradienten zwischen dem Blut im absteigenden Ast und dem Blut im aufsteigenden Ast des Gefäßes, als auch dem in der Tiefe zunehmend hyperton werdenden Nierenmark (Abb. 8.**14a**): Wasser gelangt aus dem Blut des absteigenden Astes, über das Mark, direkt wieder in den aufsteigenden Ast, so daß die Endosmolarität des Blutes gegenüber der Anfangsosmolarität nahezu unverändert ist. Substanzen, die sich im Mark anreichern (z. B. Harnstoff) und die im venösen Blut gelöst werden (aufsteigender Ast), gelangen im **Gegenstromaustausch** in den absteigenden Ast des Blutgefäßes und so wieder ins Mark. Die funktionell wichtige Hypertonie des Marks bleibt trotz der notwendigen Blutversorgung unverändert.

In den Henleschen Schleifen geschieht folgendes (Abb. 8.**14b**): Der dicke, aufsteigende Teil ist für NaCl und Wasser weitgehend impermeabel und mit NaCl-transportierenden Proteinen ausgestattet: Aus dem fließenden Harn wird Schritt um Schritt NaCl ins Mark gepumpt. Das Epithel des absteigenden Astes ist wasserpermeabel, so daß der im absteigenden Ast fließende Harn aus osmotischen Gründen Wasser verliert, das über die Vasa recta abtransportiert wird. Durch diese Prozesse steigt die Osmolarität des Harns in Richtung inneres Mark stark an. Der in den aufsteigenden Ast fließende Harn ist hoch konzentriert, so daß die Pumpen im aufsteigenden Teil immer von einem relativ hohen Salzniveau aus gegen relativ kleine und konstante elektrochemische Gradienten NaCl nach außen pumpen müssen. Als Ergebnis dieser Addition von Einzelschritten (**Gegenstrommultiplikation**) liegt ein in der

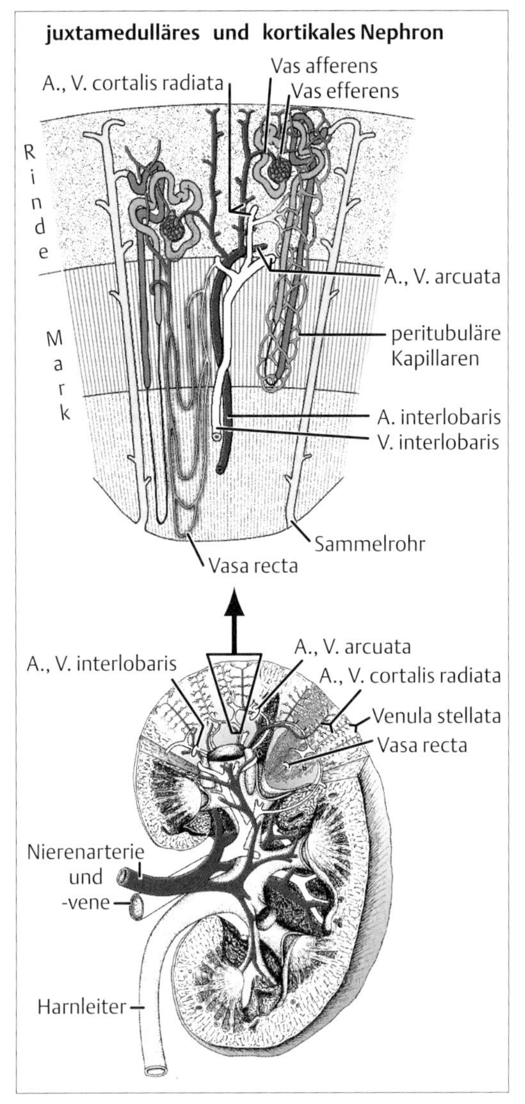

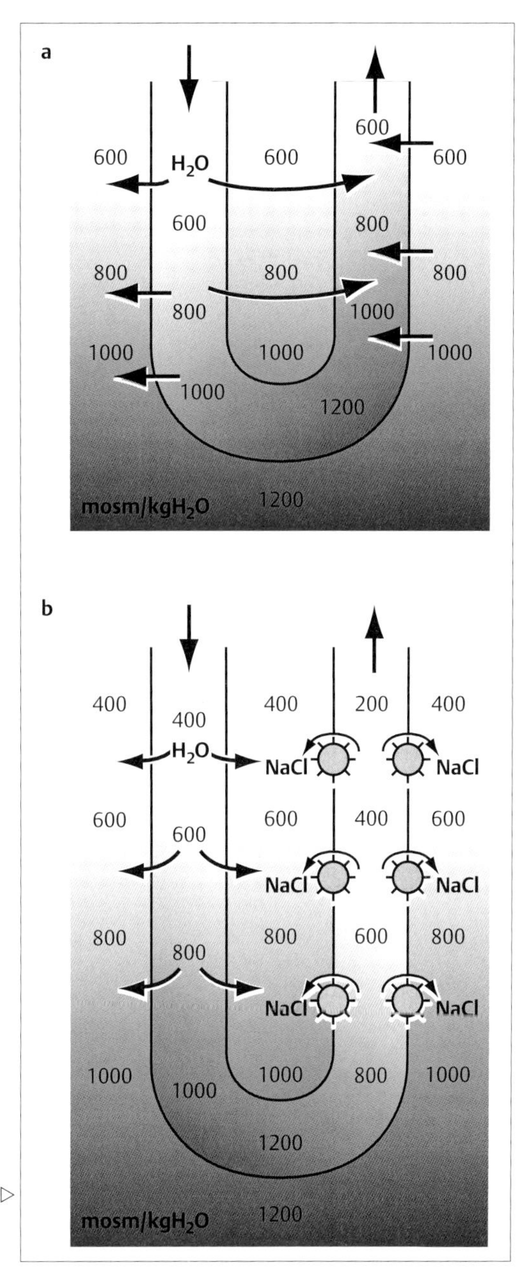

Abb. 8.13 Blutgefäße in der Niere (nach Remane et al. 1994)

Abb. 8.14 Gegenstromaustausch im Bereich der Vasa recta und Gegenstrommultiplikation im Bereich der Henleschen Schleifen. (nach Silbernagel und Despopoulos 1991) ▷

Tiefe zunehmend hypertones Mark vor, das nun wiederum die Triebkraft für die hormongesteuerte Rückgewinnung von Wasser aus dem **Sammelrohr** darstellt. Dieses Abschlußelement eines jeden Nephrons zieht nämlich wieder durchs Mark und sein Epithel ist unter dem Einfluß des antidiuretischen Hormons (ADH) unterschiedlich wasserdurchlässig (vgl. Absatz 8.3.5). Die Anwesenheit von ADH im Blut führt zu einem Wasserfluß aus dem Harn im Sammelrohr ins hypertone Mark, so daß der Endharn stark hyperton wird (Anti-Diurese: beim Mensch bis zu 1200 mosmol/kg bei einer Harnproduktion von 0,1 ml min^{-1}). Aus dem hypertonen Harn tritt im Endabschnitt des Sammelrohres auch Harnstoff ins Mark über.

Harnstoff wurde ab dem aufsteigenden Ast der Henleschen Schleife nicht mehr resorbiert und liegt entsprechend konzentriert im Endharn vor. Dieser Harnstofftransport ist wesentlich für die Aufrechterhaltung der Hypertonizität des Marks.

Bei Abwesenheit von ADH im Blut sinkt die Wasserpermeabilität des Sammelrohrepithels, und der Endharn wird hypoton (Diurese: bis auf 50 mosm/kg bei einer Harnproduktion von 18 ml/min).

Hypertones Mark als Antriebskraft (bereitgestellt mit Hilfe der Transportprozesse in den Henleschen Schleifen) und hormongesteuerte Wasserpermeabilität des Sammelrohres sind Grundelemente des Wasserhaushalts des Körpers. Nicht verwechselt werden sollte also die wenig gesteuerte Massenresorption von Wasser entlang des proximalen Tubulus und die gesteuerte Resorption entlang des Sammelrohres, die eine Regelung der Wasserabgabe in Relation zur Wasseraufnahme ermöglicht (Wasserhaushalt).

Wir hatten bei unserer Besprechung der Prozesse im Sammelrohr den distalen Tubulusbereich, der zwischen Henlescher Schleife und Sammelrohr liegt, ausgelassen. Beim Eintritt in den **distalen Tubulus** ist der Harn auf Grund der vorherigen aktiven Salztransporte noch hypoton; er wird dann aber (wie dies schon im proximalen Tubulusbereich der Fall war) wieder isoton zum Blut (bei Anwesenheit von ADH). Entlang des distalen Tubulus finden – ähnlich wie im proximalen Tubulus – Resorptions- und Sekretionsprozesse statt, wobei ihr Umfang aber deutlich geringer ist. So werden hier ca. 15–20% des NaCl resorbiert. Dieser Anteil ist aber insofern sehr wichtig, da vergleichbar dem Wasserhaushalt, die Salzresorption im Endabschnitt des distalen Tubulus und im kortikalen Sammelrohr einer Hormonkontrolle unterliegt (vgl. Absatz 8.3.1). Bei Anwesenheit von Aldosteron im Blut erhöht sich die Salzrückgewinnung und bei Abwesenheit sinkt sie. Von den 1,5 kg Salz, die pro Tag in den Primärharn des Menschen gelangen, werden kontrolliert zwischen 8–15 g pro Tag ausgeschieden und damit jeweils der Salzaufnahme des Körpers angepaßt (Salzhaushalt). Die Ausscheidung von Na^+ entspricht also normalerweise der Aufnahme von Na^+: Zusammen mit diesem Schlüsselion des Extrazellulärraums (vgl. Tab. 12.**2**) wird auch das Volumen der Extrazellulärflüssigkeit konstant gehalten. Ähnlich wird die K^+ – Ausscheidung der K^+ – Aufnahme angepaßt (hier nicht genauer besprochen), und damit das Volumen der Intrazellulärflüssigkeit (Tab. 12.**2**) konstant gehalten. Die Mechanismen des Salz- und Wasserhaushalts sorgen dafür, daß die Osmolalität sowohl der Extra- als auch der Intrazellulärflüssigkeit trotz permanenter Abgabe und Aufnahme bei ca. 300 mosmol/kg konstant gehalten wird.

Die Abstimmung von Wasser- und Salzhaushalt erfolgt neuronal und hormonell. ***Wassermangel*** führt zu einem Anstieg der Osmolarität der Extrazellulärflüssigkeit und zu einer Reizung von Osmorezeptoren im Hypothalamus. Dies führt zur ADH-Ausschüttung in der Hypophyse und zur Anti-Diurese. Zusätzlich führt Durst (Aktivierung des Durst-Zentrums im Hypothalamus) zur Aufnahme von Wasser. Wasserüberschuß führt zu den umgekehrten Abläufen. ***Salzüberschuß*** bedeutet Anstieg der Osmolarität der Extrazellulärflüssigkeit und damit, über ADH, Anti-Diurese. Dadurch erhöht sich das Volumen der Extrazellulärflüssigkeit und ein zweites Hormonsystem (Renin-Angiotensin II) wird (vermutlich über den Blutdruckanstieg) inaktiviert. Dies führt auch zu einer Reduktion der Aldosteronausschüttung und damit zur vermehrten Salz- und (in der Folge) Wasserausscheidung, bis das Volumen der Extrazellulärflüssigkeit wieder den Ausgangswert erreicht. Bei Salzmangel laufen diese Prozesse in die umgekehrte Richtung.

Aldosteron im Blut führt also zur Retention von Na^+ und damit auch von Wasser. Daraus resultiert letzendlich eine Zunahme des Volumens der Extrazellulärflüssigkeit. Die Hormonausschüttung wird deshalb u. a. bei (i) einer Verminderung des Blutvolumens und (ii) einer Hyponatriämie veranlaßt.

Das Renin-Angiotensinsystem steht unter dem Einfluß von Barorezeptoren im Bereich der Nierenarteriolen. Sinkender Blutdruck oder sinkendes Blutvolumen führen zur Reninfreisetzung aus den granulierten Zellen ins Blut. Diese Zellen sind Bestandteil der nahe beieinander liegenden afferenten und efferenten Arteriole eines Glomerulus und werden zusammen mit den extraglomerulären Polkissenzellen und den Macula densa-Zellen des distalen Tubulus (die als Meßfühler für die Urinzusammensetzung dienen) als juxtaglomerulärer Apparat bezeichnet. Renin, ein proteolytisches Enzym, spaltet von dem aus der Leber stammenden Angiotensinogen, Angiotensin I ab, das von anderen Geweben weiter zu Angiotensin II (ein Oktapeptid) abgebaut wird. Angiotensin II wirkt (i) vasokonstriktorisch, (ii) löst Durst und Salzappetit aus und (iii) stimuliert die Aldosteronausschüttung in der Nebennierenrinde. Die Aktivierung des Renin-Angiotensin-Mechanismus führt also zu einem Wiederanstieg von Blutdruck und Blutvolumen und zu einer Verminderung von Salz- und Wasserabgabe.

Der juxtaglomeruläre Apparat dient der lokalen Autoregulation von glomerulärer Durchblutung, Filtrationsdruck und Filtrationsrate: Vermutlich führt ein Anstieg der Filtrationsrate zu einer erhöhten NaCl-Konzentration und -Resorption an den Macula densa-Zellen, die über ein intrazelluläres Signal (Angiotensin II ?) eine Vasokonstriktion des Vas afferens auslösen. Damit sinkt die Filtrationsrate wieder.

Die Niere und Nephrone der Wirbeltiere haben sich in der Evolution nur langsam zur großen Leistungsfähigkeit bei Säugern entwickelt. Einige Knochenfische besitzen noch keine Nierenkörperchen und damit keine Ultrafiltration, so daß ihre aglomerulären Nieren nur mit Hilfe von Sekretion und evtl. Resorption arbeiten. Bei den marinen Schleimfischen fehlen die Tubuli, und die Bowmansche Kapsel mündet direkt ins Sammelrohr. Hier werden aktiv auch zweiwertige Ionen sezerniert, aber diese Nieren besitzen trotzdem kaum osmoregulatorische Funktionen. Süßwasserknochenfische besitzen mehr und größere Glomeruli als die marinen Teleostier. Die Süßwassertiere besitzen eine hyperosmotische, die Meerwassertiere meist eine hypoosmotische Extrazellulärflüssigkeit im Vergleich zum Medium (vgl. Tab. 5.**1**). Bis zu den Reptilien kann die Niere keinen hypertonen Harn bilden. Erst bei Vögeln und vor allem bei den Säugern entstand ein effektiver Konzentrierungsmechanismus basierend auf der Arbeit der Henleschen Schleifen.

8.7 Die Salzdrüse

Marine Vögel und Reptilien verfügen, neben der Niere, über ein sehr effektives Organ zur Salzausscheidung, und zwar die Salzdrüse, die eine hoch konzentrierte Salzlösung (5% Salz) abgibt. Mit ihrer Hilfe ist es z. B. Möwen möglich, trotz ihres hypotonen Harns (1% Salz) Salzwasser (3% Salz) zu trinken, was der Mensch auf Grund zu geringer Konzentrierungsfähigkeit der Niere (max. 2% Salz im Harn) nicht schafft: Die Wasserabgabe ist im Vergleich zur Salzabgabe zu hoch.

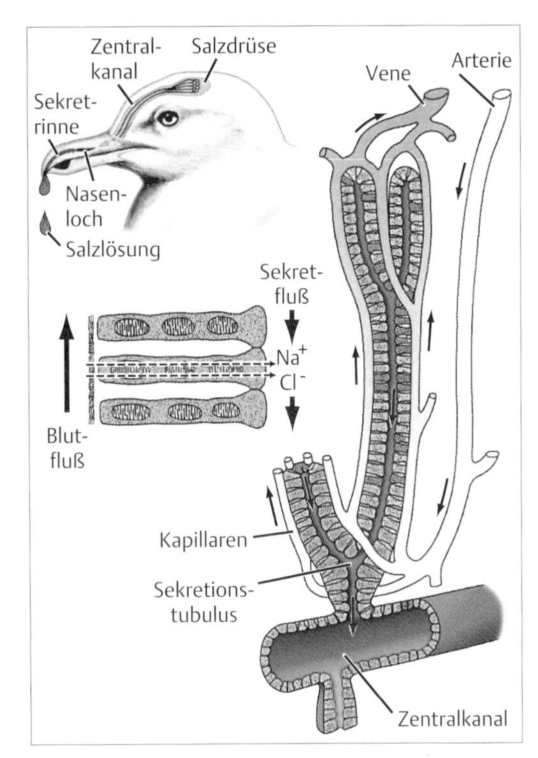

Abb. 8.15 Die Salzdrüse (nach Eckert 1993)

Die Salzdrüse besteht aus vielen einzelnen Lappen mit Tausenden von Tubuli. Über deren Epithelien wird aktiv NaCl vom Blut ins Tubuluslumen transportiert. Die Flüssigkeit der vielen Tubuli vereint sich im Zentralkanal und gelangt über Nasenlöcher nach außen (Ab. 8.**15**). Die Salz Gradienten zwischen Blut und Lumen bleiben über die ganze Transportfläche minimal, da Blut und Sekret entgegengesetzt strömen.

8.8 Osmoregulation bei Amphibien

Amphibien leben vor allem im Wasser und in Feuchtgebieten, aber man findet solche Tiere auch in trockenen Landstrichen oder als Baumbewohner weit entfernt von jedem Tümpel. Welche Anpassungen des Salz- und Wasserhaushalts oder anderer Mechanismen machen dies möglich.

Beginnen wir mit dem Leben im **Süßwasser.** Die Haut solcher Tiere ist häufig permeabel für Wasser und Salzionen. Tatsächlich dringt 25mal mehr Wasser über die Haut ein, als so ein Tier Wasser trinkt, und zumindest 10mal mehr Na^+-

Ionen gehen über die Haut verloren, als über das Futter aufgenommen wird (Abb. 8.**16a**). Es gibt zwei Wege mit Wassereinstrom und Salzverlust fertigzuwerden: Renale Ausscheidung und aktiver Transport über die Haut. Die Tiere produzieren gemäß ihrer freiwilligen und unfreiwilligen Wasseraufnahme entsprechende Mengen Harn. Die Salzverluste über die Haut (und auch über den Harn) werden vor allem durch aktiven Ionentransport durch die Haut (und etwas über den Salzgehalt der Nahrung) ausgegeglichen. Je aquatischer die Lebensweise eines Amphibiums ist, um so geringer ist die Permeabilität seiner Haut. Die Haut echter Frösche ist weniger permeabel als die der Laubfrösche oder gar als die der Kröten. Entsprechend höher sind auch die Fluxraten für Wasser und Ionen bei den eher terrestrischen Amphibien, die aber auch im Süßwasser (dank aktiver Mechanismen) im osmotischen Gleichgewicht bleiben. Der Stickstoff aus dem Abbau von Nahrungsprotein (Aminosäureabbau) wird vor allem als Harnstoff, aber auch in Form von Ammoniak ausgeschieden (vgl. Absatz 13.3.3). Ein gewisses Reservoir z. B. für das Wasser stellt die Harnblase dar.

Marine Amphibien gibt es nicht; es gibt aber einige, die verdünntes Meerwasser (Brackwasser) tolerieren können. Die Anpassungen beruhen hier auf einem Anstieg der Salz- und Harnstoffkonzentration in der Extrazellulärflüssigkeit (auf Grund geringerer Harnproduktion) und einem Anstieg der Kalium- und Aminosäurekonzentration in der Intrazellulärflüssigkeit, so daß eine leichte Hyperosmolarität der Körperflüssigkeiten im Vergleich zum Außenmedium gewahrt bleibt.

Betrachten wir nun die Tiere, die teils im Wasser, teils an Land (**semi-terrestrisch**) leben. Die terrestrische Lebensweise setzt spezielle Verhaltensanpassungen voraus: Ohne das Aufsuchen von Mikrohabitaten mit hoher Luftfeuchte treten sehr große Wasserverluste über die Haut auf (Verdunstung, Evaporation), und ein Dehydrieren der Tiere ist unvermeidlich. Da die große Harnblase solcher Tiere bei Verfügbarkeit von Wasser mit verdünntem Urin gefüllt wird, ist hier ein Wasserreservoir vorhanden, das evaporative Wasserverluste etwas abfangen kann (Abb. 8.**16b**). Bei stärkerem Wassermangel wird auch die Harnproduktion gestoppt. Der Anstieg der Harnstoffkonzentration wird dann genauso toleriert wie moderates Austrocknen der Gewebe. Trotzdem verhindert die Wasserverdunstung ein zu langes Leben nur an Land: Je nach Temperatur, Luftfeuchte, Windverhältnissen oder Aktivitäten des Tiers können evaporative Wasserverluste bis zu 5% des Körpergewichts pro Stunde auftreten. Das Wasser in der Harnblase verlängert das Überleben an Land unter solchen Bedingungen auch nur um wenige Stunden bis maximal um einen Tag. Nach einem Landgang erlaubt die relativ durchlässige Haut dieser Tiere, die durch ihre Dehydrierung zusätzlich einen starken osmotischen Sog ausüben, Wasserverluste innerhalb kürzester Zeit auszugleichen. Falls im Trocknen die Harnproduktion völlig eingestellt wurde, kostet es aber dann bis zu einem Tag in Wasser, um den Harnstoff aus den Körperflüssigkeiten über die Nieren auszuscheiden.

Amphibien in **Trockengebieten** überleben die trockensten Perioden im Jahr in Bodenhöhlen. Einige ziehen sich dann auch in selbstgemachte Kokoons aus Hautresten zurück. Baumfrösche besitzen eine kaum wasserdurchlässige Haut und geben die mit geringen Wasserverlusten verbundene Harnsäure (statt Harnstoff) ab (vgl. Absatz 13.3.3). In ihren großen Harnblasen können so große Mengen an Aminostickstoff akkumuliert werden (Abb. 8.**16**c). Nach einem fast einmonatigem Landgang reicht ein Tag im Wasser, um die Harnblase wieder aufzufüllen und Abfallprodukte oder mit der Nahrung aufgenommene Salze abzugeben. Teilweise ist aber nicht einmal mehr eine Pfütze oder ein Tümpel in der Nähe des Baumes notwendig, sondern es reicht ein mehrstündiger intensiver Regenschauer um genügend Wasser zum Trinken bereitzustellen.

8.9 Osmoregulation bei Fischen

Fische besitzen neben Nieren spezielle osmoregulatorische aktive Zellen, die Chloridzellen. Das Kiemenepithel im Bereich der Filamente besteht neben flachen Zellen, die dem Gasaustausch dienen, auch aus wesentlich dickeren, polaren Zellen, den Ionocyten oder Chloridzellen (benannt nach der hohen Cl^--Konzentration im Bereich der apikalen Grube). Der Ionentransport durch diese Zellen beruht auf der Arbeit von Na^+-K^+-Pumpen und – bei Süßwasserfischen – auf apikalen Protonenpumpen (V-ATPasen).

Fische, die vom Süßwasser ins Salzwasser ziehen oder umgekehrt, bauen unter dem Einfluß von Hormonen ihre Chloridzellen um, und kön-

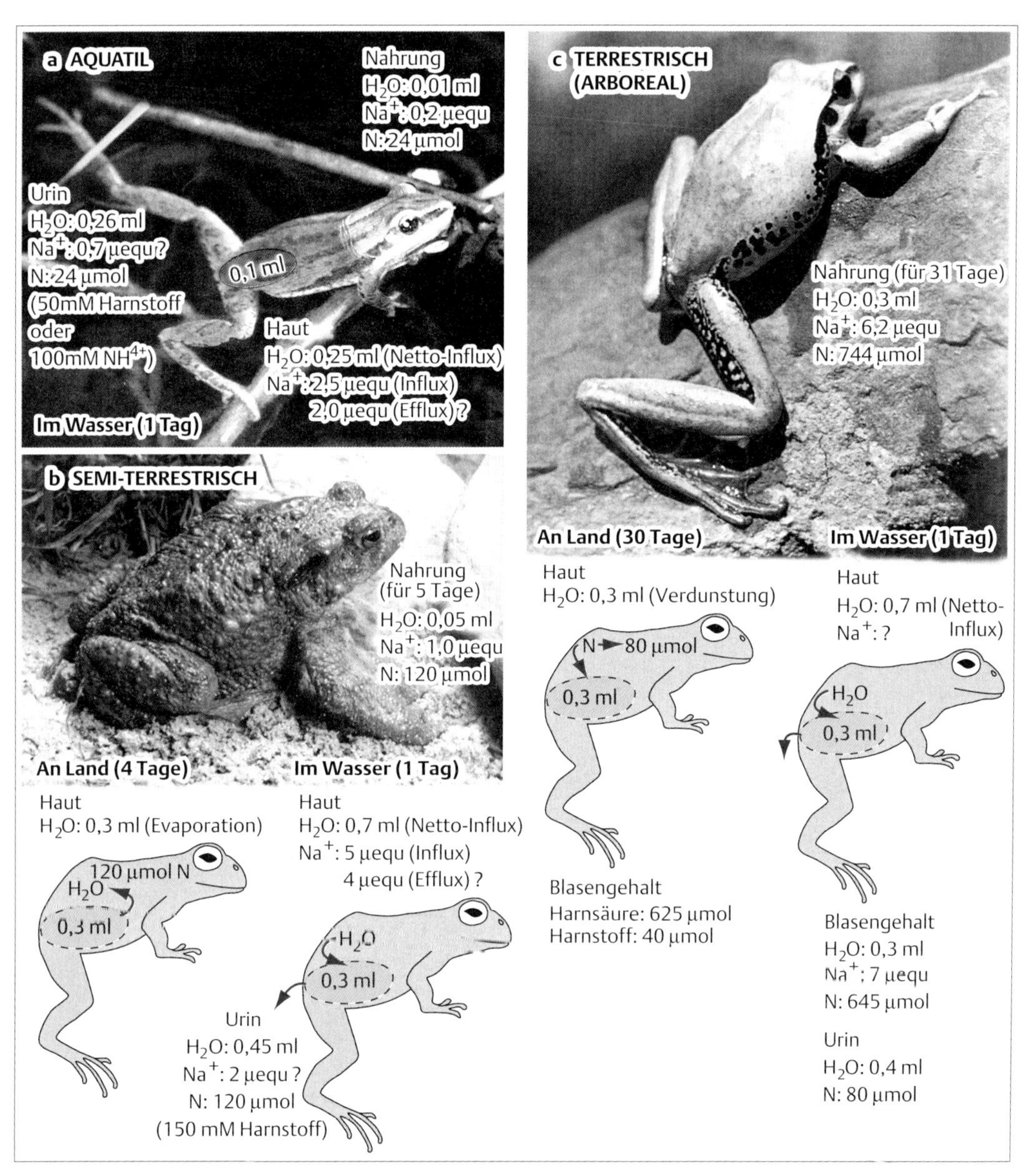

Abb. 8.16 Osmoregulation (Wasser und Na^+-Ströme) und Exkretion (Abgabe von Aminostickstoff) bei rein im Wasser lebenden (a), teils an Land (b) und fast nur an Land lebenden Amphibien (c). (Alle Angaben bezogen auf ein Gramm Körpergewicht) (nach Shoemaker 1987)

nen so auch die Transportrichtung durch diese Zellen beeinflussen. Salzwasserfische leben in einem Medium mit einer Osmolalität von 1 osmol/kg; Süßwasserfische haben eine Außenosmolalität von nur einigen mosmol/kg. Welche Mechanismen setzten beide Gruppen ein, um eine Homöostase der Extrazellulärflüssigkeit zu gewährleisten.

Süßwasserfische haben Probleme mit dem Eindringen von Wasser und dem Verlust von Ionen. Die physiologischen Antworten darauf sind folgende (Abb. 8.**17**, oben): (i) Produktion eines sehr wäßrigen Harns, (ii) Ionenaufnahme über Haut- und Kiemenepithel, (iii) Salzaufnahme mit der Nahrung und (iv) Vermeidung des Trinkens von Umgebungswasser. **Froschabbildun-**

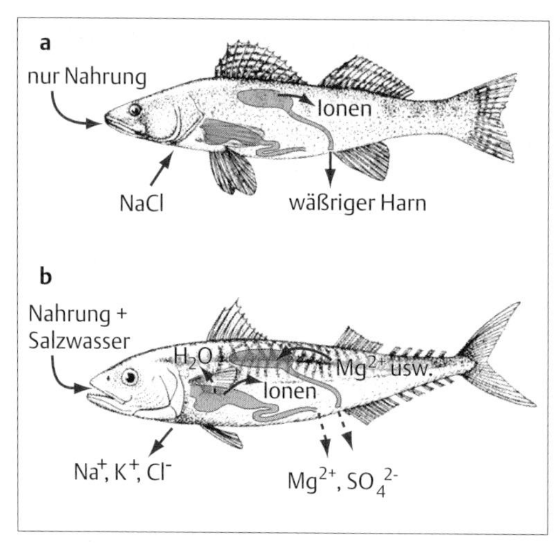

Abb. 8.17 Osmoregulation bei Fischen (nach Eckert 1993)

gen: Knaur's Tierreich in Farben, Droemersche Verlagsanstalt, Th. Knaur Nachf., München, 1961.

Salzwasserfische wiederum haben das Problem des Wasserverlustes. Sie reagieren darauf mit folgenden physiologischen Maßnahmen (Abb. 8.**17**, unten): (i) Trinken von Meerwasser, (ii) Übernahme des Wassers zusammen mit 70–80% der einwertigen Ionen vom Darmlumen ins Blut durch transzellulären Transport über das Darmepithel bei gleichzeitiger Ausscheidung zweiwertiger Ionen, (iii) weitere Abgabe zweiwertiger Ionen durch die Niere sowie Abgabe der einwertigen Ionen durch die Chloridzellen. Aus dem aufgenommenen Meerwasser werden so Ionen entfernt und Wasser zurückgehalten.

8.10 Osmoregulation bei Wirbellosen

Einfache marine Wirbellose besitzen häufig extrazelluläre Körperflüssigkeiten, die isoton zum Meerwasser sind (siehe Tab. 5.**1**). Im Laufe der Evolution der Wirbellosen wurden eine Reihe spezieller osmoregulatorischer Organe entwickelt, die im Prinzip alle der Funktionsweise der Wirbeltiernephrone ähneln: **Protonephridien** z. B. bei Plathelminthen, **Metanephridien** z. B. bei Anneliden oder die **Antennendrüse** der Crustaceen. Diese Systeme arbeiten alle nach dem Filtrations-Resorptions-Prinzip. Beim Flußkrebs zum Beispiel ähnelt das Cölomsäckchen am Anfang der Antennendrüse in seiner Funktion dem Nierenkörperchen. Durch Ultrafiltration entsteht hier so etwas wie Primärharn. Dann scheinen Resorptionsprozesse stattzufinden: (i) Der Harn ist fast frei von Glucose, obwohl viel davon im Blut gelöst ist. (ii) Kleinere Polymere (z. B. Inulin) gelangen in den Harn und verbleiben dort. (iii) Im Tubulus, im Anschluß an das Cölomsäckchen, ist die Zusammensetzung des Filtrats noch ähnlich der der Extrazellulärflüssigkeit. Diese ändert sich aber entlang der Tubuluspassage. (iv) Die Harnproduktionsrate hängt vom Blutdruck ab. Die Vorteile einer unspezifischen Filtration und einer nachgeschalteten selektiven Resorption werden also auch hier genutzt, obwohl dieser Mechanismus an sich energetisch aufwendig ist.

Insekten sind mit ihren **Malphigischen Gefäßen** aber einen anderen Weg gegangen. Auf Grund ihrer Tracheenatmung unterblieb vermutlich die Entwicklung kräftiger Herz-Kreislaufsysteme, da Sauerstoff ja nicht blutgebunden transportiert wird. Es fehlte also die Voraussetzung für einen Ultrafiltrationsschritt am Anfang, nämlich die Generierung adäquater Blutdrucke. Die frei von Hämolymphe umspülten und am oberen Ende geschlossenen Tubuli der Malphigischen Gefäße arbeiten ausschließlich mit Hilfe von Sekretion (und Resorption). Im Gegensatz zu vielen Transportepithelien spielen hier auch nicht Na^+-Pumpen die entscheidende Rolle, sondern H^+-Pumpen vom Vakuolentyp (vgl. Absätze 8.4.3 und 12.5). Diese produzieren Protonengradienten, die von Kationen/H^+-Austauschern zur sekundär-aktiven Sekretion von K^+ oder Na^+ (und Cl^-) ins Lumen genutzt werden. Diese Gradienten werden wiederum zum tertiär-aktiven Transport weiterer Substanzen ins Lumen verwendet. Das gebildete Sekret (Harn) gelangt in den Enddarm (Rectum), wo Wasser und Ionen entzogen werden. Bei vielen Käfern (z. B. *Tenebrio molitor*) und Schmetterlingen stehen die Endabschnitte der Malphigischen Gefäße in engem Kontakt – nur durch den Perirectalraum getrennt – mit der Wand des Rectums (kryptonephridialer Komplex). Hier gelangen Wasser und Ionen direkt vom Rectum, über den Perirectalraum, ins Malphigi-Gefäß zurück und nicht erst in die Hämolymphe. Der Mehlkäfer *Tenebrio* zum Beispiel kann mit diesem Mechanismus hochkonzentrierten Harn herstellen.

9 Säure-Basen-Haushalt unter dem Einfluß von Atmung und Membrantransporten

9.1 Etwas Chemie ... 107
9.1.1 Säuren und Basen 107
9.1.2. Wasser: Eine schwache Säure? 108
9.1.3 Puffersysteme stabilisieren pH-Werte 109
9.2 Säure-Basen-Regulation im tierischen Körper 110
9.2.1 Physiologische Puffersysteme 110
9.2.2 Titration durch Veränderung des P_{CO2} bei konstanter SID 113
9.2.3 Titration durch Veränderung der SID bei konstantem P_{CO2} 115
9.2.4 Störungen des Säure-Basen-Haushalts des Menschen 116
9.3 Wechselwarme Tiere und pH-Kontrolle 118

Vorspann

Tierische Lebensfunktionen setzen eine Begrenzung der Schwankungsbreite des pH in den Körperflüssigkeiten voraus. Ohne diese Stabilität würden Enzymfunktionen und komplexe Stoffwechselprozesse willkürlichen Veränderungen unterworfen sein oder durch Schädigung der Proteine ganz ausfallen. Die mehr oder weniger große Konstanz der Protonenkonzentration beruht auf den Reaktionen puffernder Substanzen. Diese stellen ein Gemisch aus Protonenspendern (Puffersäure) und Protonenempfängern (Pufferbase) dar. Von diesen Puffern gibt es im Bereich der Physiologie zwei Hauptgruppen: Bicarbonatpuffer (HCO_3^-) und Nichtbicarbonatpuffer (vor allem Proteine). Atmungsprozesse können über eine Veränderung des P_{CO2} die Bicarbonatkonzentration beeinflussen (respiratorischer Einfluß). Ionale Austauschprozesse über Zellmembranen und Epithelien können über eine Veränderung der Ladungsdifferenz (SID) Einfluß auf den Bestand an Pufferbasen bzw. auf den Dissoziationszustand der Puffer nehmen (metabolischer Einfluß). Der Dissoziationszustand aller Puffer legt den Säure-Basen-Status des Systems fest. Dieser hängt von den Faktoren SID, P_{CO2}, Temperatur und Druck ab.

9.1 Etwas Chemie...

9.1.1 Säuren und Basen

Der saure Geschmack von Zitronensaft oder manchmal auch Wein beruht auf der Einwirkung von Protonen auf Geschmacksrezeptoren der Zunge. Eine **Säure** im chemischen Sinne ist also eine Substanz, die in wäßriger Lösung Protonen (H^+) abgibt oder abgeben kann („Protonendonator"). Die entgegengesetzte Eigenschaft besitzt eine **Base:** Diese kann in wäßriger Lösung Protonen aufnehmen („Protonenakzeptor"). Dies geschieht auch in der Form, daß sie Hydroxidionen (OH^-) abgibt, die dann mit H^+ reagieren ($\rightarrow H_2O$).

Starke Säuren und **Basen** dissozieren vollständig in entgegengesetzt geladene Ionen. Die Zugabe einer starken Säure oder Base in eine Lösung führt zu einer Zugabe oder Wegnahme von Protonen.

$$\text{Salzsäure: } HCl \rightarrow H^+ + Cl^-$$
$$\text{Natronlauge: } NaOH \rightarrow Na^+ + OH^-$$
$$(OH^- + H^+ \rightarrow H_2O)$$

Schwache Säuren und **Basen** dissozieren nur partiell und verharren als Reaktionsgemisch in einer bestimmten Gleichgewichtslage.

$$\text{Essigsäure: } CH_3COOH \leftrightarrow CH_3COO^- + H^+$$
$$\text{Ammoniak: } NH_3 + H^+ \leftrightarrow NH_4^+$$

Die allgemeine Formulierung für ein Reaktionsgemisch aus schwacher Säure (HA) und konjugierter Base (A^-) lautet:

$$HA \leftrightarrow A^- + H^+$$

Bei dieser Darstellung wird nur die Ladungsdifferenz zwischen Säure und Base und nicht die eigentliche Ladung der Moleküle gekennzeichnet. Die tatsächliche Ladung der Moleküle, ob positiv, neutral oder negativ spielt für den Säure- oder Basencharakter einer Substanz keine Rolle.

9.1.2 Wasser: Eine schwache Säure?

Wasser dissoziert in geringem Maße in Protonen und Hydroxidionen.

$$H_2O \leftrightarrow H^+ + OH^-$$

Das Massenwirkungsgesetz liefert uns Angaben darüber, wie stark dies geschieht. Betrachten wir die Dissoziation von Wasser etwas genauer. Eine Reaktion befindet sich in einer Gleichgewichtslage, wenn Hin- und Rückreaktion gleich schnell ablaufen:

$$v_H = v_R$$

$$\text{mit } v_H = k_1 * [H_2O]$$
$$\text{und } v_R = k_{-1} * [H^+] * [OH^-]$$

Die jeweilige Reaktionsgeschwindigkeit (v_H bzw. v_R) hängt von den Konzentrationen der Reaktionspartner (in eckigen Klammern) und den Geschwindigkeitskonstanten k_1 und k_{-1} der Hin- und Rückreaktion ab. Nach Auflösung dieser Gleichung erhalten wir:

$$\frac{[H^+]\,[OH^-]}{[H_2O]} = \frac{k_1}{k_{-1}} = K'$$

Die neue Konstante K' wird als „apparente Gleichgewichtskonstante" bezeichnet; apparent deshalb, weil ihr Wert auch von der Ionenstärke der Lösung abhängt. Für reines Wasser beträgt sie (bei 24 °C): $1{,}8 * 10^{-16}$ mol/l. Da das Gramm-Molekulargewicht von Wasser gleich 18 g ist, läßt sich folgern, daß 1 Liter (1 kg) Wasser ca. 56 Mole Wassermoleküle enthält (1000/18 = 55,555...). Damit vereinfacht sich die obere Gleichung zu folgendem Ausdruck:

$$[H^+]\,[OH^-] = K' * 56\ mol^2/l^2 = K_w'$$

Die neue Konstante K_w' (Dissoziationskonstante für Wasser) hat einen Wert von 10^{-14} mol^2/l^2. Die Konzentration von Protonen und Hydroxidionen in reinem Wasser (bei 24 °C) beträgt jeweils 10^{-7} mol/l. Vergleicht man die Konzentration der Wassermoleküle in einem Liter Wasser mit der Konzentration der Protonen, so sieht man, daß nur ca. jedes milliardste Wassermolekül im dissoziierten Zustand vorliegt. Wasser ist ein Protonendonator und wäre so formal eine Säure (mit Hydroxidionen als konjugierter Base). Andererseits ist reines Wasser aber chemisch neutral. Die Protonenkonzentration allein sagt also noch nichts über den chemischen Charakter einer Lösung aus.

Auf Grund der häufig geringen Konzentrationen werden im Bereich der Chemie der Säuren und Basen Protonen- und Hydroxidionenkonzentrationen ($[H^+]$, $[OH^-]$), als auch die Dissoziationskonstanten in Form ihres (negativen) dekadischen Logarithmus angegeben: z. B. **pH** oder **pOH.** Bei Protonenkonzentrationen von 10^{-6}, 10^{-7} oder 10^{-8} mol/l ergeben sich so pH-Werte von 6, 7 oder 8. Ähnliches gilt für die Hydroxidionen (pOH-Werte). Reines Wasser hat bei 24 °C einen pH von 7 und einen pOH von ebenfalls 7. Es gilt also:

$$pH + pOH = pK_w' = 14$$

(Eine schwache Säure mit einem pH von 5 hätte einen pOH von 9; eine schwache Base mit einem pH von 9 besäße einen pOH von 5. Konzentrierte Salzsäure hat einen pH von 0; konzentrierte Natronlauge von 14.)

Die Dissoziationskonstante von reinem Wasser (K_w') hat nur bei Raumtemperatur (T = 24 °C) einen Wert von 10^{-14} mol^2/l^2. Bei 5 °C beträgt der Exponent 14,734 und bei 37 °C wird dieser gleich 13,260. Reines Wasser hat also in der Kälte einen pH-Wert von 7,367 und in der Wärme von 6,810. Die Dissoziation des Wassers steigt mit der Temperatur und dementsprechend nimmt auch die Protonenkonzentration zu, d. h. der pH-Wert sinkt! Wie oben schon angesprochen wurde, sagt die Protonenkonzentration bzw. der pH-Wert allein aber nichts über den sauren oder basischen Charakter einer Lösung aus. Reines Wasser ist neutral, unabhängig davon, ob dieses nun kalt oder warm ist. Ähnlich beeinflußt das gelöste Salz im Meerwasser die Dissoziation des Wassers und damit sowohl pK_w'- als auch pH- bzw. pOH-Werte, ohne daß Wasser aus dem Toten Meer saurer wäre als Ostseewasser. Man hat deshalb unter dem Namen **„relative Alkalinität"** eine Größe definiert, die tatsächlich aussagt, ob eine Lösung sauren (aciden), neutralen oder basischen (alkalischen) Charakter besitzt:

$$\text{Relative Alkalinität: } [OH^-]/[H^+]$$

Mit dem zusätzlichen Begriff eines von der jeweiligen Temperatur und dem jeweiligen Salzgehalt der wäßrigen Lösung abhängigen und als pN bezeichneten neutralen pH-Wertes ($pN = \frac{1}{2}\, pK_w' = pH = pOH$; siehe Abb. 9.**1**) läßt sich die relative Alkalinität relativ leicht folgendermaßen ableiten:

$$[OH^-]/[H^+] = 10^{2(pH-pN)}$$

Für eine neutrale Lösung gilt dann:

$$[OH^-]/[H^+] = 1 \text{ und } pH = pN$$

Für eine saure Lösung gilt:

$$[OH^-]/[H^+] < 1 \text{ und } pH < pN$$

Für eine basische Lösung gilt:

$$[OH^-]/[H^+] > 1 \text{ und } pH > pN$$

9.1.3 Puffersysteme stabilisieren pH-Werte

Ein Reaktionsgemisch aus starker Säure und starker Base reagiert vollständig zu Salz und Wasser. Die entstehende Lösung ist neutral. Aus Salzsäure und Natronlauge entsteht beispielsweise Kochsalz und Wasser:

$$H^+ + Cl^- + Na^+ + OH^- \rightarrow Na^+ + Cl^- + H_2O$$

Anders verhält es sich, wenn einer der beiden Reaktionspartner nicht vollständig dissoziiert vorliegt, also eine schwache Säure (z. B. Essigsäure) oder Base (z. B. Ammoniak) darstellt. Im ersten Fall (i) ist die entstehende Lösung basisch, im zweiten Fall (ii) sauer.

$$\text{i: } CH_3COOH + Na^+ + OH^- \leftrightarrow Na^+ + CH_3COO^- + H_2O$$

$$\text{ii: } H^+ + Cl^- + NH_3 \leftrightarrow NH_4^+ + Cl^-$$

Die schwache Säure oder Base reagiert je nach ihrem Dissoziationsgrad nur teilweise mit der starken Base oder Säure und in der entstehenden Lösung befinden sich außer den dabei entstandenen kleineren Mengen Salz (z. B. Natriumacetat oder Ammoniumchlorid), die vollständig dissoziiert vorliegen, noch Bestandteile des anfänglichen Reaktionsgemisches (i: CH_3COOH, Na^+, OH^- oder ii: NH_3, H^+, Cl^-). Stellt man wäßrige Lösungen solcher Salze einer starken Säure und einer schwachen Base (oder einer schwachen Säure und einer starken Base) her, so haben diese ebenfalls sauren (oder basischen) Charakter (z. B. $NH_4^+ + Cl^- \leftrightarrow NH_3 + H^+ + Cl^-$). In Abhängigkeit von der eingesetzten Salzmenge ändert sich der pH der Lösung:

	Ammonium-chlorid	Natriumacetat
1 mol/l	pH 4,5	pH 9,5
0,1 mol/l	pH 5	pH 9
0,01 mol/l	pH 5,5	pH 8,5
0,001 mol/l	pH 6	pH 8

Es gibt Substanzgemische, sogenannte **Puffersysteme,** die Veränderungen des pH in einer Lösung bei Zugabe von Säure oder Base auf ein Minimum begrenzen. Diese Eigenschaft beruht auf der gleichzeitigen Anwesenheit von Protonenquellen (Säuren) und Protonensenken (Basen) im Gemisch. Eine partiell dissoziierte schwache Säure stellt zusammen mit ihrer konjugierten Base so ein Puffersystem dar. Üblicherweise wird in der Chemie ein Puffersystem als Gemisch aus wenig dissoziierter schwacher Säure (oder Base) und dem zugehörigen Salz, das einer Reaktion mit einer starken Base (oder Säure) entstammt, hergestellt. So ein Gemisch enthält teils protoniert (Säure) und teils in freier Form (konjugierte Base) ein und dasselbe Anion: HA bzw. A^-.

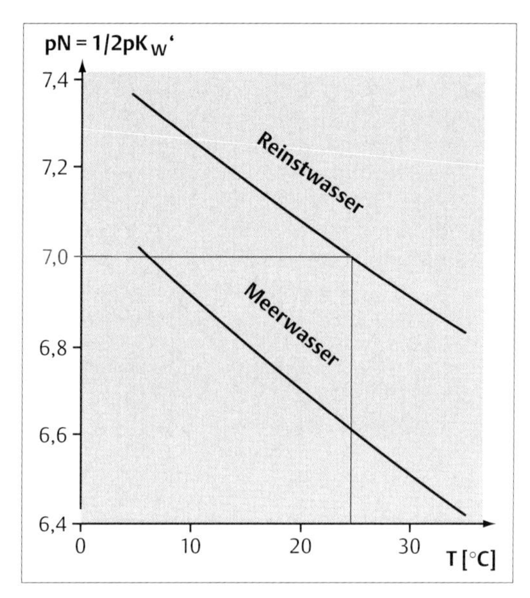

Abb. 9.1 pN-Werte von Reinstwasser und Meerwasser (Salinität: 35 ‰) in Abhängigkeit von der Temperatur (nach Truchot 1987)

$$HA \leftrightarrow A^- + H^+$$

Auch hier gilt, ähnlich wie bei der Dissoziation von Wasser, das Massenwirkungsgesetz.

$$\frac{[H^+]\,[A^-]}{[HA]} = K_A'$$

Logarithmieren liefert einen Ausdruck der als **Henderson-Hasselbalch-Gleichung** bekannt ist:

$$pH = pK_A' + \log \frac{[A^-]}{[HA]}$$

Dieser Ausdruck zeigt, daß das Verhältnis von konjugierter Base und schwacher Säure im Puffersystem mit der Protonenkonzentration (pH) und mit der Dissoziationskonstanten K_A' in Be-

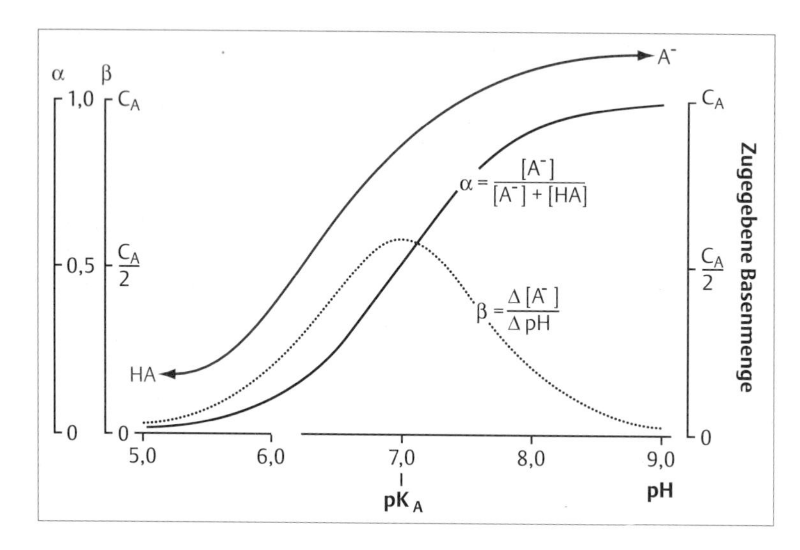

Abb. 9.2 Titration eines Puffersystems. Die pH-Änderungen im gepufferten System (A^-/HA) bei der Zugabe von Base (oder Säure) sind unterschiedlich stark: Die geringsten Änderungen finden dann statt, wenn der pH gleich dem pK_A' ist. Durch Differenzierung der Titrationskurve (α) erhält man eine neue Kurve (β), die diesen Sachverhalt noch deutlicher widerspiegelt: Die Pufferkapazität β erreicht am pK_A' ein Maximum. (nach Truchot 1987)

ziehung steht. Die Zugabe von Protonen (starke Säure: pH ↓) oder die Entfernung von Protonen (starke Base: pH ↑) führt entweder zu einer Verschiebung des Puffersystems in Richtung Säure (HA) oder in Richtung konjugierte Base (A^-). Dabei wird ein Teil der zugegebenen oder entfernten Protonen von der konjugierten Base gebunden oder von der schwachen Säure ersetzt. Die meßbaren Protonenänderungen im System sind deutlich kleiner als die von außen eingebrachten Protonenmengen. Das System „puffert" und stabilisiert den pH-Wert im System. Die Puffereigenschaften eines Systems können durch Titration ermittelt werden. Dies geschieht durch Zugabe von Säure oder Base bei gleichzeitiger Messung des pH-Wertes des Systems (Abb. 9.**2**).

Für die Pufferwirkung sind zwei Parameter entscheidend: Erstens die gesamte Pufferkonzentration (C_A = [HA] + [A^-]) und zweitens die Lage der Gleichgewichtskonstanten K_A'. Würde zu Beginn einer Titration mit starker Base das Puffersystem vollständig in Form der schwachen Säure vorliegen (C_A = [HA]), so würde die Zugabe von starker Base der Menge $C_A/2$ zu gleichen Konzentrationsanteilen von Puffersäure und Pufferbase führen: [HA] = [A^-]. Je größer die gesamte Pufferkonzentration ist (C_A groß), um so mehr starke Säure oder Base kann ohne größere pH-Änderung ins System eingebracht werden. Die Gleichgewichtskonstante des Puffers legt die Lage, d. h. den pH-Wert, des optimalen Pufferbereichs fest. Die beste Pufferung nach beiden Seiten wird erzielt, wenn die Konzentrationen von Puffersäure und Pufferbase gleich groß sind: [HA] = [A^-]. Ein Blick auf die Henderson-Hasselbalch-Gleichung zeigt uns, daß dann der pH gleich dem pK_A' ist. Durch Differenzierung der Titrationsskurve (α) erhält man direkt die pH-abhängige Pufferkapazität des Systems (Abb. 9.**2**): β (in mmol · l^{-1} · pH Einheit^{-1}) = $-\Delta[H^+]/\Delta pH$ bzw. $\Delta[A^-]/\Delta pH$. Sie ist am Punkt pH = pK_A' am größten, beträgt eine pH-Stufe links oder rechts davon nur noch ca. 1/3 davon und sinkt auf ca. 4% zwei pH-Stufen links oder rechts davon. Ein natürliches, physiologisches Puffersystem muß also einen pK_A'-Wert besitzen, der in der Nähe des physiologischen pH-Wertes (ca. pH 7–8) liegt, oder weitere noch nicht diskutierte Eigenschaften und Besonderheiten müssen hinzukommen.

9.2 Säure-Basen-Regulation im tierischen Körper

9.2.1 Physiologische Puffersysteme

Im Blut, in der Extrazellulärflüssigkeit oder im Cytoplasma gibt es eine Reihe physiologischer Puffersysteme, die pH-Wertschwankungen außerhalb und innerhalb der Zellen auf ein Minimum begrenzen. Diese Puffer erfüllen eine lebensnotwendige Aufgabe, da ohne pH-Kontrolle z. B. Struktur und Funktion der Biokatalysatoren, der Enzyme, nicht kontrolliert werden könnte. Ein Beispiel soll dies illustrieren: Enzyme zeigen bei bestimmten pH-Werten maximale Reaktionsgeschwindigkeiten. Würden sich die pH-Werte fortlaufend ändern, würde die Geschwindigkeit der Stoffwechselprozesse permanent variieren.

In extrazellulären Flüssigkeiten und im Blut dominieren zwei Puffersysteme, einerseits in der Wasserphase gelöstes Kohlendioxid und andererseits Proteine, vor allem Atmungsproteine. Das erste System hat nicht zuletzt deshalb besondere Bedeutung, weil eine entscheidende Variable dieses Systems, der Kohlendioxidpartialdruck (P_{CO2}) bei vielen Tieren über die Atmung unabhängig von anderen Größen des Säure-Basen-Haushalts eingestellt und kontrolliert wird. Doch gehen wir schrittweise vor.

Kohlendioxid löst sich gut in wäßrigen Medien. Die Kohlendioxidmoleküle befinden sich aber nicht nur einfach frei gelöst zwischen den Wassermolekülen. Beide Molekülarten können auch chemisch reagieren und Kohlensäure bilden (in physiologischen Systemen wird diese Reaktion durch das Enzym Carboanhydrase beschleunigt):

$$CO_2 + H_2O \leftrightarrow H_2CO_3$$

Die entstehende Kohlensäure ist aber instabil und dissoziert rasch zu Protonen und sogenannten Bicarbonat-Ionen:

$$H_2CO_3 \rightarrow H^+ + HCO_3^-$$

In reinem Wasser gelöstes Kohlendioxid kommt vor allem in Form frei gelöster CO_2-Moleküle, zum geringen Teil aber auch chemisch gebunden als Bicarbonat-Ionen vor. Wieviel Bicarbonat kann sich in einem wäßrigen Medium bilden? Dieser Aspekt ist wesentlich, da die Pufferwirkung des Kohlendioxids vor allem mit den Reaktionen der Pufferbase Bicarbonat zu tun hat. Zur Beantwortung dieser Frage müssen wir ein elementares und wichtiges Prinzip kennenlernen, und zwar das der Elektroneutralität. Die Flüssigkeiten in allen Räumen (Kompartimenten) des Körpers sind in sich neutral; es gibt keine Ladungsunterschiede, ob positive oder negative. Nur über den Zellmembranen kann es unter bestimmten Umständen zu einer gewissen Ladungstrennung kommen (vgl. Abb. 1.**5**). Das **Prinzip der Elektroneutralität** läßt sich folgendermaßen formulieren:

$$\Sigma \text{ Ladungen der Kationen} = \Sigma \text{ Ladungen der Anionen}$$

Zurück zu unserem Bicarbonatproblem. Bicarbonat ist ein negativ geladenes Ion und kann sich aus Gründen der Elektroneutralität nur dann bilden, wenn es ein anderes Anion verdrängen kann. In Reinstwasser kann dies nur ein Hydroxidion sein, das mit einem Proton (z. B. direkt dasjenige, welches bei der Bicarbonatbildung entsteht) zu Wasser reassozieren muß, damit sich Bicarbonat bilden kann. Es hängt also auch von der Dissoziationskonstante von Wasser K_W' ab, wieviel Bicarbonat sich bildet. Die Frage nach der Bicarbonatkonzentration läßt sich mathematisch beantworten. Dieser Weg (Lösung eines Gleichungssystems) wird weiter unten kurz angesprochen werden. Im Labor würde das Problem durch Äquilibrierungsexperimente empirisch gelöst werden: Wasser wird mit Kohlendioxid bei einem definierten Partialdruck (P_{CO2}) äquilibriert und der zugehörige pH des Wassers gemessen. Die Bicarbonatkonzentration läßt sich dann mit Hilfe der Henderson-Hasselbalch-Gleichung für das CO_2-Bicarbonat-System einfach errechnen, wobei die Konstanten α und pK_1' aus Tabellen entnommen werden (z. B. Heisler 1986):

$$pH = pK_1' + \log \frac{[HCO_3^-]}{\alpha \cdot P_{CO2}}$$

Wir werden auf diese Gleichung später noch einmal zurück kommen. Beide Wege, der mathematische und der empirische, führen zu dem Ergebnis, daß in reinem Wasser die Bicarbonatkonzentration ($[HCO_3^-]$) im Vergleich zum physikalisch gelösten CO_2 ($[CO_2] = \alpha \cdot P_{CO2}$) vernachlässigbar klein ist.

Betrachten wir nun aber nicht mehr Reinstwasser, sondern eine salzhaltige Lösung und zwar eine, die zur Hälfte aus Kochsalz (NaCl) und zur anderen Hälfte auf Natriumbicarbonat ($NaHCO_3$) besteht. Diese Mischung wurde bewußt gewählt, um einen weiteren notwendigen Begriff in die nun folgende Diskussion zu bringen, und zwar die sogenannte SID („strong ion difference"). **Starke Ionen** entstehen bei der vollständigen Dissoziation starker Säuren oder Basen. Dazu gehören die starken Kationen Na^+, K^+, Ca^{2+} oder Mg^{2+} sowie die starken Anionen Cl^- und SO_4^{2-}. Im physiologischen Bereich (pH 7–8) verhalten sich auch die meisten, fast vollständig dissoziert vorliegenden organischen Säuren (Lactat etc.) oder das gering dissoziert vorliegende Ammonium (NH_4^+) als starke Ionen. Starke Ionen werden zumindest im physiologischen Bereich von Säure-Basen-Reaktionen nicht beeinflußt. Anders formuliert: Starke Ionen sind (im physiologischen Bereich) nicht an Säure-Basen-Reaktionen beteiligt. Die Konzentration starker Ionen im System kann sich nur durch Austauschprozesse mit der Umgebung ändern. Die Konzentration von **schwachen Ionen** wie z. B. H^+, OH^-, HCO_3^-, CO_3^{2-}, $H_2PO_4^-$ oder HPO_4^{2-} dagegen ändert sich im Regelfall bei Säure-Basen-Reaktionen. Unverändert bleibt aber die gesamte Konzentration an Phosphationen ($[H_2PO_4^-] + [HPO_4^{2-}]$) oder – in einem geschlossenen System – die gesamte Konzentration an gelöstem Kohlendioxid (C_{CO2}), die sich als Summe aus physikalisch gelöstem CO_2, Bicarbonat und Carbonat ergibt ($C_{CO2} = [CO_2] + [HCO_3^-] + [CO_3^{2-}]$). In einem offenen System (wie dies Tiere darstellen) hingegen, kann die Kohlendioxidkonzentration auch von Außen (von der Atmung) beeinflußt werden. Der P_{CO2} in der Extrazellulärflüssigkeit oder im Blut kann über die Atmung eingestellt werden. Auf diese Weise wird zuerst die physikalische gelöste Menge Kohlendioxid festgelegt ($\alpha \cdot P_{CO2} = [CO_2]$) und in Folge die gesamte Konzentration an Kohlendioxid beeinflußt.

Unsere oben angesprochene Salzlösung enthält, wenn wir noch kein Kohlendioxid einleiten, neben den Protonen und Hydroxidionen aus der Wasserdissoziation die starken Ionen Na^+ und Cl^-, aber auch das schwache Ion HCO_3^-. Beziehen wir das Prinzip der Elektroneutralität mit ein, so gilt:

$$[Na^+] + [H^+] = [Cl^-] + [HCO_3^-] + [OH^-]$$

Beginnen wir nun die Salzlösung mit gasförmigem Kohlendioxid zu äquilibrieren, so bildet sich aus dem physikalischen gelöstem Kohlendioxid wieder etwas Bicarbonat:

$$CO_2 + H_2O \leftrightarrow H^+ + HCO_3^- \; (pK_1' \sim 6)$$

Eine weitere Reaktion, die Umwandlung von Bicarbonat in Carbonat, findet statt, falls der pH nahe dem pK dieser Reaktion liegt:

$$HCO_3^- \leftrightarrow H^+ + CO_3^{2-} \; (pK_2' \sim 10)$$

Diese Reaktion findet in spürbarem Maße nur deutlich oberhalb eines pH von 8 und damit bei einem sehr geringen Kohlendioxidpartialdruck statt. Die Begasung einer Lösung mit Kohlendioxid entspricht einer sauren Titration: Je größer der Kohlendioxidpartialdruck ist, um so saurer wird die Lösung. Nach dem Prinzip der Elektroneutralität läßt sich folgende allgemeine Gleichung für die mit Kohlendioxid begaste Salzlösung aufstellen:

$$[Na^+] + [H^+] = [Cl^-] + [HCO_3^-] + [CO_3^{2-}] + [OH^-]$$

Die Konzentrationen von $[H^+]$ und $[OH^-]$ sind üblicherweise so gering im Vergleich zu den Konzentrationen der anderen Ionen, daß man sie vernachlässigen kann. Da sich die starken Ionen nicht an einer Säure-Basen-Reaktion beteiligen, ist nur deren Rolle im Bezug auf das Prinzip der Elektroneutralität von weiterem Interesse. Man bildet deshalb die Ladungsdifferenz, also die Differenz zwischen der Gesamtladung der starken Kationen und der der starken Anionen; man errechnet die **SID**. (Die Gesamtladung dieser Kationen bzw. Anionen hängt von der Konzentration und der Ladung der Ionen ab. Die SID hat damit die Dimension: mval/l). Die SID definiert die durch Säure-Basen-Reaktionen im physiologischen Bereich nicht veränderbare Gesamtladungsdifferenz. Damit lautet die Elektroneutralitätsbeziehung folgendermaßen:

$$SID = [HCO_3^-] + [CO_3^{2-}]$$

Damit sind wir an einem zentralen Punkt der Besprechung von Säure-Basen-Systemen angelangt. Auf der rechten Seite der Gleichung stehen Pufferbasen: Bicarbonat und Carbonat. Auf der linken Seite steht die SID. Auf der rechten Seite sind Schlüsselgrößen des Säure-Basen-Haushalts, auf der linken Seite befindet sich eine Schlüsselgröße des Elektrolythaushalts. Wir erkennen damit, daß wir die Säure-Basen-Eigenschaften von Flüssigkeiten nicht unabhängig von deren ionaler Zusammensetzung betrachten können. Starke Ionen beteiligen sich zwar nicht an Säure-Basen-Reaktionen, aber die gesamte Ladungsdifferenz zwischen starken Kationen und Anionen (SID) determiniert den Bestand an **titrierbaren Pufferbasen** eines Systems. (Die SID wird in manchen Literaturquellen auch als Kationenüberschuß, die Konzentration an Pufferbasen als totale Alkalinität bzw. Titrationsalkalinität bezeichnet.) Eine Veränderung der SID muß also mit einer Veränderung des Bestandes an Pufferbasen ($[A^-]$) einhergehen. Titration mit einer starken Säure (z. B. Salzsäure HCl) bedeutet Verminderung der SID durch Hinzufügung starker Anionen (Cl^-). Titration mit einer starken Base (z. B. Natronlauge NaOH) bedeutet Vergrößerung der SID durch Hinzufügung starker Kationen (Na^+). Die gleichzeitig zugeführten Protonen bzw. Hydroxidionen beeinflussen das Konzentrationsverhältnis zwischen Pufferbasen und Puffersäuren (starke Säure: $[A^-]\downarrow$ und $[HA]\uparrow$; starke Base: $[A^-]\uparrow$ und $[HA]\downarrow$). Wenn sich die Gesamtkonzentration von Pufferpaaren im System nicht verändert, hängt das Dissoziationsverhältnis dieser

Pufferpaare $[A^-]/[HA]$ direkt von der SID ab. Das Dissoziationsverhältnis aller Pufferpaare im Säure-Basen-System $[A_1^-]/[HA_1]$, $[A_2^-]/[HA_2]$, $[A_3^-]/[HA_3]$ usw.) wird als **Säure-Basen-Status** des Systems bezeichnet. Dabei steht der pH-Wert des Systems mit den Dissoziationsverhältnissen aller beteiligten Pufferpaare in folgender Beziehung (hier bei drei Pufferpaaren):

$$pH = pK_I' + \log \frac{[A_1^-]}{[HA_1]} = pK_{II}' + \log \frac{[A_2^-]}{[HA_2]}$$

$$= pK_{III}' + \log \frac{[A_3^-]}{[HA_3]}$$

Dies bedeutet: Der Säure-Basen-Status eines Systems läßt sich errechnen, wenn man den pH-Wert mißt und die Dissoziationskonstanten (pK') aller beteiligten Pufferpaare kennt. Wir hatten am Beispiel des CO_2-Bicarbonat-Systems eine vergleichbare Vorgehensweise schon kennengelernt.

Der Säure-Basen-Status kann nicht nur von der **SID**, sondern – bei einem offenen System – auch vom „Kohlendioxidpartialdruck" ($\mathbf{P_{CO2}}$) abhängen. **Temperatur** (vgl. Absatz 9.3) und **Druck** sind weitere Größen, die Einfluß auf den Säure-Basen-Status eines Systems ausüben.

9.2.2 Titration durch Veränderung des P_{CO2} bei konstanter SID

Wir kommen nun zurück zu unserem Ausgangsproblem: Führen wir durch Veränderung des P_{CO2} eine Titration eines Systems mit konstanter SID ($NaCl/NaHCO_3$) durch, wieviel Bicarbonat, oder noch weiter gefragt, wieviel Kohlendioxid läßt sich insgesamt in diese Lösung bringen? Physiologisch gesehen, entspricht dies dem Einfluß der Atmung auf ein einfaches Säure-Basen-System wie z. B. der interstitiellen Flüssigkeit zwischen den Zellen. Die quantitative Behandlung dieser Probleme basiert auf der Aufstellung von drei unterschiedlichen Gleichungstypen und deren rechnerischer Lösung: (i) Elektroneutralitätsgleichung, (ii) Henderson-Hasselbalch-Gleichung (Massenwirkungsgesetz) und (iii) häufig Gleichung zum Massenerhalt (z. B. Gesamtkonzentration von Pufferpaaren im System). Die für unser Beispiel errechneten Kohlendioxidkonzentrationen werden graphisch dargestellt (Abb. 9.**3**).

Unterhalb eines pH-Wertes von 8 wird die SID der salzhaltigen Lösung (5 mval/l) nur durch Bikarbonationen ausgeglichen (siehe Abb. 9.**3** oben: schwarze Kurven). Oberhalb von pH 8 bildet sich zunehmend Carbonat aus Bikarbonat. Die Gesamtladung von Bikarbonat und Carbonat im Lösungsvolumen beträgt aber konstant 5 mval/l. Der Logarithmus des P_{CO2} und der pH-Wert der Lösung stehen in einem weitgehend linearen Verhältnis. Analog der oben dargestellten Beziehung zum Säure-Basen-Status gilt nämlich:

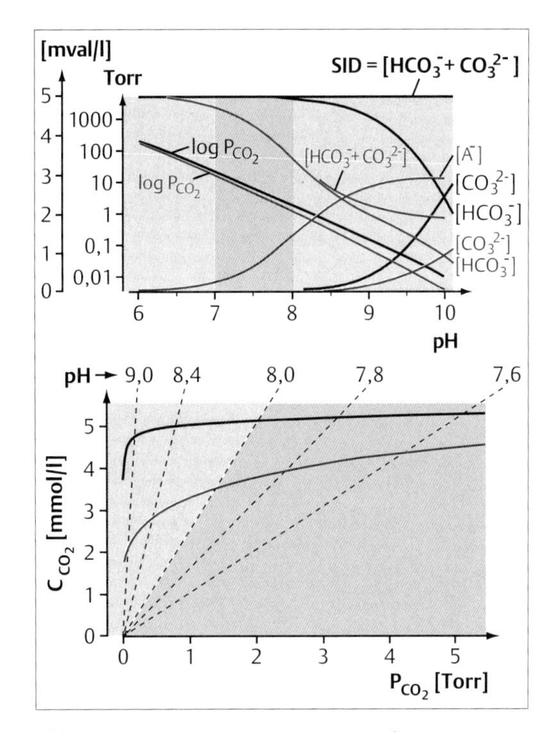

Abb. 9.3 Titration eines Systems mit konstanter SID (hier: 5 mval/l) mit Hilfe gasförmigen Kohlendioxids (kurz: Titration durch P_{CO2} -Veränderungen bei konstanter SID). Die obere Kurve zeigt die Beziehungen zwischen P_{CO2} (logarithmisch dargestellt), Bicarbonat- und Carbonatkonzentration (in mval/l) und dem pH der Lösung. Die untere Kurve gibt die Gesamtkonzentration an Kohlendioxid (in mmol/l) als Funktion des P_{CO2} an. Die schwarzen Kurven zeigen diese Beziehungen für ein einfaches System ($NaCl/NaHCO_3$) ohne ein weiteres Puffersystem. Bei den roten Kurven wurden die Berechnungen unter der Annahme eines zusätzlichen Nichtbicarbonatpuffers (A^-/HA: C_A = 3 mval/l, pK_A' = 8) in der salzhaltigen Lösung durchgeführt. (nach Truchot 1987)

$$\mathbf{pH} = pK_1' + \log \frac{[HCO_3^-]}{\alpha \cdot \mathbf{P_{CO2}}} = pK_2' + \log \frac{[CO_3^{2-}]}{[HCO_3^-]}$$

Die Gesamtkonzentration an Kohlendioxid (Abb. 9.**3** unten: schwarze Kurve), zu der neben Bikarbonat und Carbonat noch physikalisch gelöstes Kohlendioxid beiträgt, zeigt bei einer Verminderung des P_{CO2} zuerst eine langsame, lineare Abnahme und bei niedrigem P_{CO2} (wenn der pH deutlich über 8 steigt) eine starke, nichtlineare Abnahme des C_{CO2}. Der lineare Teil der Kurve wird von Veränderungen im Anteil des physikalisch gelösten Kohlendioxids geprägt; die Bikarbonatkonzentration liegt konstant bei 5 mval/l. Der nicht-lineare Teil kommt durch die Carbonat-Pufferreaktion zustande, bei der formal *n* Moleküle Kohlensäure („CO_2 + H_2O") durch *n* Carbonat-Ionen unter Bildung von *2n* Bicarbonat-Ionen gepuffert werden:

$$CO_2 + H_2O + CO_3^{2-} \leftrightarrow 2\ HCO_3^-$$

In unserem Beispiel reagieren, bei geringem P_{CO2}, Bicarbonat-Ionen (*2n* mval/l = *2n* mmol/l) zu Carbonat (*2n* **mval/l** = *n* **mmol/l**) und zu physikalisch gelöstem CO_2 (*n* mmol/l), das in die Gasphase übertritt.

In physiologischen Säure-Basen-Systemen, deren pH-Werte meist zwischen 7 und 8 liegen, finden sich neben dem Bicarbonatpuffer (**BP**) weitere Pufferpaare, die häufig als Nichtbicarbonatpuffer (**NBP**) zusammengefaßt werden. Dazu zählen Phosphatpuffer oder Proteinpuffer. Letzteren werden wir gleich noch besprechen. Wie verändern diese Puffer die Bikarbonat- und Kohlendioxidkonzentrationen in salzhaltigen Lösungen? Die konjugierten Basen (A^-) dieser Pufferpaare (A^-/HA) tragen zur Kompensation der SID bei; damit reduziert sich die Bikarbonatkonzentration (Abb. 9.**3** oben: rote Kurven).

Die Gesamtkonzentration an Kohlendioxid entspricht weitgehend der Bikarbonatkonzentration, da der Anteil des physikalisch gelösten CO_2 an der Gesamtkonzentration gering ist und Carbonat-Ionen im physiologischen pH-Bereich nicht auftreten. Die Anwesenheit des NBP reduziert also auch die Gesamtkonzentration von Kohlendioxid (Abb. 9.**3** unten: rote Kurve). Der Kurvenverlauf mit zusätzlichem Pufferpaar ist aber steiler als ohne. Formal betrachtet werden *n* Moleküle Kohlensäure („CO_2 + H_2O") durch *n* Moleküle der Pufferbase A^- unter Bildung von *n* Molekülen Bicarbonat und *n* Molekülen HA gepuffert. Diese Reaktion führt vor allem im Bereich des pK_A' des Pufferpaars A^-/HA (im Beispiel bei pH 8) zu starken Veränderungen in der Konzentration von Bicarbonat und damit Gesamtkohlendioxid bei geringen Veränderungen des pH oder P_{CO2}. Das Pufferpaar A^-/HA erleichtert die Bildung von Kohlensäure (aus CO_2 und H_2O) und deren Dissoziation in Bicarbonat-Ionen und Protonen durch die Pufferung von H^+ durch die Pufferbase A^-. Eine ähnliche Wirkung der Carbonat-Ionen als Pufferbasen im Bereich geringer P_{CO2}- und hoher pH-Werte wurde schon besprochen.

Die Funktion C_{CO2} *vs.* P_{CO2} (Abb. 9.**3** unten) wurde schon in einem früheren Kapitel (Absatz 5.7) als **Kohlendioxidbindungskurve** eingeführt. Die Steilheit des Kurvenverlaufs, die im Blut oder in der Extrazellulärflüssigkeit durch verschiedene NBP (u. a. Atmungsproteine wie z. B. Hämoglobin, Plasmaproteine und Phosphatpuffer) verursacht wird, erlaubt im Bereich der Gewebe eine Aufnahme großer Mengen Kohlendioxid ins Blut bzw. im Bereich der Gasaustauschorgane die Abgabe ins Medium und dies bei relativ geringen Veränderungen der P_{CO2}-Werte: Die Triebkraft für Diffusionsprozesse, die Kohlendioxid-Partialdruckdifferenzen werden maximiert.

Die Funktion [HCO_3^-] *vs.* pH (in Abb. 9.**3** oben) ist als **Davenport-Diagramm** bekannt. Die Begasung eines Säure-Basen-Systems (hier: eine salzhaltige Lösung mit dem weiteren Pufferpaar A^-/HA) mit Kohlendioxid entspricht einer Titration des Systems mit Kohlensäure. Auf diese Weise können die Eigenschaften des NBP untersucht werden. Im physiologischen pH-Bereich (zwischen pH7 und pH8) verläuft die Beziehung zwischen [HCO_3^-] und pH – wie Abb. 9.**3** (oben) zeigt – spiegelbildlich zur Titration der Pufferbase A^-. Die Steigung (Differential) der Titrationskurve [HCO_3^-] *vs.* pH bzw. [A^-] *vs.* pH liefert direkt die **pH-abhängige Pufferkapazität des NBP** (hier: A^-/HA): β_{NBP} (in mmol · l^{-1} · pH Einheit^{-1}) = $-\Delta[HCO_3^-]/\Delta pH$ bzw. $\Delta[A^-]/\Delta pH$.

Bevor wir uns im Rahmen des Verhaltens von physiologischen Säure-Basen-Systemen mit Titrationen durch Veränderungen der SID beschäftigen, kurz einige Anmerkungen zum Pufferverhalten von Proteinen. Puffernde Gruppen der Proteine (vor allem Aminosäure-Seitenketten) besitzen auch pK'-Werte im physiologischen pH-Bereich. Da sich diese Dissoziationskonstanten aber voneinander unterscheiden und der Anteil (Konzentration) dieser Pufferbasen in unterschiedlichen Proteinen verschieden ist, ergibt sich eine Überlagerung im Verhalten der einzelnen puffernden Gruppen und so eine mehr oder weniger lineare pH-abhängige Pufferkapazität β_{Prot} der Proteinpuffer im physiologischen Bereich. Der gesamte Proteinpuffer macht den Hauptanteil der NBP in Blut und Extrazellulärflüssigkeit aus; den Rest machen vor allem Phosphatpuffer aus.

Durch Kohlendioxid-Begasung dieser physiologischen Flüssigkeiten (aus Tieren im Normalzustand) bei gleichzeitiger Bestimmung des pH (*in vitro* Experiment) können aus diesen Meßpaaren (P_{CO2}/pH) über die Henderson-Hasselbalch-Gleichung die zugehörigen Konzentrationen von Bicarbonat und Gesamtkohlendioxid errechnet werden:

$$pH = pK_1' + \log \frac{[HCO_3^-]}{\alpha \cdot P_{CO2}}$$

$$\text{bzw. } C_{CO2} = \alpha \cdot P_{CO2} + [HCO_3^-]$$

Die Darstellung dieser Daten im Davenport-Diagramm bzw. als Funktion C_{CO2} *vs.* P_{CO2} liefert die Pufferkapazität vor allem des Proteinpuffers sowie die Kohlendioxidbindungskurve des Blutes bzw. der Extrazellulärflüssigkeit. Die im Blut bzw. in der Extrazellulärflüssigkeit von lebenden Tieren gemessenen P_{CO2}/pH-Meßpaare (*in vivo* Experiment) liegen im physiologischen Normalzustand auf diesen Kurven. Falls solche P_{CO2}/pH-Meßpaare im Vergleich zum Normalzustand entlang dieser Kurven in Richtung geringerer P_{CO2}- bzw. höherer pH-Werte verschoben sind, liegt eine Alkalose vor, die durch verändert ablaufende Atmungsprozesse herbeigeführt wurde: **Respiratorische Alkalose**. Sind diese Werte entlang dieser Kurven in Richtung höherer P_{CO2}- bzw. niedrigerer pH-Werte verschoben, liegt eine Acidose vor, die ebenfalls durch verändert ablaufende Atmungsprozesse herbeigeführt wurde: **Respiratorische Acidose**. Liegen die Werte nicht auf diesen Kurven kann man von **metabolischen Alkalosen** bzw. **Acidosen** ausgehen, die durch SID-Veränderungen herbeigeführt wurden. Diesen Punkt wollen wir jetzt besprechen.

9.2.3 Titration durch Veränderung der SID bei konstantem P_{CO2}

Veränderungen der SID können durch folgende Vorgänge herbeigeführt werden (vgl. Abb. 9.**4**): Zugabe einer starken Base (z. B. NaOH) oder einer starken Säure (z. B. HCl) oder elektroneutraler Austausch eines starken Kations gegen ein schwaches (z. B. Na^+ *vs.* H^+) bzw. eines starken Anions gegen ein schwaches (z. B. Cl^- *vs.* HCO_3^-). Im physiologischen Fall geschieht dies in der Regel durch Membrantransportprozesse (vgl. Absatz 8.4.2).

Die Zunahme der SID führt zu einer metabolischen Alkalose, die Abnahme der SID zu einer metabolischen Acidose. Bei Titration eines Säure-Basen-System durch veränderte SID kann die Pufferkapazität des Systems bestimmt werden, wobei aber genau geprüft werden muß, ob es sich um ein geschlossenes oder offenes System handelt. Dies ist vor allem vor dem Hintergrund des Verhaltens des BP wichtig. Im geschlossenen System kann Kohlendioxid nicht entweichen; im offenen System kann der P_{CO2} von Außen unabhängig eingestellt werden (im physiologischen Fall durch die Atmung). Falls kein BP vorhanden ist, entspricht dies einer einfachen Titration wie wir sie schon kennengelernt haben (Abb. 9.**2**). Im Fall des geschlossenen Systems und bei Anwesenheit eines BP

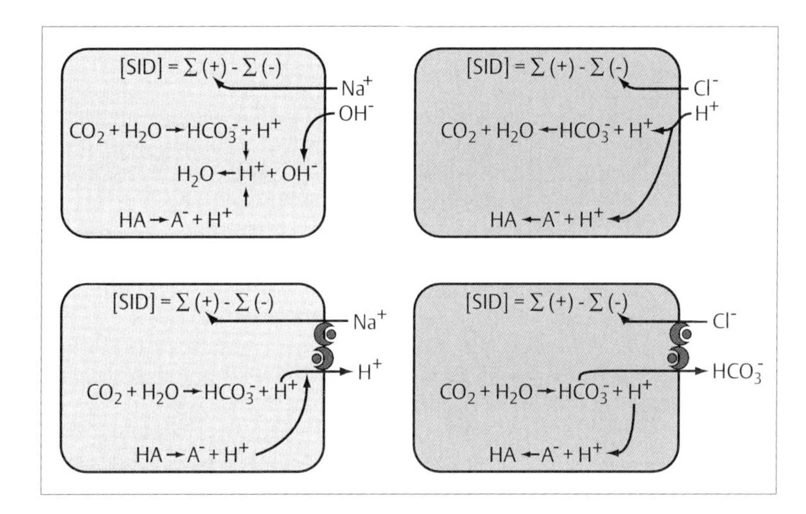

Abb. 9.4 Titration eines Säure-Basen-Systems mit Bicarbonatpuffer und Nichtbicarbonatpuffer durch Veränderung der SID. Die Darstellungen links zeigen metabolische Alkalosen; die Darstellungen rechts zeigen metabolische Acidosen (nach Truchot 1987)

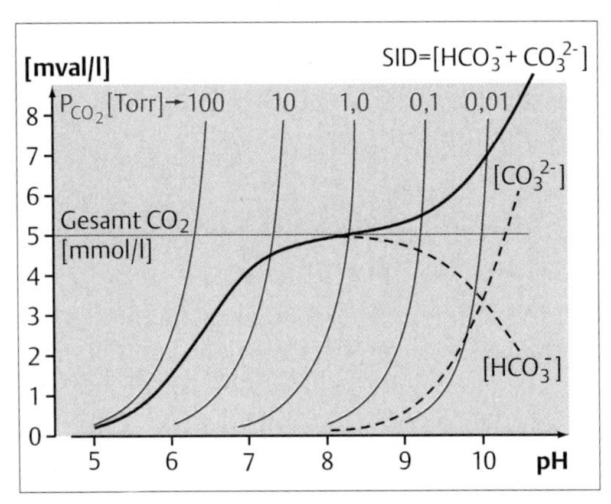

Abb. 9.5 Titration eines Säure-Basen-Systems mit Bicarbonatpuffer durch Veränderung der SID. Dabei wird entweder ein geschlossenes System (schwarze Kurven) mit konstanter Kohlendioxidkonzentration (hier: 5 mmol l^{-1}) oder ein offenes System (rote Kurven) mit konstantem P_{CO2} angenommen. (nach Truchot 1987)

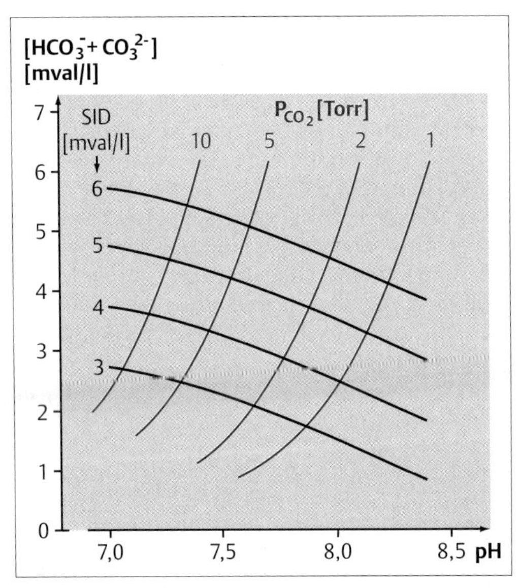

Abb. 9.6 Darstellung der Titration eines Säure-Basen-Systems mit Bicarbonatpuffer und Nichtbicarbonatpuffer durch Veränderung der SID im Davenport-Diagramm. (nach Truchot 1987)

zeigt sich (Abb. 9.**5**: schwarze Kurven), daß eine Pufferung nur im unphysiologischen Bereich der pK_1'- (Bicarbonat) und pK_2'-Werte (Carbonat) stattfindet (bei pH-Werten von ca. 6 bzw. 10). Im geschlossenen System kann aber die **pH-abhängige Pufferkapazität des gesamten Systems** bestimmt werden: $\beta_{tot} = \Delta SID/\Delta pH$.

Konzentrieren wir uns also auf den Fall des offenen Systems bei Anwesenheit eines BP. Wir titrieren das System durch Veränderungen in der SID bei konstantem P_{CO2} (Abb. 9.**5**: rote Kurven). Die Zu- oder Abnahme der SID führt zu Beziehungen zwischen SID (äquivalent dem Bestand an Bicarbonat- bzw. Carbonat-Pufferbasen) und pH, die entlang von fast senkrecht stehenden Kurven mit einem konstantem P_{CO2} verlaufen. Die Steigung dieser Kurven gibt die **pH-abhängige Pufferkapazität des BP** (β_{BP}) im System wieder, die mit steigender SID ins Unendliche wächst.

Betrachten wir abschließend den Fall, daß wir im offenen System bei konstantem P_{CO2} ein weiteres Pufferpaar (A^-/HA) vorliegen haben und durch Veränderungen der SID titrieren (Abb. 9.**6**). Das Davenport-Diagramm zeigt uns für verschiedene SID die Bufferkurven des NBP (eher horizontal verlaufende Kurven) und für verschiedene P_{CO2}-Werte die Bufferkurven des BP (eher vertikal verlaufende Kurven). Unter der Voraussetzung, daß sich die Gesamtkonzentration des weiteren Pufferpaares (A^-/HA) nicht ändert, führt eine Veränderung der SID zu einer vertikalen Parallelverschiebung der Pufferkurven des NBP um einen Betrag, der der Veränderung der SID entspricht. Respiratorische Störungen des Säure-Basen-Haushalts (Veränderungen des P_{CO2}) führen zu Rechts-Links-Verschiebungen, metabolische Störungen (Veränderungen der SID) zu Oben-Unten-Verschiebungen von Wertepaaren (pH, [HCO_3^- +CO_3^{2-}]) im Davenport-Diagramm. Wir werden dieses Diagramm gleich intensiver nutzen, um konkret einige Fälle der Störung des Säuren-Basen-Haushalts des Menschen zu diskutieren.

9.2.4 Störungen des Säure-Basen-Haushalts des Menschen

Im Normalfall liegt der pH-Wert des menschlichen Blutes bei ca. 7,4. Ein Absinken des pH unter 7,0 oder ein Anstieg auf Werte oberhalb von pH 7,8 sind lethal. Die Konzentration aller Pufferbasen beträgt 48 mval/l, wobei die Bicarbonatkonzentration 24 mval/l ausmacht. Die gesamte Pufferkapazität bei pH 7,4 und konstantem P_{CO2} ist ca. 75 mmol · l^{-1} · pH Einheit^{-1}: Eine Zugabe von 75 mmol starke Säure pro Liter Blut führt zu einer pH-Absenkung um eine Stufe.

Die BP puffern im offenen System (C_{BP} ist nicht konstant). Der P_{CO2} im arteriellen Blut wird im Normalfall bei ca. 5,25 kPa (ca. 40 Torr) konstant gehalten. Dies bedeutet, daß in der Hen-

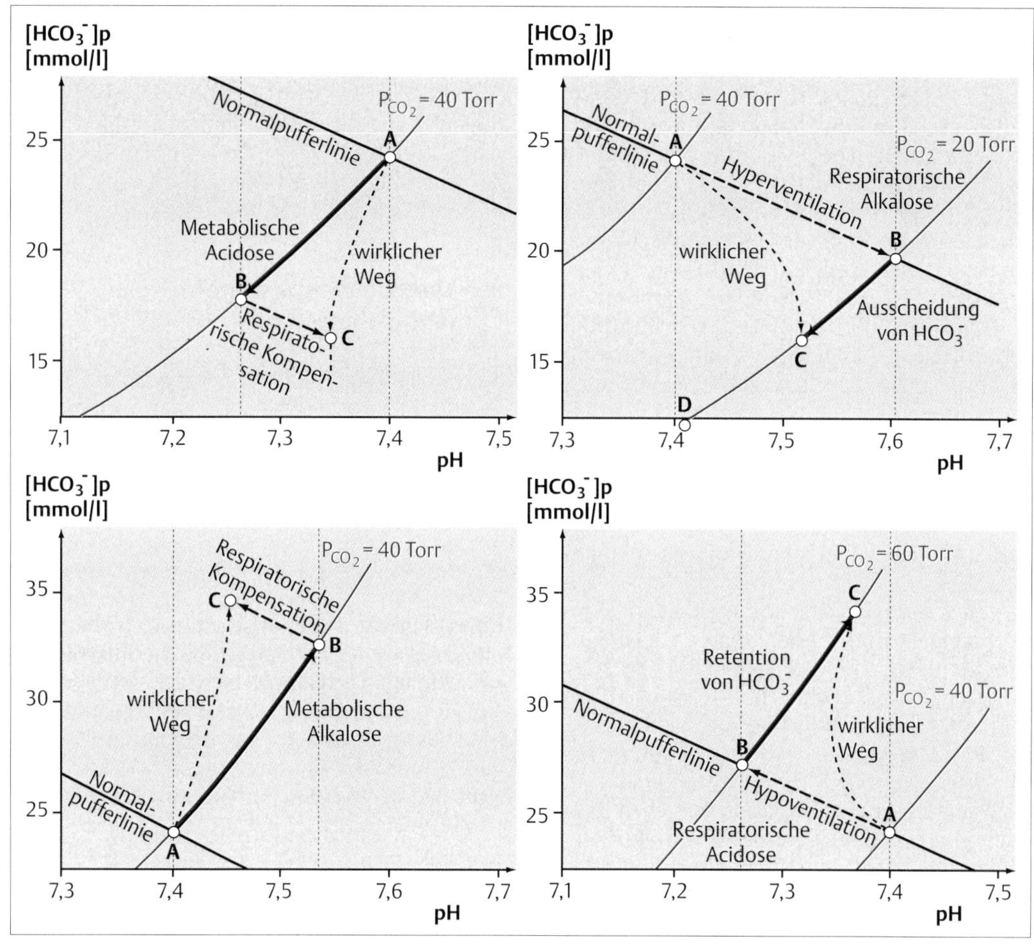

Abb. 9.7 Metabolische Acidose und Alkalose, respiratorische Alkalose und Acidose dargestellt in einem Davenport-Diagramm ($[HCO_3^-]_P$: Bicarbonatkonzentration im Blutplasma). Acidose/Alkalose und deren Kompensation verlaufen nicht zeitlich getrennt, sondern parallel („wirklicher Weg"). (nach Davenport 1979)

derson-Hasselbalch-Darstellung des CO_2-Bicarbonat-Puffers der Ausdruck im Nenner ($\alpha \cdot P_{CO2}$) konstant bleibt (ca. 1,2 mmol/l). Es gilt also:

$$7{,}4 = 6{,}1 + \log \frac{24 \text{ mmol/l}}{1{,}2 \text{ mmol/l}}$$

Die Titration mit einer starken Säure (z. B. Zugabe von 2 mmol HCl pro Liter Blut) führt zu einem Absinken der Bicarbonatkonzentration auf 22 mmol/l und einer nur schwachen pH-Absenkung auf pH 7,36. Unter Normalbedingungen (pH 7,4; P_{CO2} 5,25 kPa) ist der BP (2/3 β_{tot}) wirksamer als der NBP (1/3 β_{tot}), der im geschlossenen System puffert (C_{NBP} ist konstant). Bei metabolischen Störungen ergänzen die NBP die Pufferung durch die BP. Bei respiratorischen Störungen sind die NBP die einzigen wirksamen Puffer. Doch nun konkret zu den Störungen des Säuren-Basen-Haushalts des Menschen (vgl. dazu Abb. 9.**4**).

Eine **metabolische Acidose** (Abb. 9.**7**: oben, links) kann z. B. im Zusammenhang mit körperlicher Leistung auftreten (vgl. Absatz 13.5). Entspricht die Aufnahme an Sauerstoff nicht dem Bedarf, führt Anaerobiose zur vermehrten Abgabe von Lactat und Protonen aus dem Muskelgewebe ins Blut. Die BP puffern im offenen System ($HCO_3^- + H^+ \rightarrow CO_2 + H_2O$; CO_2 entweicht), die NBP im geschlossenen System ($NBP^- + H^+ \leftrightarrow HNBP$). Die Konzentration an Pufferbasen sinkt in beiden Fällen: $[HCO_3^-]\downarrow$, $[NBP^-]\downarrow$. Trotz dieser Pufferung sinkt zuerst der pH↓

(Acidose): Abb. 9.**7**, A → B. Dadurch wird über eine Erregung von Chemorezeptoren das Atemzeitvolumen erhöht (Hyperventilation), vermehrt Kohlendioxid abgeatmet und der P_{CO2} verringert. Dies führt dazu, daß noch mehr Bicarbonat-Ionen ($[HCO_3^-]\downarrow$) zur pH-Pufferung (pH ↑), aber jetzt auch zur Regenerierung der NBP $[NBP^-]\uparrow$ eingesetzt werden (respiratorische Kompensation der metabolischen Acidose). Am Ende erreichen der pH und der Status der NBP (NBP^-/HNBP) wieder annähernd den Normalwert: Abb. 9.**7**, B → C. Die Bicarbonatkonzentration und der P_{CO2} bleiben vermindert. Weitere renale Mechanismen (Niere) sorgen dann für eine Wiederherstellung der Normalsituation (verstärkte H^+-Ausscheidung).

Eine **metabolische Alkalose** (z. B. durch Verlust von Magensäure durch Erbrechen) verläuft entsprechend umgekehrt (Abb. 9.**7**: unten, links; A → B), wobei eine respiratorische Kompensation durch Hypoventilation (B → C) nur begrenzt zum Einsatz kommen kann (Sauerstoffmangel). Hier greifen später vor allem renale Kompensationsmöglichkeiten (verstärkte Bicarbonat-Ausscheidung).

Eine **respiratorische Alkalose** (Abb. 9.**7**: oben, rechts) kann im Hochgebirge auftreten, wenn versucht wird, durch Hyperventilation (A → B) der Sauerstoffmangelsituation entgegen zu treten (vgl. Absatz 14.2). Durch das erhöhte Atemzeitvolumen wird vermehrt Kohlendioxid abgeatmet ($HCO_3^- + H^+ \rightarrow H_2O + CO_2$; CO_2 entweicht), wobei Protonen für diese Reaktion vom NBP ($[NBP^-]\uparrow$) und Bicarbonat vom BP ($[HCO_3^-]\downarrow$) geliefert werden: Die Gesamtkonzentration an Pufferbasen bleibt hier gleich, der $P_{CO2}\downarrow$ sinkt und der pH ↑ steigt (Alkalose). Eine Rückkehr des pH in Richtung Normalwert (pH ↓) wird durch eine verstärkte Ausscheidung von Bicarbonationen ($[HCO_3^-]\downarrow$) in der Niere (renal) ermöglicht (metabolische Kompensation einer respiratorischen Alkalose: B → C). Die Bicarbonatkonzentration und der P_{CO2} bleiben vermindert.

Eine **respiratorische Acidose** (z. B. durch Behinderung der Atmung bei Vergiftungen: A → B) verläuft entsprechend umgekehrt (Abb. 9.**7**: unten, rechts). Bei der renalen Kompensation werden verstärkt Protonen ausgeschieden und Bicarbonat-Ionen ins Blut abgegeben (B → C). Der pH steigt (pH ↑) und die NBP werden regeneriert ($[NBP^-]\uparrow$). Die Bicarbonatkonzentration und der P_{CO2} bleiben erhöht.

Neben dem Davenport-Diagramm ist vor allem im Bereich der Medizin eine andere Darstellung des Säure-Basen-Status von Systemen üblich, das sogenannte Siggaard-Andersen-Nomogramm, bei dem der Logarithmus des P_{CO2} (Y-Achse) gegen den pH-Wert (X-Achse) aufgetragen wird. Diese Beziehungen stellen – wie schon erwähnt – meist Geraden dar. Bezüglich der Einzelheiten wird aber auf die einschlägige medizinische Literatur verwiesen.

9.3 Wechselwarme Tiere und pH-Kontrolle

Der Säure-Basen-Status eines Systems hängt von der SID und gegebenfalls auch vom P_{CO2} ab. Als weitere statusbestimmende Größen kommen Temperatur und Druck hinzu. Mit steigender Temperatur steigt der Dissoziationsgrad des Wassers mit der Konsequenz fallender pH-Werte:

$$\Delta pH/\Delta T = -0{,}016$$

Überraschenderweise verhalten sich die komplexen Systeme Blut oder Extrazellulärflüssigkeit ähnlich. Untersucht man den Temperaturgang dieser physiologischen Flüssigkeiten im geschlossenen System (*in vitro*), so findet man häufig, daß der Temperaturgang ähnlich verläuft wie der von Wasser (Rosenthal-Effekt):

$$\Delta pH_{Blut}/\Delta T = -0{,}016 \text{ bis } -0{,}02$$

Im physiologischen pH-Bereich sind die wesentlichen NBP in Blut und Extrazellulärflüssigkeit puffernde Proteine oder genauer gesagt, Imidazol-Seitenketten der Histidine als deren dominierende puffernde Gruppen: $HIm^+ \leftrightarrow H^+ + Im$: Der pK_{Im}' der Histidine entspricht weitgehend dem pK_{Prot}', der sich in Blut oder Extrazellulärflüssigkeit befindenden puffernden Proteine. Auf Grund eines identischen Temperaturgangs von pH und pK_{Im}' im physiologischen pH-Bereich bleibt bei wechselnder Temperatur der Dissoziationsgrad der puffernden Proteine ($[Prot^-]/[HProt]$) konstant.

$$\text{Mit } pH = pK_{Im}' + \log\frac{[Im]}{[HIm^+]} \text{ gilt somit:}$$

$$[Im]/[HIm^+] = \text{const.}$$

Auf Grund des speziellen Dissoziationsverhalten der Imidazol-Seitenkette des Histidins im physiologischen pH-Bereich bleibt bei wechselnder Temperatur die Nettoladung der puffernden Proteine weitgehend konstant. Dieses Verhalten, das unter dem Namen **„Imidazol-Alphastat-**

Hypothese" bekannt ist, erlaubt eine von der Temperatur weitgehend unabhängige Proteinpufferung im physiologischen pH-Bereich.

Viele wechselwarme Tiere (Ektotherme) setzen nun Regulationsvorgänge dafür ein, daß im lebenden Tier (*in vivo*) – trotz veränderlicher SID und veränderlichem P_{CO2} – der pH bei wechselnder Temperatur so eingestellt wird, daß er parallel zum Temperaturgang des pK_{Im}' bzw. parallel zur Neutralitätskurve (Abb. 9.**1**) verläuft. Dies erlaubt eine von der Temperatur unabhängige Proteinpufferung. Wie dies in einem wasseratmenden Tier (Bsp.: Regenbogenforelle) und einem luftatmenden Tier geschieht (Bsp.: Rotwangenschildkröte), ist Thema dieses Absatzes.

Beginnen wir mit der Forelle. Wie für Wasseratmer typisch, sind auf Grund der hohen Ventilationsraten die Blut-P_{CO2}-Werte sehr niedrig (vgl. Absatz 3.6): Die geringe Sauerstoffkonzentration im Wasser zwingt Fische ihre Ventilation vorwiegend am Sauerstoffbedarf zu orientieren, so daß sie hinsichtlich der Kohlendioxidproduktion eigentlich hyperventilieren. Kohlendioxid löst sich gut im Atemmedium Wasser, so daß sehr geringe P_{CO2}-Werte in allen Abschnitten des Atemgasweges auftreten (Abb. 3.**4**). Dies ändert sich auch kaum bei wechselnden Temperaturen (Abb. 9.**8**: oben). Die gewünschte Einstellung des pH bei veränderlicher Temperatur parallel zur Neutralitätskurve kann so nur durch eine Regelung der Bicarbonatkonzentration erfolgen:

$$pH = pK_1' + \log \frac{[HCO_3^-]}{\alpha \cdot P_{CO2}}$$

Veränderungen in der Bicarbonatkonzentration kommen bei Fischen durch Austauschprozesse, also durch Veränderung der SID, im Bereich der Kiemen (Chlorid-Zellen) zustande (vgl. Absatz 8.9). Dabei handelt es sich um eher langsame Adaptationsprozesse. Da die Ventilation sich vorwiegend am Sauerstoffbedarf orientiert, können schnelle, respiratorische Mechanismen der Säure-Basen-Regulation hier nicht genutzt werden.

Die Schildkröte ventiliert ihre Lungen mit Luft. Der Temperaturgang des pH (Abb. 9.**8**: unten) folgt wieder weitgehend der Neutralitätskurve (Abb. 9.**1**). Die Konstanz der Bicarbonatkonzentration bei wechselnder Temperatur zeigt, daß hier die SID unverändert bleibt. Renale Prozesse sind bei der pH-Regelung also kaum beteiligt. Hier sorgen respiratorische Prozesse dafür, daß die Blut-P_{CO2}-Werte entsprechend verändert werden. Dabei geschieht folgendes: Die Ruheventilationsrate bleibt bei wechselnder Temperatur nahezu unverändert, während der Sauerstoffverbrauch und die Kohlendioxidproduktion sich bei einem Temperaturanstieg um 10 °C ungefähr verdoppelt (vgl. Absatz 10.2). Damit steigt der Blut-P_{CO2} in etwa parallel zur temperaturabhängigen Sauerstoffverbrauchs- bzw. Kohlendioxidproduktionsrate. Bei Luftatmern hat die Atmung also große Bedeutung für die Säure-Basen-Regulation und erlaubt hier schnelle Adaptationsprozesse. Bei körperlicher Leistung der Schildkröte paßt sich die Ventilationsrate dem je nach Temperatur unterschiedlichen Mehrbedarf bzw. der Mehrproduktion von Sauerstoff bzw. Kohlendioxid an.

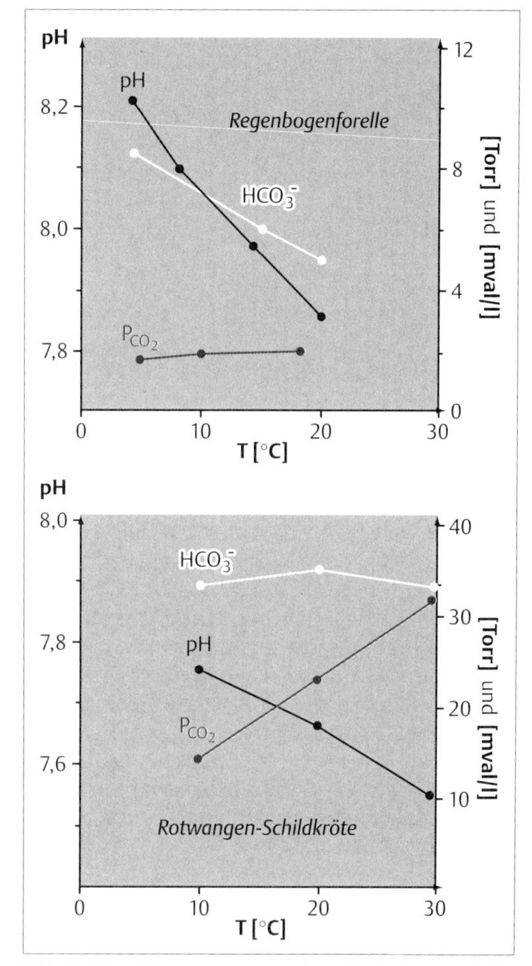

Abb. 9.8 Der Temperaturgang des pH, des P_{CO2} und der Bicarbonatkonzentration im Blut eines Fisches (oben) und eines Reptils (unten). Der pH ändert sich in etwa parallel zur Neutralitätskurve. (nach Jackson 1980)

10 Temperaturregulation und Wärme

10.1 Etwas Physik ... 120
10.2 Temperatur und Leben 122
10.3 Wärmeaustausch zwischen Umwelt und Tier 122
10.4 Farbe und Temperaturregulation 124
10.5 Vom Einfachen zum Komplexen 125
10.5.1 Wirbellose 125
10.5.2 Niedere Wirbeltiere 126
10.5.3 Vögel 126
10.5.4 Säuger 127
10.6 Temperatur und Regelkreise 129

Vorspann

Tiere mit konstanter Körpertemperatur werden als homoiotherm, solche mit wechselnder Körpertemperatur als poikilotherm bezeichnet. Wenn beschrieben werden soll, ob die Körperwärme selbst erzeugt wird oder aus der Umgebung stammt, so verwendet man das Begriffspaar „Endotherm/Ektotherm". Ein Verständnis der vielfältigen Beziehungen zwischen Organismen und Wärme setzt etwas physikalisches Grundwissen voraus. Wir werden die Bedeutung dieser Gesetzmäßigkeiten später dann anhand einer Reihe von Beispielen kennenlernen, die uns vor allem zeigen wie Tiere bei extremen Temperaturen, sei es in den Polregionen oder in der Wüste, leben können.

10.1 Etwas Physik...

Wärme (Q) ist die Summe der kinetischen Energien der Moleküle eines Systems, und ***Temperatur*** (T) ist ein Maß für ihre mittlere kinetische Energie. Wärme fließt immer von einem heißen zu einem kalten Körper. Die ins Innere eines kalten, inerten (sich passiv verhaltenden) Körpers einfließende Wärme (ΔQ, in Joule) erzeugt dort einen Temperaturanstieg ($\Delta T_{Körperkern}$, in °C) der von Masse (m, in g) und spezifischer Wärmekapazität (c; in $J\ g^{-1}\ °C^{-1}$) des Körpers abhängt:

$$\Delta Q = c \times m \times \Delta T_{Körperkern}$$

Der **Wärmegewinn** eines kalten Körpers läßt sich natürlich immer auch als **Wärmeverlust** eines warmen Körpers interpretieren. Das Newton'sche Gesetz der Abkühlung besagt, daß die **Abkühlung** eines warmen bzw. die **Aufwärmung** eines kalten, inerten Körpers als **Funktion der Zeit** ($\dot{T}_{Körperkern}$) dem Produkt aus der Newton'scher Abkühlungskonstante des Körpers (c_N) und der Temperaturdifferenz zwischen Körperinnerem und Umgebung ($T_{Körperkern}$-$T_{Umgebung}$) entspricht:

$$\dot{T}_{Körperkern} = c_N \cdot (T_{Körperkern} - T_{Umgebung})$$

Für den ***Wärmestrom in der Zeit*** ($\dot{Q}$, in Watt) gilt:

$$\dot{Q} = c \times m \times \dot{T}_{Körperkern}$$

Der Ausdruck $c \times m \times c_N$ wird als Konduktanz (K) bezeichnet. Der Wärmestrom in der Zeit läßt sich so auch folgendermaßen formulieren:

$$\dot{Q} = K \times (T_{Körperkern} - T_{Umgebung})$$

Die Wärme eines lebenden Organismus bzw. dessen Temperatur hängen von einer Reihe von Faktoren ab. Die Körpertemperatur eines Tieres bleibt unverändert, wenn ein Gleichgewicht aus einerseits metabolischer Wärmeproduktion ($\dot{Q}_M$) und andererseits abgegebener (oder aufgenommener) Wärme ($\dot{Q}_A$) besteht:

$$\dot{Q}_M = \dot{Q}_A$$

$$\text{mit } \dot{Q}_A = \dot{Q}_D + \dot{Q}_K + \dot{Q}_R + \dot{Q}_V$$

(Wärmeaustauschparameter: Wärmediffusion bzw. Wärmeleitung $\dot{Q}_D$; Wärmekonvektion $\dot{Q}_K$; Wärmestrahlung $\dot{Q}_R$; Wärmeverlust durch Verdunstung $\dot{Q}_V$)

Die ***metabolische Wärmeproduktion*** $\dot{Q}_M$ ist ein unvermeidliches Nebenprodukt jedes Stoffwechselprozesses. In Muskeln zum Beispiel wird die Energie der Nährstoffe (meist Kohlenhydrate) zu 20% in Arbeit umgesetzt; 80% der Energie wird als Wärme frei. Die metabolische Wärmeproduktion kann gesteigert werden, zum Beispiel durch Muskelzittern, aber auch durch zitterfreie Thermogenese im braunen Fettgewebe von Winterschläfern.

Besteht ein Ungleichgewicht zwischen metabolischer Wärmeproduktion und aufgenommener (oder abgegebener) Wärme, so kommt es

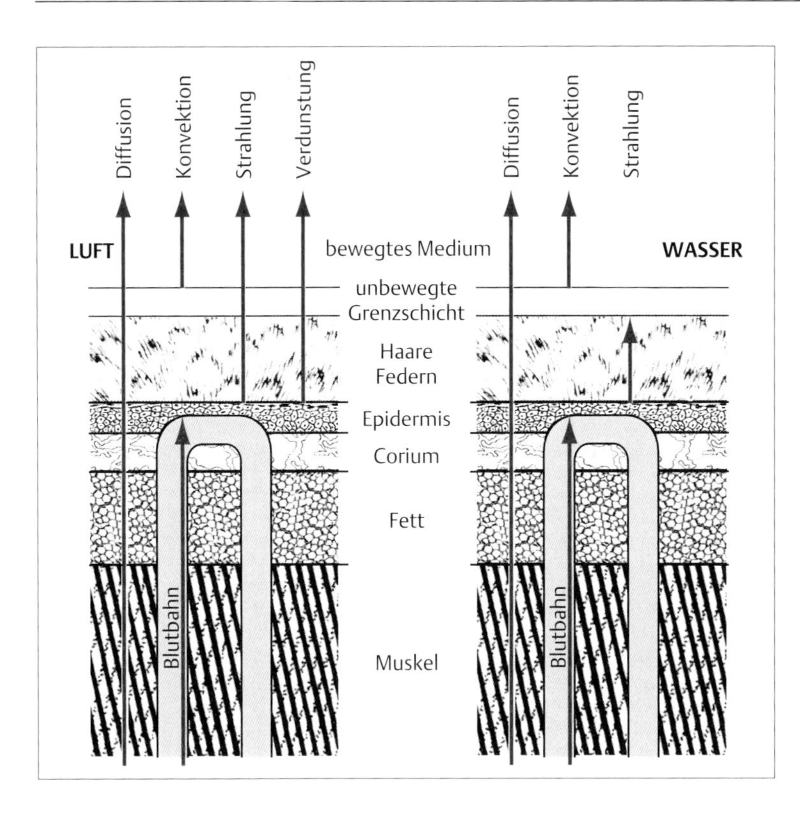

Abb. 10.1 Die Wärmeabgabe eines Tieres (hier: Säuger bzw. Vogel) erfolgt durch Wärmediffusion, Wärmekonvektion, Wärmestrahlung und Verdunstungskälte. (nach Cleffmann 1979)

zeitlich gesehen zur ***Wärmespeicherung*** oder zum **Wärmeverlust** $\dot{Q}_S$ und damit verbunden zur Temperaturerhöhung (Temperaturabsenkung) des Körpers:

$$\dot{Q}_S = \dot{Q}_M - \dot{Q}_A$$

Der Wärmeaustausch zwischen Körper und Umwelt basiert auf unterschiedlichen Mechanismen (Abb. 10.**1**):

Wärmediffusion bzw. ***Wärmeleitung*** $\dot{Q}_D$ ist Wärmeübertragung zwischen Körpern, die in direktem Kontakt stehen. Sie beruht auf Interaktionen benachbarter Moleküle. Der Wärmestrom hängt von der Wärmeleitfähigkeit der Körper (c_D), von der Austauschfläche (F) und der Temperaturdifferenz (ΔT) über der Transportstrecke (l) ab:

$$\dot{Q}_D = c_D \times F \times \Delta T / l$$

Diese Art der Wärmeübertragung ist besonders wichtig für Tiere mit intensivem Bodenkontakt (z. B. Kriechtiere).

Wärmekonvektion $\dot{Q}_K$ ist Wärmeübertragung zwischen Körpern mit Hilfe eines dazwischen befindlichen Tägermediums (Wasser, Luft). Die Transportrate hängt von der Fließgeschwindigkeit des Mediums (v), von der Austauschfläche (F; z. B. Körperoberfläche) und der Temperaturdifferenz (ΔT) zwischen Körperoberfläche und Medium ab. Der Geschwindigkeitsexponent (n) wird durch Tiergröße und Fließgeschwindigkeit festgelegt (häufig ca. 0,5). Die Konstante c_K variiert mit Tiergröße und physikalischen Eigenschaften des Mediums (wie z. B. seiner Dichte):

$$\dot{Q}_K = c_K \times v^n \times F \times \Delta T$$

Diese Art der Wärmeübertragung ist zum Beispiel der Grund dafür, daß bei einsetzendem Wind niedrige Temperaturen wesentlich schlechter ertragen werden als bei Windstille.

Wärmestrahlung $\dot{Q}_R$ ist ein Übertragungsweg, der auf elektromagnetischer Strahlung beruht. Die Austauschfläche (F) spielt wieder eine Rolle sowie die Differenz der absoluten Oberflächentemperaturen des abstrahlenden Körpers ($T_{Körper}$; in K) bzw. der zustrahlenden Umgebung ($T_{Umgebung}$; in K) – diese jeweils hoch 4 genommen. In die Konstante c_R fließen neben der Stefan-Boltzmann-Konstante, die Emissionseigenschaften (Absorption, Reflektion) der Oberflächen von Körper und Umgebung ein:

$$\dot{Q}_R = c_R \times F \times (T_{Körper}^4 - T_{Umgebung}^4)$$

Für sichtbare Strahlung besitzen schwarze Tiere einen größeren c_R-Wert als weiße Tiere. Darum können die Spitzen der Federn schwarzer Wüstenvögel Temperaturen bis zu 80 °C erreichen.

Verdunstung $\dot{Q}_V$ von Wasser entzieht einem Körper Wärme: Verdampfungswärme. Kondensation führt ihm Wärme zu: Kondensationswärme. Das Ausmaß des Abkühleffekts hängt ab von einer Konstanten c_V (ähnlich c_K; zusätzlich spielt aber die Nässe der Körperoberfläche eine Rolle), der Mediumsgeschwindigkeit (v; mit identischem Exponenten wie bei der Wärmekonvektion), der Austauschfläche (F) und der Differenz der Wasserdampfpartialdrucke bei Körperoberflächen- bzw. Lufttemperatur (bei 100% rel. Feuchte):

$$\dot{Q}_V = c_V \times v^n \times F \times \Delta P_{H2O}$$

Da c_V schwer zu bestimmen ist, wird häufig die Gewichtsveränderungsrate eines Körpers bei Verdunstung gemessen ($\dot{m}$, in g s^{-1}), und der Wärmeverlust ($\dot{Q}_V$, in Watt) mit Hilfe der spezifischen Verdampfungswärme (r, in J g^{-1}) errechnet:

$$\dot{Q}_V = r \cdot \dot{m}$$

Bei der Verdunstung von 1 l Schweiß verliert der Mensch eine Wärmemenge, die ca. einem Viertel des täglichen Ernährungsbedarfs entspricht. Nur größere Säuger nutzen diesen Weg der Wärmeabgabe: Sie schwitzen oder hecheln. Kleine Säuger würden zu schnell Wasser verlieren und dehydrieren.

10.2 Temperatur und Leben

Mit steigender Temperatur erhöht sich die mittlere kinetische Energie der Moleküle. Deshalb laufen chemische bzw. biochemische Prozesse bei höherer Temperatur schneller ab. Häufig wird dies mit Hilfe des sogenannten Q_{10}-Wertes beschrieben: Der Q_{10} gibt an wieviel mal schneller ein bestimmter Vorgang abläuft, wenn die Temperatur um 10 °C erhöht wird. Die meisten Prozesse im Stoffwechsel der Tiere laufen bei einer solchen Temperaturerhöhung 2–3 mal schneller ab (Regel von van't Hoff). Voraussetzung ist aber, daß solche Messungen innerhalb eines moderaten, „physiologischen" Temperaturbereichs (ca. 0–40 °C) durchgeführt werden und selbst dann kann sich der Q_{10} je nach Temperaturintervall stark ändern. Physiologische Prozesse mit deutlich geringerer Steigerungsrate als 2–3 sind Diffusionsvorgänge (ca. 1,4), Leitfähigkeit in Elektrolyten (ca. 1,2) und photochemische Prozesse (ca. 1). Die meisten Lebensprozesse finden also in einem relativ kleinen Temperaturband statt, das bei geringen Minusgraden beginnt und meistens nur bis ca. 40–50 °C reicht. Eisbildung bzw. Inaktivierung und Denaturierung von Biopolymeren durch Hitze stecken diesen Rahmen ab.

Thermoregulation ist bei stark schwankenden Außentemperaturen lebensnotwendig. Betrachtet man die Evolution der Tiere so findet man eine Entwicklungstendenz von poikilothermen Ektothermen hin zu homoiothermen Endothermen. Bei den ersteren dominiert – wenn überhaupt vorhanden – Thermoregulation über Verhaltensanpassung oder über Durchblutungskontrolle der Haut, bei den letzteren wird Thermoregulation mit Hilfe physiologischer Mechanismen immer wichtiger: Schwitzen, Hecheln, Zittern oder zitterfreie Wärmeproduktion im braunen Fettgewebe. Säuger und Vögel haben im Normalfall nur noch eine geringe Schwankungsbreite ihrer Kerntemperatur: 30–31 °C (Monotremata), 35–36 °C (Beuteltiere), 36–40 °C (eigentliche Säuger) sowie 40–41 °C (Zugvögel) bzw. 39–40 °C (restliche Vögel). Der Landgang der Tiere vor ca. 420 Millionen Jahren machte ein Atemmedium mit hoher Sauerstoffkonzentration und geringer Viskosität zugänglich. Damit konnte die Stoffwechselrate gesteigert werden, und Energie für thermoregulatorische Zwecke wurde frei. Luft mit seinen geringen c_D- und c_K-Werten trägt weiterhin stark zu einer Verminderung des diffusiven und konvektiven Wärmeverlustes bei. Der Mensch ist beispielsweise nicht in der Lage im Wasser ohne entsprechende Bekleidung oder Einfettung seine Körpertemperatur bei Außentemperaturen unter 15 °C längere Zeit zu halten. An Land umgeben von Luft ist dies bei solchen Temperaturen aber sehr wohl möglich. Gesteigerter Stoffwechsel und effektive Thermoregulation bedeuten vor allem auch Erschließung neuer Nahrungsquellen in zuvor unzugänglichen Gebieten oder Tages- und Jahreszeiten (Nacht, Winter) durch uneingeschränkte Beweglichkeit.

10.3 Wärmeaustausch zwischen Umwelt und Tier

Wir hatten gesehen, daß Wärmediffusion, Wärmekonvektion, Wärmestrahlung und Verdunstung die Mechanismen des Wärmeaustau-

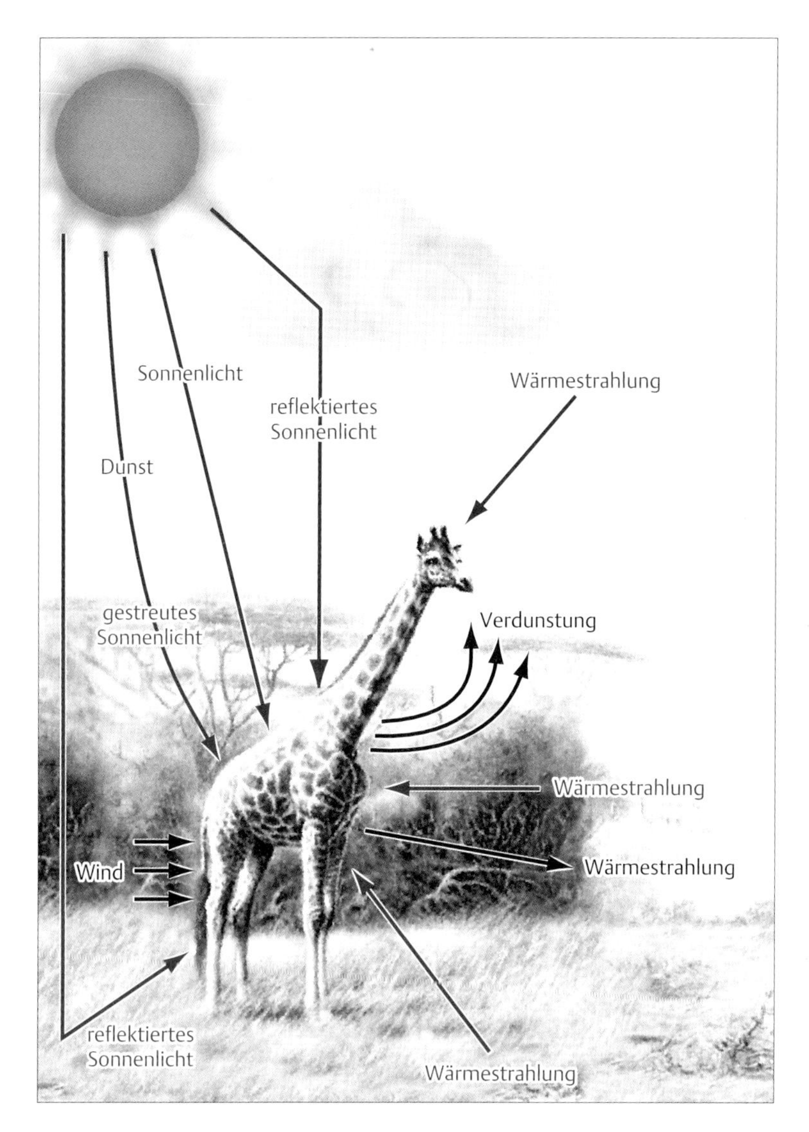

Abb. 10.2 Wärmeaustausch zwischen Umwelt und Tier. (nach Louw 1993)

sches zwischen Tier und Umwelt sind (Abb. 10.**2**).

Primäre Wärmequelle in der Umwelt ist natürlich die Sonne. Direktes, durch Dunst und Nebel gestreutes oder von Wolken und Boden reflektiertes Sonnenlicht erreicht die Körperoberfläche der Tiere. Handelt es sich um sichtbares Licht (Wellenlänge: 400–800 nm; violett bis rot), so spielt die Färbung der Tiere eine wichtige Rolle. Dunkle, schwarze Farben bedeuten stärkere Absorption und geringere Reflektion von Licht. Helle, weiße Farben bewirken geringere Absorption und stärkere Reflektion. Absorbiertes Licht führt zu einer Temperaturerhöhung des Körpers, der einen Teil der Energie als Infrarotstrahlung wiederabstrahlen kann. Ähnlich kann die Umgebung z. B. der Boden, die Vegetation oder die Atmosphäre absorbiertes sichtbares Licht in Form von Wärmestrahlung wiederabgeben. Für diese Infrarotstrahlung spielt die Farbe der Tiere aber keine Rolle. Man würde nun etwas voreilig annehmen, daß in heißen Regionen weiße Farben vorherrschen und in kalten Regionen dunkle. Beduinen der Wüste tragen aber häufig dunkle Kleidung und bevorzugen dunkle Schafe als Herdentiere, und

Eisbären sind bekanntlich weiß gefärbt. Diese Fragen werden uns später beschäftigen. Neben sichtbarem Licht kommt natürlich auch direkt Wärmestrahlung von der Sonne.

Neben der Wärmestrahlung spielen vor allem Wärmekonvektion und Verdunstung eine wichtige Rolle beim Wärmehaushalt der Tiere. Der Wind beeinflußt bei Landtieren beide Mechanismen. Die Beschleunigung des konvektiven Wärmeaustausches ist besonders stark bei niedrigen Windgeschwindigkeiten, da diese mit der Wurzel (hoch 1/2) in die Konvektionsgleichung eingehen. Weiterhin werden Fell oder Federkleid bereits bei langsamen Winden verwirbelt, und Luftmassen erhalten so Zugang bis zur Haut. Die windabhängige Durchmischung der bei Windstille unbewegten Grenzschichten reduziert dort den Wasserdampfpartialdruck und führt zu einer stärkeren Verdunstung im Bereich der feuchten Epidermis: Die Körperoberfläche kühlt sich ab.

Einer der wichtigsten Faktoren für den Wärmeaustausch ist die Körperoberfläche oder genauer gesagt, daß Verhältnis von Oberfläche zu Volumen eines Tieres. Je kleiner ein Tier ist, um so größer ist sein Oberflächen/Volumen-Verhältnis. Je größer die Körperoberfläche ist, um so rascher erfolgt der Wärmeaustausch zwischen Körper und Umwelt. Je größer das Körpergewicht (Volumen) ist, desto langsamer ändert sich die Körpertemperatur durch ab- oder zufließende Wärme. Sehr große Tiere haben eine relative kleine Oberfläche und ein riesiges Volumen. Sie besitzen eine große thermische Trägheit. So wird z. B. vermutet, daß Dinosaurier rein auf Grund ihrer Größe sehr konstante Körpertemperaturen hatten. Die Länge der Nacht in den Tropen reichte nicht aus, die Kerntemperatur dieser Tiere zu verändern. Erst eine mehrere Tage andauernde Temperaturveränderung in der Umwelt hatte Einfluß auf Körpertemperatur und Stoffwechselrate dieser Giganten.

10.4 Farbe und Temperaturregulation

Die Farbe der Tiere hat natürlich nicht nur mit Wärmehaushalt zu tun. Wir beschränken uns hier aber auf diesen Aspekt. Der Zusammenhang zwischen Wärmehaushalt und Färbung von Gefieder oder Fell ist komplizierter als man zuerst annehmen würde. Sichtbare Strahlung dringt zum Beispiel tiefer in weißes Gefieder ein und damit wird die strahlungsabhängige Wärmeaufnahme von weißen Vögeln weniger von der Windgeschwindigkeit beeinflußt. Das Zerzausen des Gefieders schwarzer Vögel durch den Wind beeinflußt stärker dessen Isolationswirkung. Die schwarzen Kormorone nisten auf Felsinseln. Zur Vermeidung einer Überhitzung hecheln sie. Ihr Gefieder ist nicht gewachst, so daß sie tief nach ihrer Beute ins Wasser tauchen können, dabei aber Wärme abgeben. Nach der Jagd spreizen sie ihr Gefieder in der Sonne, das sich auf Grund seiner Schwärze rasch erwärmt und dabei trocknet. Die weißen Tölpel haben ein wasserabstoßendes Gefieder. Sie tauchen nur kurz nahe der Wasseroberfläche. Ein Trocknen des Gefieders durch Sonnenbaden ist nicht notwendig, und die weiße Farbe reduziert die Wärmeaufnahme beim Nisten.

Für kleine Wüstentiere dominiert der Einfluß der Wärmestrahlung vom Boden, und ihre Farbe ist für den Wärmehaushalt nicht so wichtig. Ein Springbock in den Savannen Afrikas orientiert seinen Körper mit den dunklen Längsstreifen auf den Flanken und dem weißen Bauch und Hinterteil je nach Tageszeit und Sonnenstand so, daß mehr oder weniger Wärme aufgenommen wird. Die Beduinen der Negev-Wüste bevorzugen schwarze Ziegen. Diese schwitzen und hecheln im Sommer zwar mehr als weiße Ziegen, was auf Grund der gespeicherten Wasservorräte in ihren Mägen weniger problematisch ist; sie benötigen im Winter bei Nahrungsknappheit aber 25% weniger Wärme, Energie und Futter, wenn sie in der Sonne stehen. Die Beduinen selber tragen auch schwarze Kleidung, deren Oberfläche sich stark erwärmt. Zwischen Kleidung und Haut befindet sich eine isolierende Luftschicht. Die hohe Temperatur der Kleidung überträgt sich nicht auf die Haut, sondern führt, da die Lufttemperatur bei weitem überstiegen wird, im Gegenteil dazu, daß Wärme in Form von Konvektion oder Strahlung in die Umwelt abgegeben wird.

Die weiße Farbe der Eisbären im kalten Norden findet auch eine überraschende Erklärung: Die vielen hohlen, durchsichtigen Haare des Fells wirken als Lichtleiter und lenken so sichtbare Strahlung auf die schwarze Haut, die sich so erwärmt.

10.5 Vom Einfachen zum Komplexen

10.5.1 Wirbellose

Wirbellose haben gewöhnlich Körpertemperaturen nahe der Umgebungstemperatur. Ungünstigen Witterungsbedingungen können sie sich häufig durch Aufsuchen von geschützten Stellen (z. B. Boden) oder Einlegen einer Ruheperiode entziehen. Soziale Insekten wie z. B. Bienen bilden bei niedriger Temperatur Gruppen aus und können so die Temperatur des ganzen Stockes regeln. Eine Reihe von Insekten (z. B. Motten, Hummeln) besitzt sogar die Fähigkeit ihre Flugmuskulatur mit Hilfe körpereigener Wärme vor dem Start betriebsbereit zu machen. Sie zittern (schnelle Muskelkontraktionen) oder kontrahieren ihre Flugmuskeln isometrisch, um Wärme zu produzieren. Zusätzlich steuern sie Blutströme so, daß entweder nur der Thorax mit der Flugmuskulatur aufgeheizt wird oder Wärme mit dem Blutstrom in das Abdomen abgeleitet wird. Weitere Hilfsmittel sind Isolation durch Behaarung und dunkle Kutikulafärbung um Sonnenlicht zu absorbieren. Um den Minimaltemperaturen nördlicher Regionen im Winter zu widerstehen, verwenden Insekten Frostschutzsubstanzen wie Glycerol, Sorbitol oder Mannitol. In einer kanadischen Wespenart wurden im Winter 2,8 mol/l Glycerin gemessen, die den Gefrierpunkt der Körperflüssigkeit auf −47 °C erniedrigen.

Wechselwarme Tiere können sich aber nicht nur „physiko-chemisch" sondern auch „biochemisch" an unterschiedliche Außentemperaturen anpassen. Durch eine temperaturabhängige Genexpression unterschiedlicher Proteine und Enzyme (Isoenzyme) können bei langfristiger Akklimatisierung die Toleranzgrenzen eines Individuums verschoben werde: Warmadaptierte Hummer überleben Wassertemperaturen oberhalb von 30 °C wesentlich besser als kaltadaptierte Individuen. In der Evolution veränderten sich über verwandte Mechanismen die Toleranzgrenzen der Arten: Süßwasserfische sind temperaturtoleranter als Salzwasserfische. Diese Toleranz ist nicht unbedingt starr, sondern kann z. B. saisonal schwanken. Neben den Toleranzgrenzen kann sich auch die Geschwindigkeit physiologischer Prozesse (Stoffwechselrate, Entwicklung, Bewegung, Verhalten) an unterschiedliche Temperaturen anpassen. Bei Temperaturanstieg steigt gewöhlich der Sauerstoffverbrauch; er kann aber nach einer Reihe

Abb. 10.3 Eine Wüstenameise ist auf einen Kieselstein geklettert, um der Hitze des Wüstensandes zu entgehen. (aus Louw 1993)

von Tagen mehr oder weniger vollständig wieder den Ausgangswert erreichen. Bei ein und derselben Untersuchungstemperatur ist die Stoffwechselrate von nördlichen Populationen der Miesmuschel höher als bei südlichen.

Ein besonders interessantes Beispiel der Anpassung an hohe Temperaturen stellen Wüstenameisen dar. Diese können Körpertemperaturen bis zu 50 °C vertragen. Die Oberflächentemperatur des Wüstenbodens übersteigt leicht 60 °C, wobei aber schon in ca. 20 cm Tiefe ca. 30–35 °C in der heißen Jahreszeit und ca. 20–25 °C in der kühleren Jahreszeit anzutreffen sind. Viele Tiere nutzen diese kühlen Nischen. Ameisen mit ihrem großen Oberflächen/Volumenverhältnis nehmen Wärme leicht auf, geben sie aber auch rasch wieder ab. Dies nutzen Wüstenameisen um über Verhaltensanpassungen Thermoregulation zu betreiben. Nach einem kurzen Lauf in der Sonne, suchen sie für einige Sekunden bis zu einer Minute einen Schattenplatz hinter einem Stein auf oder nehmen eine leicht erhöhte Position auf einem trockenen Grashalm ein, wo die Lufttemperatur deutlich niedriger ist als direkt auf der sonnenüberfluteten Sandoberfläche (Abb. 10.**3**). Ihre stäbchenartige Körperform vermindert die Aufnahme von Wärmestrahlung und verstärkt die konvektive Wärmeabgabe. Durch Anheben der Beinchen wird diffusive Wärmeübertragung vom Untergrund reduziert.

10.5.2 Niedere Wirbeltiere

Fische haben ebenfalls meist Körpertemperaturen nahe der Umgebungstemperatur. Der diffusive und konvektive Wärmeverlust ist im Wasser sehr hoch, zumal die gut durchblutete und große Kiemenoberfläche in direktem Kontakt mit strömendem Außenmedium steht. Nur einige Raubfische wie z. B. Thunfische nutzen einen Gegenstrom-Wärmeaustauscher (Rete mirabile), um die Muskeln im Körperinneren für einen Sprint vorzuheizen (siehe Abb. 10.**5**): Die Kerntemperatur im Tier liegt dann mehr als 10 °C höher als die Wassertemperatur.

Amphibien schwitzen, hecheln oder zittern nicht. Sie regulieren ihre Körpertemperatur über Verhaltensanpassungen wie z. B. Sonnenbaden oder Rein- und Rausspringen aus nahegelegenen Tümpeln. Reptilien regeln ihre Temperatur ebenfalls über das Verhalten. Den großen Waranen gelingt dies tagsüber mit einer Präzision von 35 ± 1 °C (Kerntemperatur). Die Präferenztemperatur von Eidechsen, also die Temperatur, die diese durch Verhaltensreaktionen zu erreichen versuchen (30–39 °C), stimmt ziemlich gut mit dem jeweiligen Temperaturoptimum bestimmter Leitenzyme (ATPasen) dieser Tiere überein. Für bestimmte kalifornische Schlangen konnte gezeigt werden, daß sie fast 20 Stunden am Tag ihre Körpertemperatur bei ca. 30 °C halten, indem sie das Mikroklima ihres Felsterrains geschickt nutzen. Am Tage und meistens auch in der Nacht finden sich in der Nähe oder unterhalb von großen und kleinen Steinen Temperaturen nahe 30 °C, die bei optimaler Aufsuchstrategie eine fast konstante Körpertemperatur der Schlange erlauben.

10.5.3 Vögel

Vögel schwitzen nicht, aber sie können zittern, hecheln oder, noch intensiver, mit sehr hoher Frequenz (1000 min^{-1}) Luft über Mundschleimhäute und Kehle pumpen („Kehlenflattern") und damit Verdunstungskälte produzieren. Natürlich besitzen sie thermoregulatorische Verhaltensanpassungen sowie die Fähigkeit die Durchblutung der Körperoberfläche zu verändern, um so ihre Wärmeabgabe zu kontrollieren. Sie können zur Isolation Fett nahe der Körperoberfläche ablagern oder ihr Gefieder verstärken, und sie können zur Verstärkung oder Abschwächung der Wärmeproduktion den Stoffwechsel steigern bzw. absenken (Torpor).

Abb. 10.4 Junge und alte Kaiserpinguine drängen sich zusammen, um ihre kälteexponierten Körperoberflächen zu minimieren. (nach Louw 1993)

Das Beispiel des antarktischen Kaiserpinguins demonstriert die überragenden Fähigkeiten dieser Tiere zur Thermoregulation. Zu Beginn des antarktischen Winters verlassen Männchen und Weibchen die Küstenregion und wandern ca. 100 km ins Landesinnere, vermutlich um Eiräubern zu entgehen. Das Weibchen legt ein Ei, das vom Männchen zwischen seinen Beinen bebrütet wird. Die Weibchen kehren zur Küste zurück, um sich Fettreserven anzufressen. Die Männchen harren fast zwei Monate bei −40 °C und eisigen Winden aus, bis das Weibchen zurückkehrt und das geschlüpfte Junge mit Mageninhalt füttert. Die Männchen, die nahezu 40 % ihres Körpergewichts verloren haben, kehren nun ebenfalls zur Küste zurück, um sich satt zu fressen. Den kalten antarktischen Winter konnten die Männchen auf Grund der ausgezeichneten Isolierung durch ihr Federkleid und der Bildung von Tiergruppen zur Bewahrung der Körperwärme überleben (Abb. 10.**4**). Weiterhin verhindert ein Gegenstromaustauscher mit Schleife (Abb. 10.**5**) zu große Wärmeverluste über die Beine, ermöglicht trotzdem aber die Wärmeabgabe ans Ei. Ähnlich minimieren übrigens Wale und Robben Wärmeverluste über ihre Extremitäten.

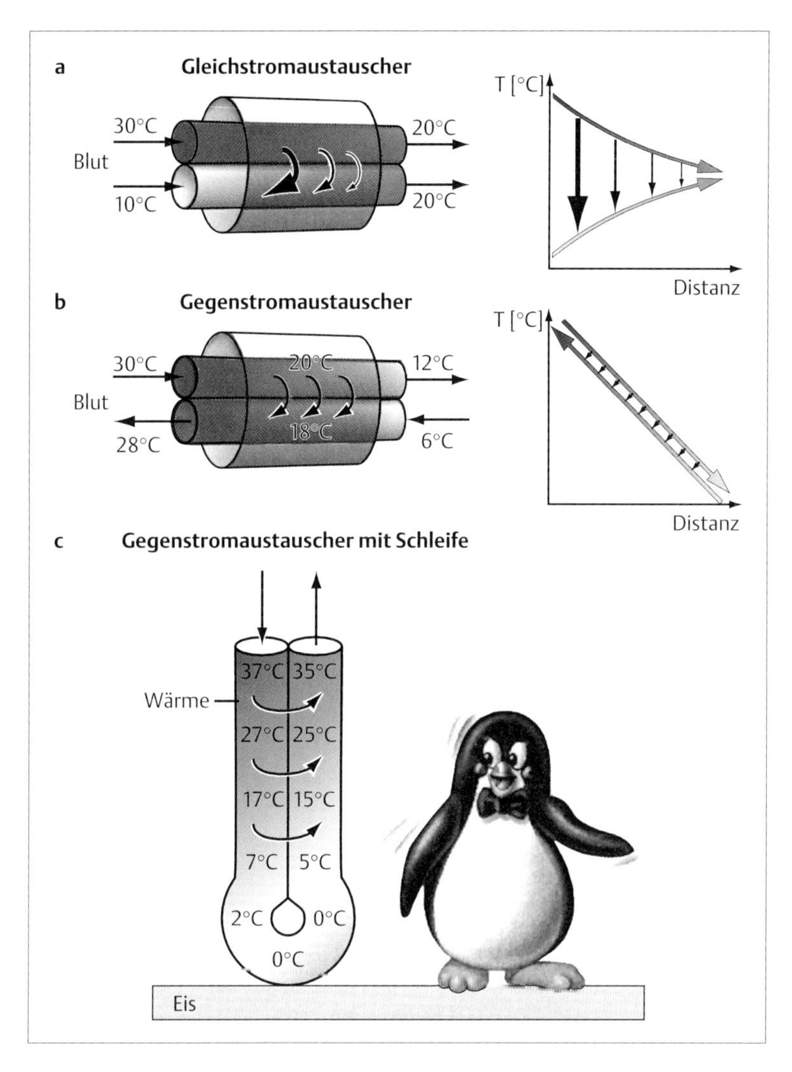

Abb. 10.5 Wärmeaustauschsysteme: Gleichstromaustauscher (a), Gegenstromaustauscher (b) und Gegenstromaustauscher mit Schleife (c). Beim Gleichstromaustauscher nähern sich die Temperaturen in zwei Systemen an. Beim Gegenstromaustauscher wird sehr effektiv Wärme von einem System aufs andere übertragen: Das System, das Wärme gewinnt, erreicht fast die Temperatur des anderen, das Wärme verliert. Beim Gegenstromaustauscher mit Schleife wird der Wärmeverlust „über die Fußsohle" auf Grund des geringen Temperaturgradienten zur Umwelt minimiert und nur bereits erwärmtes Blut kehrt ins Tier zurück.

10.5.4 Säuger

Säugetiere besitzen meist ein Fell, das bei großen arktischen Tieren dicker, bei großen zentralafrikanischen Tieren aber dünner ist als bei kleinen Tieren dieser Regionen: Kleine Tier in der Arktis müssen trotz eines Fells noch laufen können, große Tiere in der Savanne müssen ihre Körperwärme abgeben können.

Kleine Tiere müssen viel stärker auf thermoregulatorische Verhaltensanpassungen setzen, da sich u. a. ihr großes Oberflächen/Volumen-Verhältnis ungünstig auswirkt. Die geringe Körpermasse erlaubt auch keine Wasserabgabe zur Produktion von Verdunstungskälte. Manchmal reichen Isolation durch Fell oder Fett bzw. Verhaltensanpassungen nicht aus; dann kann es geschehen, daß ein Säuger poikilotherm (wechselwarm) ist wie beim Nacktmull aus Trockenzonen Kenias, der immer die Temperatur seiner (warmen) Bodenhöhle annimmt.

Große Säuger besitzen auf Grund ihrer Körpermasse eine große thermische Trägheit und, in kalten Regionen, zusätzlich ein dickes Fell. Der Körper einer Giraffe ist von der Wärmestrahlung des trocken-heißen Savannenboden weit entfernt. In dieser Höhe steigt auch die Wahrscheinlichkeit einer konvektiven Kühlung durch Windböen. Weiterhin können die Großen bei zu großer Hitze auch rasch entfliehen.

Säuger produzieren Verdunstungskälte durch Hecheln und manchmal auch durch Schwitzen

(Schweine nicht; diese wälzen sich im Schlamm). Energetisch gesehen, ist Schwitzen als günstiger einzustufen; dieser Kühlungsprozess wird aber durch geringe Körpergröße, Vorhandensein eines Fells und andere Faktoren in seiner Anwendbarkeit limitiert. Hecheln kostet Atemarbeit, die aber durch Wahl einer günstigen Atemfrequenz (Resonanzfrequenz der Atmungsmechanik) minimiert werden kann. Außerdem kann es zu einem Konflikt mit den Aufgaben des Gasaustausches (Kohlendioxidabgabe und Säure-Basen-Regulation) kommen. Wie funktioniert das Hecheln? Nehmen wir als Beispiel einen Hund, der bei moderaten Temperaturen über die Nase ein- und ausatmet. Beim Einatmen gehen Wärme und Wasserdampf vom Nasenraum in den Luftstrom über (Abkühlung der Nase), beim Ausatmen kühlt der Nasenraum die Luft und Wasserdampf kondensiert wieder in der Nasenhöhle (Abb. 10.**6**). Diesen Vorgang hatten wir schon als Wassersparmechanismus kennengelernt (Absatz 7.4). Bei steigender Außentemperatur beginnt der Hund schneller, aber auch flacher zu atmen. Weiterhin beginnt er über den feuchten und warmen Mundraum auszuatmen: Die feuchte, warme Luft aus den Lungen kann nun weder Wasserdampf abgeben noch abkühlen. Damit gibt das Tier sehr effizient Wärme ab. Bei noch höherer Außentemperatur nimmt die Hechelfrequenz weiter zu und schließlich steigt auch wieder die Atemtiefe. Der Hund atmet jetzt nur noch über die Mundhöhle aus und ein. Auf Grund der hohen Durchblutung der Mundschleimhaut und der stark gestiegenen Speichelproduktion findet auch dann während des Ausatmens keine Wärme- oder Wasserdampfabgabe im Mundraum statt, so daß die Wärmeabgabe weiter ansteigt.

Hunde und andere Säuger sowie auch Vögel können die Temperatur des wärmeempfindlichsten Gewebes, des Nervengewebes, über ein gehirnnah gelegenes Netzwerk von Blutgefäßen (Verzweigungen der Carotis externa) niedrig halten. Die Bluttemperatur in diesem Netz kann über einen Wärmeaustausch im Gegenstrom vom abgekühlten, venösen Blut aus dem Nasenraum gesenkt werden (Abb. 10.**6**). Hecheln wird also auch für die Thermoregulation des Gehirns genutzt. Wenn eine solche selektive Gehirnkühlung vorhanden ist, wie zum Beispiel auch bei Kamelen, dann kann eine gewisse Wärmeaufnahme und ein Temperaturanstieg des restlichen Körpers (adaptive Hyperthermie) in der Hitze des Tages toleriert werden; in der kalten Wüstennacht kühlt dieser dann langsam wieder ab. Dies hat den Vorteil, daß eine Abgabe kostbaren Wassers für Kühlungszwecke nicht in einem sonst notwendigen Maße erfolgen muß.

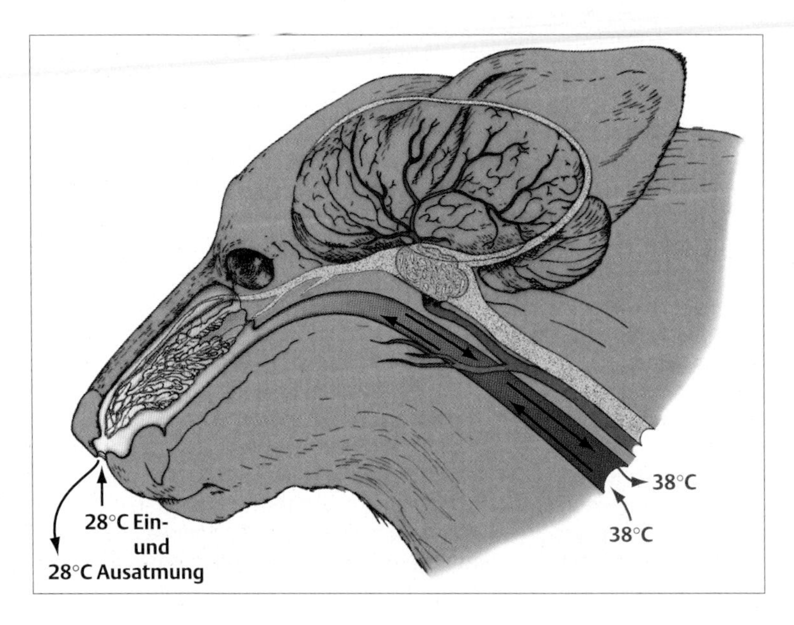

Abb. 10.6 Wärmeaustausch in der Nase eines ruhenden Hundes: Die Einatemluft wird erwärmt und nimmt Wasserdampf auf, die Ausatemluft wird wieder abgekühlt, und Wasser kondensiert im Nasenraum. Die Wasserverdunstung kühlt die Nasenräume und auch das sich dort befindende Kapillarblut. Das Kapillarnetz in der Nase bildet einen Gegenstromaustauscher, so daß ein Wärmeübergang vom eintretenden ins austretende Blut stattfindet: Die Nasenspitze bleibt kalt. Im Nasenraum abgekühltes Blut kann auch zur Hirnkühlung verwendet werden. (nach Baker 1980)

10.6 Temperatur und Regelkreise

Säuger und Vögel halten ihre Kerntemperatur mit Hilfe eines Regelsystems konstant (Mensch: ca. 37 ± 0,5 °C). Dieses System arbeitet wie alle Regler als negativer Rückkopplungskreis mit folgenden Komponenten (Abb. 10.**7**): (i) Meßfühler (z. B. Kalt- und Warmrezeptoren der Haut und thermosensitive Zellen im Hypothalamus und Halsmark), (ii) Vergleichspunkte zwischen Ist- und Sollwert, (iii) Regler im ZNS (Hypothalamus) und (iv) Stellglieder und -größen zur Wärmeproduktion oder Wärmeabgabe. Die Regelgröße (Kerntemperatur des Körpers) kann natürlich nicht so ohne weiteres stabil gehalten werden, da Störgrößen von außen (Kälte, Hitze) einwirken können.

Im Körperkern produzierte Wärme gelangt in geringerem Maße über Wärmeleitung in den Geweben, vor allem aber über Wärmekonvektion (Blutstrom) zur Körperoberfläche. Von dort gelangt sie über Wärmeleitung durch Fell und Gefieder in die Umwelt. Wenn bei konstanter metabolischer Wärmeproduktion die Körperkerntemperatur konstant bleiben soll, so muß sich bei variabler Außentemperatur die Konduktanz (siehe Kapitelanfang) ändern. Die **Konduktanz** (die Wärmeleitfähigkeit) ändert sich mit der Hautdurchblutung, dem Grad der Isolation oder mit Änderungen in der Körperoberfläche (Gruppenbildung von Kaiserpinguinen bzw. Strecken von Gliedmaßen bei der Wüstenameise). Reichen Anpassungen auf der Ebene der Konduktanz nicht aus, so muß die Wärmeproduktion (z. B. Zittern, zitterfreie Thermogenese) gesteigert oder Mechanismen der Wärmeabgabe (z. B. Schwitzen, Hecheln) aktiviert werden. Beide Klassen von physiologischen Reaktionen benötigen Energie. Nur im dazwischenliegenden Temperaturbereich, in der „Thermoneutralzone", muß keine zusätzliche Stoffwechselenergie eingesetzt werden: Der Sauerstoffverbrauch erreicht Minimalwerte.

Die Wärmeleitfähigkeit (Konduktanz), die zum Beispiel mit zunehmender Isolierung (z. B. durch Fell und Gefieder) kleiner wird, steigt zwar etwas mit der Körpergröße, aber geringer als die Stoffwechselrate. Größere Tiere haben also in Relation zur metabolischen Wärmeproduktion $\dot{Q}_m$ eine geringere Wärmeleitfähigkeit K, also einen relativ geringeren Wärmeverlust, und aus diesem Grund eine breitere Thermoneutralzone (ΔT). Große Tiere benötigen auf Grund ihres relativ geringeren Wärmeverlustes auch unterhalb der Thermoneutralzone weniger zusätzliche metabolische Energie. Deshalb sind Arten eines Verwandschaftskreises in kalten Gebieten stets größer als in warmen (Bergmannsche Regel).

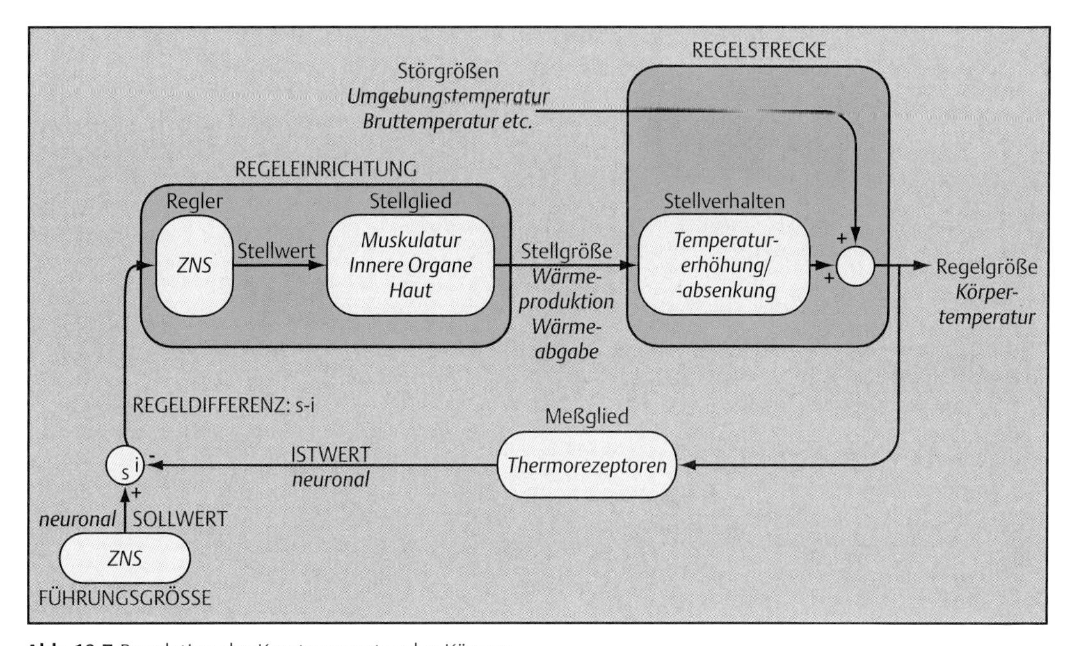

Abb. 10.7 Regulation der Kerntemperatur des Körpers

Vor allem die kleinen Tiere passen sich in ihrem Verhalten an zu extreme Außentemperaturen an: Beim Winterschlaf (Hibernation) oder – bei Spitzmäusen und Kolibris – beim täglichen Torpor wird der Sollwert abgesenkt, und die Körpertemperatur nähert sich der Umgebungstemperatur an, um nicht zuviel Stoffwechselenergie für Thermoregulation verwenden zu müssen (Absenkung der Stoffwechselrate auf ca. 4% beim Murmeltier und ca. 1% beim Gartenschläfer). Die neu eingestellte, niedrigere Temperatur wird aber weiterhin geregelt.

Zittern produziert viel Wärme, führt aber wegen der stärkeren Muskeldurchblutung auch zu gewissen Wärmeverlusten. Die Effizienz, angegeben als Prozentsatz der gewonnenen Wärme in Relation zur eingesetzten Energie, beträgt ca. 50% (bei körperlicher Arbeit beträgt sie ca. 20%). Ohne Muskelzittern kann Wärme im braunen Fettgewebe vieler Säuger (z. B. bei Säuglingen oder Winterschläfern) produziert werden (zitterfreie Thermogenese). Die zahlreichen Mitochondrien dieser Gewebe sind durch spezielle in die innere Mitochondrienmembran eingelagerte protonentransportierende Proteine (UCP: „uncoupling protein") entkoppelt. Die Atmungskette wird hier nicht dazu genutzt, um über einen Protonengradienten die zellulären Energieträger für den Stoffwechsel (ATP) herzustellen, sondern um direkt Wärme aus der Reaktion von Sauerstoff und Wasserstoff zu Wasser zu gewinnen (vgl. Abb. 13.**9**).

Die volle Kapazität zur Thermoregulation wird im Laufe der Jugendentwicklung erst allmählich erreicht. Bei Nestflüchtern unter den Vögeln geschieht dies schneller als bei Nesthokkern.

Die Führungsgröße, der vom ZNS festgelegte Sollwert, wird bei Fieberzuständen auf höhere Werte verstellt. Nach Verstellung des Sollwertes friert der Patient; er beginnt zu zittern und erreicht eine höhere Körpertemperatur. Beim Ausklingen des Fiebers beginnt man häufig zu schwitzen. Selbst wechselwarme Tiere scheinen Fieber zu nutzen, um pathogene Erreger im „Keim zu halten". Erlaubt man bestimmten Wüsteneidechsen sich selbst eine Außentemperatur in einer sogenannten „Temperaturorgel" (eine Vorrichtung mit gestaffelten, temperierten Räumen) auswählen zu können, und infiziert man die Tiere mit Erregern, so suchen sie für längere Zeit den Raum mit 42 °C auf. Untersuchungen zur Krankeitswirkung der Erreger zeigten tatsächlich eine raschere Genesung der Tiere bei der höheren Außentemperatur. Sogar bei Wirbellosen (Heuschrecken und Blutegel) wurde dieses „Fieberverhalten" entdeckt.

11 Stoffwechsel und Tiergröße

11.1 Stoffwechsel und Körpergewicht 131
11.2 Sauerstofftransportsysteme bei kleinen und großen Tieren 135
11.2.1. Atmungsorgane 136
11.2.2 Blutgastransport 137
11.2.3 Herz und Kreislauf 137
11.2.4 Leistung 138
11.3 Tiergröße, Bewegung und Arbeit 138
11.3.1 Landtiere 138
11.3.2 Wasser- und Lufttiere 139

Vorspann

Körpermaße und Körpergewichte der Organismen können sich um Dimensionen voneinander unterscheiden. Die kleinsten bekannten, stoffwechselbetreibenden Lebewesen, die *Mycoplasmen (PPLO)*, haben einen Durchmesser von ca. 0,1–0,25 µm (millionstel Meter) – nur 1000–2500 × größer als ein Wasserstoffatom (!) – und ein Gewicht von ca. 5×10^{-16} Gramm. Die größten Organismen, die jemals auf der Erde gelebt haben, sind fast 30 m (der Dinosaurier *Diplodocus*) bzw. über 100 m (der Mammutbaum *Sequoia sempervirence*) lang. Der schwerste Dinosaurier *Brachiosaurus* wog über 50 Tonnen; ein Blauwal kann bei einer Körperlänge von mehr als 22 m über 100 Tonnen (1×10^8 Gramm) wiegen.

Selbstverständlich sind Nahrungs- und Sauerstoffbedarf der Organismen je nach Körpermaß und -gewicht um Größenordnungen verschieden. Was uns hier aber interessieren soll, ist die Frage, ob der zelluläre Stoffwechsel in irgendeiner Weise von der Körpergröße abhängt und welche strukturellen und funktionellen Konsequenzen eine Größenänderung mit sich bringen. Bei der Untersuchung dieser Frage werden sich erstaunlich weitreichende Folgerungen über Grundprinzipien des Aufbaus der Körper aus unterschiedlich angepaßten Systemen (Zellen, Organen etc.) ergeben und darüber hinaus sogar Konsequenzen für die Beziehungen der Organismen zu ihrer Umwelt ableiten lassen.

11.1 Stoffwechsel und Körpergewicht

Bestimmt man als Maß für die (aerobe) Stoffwechselrate die Sauerstoffverbrauchsrate (im folgenden kurz: Sauerstoffverbrauch) eines ruhenden Tieres und trägt diese gegen das Körpergewicht auf (Abb. 11.**1**), so ergeben sich überraschend große Unterschiede. Generell besitzen die kleinen Tiere einen viel höheren ***spezifischen Sauerstoffverbrauch*** (Sauerstoffverbrauch pro Einheit Körpergewicht: Gramm oder Kilogramm) als die Großen. Betrachtet man konkrete Zahlen, so zum Beispiel für eine Spitzmaus oder einen Elefanten (Tab. 11.**1**), so finden wir für den 3 Gramm schweren, kleinsten Säuger 9 ml Sauerstoff pro Gramm und Stunde, und für das 4 Tonnen schwere, größte Landtier ca. 0,09 ml Sauerstoff pro Gramm und Stunde. Dieses Phänomen ist nicht nur bei Säugern zu beobachten, sondern gilt offenbar für alle Tiere (Abb. 11.**2**), vielleicht auch alle Organismen.

Bevor den möglichen Ursachen für die so stark unterschiedliche Stoffwechselaktivität eines Gramms Gewebe eines kleinen oder eines großen Tieres nachgegangen werden soll, muß eine quantitative Beschreibungsform dieses Verhaltens gefunden werden (siehe Box 11.**1**). Es stellte sich heraus, daß der Sauerstoffverbrauch unterschiedlich großer Tiere weder mit der Körperoberfläche (Massenexponent: 0,67) noch mit dem Körpergewicht (Massenexponent: 1) korreliert (vgl. Abb. 11. **2**). Der Zusammenhang zwischen Sauerstoffverbrauch ($\dot{M}_{O2}$) und Körpergewicht (M) wird am besten durch eine ***allometrische Gleichung*** („unterschiedliches Maß") beschrieben (Kleiber 1932):

$$\dot{M}_{O2} = a \times M^{0,75}$$

(Unter ***Isometrie*** versteht man die geometrische Ähnlichkeit verschieden großer Körper, z. B. das gleichmäßige Wachsen von Körperteilen in Relation zum Gesamtwachstum.) Der experimentell festgestellte Massenexponent 0,75 („Kleiber'scher Exponent") bedarf natürlich einer genaueren Untersuchung.

Zuvor sollen aber einige Beispiele die Bedeutung unterschiedlicher Exponenten klarer machen. Bei einer Größenzunahme wird das Oberflächen/Volumen-Verhältnis der Tiere fortlau-

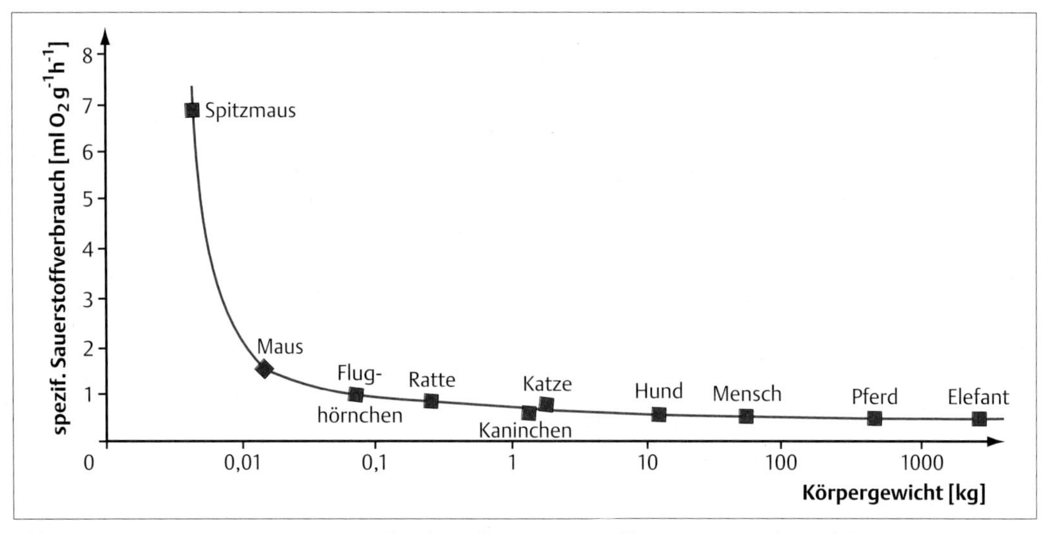

Abb. 11.1 Bei geringerem Körpergewicht (in Kilogramm) steigt der spezifische (auf ein Gramm Körpergewicht bezogene) Sauerstoffverbrauch (in Milliliter Sauerstoff pro Gramm und Stunde) eines Säugetiers um Größenordnungen. (nach Schmidt-Nielsen 1999)

Box 11.1 Körperdimensionen

Die ***Oberfläche*** eines Körpers (O) ändert sich mit dem Quadrat der Länge (L):

$$O = K_1 \times L^2$$

Das ***Volumen*** eines Körpers (V) ändert sich mit der 3. Potenz der Länge:

$$V = K_2 \times L^3$$

Die Oberfläche eines Körpers ändert sich also mit einer Potenz von 2/3 des Volumens (bzw. des Gewichts M):

$$O = a \times M^{0,67}$$

(Massenkoeffizient a, Massenexponent b mit einem Wert 0,67)

Diese Formel läßt sich auch noch anders darstellen: Die gewichtsspezifische Oberfläche ändert sich mit einer Potenz von −1/3 des Gewichts:

$$(O/M) = k \times M^{-0,33}$$

fend kleiner: Die Oberfläche wächst nur mit der 2. Potenz der Körperlänge, das Volumen aber mit der 3. Potenz (Box 11.**1**). Würde der Sauerstoffverbrauch direkt dem Körpergewicht folgen (Massenexponent 1), oder anders formuliert, wäre die massenspezifische Stoffwechselrate unveränderlich, so hätte dies z. B. folgende Konsequenzen für gleichwarme Tiere (Kleiber 1961): Ein Tier mit Stiergröße würde seine Stoffwechselwärme nicht mehr los und hätte schon in der Nähe der Körperoberfläche eine Temperatur oberhalb des Siedepunktes. Tiere mit Mausgröße hätten auf Grund ihres wesentlich größeren Oberflächen/Volumen-Verhältnisses das umgekehrte Problem: Sie bräuchten ein 20 cm dickes Fell um ihre Körpertemperatur zu halten.

Eine Korrelation zwischen Stoffwechselrate und Oberfläche der Tiere (Massenexponent 0,67) wäre eher zu erwarten und wurde früher tatsächlich als adäquate Beschreibungsform angenommen (Rubner 1883). Der Austausch von Energie und Materie zwischen Körper und „Außenwelt" erfolgt über verschiedene Oberflächen (Epithelien): Körperoberfläche, Darmoberfläche, Oberflächen der Atmungsorgane, des Kreislaufsystems und der Exkretionsorgane. Individuen einer homoiothermen Tiergruppe (z. B. Säuger oder Beuteltiere) besitzen, unabhängig vom Körpergewicht, identische Körpertemperaturen (38 °C bzw. 35 °C). Dafür ist die Aufrechterhaltung eines Gleichgewichts zwischen Wärmeproduktion und Wärmeverlust notwendig (vgl. Absatz 10.1). Bei einer Versuchsreihe an Hunden zeigte sich, daß die Wärmeproduktion (Stoffwechselrate) direkt mit der Körperoberfläche korrelierte („Rubner'sche Oberflächenregel"): 1000 kcal pro m² Körperoberfläche und Tag. Die jeweils erreichte Stoff-

Tab. 11.1 Sauerstofftransport bei kleinen und großen Säugetieren (Ruhe- und Maximalwerte)

Spitzmaus

Körpergewicht:	3 g
Sauerstoffverbrauch:	$9^{(R)} - 30^{(Max)}$ ml O_2 g^{-1} h^{-1}
Atemfrequenz*:	242 min^{-1}
Atemzugvolumen*:	$1{,}5 \cdot 10^{-2}$ ml Luft
Atemzeitvolumen*:	3,6 ml Luft min^{-1}
Herzfrequenz:	$600^{(R)} - 1320^{(Max)}$ min^{-1}
Schlagvolumen*:	$0{,}6 \cdot 10^{-2}$ ml Blut
Herzzeitvolumen*:	3,6 ml Blut min^{-1}
Zirkulationszeit*:	$4^{(R)} - 1^{(Max)}$ s
Herzgröße:	1,66 % des Körpergewichts

Mensch (untrainiert)

Körpergewicht:	70 000 g (& manchmal mehr)
Sauerstoffverbrauch:	$0{,}2^{(R)} - 2{,}5^{(Max)}$ ml O_2 g^{-1} h^{-1}
Atemfrequenz:	$15^{(R)} - 45^{(Max)}$ min^{-1}
Atemzugvolumen:	$500^{(R)} - 2000^{(Max)}$ ml Luft
Atemzeitvolumen:	$7500^{(R)} - 90\,000^{(Max)}$ ml Luft min^{-1}
Herzfrequenz:	$80^{(R)} - 180^{(Max)}$ min^{-1}
Schlagvolumen:	$65^{(R)} - 80^{(Max)}$ ml Blut
Herzzeitvolumen:	$5200^{(R)} - 14400^{(Max)}$ ml Blut min^{-1}
Zirkulationszeit:	$58^{(R)} - 21^{(Max)}$ s
Herzgröße:	0,58 % des Körpergewichts

Elefant

Körpergewicht:	4 000 000 g
Sauerstoffverbrauch*:	0,095 ml O_2 g^{-1} h^{-1}
Atemfrequenz*:	6 min^{-1}
Atemzugvolumen*:	47 000 ml Luft
Atemzeitvolumen*:	289 000 ml Luft min^{-1}
Herzfrequenz*:	30 min^{-1}
Schlagvolumen*:	5200 ml Blut
Herzzeitvolumen*:	155 000 ml Blut min^{-1}
Zirkulationszeit*:	140 s
Herzgröße:	0,58 % des Körpergewichts

Kürzel:
R: Ruhewert – Max: Maximalwert (bei fehlender Angabe: nur Ruhewert)
* Mit Hilfe allometrischer Gleichungen errechnet
(Daten aus: Schmidt-Nielsen 1984; Klinke und Silbernagel 1996)

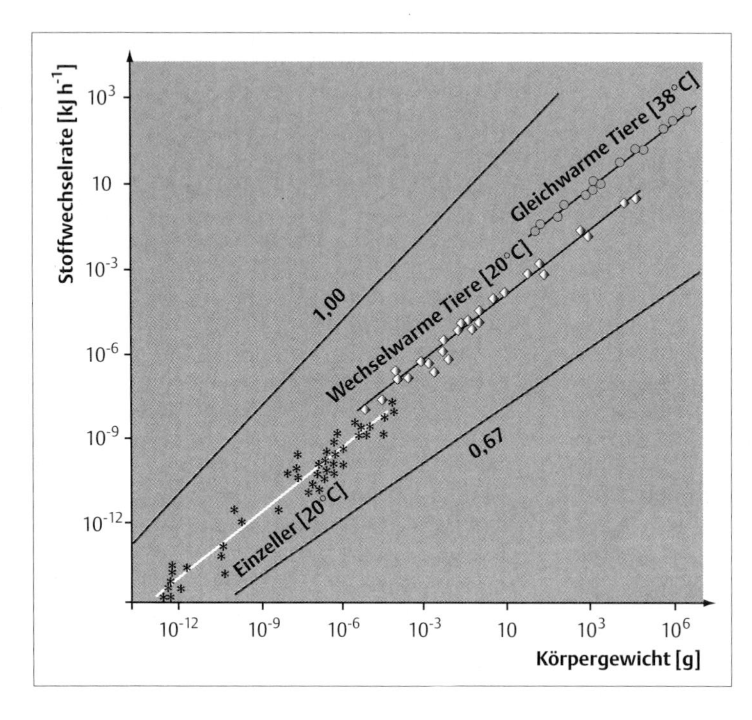

Abb. 11.2 Die Stoffwechselraten (in Kilojoule pro Stunde) aller gleichwarmen (mittlere Körpertemperatur: 38°C) und aller wechselwarmen Tiere (Daten bei 20°C) und sogar die von Einzellern (Daten bei 20°C) ändern sich mit dem Körpergewicht (in Gramm) auf spezielle Weise (doppelt-logarithmische Auftragung): Würden sie der oberen Geraden (Steigung: 1,00) folgen, dann würde jedes Gramm mehr an Körpergewicht zu einer konstanten Zunahme der Stoffwechselrate führen. Tatsächlich hat der Anstieg aber die Steigung 0,75, so daß ein immer größeres Körpergewicht mit einem immer kleineren Zuwachs der Stoffwechselrate verbunden ist. Die untere Gerade (Steigung 0,67) zeigt eine Abhängigkeit der Stoffwechselrate rein von der Körperoberfläche an. Die scheinbar geringere Stoffwechselrate der Einzeller im Vergleich zu wechselwarmen Tieren beruht wahrscheinlich nur darauf, daß hier nichtwachsende Protozoen vermessen wurden. Wachsende Einzellerpopulationen besitzen eine höhere Rate. (nach Schmidt-Nielsen 1999)

wechselrate eines Hundes schien mit der Größe des Wärmeverlustes über die Haut zusammenzuhängen. Die hier untersuchte Versuchsgruppe hatte aber nur relativ geringe Unterschiede im Körpergewicht. Betrachtet man alle Säugetiere von der Spitzmaus bis zum Elefanten (Abb. 11.**1**), so finden wir eben keine Oberflächenregel, sondern eine allometrische Gleichung mit dem Massenexponenten 0,75 bzw. –0,25. Darüber hinaus gilt der eben genannte Exponent nicht nur für homoiotherme, sondern auch für poikilotherme Tiere (Abb. 11.**2**).

Welche sinnvollen Erklärungsmodelle gibt es für die Größe des Kleiber'schen Exponenten, außer daß er eine Art Kompromiß darstellen könnte zwischen einer reinen Körpergewichtsabhängigkeit der Stoffwechselrate (Massenexponent 1), die, wie wir gesehen haben, nicht möglich ist, und einer reinen Oberflächenabhängigkeit (Massenexponent 0,67). Eine Hypothese (McMahon 1973) basiert auf der Analyse biomechanischer Größen (Skelettdimensionen, Muskelarbeit und Stoffwechselrate). Ein anderes interessantes Erklärungsmodell (Wieser 1985) geht von unterschiedlichen Massenexponenten während der Individualentwicklung aus. Der Säugerembryo besitzt eine Stoffwechselrate, die der seiner Mutter und nicht seinem Körpergewicht entspricht (Phase 1). Nach der Geburt steigt die Rate hormonell gesteuert in Stunden und Tagen auf einen Wert, der dem Körpergewicht des Neugeborenen entspricht (Phase 2). Nach Erreichen dieses Normwertes wächst das Kind, wobei (eventuell durch überproportionale Mitochondrienzunahme) die Stoffwechselrate mit dem Körpergewicht über einen Massenexponenten von ca. 1 verknüpft ist (Phase 3). Ab einem bestimmten Lebensalter (ca. 18 Monate) knickt die Stoffwechselrate ab und wechselt von einer Gewichts- zu einer Oberflächenabhängigkeit (Massenexponent: ca. 0,6), die bis ins Alter Gültigkeit hat (Phase 4). Bei Nichtberücksichtigung der Altersstruktur einer Untersuchungsgruppe könnte so für unterschiedlich schwere Individuen einer Art ein Mischexponent von 0,75 bestimmt werden. Zur Erklärung des Massenexponenten von 0,75 bei verschiedenen Arten wird eine Abhängigkeit des Massenkoeffizienten a vom Körpergewicht der erwachsenen Vertreter einer Art diskutiert.

Weisen nur intakte Tiere den Kleiber'schen Exponenten auf, oder folgen schon die den Körper aufbauenden Systeme dieser Beziehung zwischen Stoffwechselrate und Gewicht? Oder anders formuliert: Wird auf einer oder auf allen hierarchischen Systemebenen (Tier, Organe, Gewebe, Zellen, subzelluläre Strukturen) ein allometrischer Zusammenhang mit dem Exponenten 0,75 gefunden? Da die Zellgröße (ca. 10 μm) weitgehend unabhängig von der Tiergröße ist, wird der Unterschied zwischen großen und kleinen Tieren im wesentlichen durch ihre Zellzahl festgelegt. Die höhere Stoffwechselintensität kleiner Tiere spiegelt sich dabei auf dem Zellniveau wieder. Muskelzellen eines Kleinsäugers haben eine höhere Mitochondriendichte als die eines Großsäugers.

Beginnen wir bei dieser Betrachtung mit den Organen. Diese sind unterschiedlich stoffwechselaktiv: Niere, Herz und Gehirn sind am aktivsten; Haut, Knochen und Bindegewebe sind am inaktivsten. Die erste Gruppe von Organen mit einem Anteil von 2,9% am Körpergewicht des Menschen ist zu 34,4% am Stoffwechsel beteiligt. Die zweite Gruppe mit einem Anteil von 50,8% am Körpergewicht ist nur zu 11,9% am Stoffwechsel beteiligt. Ändert sich vielleicht bei kleinen und großen Tieren der Anteil der stoffwechselaktiven Organe am Körpergewicht mit einem Massenexponenten von 0,75? Untersuchungen in dieser Richtung lieferten aber Exponenten – bis auf das Gehirn (0,7) – nahe dem Wert 1: Das Organgewicht verschieden großer Tiere ist immer mit einem konstanten Prozentsatz am Körpergewicht beteiligt.

Wie sieht es nun mit dem spezifischen Sauerstoffverbrauch von Organen und Geweben verschieden großer Tiere aus? Eine Untersuchung von Gewebsproben von Tieren zwischen Maus und Pferd ergab ein Absinken des spezifischen Verbrauchs von Gehirn, Niere, Leber, Milz und Lunge mit steigender Tiergröße. Während die spezifische Stoffwechselrate des intakten Tieres aber einen Unterschied um einen Faktor 14 aufwies, wurde bei den Gewebsproben nur ein Unterschied um maximal einen Faktor 4 festgestellt. Eine sehr sorgfältige Bestimmung von einerseits spezifischem Sauerstoffverbrauch und andererseits Gewicht des isolierten Organs oder Gewebes bestätigte aber, daß es prinzipiell möglich ist, den Sauerstoffverbrauch des intakten Tieres als Summe der Einzelverbrauchswerte von Organen und Geweben zu rekonstruieren. Dies gelingt bei größeren Säugern zwar besser als bei kleineren, bei denen eventuell ein intaktes Perfusionssystem zur Erzielung hoher Stoffwechselraten notwendig ist. Trotzdem ist der oben erwähnte Unterschied in der spezifischen Stoffwechselrate von Tier und Gewebsprobe vermutlich nicht auf einen speziellen „organismischen" Faktor im intakten Tier zurückzuführen, sondern muß andere, nicht genau bekannte Gründe haben.

Betrachtet man schließlich subzelluläre Strukturen, so taucht der Exponenent 0,75 wieder auf. Untersuchungen bei Tieren zwischen Ratte und Rind ergaben eine allometrische Beziehung zwischen der Konzentration bzw. der Aktivität von Cytochrom c bzw. Cytochrom c-Oxidase (Atmungsproteine der Mitochondrien) und dem Körpergewicht mit einem Massenexponenten nahe 0,75. Weitere Hinweise für eine wichtige Rolle der Mitochondrien bei der Festlegung des Massenexponenten ergaben sich einerseits aus Untersuchungen des Mitochondrienanteils am Körpergewicht und andererseits aus Studien des Auffaltungsgrades der inneren Mitochondrienmembran bei kleinen und großen Tieren. Vielleicht hängt der Ruhesauerstoffverbrauch des intakten Tieres stark von der Zahl und dem Eigenverbrauch seiner Mitochondrien (zur Erhaltung mitochondrialer Struktur- und Funktionseigenschaften) ab. Weitere, vor allem molekularphysiologische Untersuchungen dieses Problemkreises wären notwendig.

11.2 Sauerstofftransportsysteme bei kleinen und großen Tieren

Wir verlassen nun die Frage nach möglichen Ursachen für einen Massenexponenten von gerade 0,75 in der Beziehung zwischen Stoffwechselrate und Körpergewicht, und beschäftigen uns mit der Anpassung der Sauerstofftransportsysteme an den so unterschiedlichen Bedarf bei kleinen und großen Tieren. Wir werden dabei sehen, daß solche Vergleiche äußerst nützlich sind, um allgemeine Prinzipien des Aufbaus der Körper aus verschieden angepaßten Subsystemen verstehen zu lernen.

11.2.1 Atmungsorgane

Die allometrischen Beziehungen zwischen Sauerstoffverbrauch und Körpergewicht mit dem Exponenten 0,75 bzw. zwischen spezifischem Sauerstoffverbrauch und Körpergewicht mit dem Exponenten -0,25 finden ihre Entsprechung bei Säugern vor allem in der Atemfrequenz. Diese steigt allometrisch mit dem Faktor −0,26 bei kleinen Tieren an (vgl. auch Tab. 11.**1**). Die Lungenoberfläche als diffusionsbegrenzende Größe im Gasaustausch folgt ebenfalls dem Körpergewicht mit dem Exponenten 0,75. Die Volumengrößen der Atmung (normales und maximales Atemzugvolumen, aber auch das gesamte Lungenvolumen) verändern sich aber nahezu isometrisch (z. B.: das Lungenvolumen eines Säugers beträgt immer ca. 6 % des Körpervolumens bzw. -gewichts). Da bei diesem Ansatz unterschiedliche physiologische Größen als Funktion des Körpergewichts untersucht werden, lassen sie sich – unter Eliminierung des Körpergewichts – auch gegeneinander verrechnen: Dabei erhält man Zusammenhänge allgemeiner Natur zwischen diesen physiologischen Größen (siehe Box 11.**2**).

Unter Verwendung weiterer Körpergewichtsrelationen ergeben sich für Säuger unter anderem folgende Regeln: (i) Jeder Atemzug führt zur Erneuerung von ca. 14 % der Luft einer Lunge (Vitalkapazität); (ii) eine Druckerhöhung um 1 mmHg erweitert eine Lunge um ca. 4 %, d. h. die Elastizitätseigenschaften der Lungen sind gleich; (iii) bei einem normalen Atemzug wird eine Druckdifferenz von ca. 3,5 mm Hg zur Außenwelt aufgebaut; (iv) für die Atemarbeit wird 0,2 % der Stoffwechselenergie eingesetzt und (v) vom eingeatmeten Sauerstoff (Luftanteil: 21 %) wird 1/7 in die Blutbahn übernommen.

Box 11.2 Relationen zwischen physiologischen Größen

Atemfrequenz (f_a; in min^{-1}) und Atemzeitvolumen (V_a; in ml x min^{-1}) eines Säugers folgen den Gleichungen:

$$\text{(Ia)}\ f_a = 53{,}5 \times M^{-0{,}26}$$

$$\text{(Ib)}\ V_a = 379 \times M^{0{,}80}$$

Herzfrequenz (f_h; in min^{-1}) und Herzzeitvolumen (V_h; in ml x min^{-1}) eines Säugers betragen:

$$\text{(IIa)}\ f_h = 241 \times M^{-0{,}25}$$

$$\text{(IIb)}\ V_h = 187 \times M^{0{,}81}$$

Daraus folgt: (Ib/IIb) Der Atemluftstrom ist ca. doppelt so groß wie der Blutstrom. (Ia/IIa) Die Atemfrequenz ist aber immer fast fünfmal langsamer als die Herzfrequenz. Darum sollte das Atemzugvolumen immer ca. zehnmal größer sein als das Schlagvolumen. Diese funktionellen Unterschiede der „Konvektionspumpen" Lunge und Herz spiegeln u. a. Anpassungen an verschiedenartige Medien (Luft, Blut) wider.

Für Vogellungen gilt im Prinzip ähnliches wie für Säugerlungen: Die Atemfrequenz paßt sich dem unterschiedlichen spezifischen Sauerstoffverbrauch an und nicht das Atemzugvolumen. Der spezifische Ruhesauerstoffverbrauch beider Tiergruppen ist identisch. Vergleicht man die allometrischen Gleichungen von Säugern und Vögeln nicht so sehr bezüglich des Steigungsfaktors (Massenexponent), sondern bezüglich des Massenkoeffizienten (a), so zeigt sich, daß Vogellungen kleiner sind (ca. 55 %), und daß niedrigere Atemfrequenzen (ca. 30 %) bei größeren Atemzugvolumina (ca. 170 %) auftreten. Vögel übernehmen etwas weniger als 1/5 des eingeatmeten Luftsauerstoffs in die Blutbahn.

Bei wechselwarmen Tieren wie z. B. Fischen sind Studien zu den Beziehungen zwischen physiologischen Größen und Körpergewicht viel schwieriger durchzuführen. Das Problem ist unter anderem der hochvariable Ruhestoffwechsel. Er hängt stark von der Umgebungstemperatur ab. Weiterhin schwankt er u. a. mit dem Sauerstoffgehalt des Atemwassers, der inneren Rhythmik der Tiere oder dem „Stress" durch verschiedene äußere Faktoren. Poikilotherme Tiere, vor allem Wirbellose, haben zusätzlich häufig beachtliche anaerobe Stoffwechselkapazitäten oder auch die Fähigkeit ihren Stoffwechsel drastisch abzusenken. Die große Variabilität der Stoffwechselrate des Einzeltieres, aber auch die genetisch bedingt stark unterschiedliche Aktivität z. B. verschiedener Fischarten, machen Vergleichsstudien zur Erarbeitung allgemeiner Prinzipien praktisch unmöglich. Daher werden hier nur in Umrissen einige wenige Tendenzen bei Fischen angeführt. Der Sauerstoffverbrauch sowie die Kiemenoberfläche scheinen mit dem Körpergewicht über einen Massenexponenten von ca. 0,8 verknüpft zu sein. Leistungsfähige Fische (z. B. Thunfische) haben eine Kiemenoberfläche, die fast so groß wie die Lungenoberfläche der Säuger ist.

Wir haben gesehen, daß kleine Tiere rascher als große Tiere atmen. Große Tiere leben in der Regel aber länger als kleine. Verrechnet man diese Größen, so zeigt sich, daß eine Maus oder ein Elefant im Laufe ihres Lebens in etwa gleichhäufig (200 Millionen mal) ein- und ausatmen.

11.2.2 Blutgastransport

Bei Säugern macht das Blutvolumen einen festen Prozentsatz (6,5%) des Körpervolumens/-gewichts aus. Die Größe der sauerstofftransportierenden, roten Blutkörperchen ist artspezifisch, aber unabhängig vom Körpergewicht. Dies bedeutet auch, daß der Durchmesser der Lungen- oder Gewebskapillaren bei kleinen und großen Säugern in etwa vergleichbar ist. Dagegen ist die Kapillardichte bei sehr kleinen Säugern sehr hoch, welches die Diffusionsdistanz zwischen Blut und Gewebe auf ein Minimum reduziert. Die Konzentration des Atmungsproteins Hämoglobin ist ebenfalls konstant (ca. 150 g Hämoglobin pro Liter Blut): Hier scheint ein optimales Verhältnis zwischen maximal transportierbarer Sauerstoffmenge im Blut bei noch erträglicher Arbeitsbelastung des Herzens (Zunahme der Blutviskosität bei steigender Hämoglobinkonzentration) vorzuliegen. Nur sehr kleine Säuger haben etwas höhere Hämoglobinkonzentrationen (Spitzmäuse: 170 g/l; Fledermäuse: 244 g/l). Die Eigenschaften der Hämoglobine sind aber je nach Körpergröße der Säuger stark verschieden. Vom Elefanten bis zur Maus sinkt fortlaufend die Sauerstoffaffinität (P_{50}) des Hämoglobins („Rechtsverschiebung" der Sauerstoffbindungskurve). Damit wird die Differenz im Sauerstoffpartialdruck zwischen Blut und Gewebe zunehmend größer und verbessert deutlich die Sauerstofftransportrate zwischen diesen Kompartimenten. Ähnliches wird bei unterschiedlich großen Beuteltieren und Vögeln beobachtet. Weiterhin wird das Ausmaß des Bohreffekts größer im Blut der kleinen Säuger: Eine Blutansäuerung verschiebt die Sauerstoffbindungskurve noch stärker nach „rechts". Blut dient natürlich nicht nur dem Sauerstofftransport, sondern zum Beispiel auch dem Transport von Nahrungsstoffen. Es verwundert nicht sehr, daß die höchsten Blutkonzentrationen von Glucose oder anderen Zuckern bei kleinen Tieren gefunden werden.

11.2.3 Herz und Kreislauf

Ein Säugerherz wiegt immer ca. 0,6% des Körpergewichts, sei dies nun die Maus oder der Elefant. Entsprechend ändert sich auch das Schlagvolumen nahezu isometrisch mit dem Körpergewicht. Dem Anstieg des spezifischen Sauerstoffverbrauchs bei kleinen Tieren wird durch eine Anpassung der Herzfrequenz entsprochen (siehe Box 11.**2**). Nahezu unveränderliche physiologische Größen im Herz-Kreislaufsystem der Säuger sind, wie teilweise schon angesprochen, mittlerer arterieller Blutdruck (ca. 100 mmHg), Erythrocytengröße, Kapillardurchmesser, Hämatokrit, Plasmaprotein- und Hämoglobinkonzentration und Blutviskosität.

Für einen 3 Gramm schweren Säuger wäre ein Ruhesauerstoffverbrauch von ca. 2,8 ml O_2 g^{-1} h^{-1} und eine Herzfrequenz von ca. 1000 Schlägen zu erwarten. Tatsächlich ist der Verbrauch einer Spitzmaus höher, die Herzfrequenz aber niedriger (vgl. Tab. 11.**1**). Die Frequenz des Herzschlags wird durch die maximal erreichbaren neuronalen Signallaufzeiten nach oben begrenzt. Darum besitzen Spitzmäuse (ähnliches gilt für kleine Fledermäuse oder Kolibris) relativ große Herzen (1,7% des Körpergewichts) und entsprechend große Schlagvolumina neben außergewöhnlich hohen Hämoglobinkonzentrationen und Kapillardichten (siehe oben), um so auf andere Art und Weise den extrem hohen Sauerstoffbedarf der Gewebe zu decken. Hier zeigt sich auch ein weiterer Vorteil des Studiums der Gewichtsabhängigkeit physiologischer Größen. Es können nämlich Vorhersagen gemacht werden, und aus dem Vergleich dieser mit tatsächlich gemessenen Werten läßt sich erkennen, ob bei einer Tiergruppe spezielle Anpassungen oder Besonderheiten vorliegen.

Vogelherzen sind größer als Säugerherzen (ca. 0,8% des Körpergewichts). Da die Schlagvolumina entsprechend auch größer sind, findet man niedrigere Herzfrequenzen (ca. 65%) als bei den Säugern. Aber auch bei Vögeln erfolgt die Anpassung an den unterschiedlichen spezifischen Sauerstoffverbrauch über Veränderungen in der Herzfrequenz. Pro Atemzug schlägt das Vogelherz fast zehnmal.

Bei Reptilien und Amphibien beträgt die Herzgröße nur ca. 0,4–0,5%, bei Fischen ca. 0,2% des Körpergewichts. Die Ruheherzfrequenz von wechselwarmen Tieren ist ähnlich wie der Ruhesauerstoffverbrauch hoch variabel.

Ähnlich wie die Anzahl der Atemzüge ist die Zahl der Herzschläge eines Tieres (zumindest bei Säugern) im Laufe eines Lebens mehr oder weniger konstant (ca. 800 Millionen mal).

11.2.4 Leistung

Wichtig für eine genauere Charakterisierung physiologischer Systeme sind Untersuchungen bei Maximalleistung des Tieres: An diese Arbeitsstärke sind alle Systeme angepaßt und bei ihr gelangen sie an ihre Leistungsgrenze. Man definiert die Steigerungsfähigkeit der Systeme mit Hilfe eines Faktors, der angibt wieviel mal intensiver der Maximalstoffwechsel im Vergleich zum Ruhestoffwechsel ist. Typisch für größere Säuger ist ein Faktor 10, mit einigen Ausnahmen, darunter der Mensch (Tab. 11.**1**) oder das Pferd, bei denen u. a. Training und Selektion eine steigernde Wirkung ausüben oder ausgeübt haben. Bei kleineren Säugern scheint dieser Faktor auf Werte unter 10 zu sinken. Bei der Spitzmaus finden wir nur noch eine etwas mehr als dreifache Steigerungsfähigkeit (Tab. 11.**1**). Die allometrische Beziehung zwischen Maximalsauerstoffverbrauch und Körpergewicht folgt einem Massenexponenten von 0,8, der von dem Ruheexponenten von 0,75 etwas verschieden ist. Bei Vögeln ist der durchschnittliche Steigerungsfaktor mit ca. 15 deutlich größer als bei Säugern. Bei wechselwarmen Tieren werden üblicherweise Faktoren deutlich kleiner als 10 gefunden, wobei größere Tiere eine größere Steigerungsfähigkeit zeigen.

11.3 Tiergröße, Bewegung und Arbeit

11.3.1 Landtiere

Futtererwerb ist eine Hauptbeschäftigung der Tiere. Sie nutzen unterschiedlich große Areale, um Pflanzen zu fressen oder Beute zu jagen. Welche Beziehungen gibt es zwischen Tiergröße, Fortbewegung und Energieaufwand? Um z. B. eine Strecke von 100 Metern zurückzulegen, machen kleine Tiere vielmehr Schritte als große Tiere. Es läßt sich zeigen, daß die Arbeit für einen Schritt eine direkte Funktion des Körpergewichts ist (Massenexponent 1). Betrachtet man diese Zusammenhänge genauer, so stellt sich schließlich heraus, daß die von einem Tier geleistete Arbeit für die Bewältigung einer bestimmten Strecke (z. B. 100 m) proportional dem Körpergewicht hoch 0,67 ist: Große Tiere brauchen weniger Energie (und damit Futter), um ein Kilogramm ihres Körpers über eine bestimmte Distanz zu bewegen: Viele kleine Schritte sind ökonomisch ungünstiger als eine geringere Zahl großer Schritte. Große Tiere können also große Areale relativ kostengünstig beweiden oder bejagen. Es kommt hinzu, daß Körperreserven an Kohlenhydraten und Fetten im Gegensatz zu ihrem Verbrauch (Stoffwechselrate) direkt dem Körpergewicht folgen, d. h. kleine Tier müssen fast dauernd fressen (oder sie müssen alternativ ihren Stoffwechsel reduzieren), große nicht.

Laufen Tiere immer schneller, so steigt die Stoffwechselrate mehr oder weniger gleichförmig, bei kleinen Tieren rascher als bei großen. Die maximal erreichbare Geschwindigkeit eines laufenden Tieres hängt aber nur leicht vom Körpergewicht ab (Steigerung mit einem Massenexponenten von 0,17).

Bergauf zu laufen ist anstrengender als bergab. Die energetischen Kosten ein Kilogramm Körpergewicht z. B. 100 m vertikal nach oben zu bewegen sind für alle Tiere gleich. Daraus leitet sich ab, daß kleine Tiere ihren Stoffwechsel, der ja sehr hoch ist, für einen Klettervorgang vergleichsweise wenig aktivieren müssen. Der Sauerstoffverbrauch eines Eichhörnchens ändert sich kaum, ob es nun geradeaus, den Baum hinauf oder hinab läuft. Hannibal dagegen hatte schon mehr Schwierigkeiten seine schnaufenden Elefanten über die Alpen zu bringen. Lasten im Flachland zu tragen ist für die Großen aber leichter, da ihre Fortbewegung pro kg Gesamtgewicht energetisch günstiger ist.

Wäre ein Floh so groß wie der Mensch, so könnte er über den Eifelturm springen. Diese häufig zu findende Aussage ist so suggestiv wie falsch, da der Floh dann ja auch so schwer wie ein Mensch wäre. Tatsache ist, daß der Floh 100 mal höher springen kann, als seine Körperlänge beträgt (2 mm). Die Muskelmasse eines Tieres folgt in etwa dem Körpergewicht. Würde jedes Tier für einen Sprung dieselben Muskeln einsetzen, so könnte jedes Tier gleich hoch springen, da die relative Arbeit (Körpergewicht x Sprunghöhe) gleich bleibt. Tatsächlich variieren die erzielten Hochsprungleistungen nur vergleichsweise wenig zwischen 20 cm (Floh) und 60 cm (Mensch: Standsprung und Betrachtung nur der Höhenveränderung seines Schwerpunkts). Bei kleinen Tieren wirkt sich besonders der Luftwiderstand negativ aus. Um eine hinreichend große Absprunggeschwindigkeit zu erreichen, muß das kleinere Tier stärker beschleunigen. Der Floh nutzt dafür sogar eine Art Katapult (Vorspannung elastischer Komponenten durch Muskelkraft), und beschleunigt damit in etwa einer Millisekunde auf eine Absprunggeschwindigkeit von 2 m/s. Er erfährt dabei eine Beschleunigung von 245 g. (Die Astronauten in einem Space shuttle erfahren ca. 3g.)

11.3.2 Wasser- und Lufttiere

Landtiere haben (meist) festen Untergrund unter ihren Füssen und das Problem des Luftwiderstandes ist beim Lauf nicht so gravierend. Sie müssen aber ihr Körpergewicht tragen. Wassertiere können häufig schweben (z. B. Knochenfische mit Hilfe ihrer Schwimmblase), haben aber beim Schwimmen beachtliche Widerstände im Wasser zu überwinden. Lufttiere haben weniger Probleme mit der „Reibung“, aber sie müssen im Flug Arbeit für ihren Auftrieb leisten. Viele Fische und schnelle Vögel sind stromlinienförmig gebaut, um den Mediumswiderstand gering zu halten. Dies führt auch dazu, daß schlanke, „tropfenförmige“ Fische – trotz hohen Wasserwiderstandes – äußerst „kostengünstig reisen“. Der geringe Energieaufwand ermöglicht so die weiten Wanderzüge der Fischschwärme. Etwas mehr Energie benötigt ein Vogel, um im Flug ein Kilogramm seines Körpergewichts über eine bestimmte Distanz zu transportieren. Die relativ geringen Kosten erlauben aber das Wandern der Zugvögel. Es gibt hier eine bestimmte Fluggeschwindigkeit, bei der am wenigsten Stoffwechselenergie benötigt wird, und eine etwas höhere, bei der die Energiekosten für das Zurücklegen einer bestimmten Distanz am geringsten sind. An Land wird am meisten Energie für das Zurücklegen einer bestimmten Strecke benötigt, und hier trifft es vor allem die Kleinen.

12 Ernährung und Verdauung

12.1 Nährstoffe 140
12.2 Nahrungsaufnahme 148
12.3 Verdauung beim Menschen 150
12.4 Verdauung bei Wiederkäuern 156
12.5 Verdauung bei Insekten 157
12.6 Bluttransport der Spaltprodukte der Nahrung 159

Vorspann

Für die Aufrechterhaltung von Struktur und Funktion der Körperzellen wird fortlaufend Energie benötigt, die meist aus chemischen Reaktionen der Abbauprodukte von Nährstoffen mit Sauerstoff stammt (aerobe Energiegewinnung). Nährstoffe sind meist ein Gemisch besonderer polymerisierter Kohlenstoffverbindungen: Kohlenhydrate, Fette, Proteine. Dazu kommen spezielle organische Verbindungen (z. B. Vitamine), Mineralien und Wasser. Tiere besitzen spezielle Verdauungsräume, um diese Polymere zu spalten und zu zerkleinern. Abgebaut meist bis zu den Monomeren, werden diese Substrate und andere Stoffe für die spätere zelluläre Nutzung selektiv von Darmepithelien resorbiert (absorbiert) und über die Blutbahn an die Körperzellen verteilt. Dabei sorgen Regelmechanismen für eine Homöostase der Substratkonzentrationen im Blut. Einige Tiere nutzen bakterielle Endosymbionten, um sonst nicht nutzbare Kohlenstoffpolymere spezieller Art (Cellulose) im Magen-Darmtrakt zu zerlegen.

12.1 Nährstoffe

Ernährung ist die Grundlage des Erhalts von Körperstruktur und -funktion (Erhaltung), der körperlichen Leistungsfähigkeit (Aktivität) und des Aufbaus von Zellen und Zellbestandteilen (Produktion). Als Energiequellen werden Kohlenhydrate, Fette und Proteine benötigt (Abb. 12.**1: a-c**). Einige Fleischfresser oder blutsaugende Insekten brauchen aber nur Fette und Proteine. Darüberhinaus müssen Tiere bestimmte organische Substanzen zu sich nehmen, die sie selber nicht synthetisieren können (essentielle Fettsäuren und Aminosäuren. Insekten, z. B. Moskitos, benötigen zusätzlich Cholesterin.) Hinzu kommen als weitere organische Verbindungen die Vitamine sowie die für die meisten Körperfunktionen unerläßlichen Mineralstoffe und Spurenelemente (Tab. 12.**2**). Wasser als Basisstoff des Lebens muß in der Regel auch zugeführt werden (vgl. Kap. 7).

Die als Energiequelle dienenden Biopolymere werden durch den Prozess der Verdauung in Spaltprodukte zerlegt. Nach der Aufnahme in Körperzellen werden die Spaltprodukte oxidiert, d. h. den Nährstoffmolekülen werden Elektronenpaare entzogen und auf Sauerstoff übertragen, so daß Wasser als ein Endprodukt dieser Reaktionen (neben Kohlendioxid und stickstoffhaltigen Endprodukten) entsteht. Der Energiegehalt der Nahrung wird auf diese Weise nutzbar. Wir werden die letztgenannten Vorgänge im folgenden Kapitel genauer besprechen (Kap. 13). Wir können uns aber hier schon mit dem Energiegehalt der Nahrung beschäftigen. Der vom Körper verwertbare Energiegehalt der Nahrung (**„physiologischer Brennwert“**) läßt sich aus der in einem Verbrennungskalorimeter bestimmten Verbrennungswärme („physikalischer Brennwert“) ableiten. (Dies gilt uneingeschränkt für Kohlenhydrate und Fette, nicht aber für Proteine, da die physiologische Oxidation hier unvollständig bleibt.) Für den nutzbaren Energiegehalt der Nährstoffmoleküle (Energiedifferenz zwischen der Substanz vor ihrer Oxidation und den Oxidationsprodukten) ist es unerheblich, welche und wieviele chemische Zwischenschritte tatsächlich stattfinden (Hess'scher Satz). Direkte Verbrennung oder oxidativer Zellstoffwechsel beruhen auf identischen Energiedifferenzen zwischen den Anfangs- und Endzuständen (Enthalpiedifferenzen). Deshalb wurden mit kalorischen/kalorimetrischen Methoden (Wärmemessung) die Brennwerte vieler Nährstoffe untersucht (Tab. 12.**1**). Besonders auffallend sind die großen kalorischen Werte für Fette und Öle (Olivenöl, Butter, Nüsse und Speck).

Reine Fette besitzen einen physiologischen Brennwert von ca. 38,9 $kJ \cdot g^{-1}$, Kohlenhydrate von ca. 17,2 $kJ \cdot g^{-1}$ und Eiweiße von 17,2 $kJ \cdot g^{-1}$.

Tab. 12.1 Kalorische Werte (auf Gramm Frischgewicht bezogen) einiger Nahrungsmittel (nach Wieser 1986)

	Kalorischer Wert (kJ · g^{-1})
Früchte, Nüsse	
Äpfel	2,09
Orangen	1,67
Avocado	10,24
Datteln (getrockn.)	11,87
Erdnüsse	25,08
Walnüsse	27,33
Gemüse	
Tomaten, frisch	0,84
Rüben, gekocht	1,46
Kohl, gekocht	0,33
Bohnen, frisch	1,46
Bohnen, getrocknet	14,63
Kartoffel	
frisch	3,55
gebraten	4,89
getrocknet	15,17
Champignons	1,09
Getreide, Getreideprodukte	
Mais	3,84
Heu	18,85
Popcorn	16,13
Reis, gekocht	4,60
Vollreis	15,26
Haferflocken	16,10
Haferstroh	18,52
Weizenmehl	13,80
Roggenbrot	11,60
Zucker, Süßigkeiten	
Kristallzucker	16,72
Schokolade	17,18
Bienenhonig	12,29
Fette, Öle	
Olivenöl	38,83
Butter	29,92
Eier, Milchprodukte	
Vollei	6,27
Dotter, roh	14,84
Kuhmilch	2,97
Schlagsahne	12,62
Emmentaler Käse	16,89
Fleisch	
Speck, gebraten	24,03
Rindfleisch	18,18
Frankfurter	10,78
Kalbsleber	5,89
Leberwurst	11,0
Dorsch, gebraten	7,27
Thunfisch in Büchsen	9,07
Froschschenkel	2,84
Austern	2,17
Hummer	3,59
Kaviar	12,03
Aal, geräuchert	13,58
Getränke	
Bier	1,80
Coca-Cola	1,38
Wein	2,21
Whisky	11,83
Rum	13,04

Alkohol (Weingeist) besitzt übrigens ebenfalls beachtliche 30 kJ·g^{-1}. Der physikalische Brennwert der Proteine (23 kJ·g^{-1}) ist größer als der physiologische, da die biologische Oxidation hier unvollständig, also nicht bis zu H_2O + CO_2, abläuft und stickstoffhaltige Endprodukte (Ammoniak, Harnstoff, Harnsäure) ausgeschieden werden. Zur Einordnung dieser Werte sei erwähnt, daß Frauen bzw. Männer je nach körperlicher Leistung einen täglichen Energiebedarf zwischen 8300–12 100 bzw. 9700–15 400 kJ haben. Der erreichbare Nutzungsgrad der Nahrungsenergie beträgt bei gemischter Kost (tierische und pflanzliche Produkte) in etwa 90–95 %.

Fette sind also sehr energiereiche und somit auch relativ leichte Brennstoffe und werden z. B. als Vorrat für nährstoffarme Zeiten oder, da Gewicht hier eine besondere Rolle spielt, als Flugbrennstoff der Insekten und Vögel verwendet. Auch bei lang andauernder körperlicher Leistung kommt Fettabbau zunehmend zum Tragen.

Kohlenhydrate in Blut und Zellen lassen sich rasch mobilisieren und sind *der* Brennstoff für rasche und kurzfristige Aktivitäten z. B. im Sport. In Relation zu ihrem Brennwert sind sie schwerer als Fette, wobei angelagerte Wasserhüllen (Hydrathüllen) diesen Unterschied noch verstärken. Mittelfristige Leistungen werden über einen Mischstoffwechsel von Kohlenhydraten und Fetten getragen.

Proteine werden vor allem zum Aufbau von Körpersubstanz benötigt, und erst mehrtägiges Fasten führt zu einem Abbau körpereigener Proteinreserven.

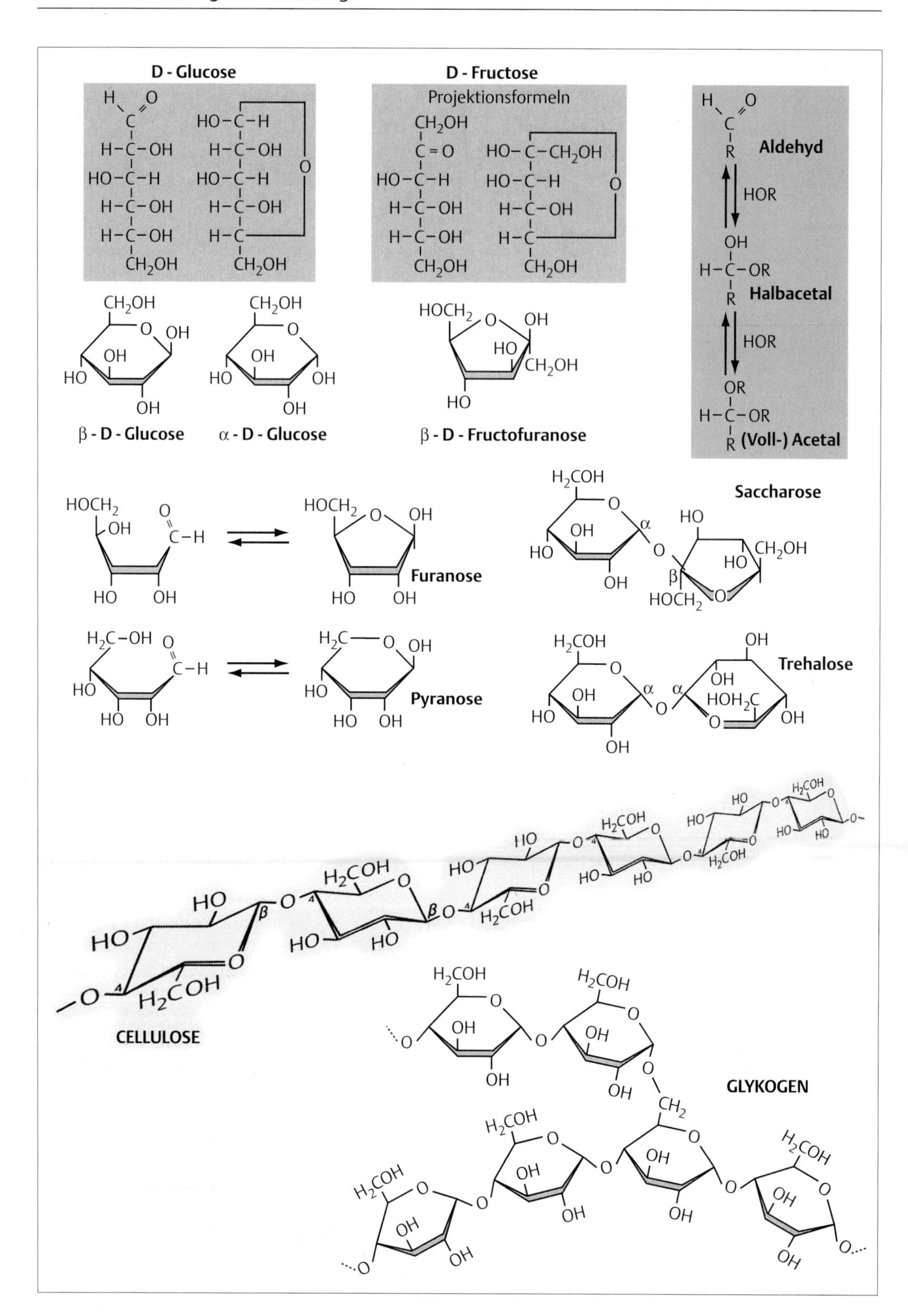
D - Glucose
D - Fructose
Projektionsformeln
Aldehyd
HOR
Halbacetal
HOR
(Voll-) Acetal
β - D - Glucose
α - D - Glucose
β - D - Fructofuranose
Furanose
Pyranose
Saccharose
Trehalose
CELLULOSE
GLYKOGEN

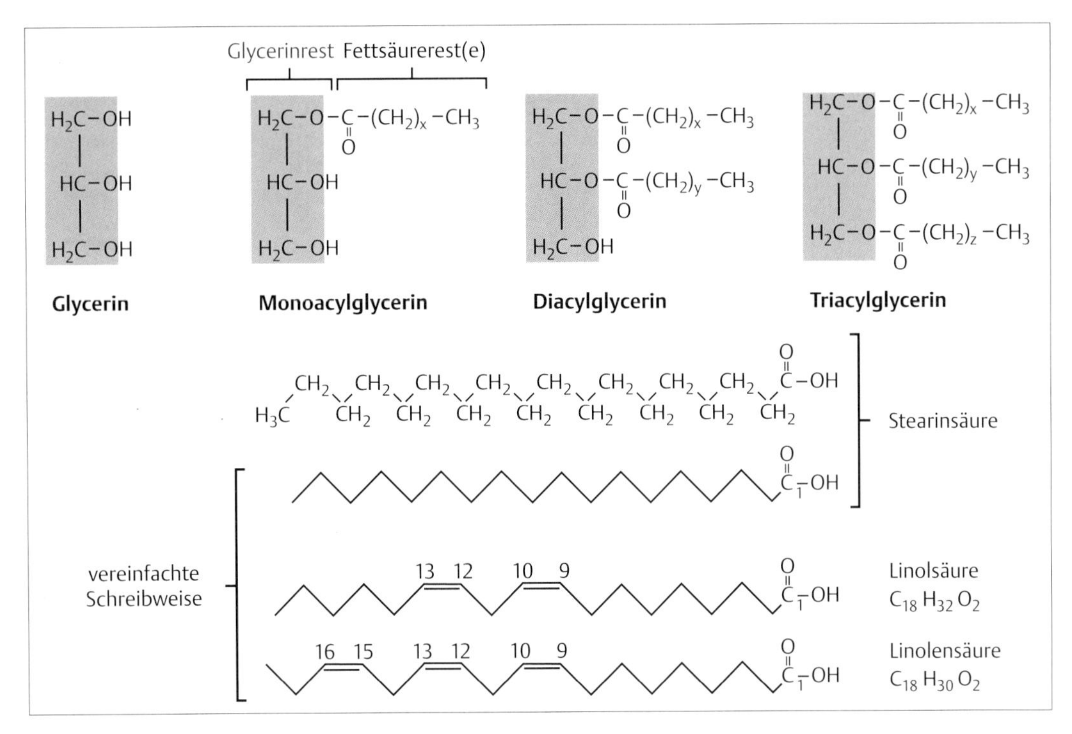

Abb. 12.1 b Fette: Neutralfette sind Ester (aus Alkohol und Säure: R-OH und COOH-Gruppe) aus unverzweigen Monocarbonsäuren (Fettsäuren) und dem dreiwertigen Alkohol Glycerin. Es können sich Mono-, Di- und Triester bilden: Monoacylglycerin, Diacylglycerin und Triacylglycerin. Neben gesättigten Fettsäuren (z. B. Stearinsäure) kommen auch ungesättigte Fettsäuren mit Doppelbindungen (z. B. Linolsäure und Linolensäure) in Neutralfetten vor (nach Karlson et al. 1994)

◁ **Abb. 12.1 a** Kohlenhydrate: Einfache Zucker sind Polyhydroxyaldehyde (Aldosen wie z. B. D-Glucose) oder Polyhydroxyketone (Ketosen wie z. B. D-Fructose). Über intramolekulare Halbacetalbildung (aus Alkohol und Aldehyd bzw. Keton: R-OH und C=O-Gruppe) wird ein Ring gebildet: Fünfring (Furanose) oder Sechsring (Pyranose) mit einem Sauerstoffatom. Bei der Ringbildung entsteht ein neues asymmetrisches C-Atom, und es können sich zwei verschiedene anomere Formen ausbilden: α-Form (z. B. α-D-Glucose) und β-Form (z. B. β-D-Glucose). Über die sogenannte glycosidische Bindung (Vollacetal: R-OH und Halbacetal) polymerisieren Monosaccharide zu Glycosiden (Di-, Oligo- und Polysaccharide): z. B. Trehalose (α-Glucosyl-α-glucosid), Saccharose (β-D-Fructofuranosyl-α-D-glucopyranosid), Cellulose (polymerisierte Cellobiose: 4-β-Glucopyranosylglucose) und Glycogen (polymerisierte Maltose: α-Glucosido-4-Glucose; mit Seitenketten in 1 → 6-Bindung) (nach Karlson et al. 1994)

Wir wollen uns nun mit dem chemischen Aufbau dieser Stoffklassen beschäftigen (vgl. Abb. 12.1). **Kohlenhydrate** sind Carbonyl-Verbindungen (C=O) mit mehreren Alkohol-Gruppen (R-OH). Bei endständiger Carbonylgruppe spricht man von Aldosen (Aldehydgruppe), bei einer Lage dieser Gruppe innerhalb der Kette von Ketosen (Ketogruppe). Wichtige Kohlenhydrate sind die einfachen Zucker (Monosaccharide, z. B. A: D-Ribose, D-Glucose/Traubenzucker – K: D-Ribulose, D-Fructose/Honigzucker), und ihre verschieden verbundenen Polymere (Di-, Oligo- und Polysaccharide), z. B. Saccharose/Rohrzucker: α1↔2β Verknüpfung von Glucose und Fructose; Amylose/Stärkebestandteil: α1→ 4 polyGlucose; Cellulose: β1→ 4 polyGlucose. Der Ringschluß der Zuckermoleküle in wässrig-neutraler Lösung erfolgt über eine Halbacetal-Bildung, der Addition eines Alkohols an die Carbonyl-Gruppe, z. B. Glucose: 6-gliedriger Pyran-Ring/Pyranose mit der Reaktion von $C_{(5)}$-OH und $C_{(1)}$=O → $C_{(5)}$-O-$C_{(1)}$. Die Bezeichnungen α- und β- definieren die Lage des

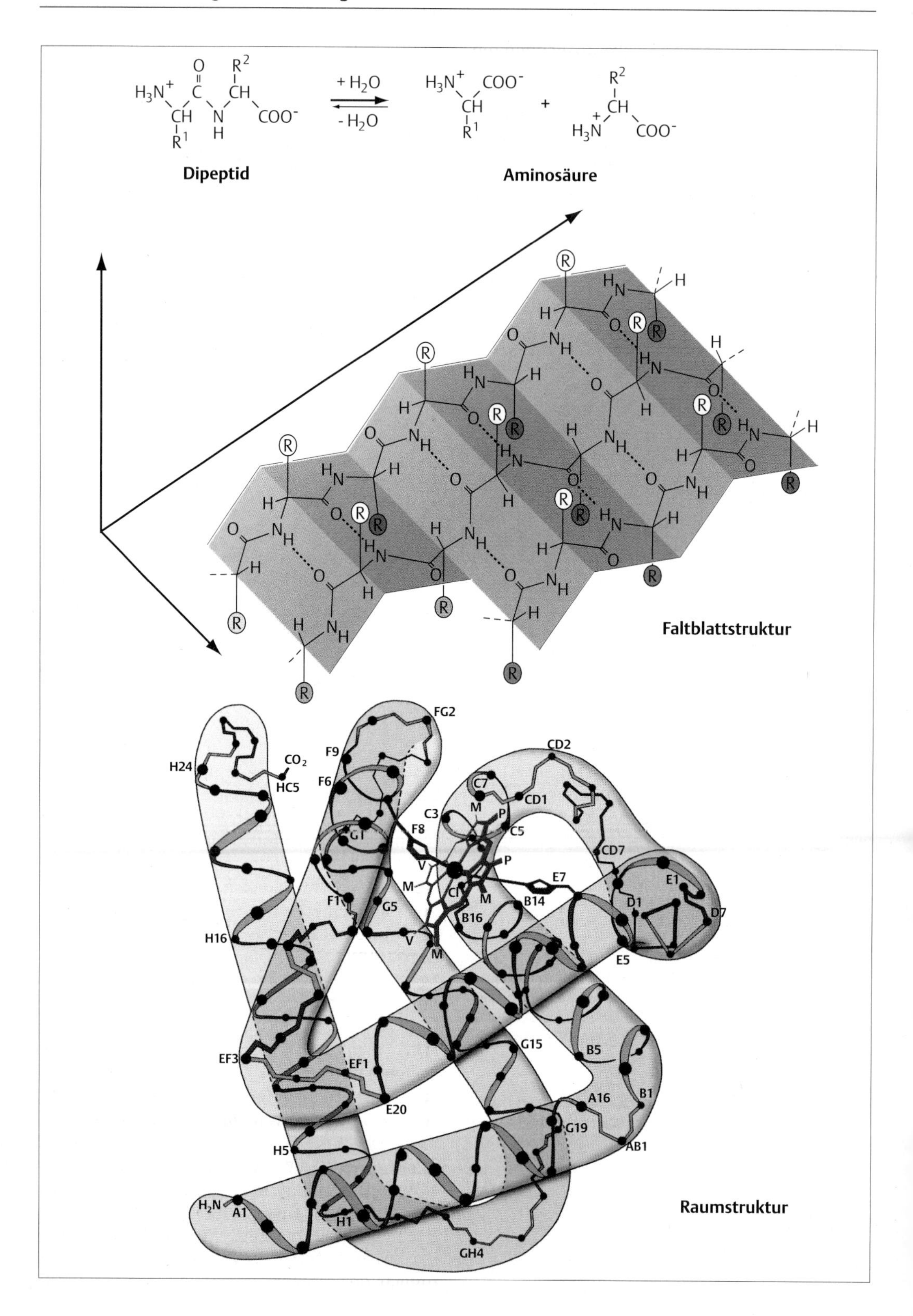
Dipeptid
+ H2O
- H2O
Aminosäure
Faltblattstruktur
Raumstruktur

$C_{(1)}$-OH; die Präfixe D- und L- kennzeichnen die jeweiligen Spiegelbildisomere (Chiralität) eines Zuckers. Bei der Polymerisierung der einfachen Zucker kommt es zu einer Vollacetal-Bildung, zu einer sogenannten Glycosidbildung zwischen dem α- oder β-ständigen $C_{(1)}$-OH des einen Zuckers (Halbacetal) und der Alkoholgruppe eines anderen Zuckers.

Die eigentlichen **Fette** (Neutralfette, Triglyceride) sind Carbonsäure-Ester (R-OH und R'-COOH $\rightarrow$ R-O-CO-R') des Alkohols Glycerin und dreier Carbonsäuren/Fettsäuren. Die Fettsäuren besitzen eine gerade Kohlenstoffzahl (16 oder 18). Bei einigen treten Doppelbindungen auf („ungesättigt"), bei anderen nicht („gesättigt"). Die Einfügung von Doppelbindungen in Fettsäuren macht Tieren Schwierigkeiten, so daß Arachidonsäure bzw. deren Vorstufen Linolsäure und Linolensäure von Säugern in der Nahrung aufgenommen werden müssen (essentielle Fettsäuren).

Eiweiße/Proteine oder kleinere Peptide sind Polymere aus Aminosäuren. Hier reagieren die Carbonsäure-Gruppe der einen Aminosäure (R-COOH) mit der Amino-Gruppe (R'-NH_2) der anderen Aminosäure unter Bildung einer Säureamid- bzw. Peptid-Bindung (R-CO-NH-R'). Proteine bilden komplexe Strukturen im Raum aus (Sekundär- oder Tertiärstruktur) und aggregieren auch zu zusammengesetzten Verbindungen (Quartärstruktur). Die Reihenfolge der einzelnen Aminosäuren (Primärstruktur) wird durch die Erbsubstanz (DNA) streng codiert. Hilfsenzyme (Coenzyme), die wir kurz bei den Vitaminen (Tab. 12.2) ansprechen werden, verbinden

◁ **Abb. 12.1 c** Proteine sind Polymere aus Aminosäuren, die charakteristischer Weise eine Aminogruppe (-NH_2) und eine Carbonsäuregruppe (-COOH) besitzen. Die Polymerisierung erfolgt über die Peptidbindung (Säureamid: Ersatz der OH-Gruppe der Carbonsäuregruppe durch -NH_2 oder NH-R): Dipeptide, Oligopeptide, Polypeptide, Proteine. Die Reihenfolge (Sequenz) der Aminosäuren stellt die Primärstruktur eines Proteins dar. Die Atome der Peptidbindungen der Kette legen charakteristische Raumstrukturen fest: Faltblattstruktur (mittlere Abbildung), α-Helix. Hauptsächlich Seitenketten der Aminosäuren definieren darüber hinaus weitere Raumstrukturen, die als Tertiärstruktur bezeichnet werden (untere Abbildung: Myoglobin; Helixbereiche durch die Buchstaben A-H gekennzeichnet). Die Aggregation verschiedener Untereinheiten mit spezifischer Sekundär- und Tertiärstruktur führt zur Quartärstruktur des Gesamtproteins (nach Karlson et al. 1994)

sich häufig mit dem Proteinanteil eines Enzyms (Apoenzym) und ermöglichen so dessen katalytische Wirksamkeit. Eine Reihe von Aminosäuren werden von Tieren nicht synthetisiert; sie sind essentiell und müssen mit der Nahrung aufgenommen werden (PHILL MT VAT: Phenylalanin, Histidin, Isoleucin, Leucin, Lysin, Methionin, Threonin, Valin, Arginin, Tryptophan).

Kohlenhydratmangel in der Ernährung führt zu verstärktem Fett- und Proteinabbau, mit evtl. negativen Folgen wie einer Blut-pH-Senkung durch Ketonkörper (Lipolyse), Untergewicht und Leistungsabfall. Kohlenhydratüberschuß kann zur Fettbildung führen (Gänsemast). Kohlenhydrate werden z. T. in der Blutbahn (Blutzucker), z. T. in speziellen Organen (Glycogen in der Leber und in begrenztem Umfang in Muskeln) gespeichert.

Fette können vor allem bei Schwerarbeit als wichtiger Energielieferant dienen. Auf Grund langer Verweildauer im Magen ist ihr Sättigungswert auch sehr hoch. Fett kann im Gegensatz zu Kohlenhydraten in fast unbegrenzter Menge im Körper gespeichert werden, so daß sich Fettmangel in der Nahrung erst spät in Form von Untergewicht und verminderter Leistungsfähigkeit auswirkt.

Proteine werden vor allem für den Aufbau körpereigener Substanz (z. B. Strukturproteine, Enzyme) und – im Gegensatz zu Kohlenhydraten oder auch zu Fetten (außer Nutzung für z. B. Biomembranaufbau) – weniger als Brennstoff benötigt. Die Größe der notwendigen Zufuhr hängt von der Art und Menge der jeweiligen Aminosäuren im Eiweiß ab, da für die Biosynthese spezifischer Proteine Aminosäuren in genau festgelegten Proportionen benötigt werden. Der Bedarf sinkt bei Ernährung mit höherwertigem Protein (tierisches Eiweiß mit 50% essentiellen Aminosäuren) und steigt bei niederwertigem (pflanzliches Eiweiß mit 25% essentiellen Aminosäuren). Eiweißmangel führt zum Gewebsabbau, geringer Leistungsfähigkeit und bei Kindern zum Wachstumsstillstand. Geringer Eiweißgehalt im Blut und damit geringer kolloidosmotischer Druck kann zum Übertritt von Blutplasma ins Gewebe führen (Hungeroedem).

Bezüglich der Gewichtsanteile ist (in unseren Breitengraden) eine gesunde Mischkost im Verhältnis 4:1:1 aus Kohlenhydraten (mindestens 400 g), Fetten (ca. 80 g) und Proteinen (ca. 80 g) zusammengesetzt (Gewichtsangaben für den Bevölkerungsdurchschnitt). Dies bedeutet bezüglich der Energieanteile ein Verhältnis von

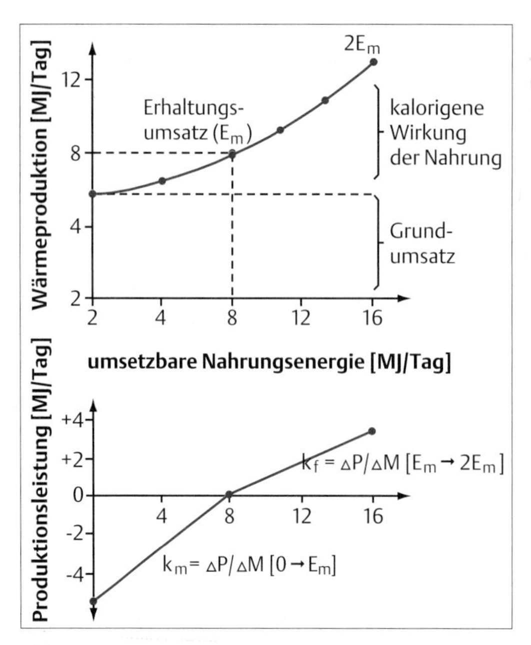

Abb. 12.2 Die umsetzbare Nahrungsenergie (Nahrungsration) verteilt sich auf Wärmeabgabe (oben) und Produktion von Körpersubstanz (unten). Die Erhaltungsration (E_m) entspricht der zugeführten Nahrungsenergie, bei der die Körpersubstanz weder zu- noch abnimmt. Unterhalb der Erhaltungsration ist die Nutzung der Nahrungsenergie ($\Delta P/\Delta M$) größer als oberhalb (nach Wieser 1986)

11:6:3 und entspricht einer Nahrungsenergie von 11,2 MJ pro Tag.

Wie hängen eigentlich Nahrungsaufnahme und Nahrungsnutzung zusammen? Die aufgenommene Nahrung (N) wird auf Grund biologischer Oxidationsprozesse einerseits als Wärme frei (W) und dient andererseits der Produktion körpereigener Substanz (P): N = W + P (Abb. 12.**2**). Wärmeabgabe ist immer vorhanden, obwohl sie mit der Nahrungsration zunehmend steigt (kalorigene Wirkung der Nahrung). Ohne Nahrungsaufnahme muß der Stoffwechsel (Grundumsatz) aus der Körpersubstanz gedeckt werden, und die Produktion ist negativ. Mit steigender Nahrungsaufnahme steigt die Wärmeproduktion und sinkt der Substanzverlust. Ein Nettozuwachs an Körpermasse setzt erst oberhalb einer bestimmten Tagesration, der **Erhaltungsration** ein (E_m). Nähert sich die Tagesration von unten der Erhaltungsration, so steigt die Produktionsrate rasch (höhere Effizienz der Nahrungsverwertung), übersteigt sie diese, wird die Produktionsrate deutlich schwächer (geringere Effizienz der Nahrungsverwertung).

Nach einer Mahlzeit kommt es zu einer Steigerung der Stoffwechselrate und der Wärmeproduktion (**kalorigene Wirkung der Nahrung**), wobei diese bei Proteinnahrung am höchsten und bei Fettnahrung am geringsten ist. Dieser Unterschied beruht auf der unterschiedlichen Effizienz der Umsetzung von Nahrungsenergie in gespeicherte Energie der Zellen (ATP): 88 kJ Nahrungsenergie pro mol ATP bei Proteinen und 73–76 kJ Nahrungsenergie pro mol ATP bei Kohlenhydraten und Fetten. Die Erschließung der Nahrungsenergie von Proteinen ist mit einem höheren Energieaufwand verbunden, zusätzlich kann diese nicht vollständig genutzt werden. Was ist aber die prinzipielle Ursache der nahrungsbedingten Stoffwechselsteigerung? Teils werden zelluläre Stoffwechselprozesse initiiert (z. B. Umwandlung von Aminosäuren in Zucker oder Proteinbiosynthesen), teilweise wird ohne eigentliche zelluläre Nutzung einfach mehr Wärme produziert (nahrungsbedingte Thermogenese). Dies hat mit dem Kopplungsgrad des Energieflusses in den Mitochondrien an die ATP-Produktion für Zellfunktionen zu tun. Auch Hormone oder genetische Disposition können Einfluß auf das Verhältnis zwischen Energiespeicherung (genutzte Nahrungsenergie) und Wärmeabgabe (ungenutzte Nahrungsenergie) nehmen.

Generell ist es so, daß Tiere eine Art Homöostase der Körpermasse und ihrer Zusammensetzung zumindest versuchen, außer sie werden z. B. durch „fast food" aus ihrem Regelbereich geworfen. Beim Menschen stellt der Geschmackseindruck „Süß" einen wesentlichen Stimulus für die Nahrungsaufnahme dar. Weiterhin führt Salzmangel zur vermehrten Suche und Aufnahme salzhaltiger Nahrung.

Kommen wir aber nun zu den **Vitaminen** (Tab. 12.**2**). Viele Vitamine sind Cofaktoren von Enzymen (Coenzyme, prosthetische Gruppen). Von der Stoffklasse gehören sie zu ganz unterschiedlichen Gruppen, und sie werden funktionell als „lebensnotwendige organische Verbindungen, die nicht oder unzureichend vom Körper synthetisiert werden" definiert. Sie werden in fettlösliche und wasserlösliche Vitamine unterteilt. Erstere können gespeichert werden, letztere nicht, so daß eine Aufnahme über den Bedarf hinaus hier nur zu einer vermehrten Ausscheidung führt. Die Aufnahme der Vitamine oder ihrer Vorstufen (Provitamine) erfolgt über die Nahrung. Teils werden sie auch von Darmbakterien synthetisiert und von die-

Tab. 12.2 Vitamine und Mineralstoffe (kombiniert nach Eckert 1993; Koolmann und Röhm 1994)

Stoff	Funktion
1. Vitamine	
wasserlöslich	
Thiamin (B_1)	Übertragung v. Hydroxyalkyl-Resten (Bldg. v. Cocarboxylase)
Riboflavin (B_2)	Wasserstoff-Übertragung (Flavoproteine der Atmungskette)
Folat (B_2)	C_1-Stoffwechsel (Nucleoproteinsynthese, Erythrocytenbldg.)
Nicotinat, Nicotinamid (B_2)	Hydrid-Übertragung (Reduktionsäquivalente: NAD^+, $NADP^+$)
Pantothenat (B_2)	Aktivierung von Carbonsäuren (Coenzym A)
Pyridoxal, Pyridoxol, Pyridoxamin (B_6)	Aktivierung von Aminosäuren; Fettsäuremetabolismus
Cobalamin (B_{12})	Isomerisierungen (Nucleoproteinsynthese)
Ascorbinsäure (C)	Stabilisierung von Enzymsystemen; Aufbau von u. a. Kollagen
Biotin (H)	Übertragung von Carboxygruppen (Proteinsynthese, CO_2-Fixierung, Transaminierung)
fettlöslich	
β-Carotin →	
Retinal (A)	Sehpigmente
Retinol	Zuckertransport
Retinsäure	Wachstumsfaktor; Entwicklung und Differenzierung
Cholesterin → Calciol → Calcitriol (D)	Fördert Ca^{2+}-Aufnahme im Darm; Knochen- und Zahnbildung
Tocopherole (E)	Oxidationsschutz der Erythrocyten und anderer Zellen
Phyllochinone → Phyllohydrochinone (K)	Blutstillung (Carboxylierung von Plasmaproteinen)
2. Mineralstoffe	
Makroelemente	
Na (Na^+)	*Das* extrazelluläre Kation; Osmoregulation der Extrazellulärflüssigkeit; Erregungsstrom; Gradient als Energiequelle für sekundär-aktiven Transport; Mineralstoffwechsel
K (K^+)	*Das* intrazelluläre Kation; Osmolarität der Zelle; Ruhepotential; Repolarisationsstrom; Mineralstoffwechsel
Ca (Ca^{2+})	Intrazelluläres Kation in geringer Konzentration; Signalstoff; Knochenbau; Blutgerinnung
Mg (Mg^{2+})	Cofaktor für Enzyme; Knochenbau
Cl (Cl^-)	*Das* anorganische Anion; Mineralstoffwechsel
P (HPO_4^{2-})	Energie- und Nucleinsäure-Stoffwechsel, Knochenbau
S	Lipid- und Kohlenhydrat-Stoffwechsel, Konjugatbildung
Mikroelemente	
Fe	Hämoglobin, Myoglobin, Cytochrome, Fe/S-Komplexe
Zn	Metallo-Enzyme
Mn	Metallo-Enzyme
Cu	Metallo-Enzyme
Co	Vitamin B_{12}
Cr	unklar
Mo	Redox-Enzyme
Se	Selen-Enzyme
I	Thyroxin
F	Knochen, Zahnschmelz

sen ins Darmlumen abgegeben. Dies gilt auch für einige Aminosäuren, so daß einige Insekten und Wiederkäuer mit Proteinnahrung niedriger Qualität (mit geringem Gehalt an essentiellen Aminosäuren) auskommen können.

Ein Überblick über die wichtigsten **Mineralstoffe** und **Spurenelemente** wird ebenfalls in Tab. 12.**2** gegeben.

In der Natur haben sich Nahrungsketten und Nahrungsnetze ausgebildet: Die primären Konsumenten (Herbivoren) ernähren sich von den primären Produzenten (Pflanzen). Sekundäre und tertiäre Konsumenten (Carnivoren) ernähren sich von den primären Konsumenten. Bei dem Transfer der Nahrungsenergie von einer niederen auf eine höhere trophische Ebene geht im Durchschnitt ca. 90% der Energie verloren, so daß die Nahrungsketten meist recht kurz sind. Pflanzen entwickelten zum Schutz vor pflanzenfressenden Tieren eine Reihe von chemischen Abwehrstoffen (**sekundäre Pflanzenstoffe**), die in die gefährdeten Pflanzenteile eingelagert wurden: Tannin-Polyphenole (z. B. in grünen Oliven), Alkaloide (z. B. Opium, Strychnin und Nikotin), cyanogene Glycoside (setzen bei der Hydrolyse Cyanid frei; z. B. in Bittermandeln und Apfelkernen), ätherische Öle (häufig in Bäumen) und Oxalsäure (z. B. im Rhabarber). Einige Herbivoren haben Mechanismen gefunden mit diesen Substanzen fertig zu werden, sie sogar für den eigenen Schutz einzusetzen, doch für viele Tiere sind größere Teile der Pflanzennahrung nicht nutzbar. Reife Früchte haben einen geringen Tanningehalt und einen erhöhten Zuckergehalt sowie eine attraktive Färbung, um mit Hilfe der Herbivoren den Pflanzensamen zu verbreiten. Die am meisten auf der Erde zur Verfügung stehende Nahrungsquelle, nämlich Cellulose, kann nur von wenigen Tieren genutzt werden. Einige Wirbellose (z. B. bestimmte Schnecken und Käfer) besitzen ein eigenes Abbauenzym, eine Cellulase. Andere wie Termiten und Wiederkäuer leben in Symbiose mit Mikroorganismen im Darm, die Cellulose zu den vom Wirt verwendbaren organischen Säuren abbauen (Abschnitt 12.4).

12.2 Nahrungsaufnahme

Die Tiere zeigen in der Art der Nahrungsaufnahme eine große Vielfalt (Abb. 12. **3**). Aber bereits beim Prozess der Verdauung schwindet diese Vielfalt (s. Abschnitte 12.3–12.5) und bei der zellulären Verwertung der Nahrung und Nutzung ihrer Energie finden wir eine große Einheitlichkeit (Kap. 13).

Bei einigen Tieren (Protozoen, Endoparasiten und einigen aquatischen Invertebraten) erfolgt die Nahrungsaufnahme direkt über die **Haut.**

In aquatischen Lebensräumen gibt es **Filtrierer** und **Partikelfresser,** wie z. B. Schwämme und Muscheln. Schwämme erhöhen ohne Energieaufwand den Nahrungsfluß, da auf Grund ihrer Körperform das außen schneller vorbeiströmende Wasser vor dem Osculum zu einem Unterdruck führt (Bernoulli-Effekt; Mechanismus der Wasserstrahlpumpe). Dieser Sog führt zu einem Anstieg des inneren Wasserstroms, der von den Ostien über den Zentralraum bis zum Osculum reicht (Abb. 12.**3a**). Zusätzlich befördert der Flagellenschlag der Geißelkragenzellen (Choanocyten) den Wassertransport durch das Tier. Nahrungspartikel werden über Endocytose aufgenommen. Bei vielen Filtrieren spielt auch der aus Mucinen bestehende Schleim eine wichtige Rolle. Nahrungspartikel bleiben daran kleben und werden durch Cilienschlag zusammen mit dem Schleim zur Mundöffnung befördert. Große Tiere wie z. B. Flamingos (Saum entlang des Schnabels) oder Bartenwale (Barten) sind ebenfalls Filtrierer.

Andere Tiere nutzen **Kiefer, Schnäbel** und **Zähne,** um Nahrung zu fassen und zu zerkleinern. Schnecken besitzen ein Raspelorgan, die Radula (Abb. 12.**3b**). Durch Ausstülpen und Einziehen der Radula lösen sie Pflanzenteile vom Untergrund und befördern diese in den Mund. Kraken besitzen scharfe und kräftige Kiefer („Papageienschnabel"). Fische, Amphibien und Reptilien haben spitze Zähne auf Kiefern und Gaumen, um Beute festzuhalten und zu zerreißen. Vögel nutzen ihren Hornschnabel für diese Zwecke oder für die Zerkleinerung von Pflanzensamen. Säuger haben eine Vielzahl von Gebissen entwickelt (Abb. 12.**3d**): Meißelartige Schneidezähne (Incisivi) werden zum Nagen genutzt, spitze Schneide- und Eckzähne (Canini) dienen den Carnivoren, Insektivoren und Primaten dazu Beute zu zerreißen. Große Raubtiere haben zusätzlich als Brechschere nutzbare Backenzähne (Molaren). Herbivoren nutzen spezialisierte Backenzähne zum Aufschluß der Pflanzennahrung.

Schließlich gibt es **stechende** und **saugende** Tiere (z. B. bei Plathelminthen, Anneliden und Arthropoden). Bei pflanzensaugenden Wanzen (Abb. 12.**3c**) bildet das Labium eine Röhre, die

Abb. 12.3 Übersicht über die Nahrungsaufnahme bei Tieren: Filtrieren bei einem Schwamm (a), Raspeln bei einer Schnecke (b: Anschnitt des Kopfes, Ausstülpen und Zurückziehen der Radula), Saugen bei pflanzensaugenden Wanzen (c: Vorderansicht und Querschnitte) und Beißen bei Säugern (d: allg. Säugergebiß, Zähne eines Grauhörnchens, eines Löwen und eines Rindes) (nach Eckert 1993) ▷

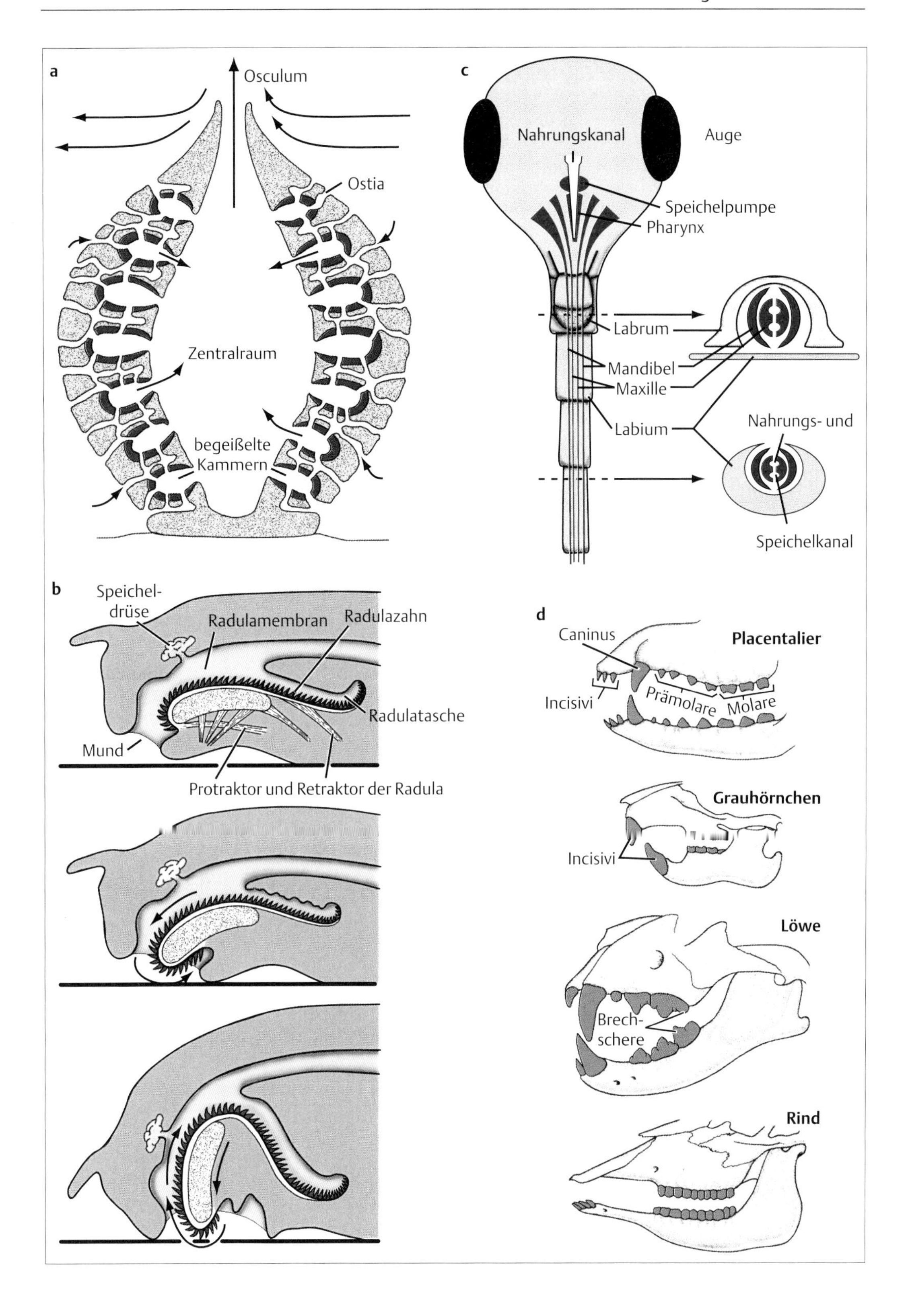
a
Osculum
Ostia
Zentralraum
begeißelte Kammern
b
Speicheldrüse
Radulamembran
Radulazahn
Radulatasche
Mund
Protraktor und Retraktor der Radula
c
Nahrungskanal
Auge
Speichelpumpe
Pharynx
Labrum
Mandibel
Maxille
Labium
Nahrungs- und
Speichelkanal
d
Caninus
Placentalier
Incisivi
Prämolare
Molare
Grauhörnchen
Incisivi
Löwe
Brechschere
Rind

die anderen Komponenten des Saugapparats enthält: Die beiden Maxillen bilden einen dorsalen Nahrungssaftkanal und einen ventralen Speichelkanal. Der muskulöse Pharynx saugt den Nahrungssaft an.

Für einige Tiergruppen (z. B. Spinnentiere, Schlangen) spielen Gifte (vor allem Proteine) eine wichtige Rolle beim Fang und beim Töten der Beute oder bei der extrakorporalen (Vor-) Verdauung der Nahrung.

12.3 Verdauung beim Menschen

Verdauungsprozesse beinhalten eine Spaltung von Nahrungsbestandteilen, also vor allem die Hydrolyse der Polymere der verschiedenen Energieträger (Kohlenhydrate, Fette, Proteine) in ihre Monomere und die Aufnahme (Resorption) dieser und anderer Bestandteile der Nahrung. Diese Prozesse laufen geordnet in genau festgelegter räumlicher und zeitlicher Abfolge längs des Verdauungskanals ab. Neuronale und hormonelle Systeme sind an ihrer Regelung beteiligt. Am Abbau der Nahrung sind mechanische und chemische Prozesse beteiligt. Wir wollen uns hier am Beispiel des Menschen einen Überblick über wesentliche Mechanismen der Verdauung verschaffen, um dann Besonderheiten dieser Prozesse im Tierreich kennenzulernen. Dabei werden wir zuerst wesentliche Bestandteile und Strukturmerkmale des Verdauungssystems des Menschen besprechen (Abb. 12.**4**), und dann für jeden zu besprechenden Mechanismus eine Lokalisierung in diesem System vornehmen.

Die Verdauung beginnt mit der Zerkleinerung der Nahrung durch die Zähne. Im Mund sezernieren die Speicheldrüsen eine erste Verdauungsflüssigkeit, den Speichel, und Geschmacksrezeptoren der Zunge und Geruchsrezeptoren in der Nasenhöhle dienen der Qualitätsprüfung der Nahrung und der Stimulation der Verdauungsprozesse. Nach dem Schlucken gelangt die Nahrung über die Speiseröhre (Ösophagus) in den Magen. Hier wird Magensaft sezerniert. Der vordere (proximale) Magen ist sehr elastisch (0,05–1,5 Liter) und speichert Nahrung. Dem distalen Magen folgt der Dünndarm mit seinem ersten Abschnitt, dem Zwölffingerdarm (Duodenum). In ihm gelangen Galle (aus der Leber) und Saft der Bauchspeicheldrüse (Pankreas) zum Nahrungsbrei (Chymus). Es schließen sich die weiteren Teile des insgesamt 2 Meter langen Dünndarms (Jejunum und Ileum) an. Dann folgt der etwas mehr als 1,3 Meter lange Dickdarm mit Blinddarm (Zäkum) und Wurmfortsatz (Appendix), der eigentliche Dickdarm (Kolon), der s-förmige Dickdarm (Sigmoid) und der Mastdarm (Rektum), die von Resten der Nahrung nach ca. 30 Stunden erreicht werden. Zu Beginn des Ösophagus, des Magens (Kardia), des Duodenums (Pylorus, Magenpförtner) und am Darmausgang (Anus) befinden sich muskulöse Verschlußmechanismen (Sphinkter).

Der Verdauungstrakt besitzt einen recht einheitlichen Aufbau mit Epithel zur Lumenseite, spezialisierten Zellen, Drüsen und Muskelschichten. Betrachten wir den anatomischen Aufbau des Dünndarms genauer (Abb. 12.**5**). Vom Darmlumen beginnend kommt zuerst die Schleimhaut (Mucosa) mit einem aus verschiedenen Zelltypen bestehenden Epithel und einer nachfolgenden Muskelschicht, der sich eine Ring- und eine Längsmuskelschicht anschließt. Den Abschluß bildet das Bauchfell (Peritoneum, Serosa). Die lumenseitige Oberfläche erfährt durch 1 cm hohe Falten von Mucosa und Submucosa, durch 1 mm lange Falten des Epithels (Zotten) und durch den Bürstensaum (Mikrovilli) der Epithelzellen eine 300–1600fache Oberflächenvergrößerung auf ca. 100 m^2. Das Epithel des Dünndarms wird übrigens fortlaufend (innerhalb von 2 Tagen) erneuert und alte Epithelzellen ausgeschieden (pro Tag ca. 10 g in den Fäces). Am Zottengrund bildet das Epithel Vertiefungen, die Lieberkühnschen Krypten, aus, in deren Wand schleimbildende Becherzellen sowie mitotische (Epithelerneuerung), endokrine (u. a. Sekretin, GIP, SIH) sowie enzym- und antikörpersezernierende Zellen sitzen.

Die mechanische Zerkleinerung der Nahrung beginnt im Mund. Dort wird sie auch mit Speichel verflüssigt (pro Tag 0,5–1,5 Liter) und im komplexen Schluckvorgang, bei dem Nasenraum und Luftröhre zeitweilig verschlossen werden, in die Speiseröhre befördert. Über peristaltische Wellen der Ösophagusmuskulatur gelangt Nahrung in den Magen. Der proximale Magen erschlafft und der distale Magen wird aktiviert: Peristaltische Wellen verlaufen von dessen Obergrenze in Richtung Pylorus. Zusätzlich kontrahiert der proximale Magen tonisch. Der Speisebrei wird weitergeschoben, zusammengepreßt und, bei Schließung des Pylorus, wieder zurückgeworfen. Die Nahrung wird zermahlen und mit Magensaft (pro Tag 3 Liter) vermischt. Nach Übertritt in den Dünndarm wird

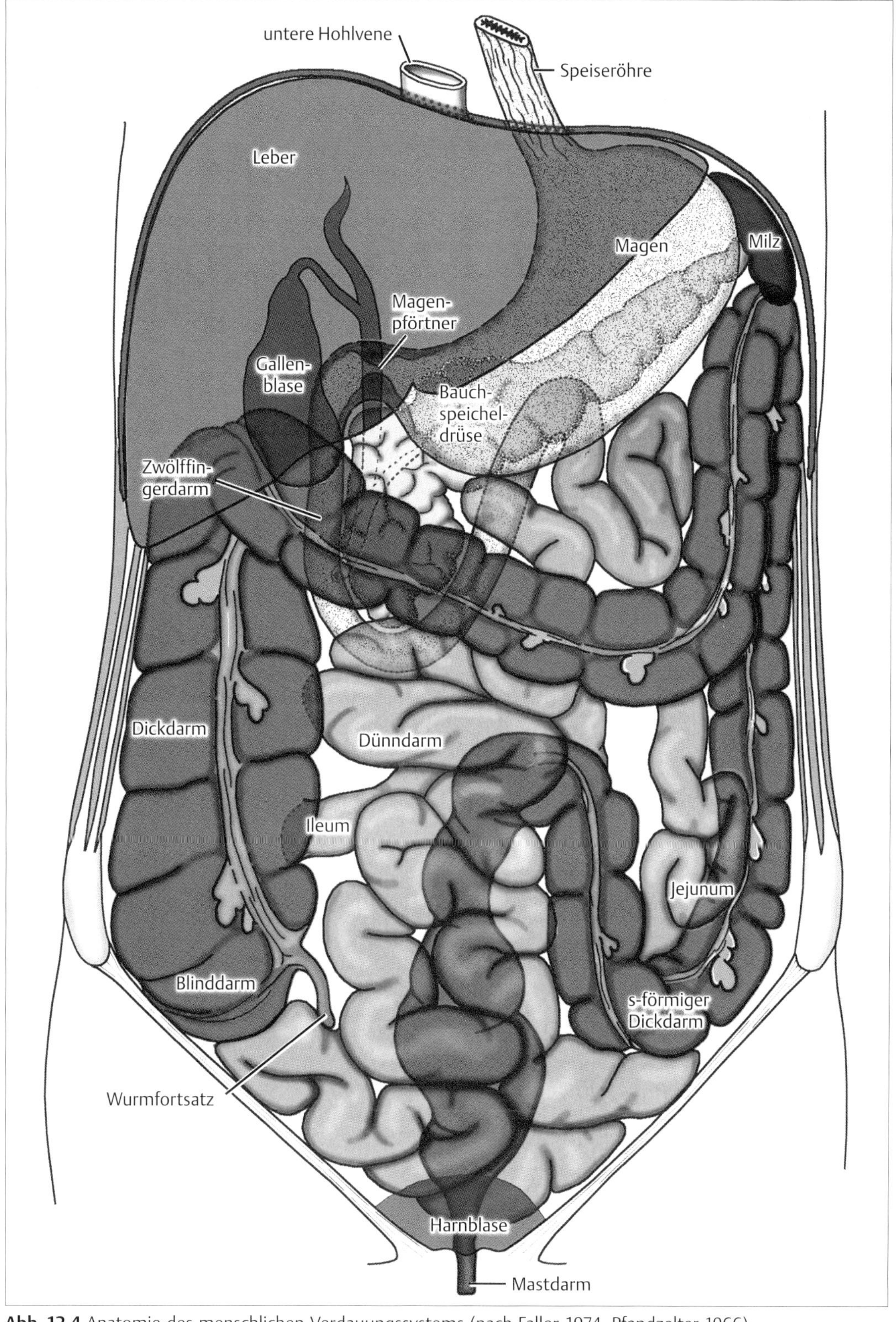

Abb. 12.4 Anatomie des menschlichen Verdauungssystems (nach Faller 1974, Pfandzelter 1966)

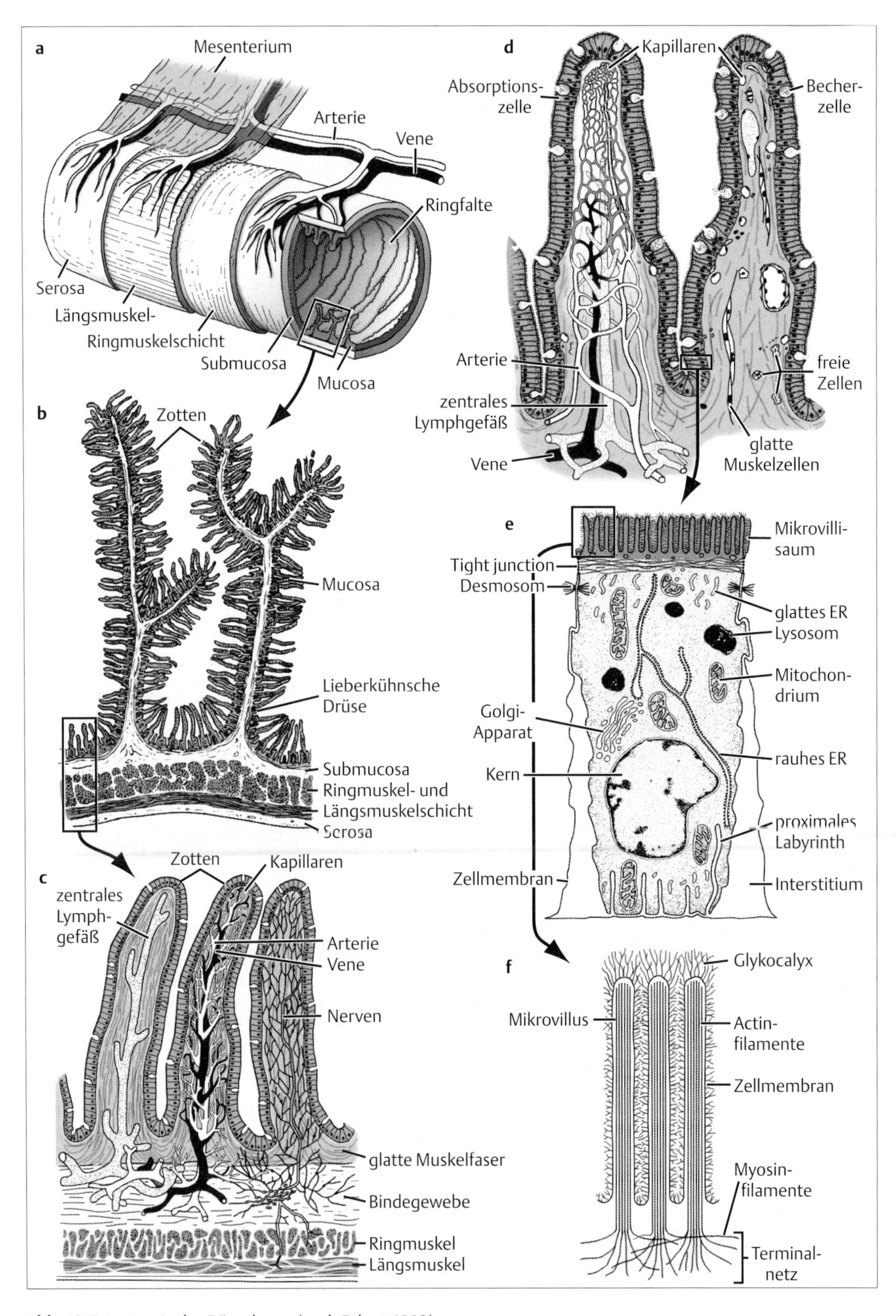

Abb. 12.5 Anatomie des Dünndarms (nach Eckert 1993)

die Nahrung zusammen mit Pankreassaft (pro Tag 2 Liter), Galle (pro Tag 0,7 Liter) und Darmsaft weiter durchmischt. Dies geschieht durch (i) Eigenbewegungen von Zotten zur Verbesserung der Resorption, (ii) asynchrone Kontraktionen der Längsmuskulatur („Pendeln"), (ii) rhythmische Kontraktionen der Ringmuskulatur („Segmentation") und (iv) koordinierte Abfolgen von Längsmuskel- und Ringmuskelkontraktionen („Peristaltik" mit einer Erweiterung vor und einer Verengung hinter dem Nahrungsbolus) zur Weiterbeförderung der Nahrung mit einer Geschwindigkeit von ca. 1 cm/min. Im Dickdarm finden Mischbewegungen mit starken Einschnürungen, Peristaltik und pro Tag 2–3 mal Massenbewegungen in die Speicherorte der Faeces statt (Sigmoid, Rektum) statt. Drei mal pro Tag bis 3 mal pro Woche wird der Stuhl entleert (Defäkation; ca. 60–180 g pro Tag). Der Transport von Nahrung vorbei an verschiedenen mechanischen Zerkleinerungs- und Vermischungsorten und die Beimengung unterschiedlicher Nahrungssäfte, die unterschiedliche Verdauungsenzyme, Hilfsstoffe und Elektrolyt-Milieus (z. B. pH) bereitstellen, erlauben, wie auf einem Fließband, einen sehr effizienten Aufschluß und eine weitgehende Resorption der Nahrung. In den Faeces finden sich nur noch ca. 10 g unverdauliche Nahrungsreste pro Tag. Die Verdaungsenzyme spalten die Bindungsstellen der Biopolymere hydrolytisch, also unter Wasseraufnahme. Die Energie dieser Bindungen wird nicht gespeichert, sondern nur in Form von Wärme frei.

Exokrine (nach außen abgehende) **Drüsen** produzieren u. a. Nahrungssäfte und endokrine (ins Blut sezernierende) Drüsen produzieren Hormone (vgl. Kap. 2). Anhand der Speicheldrüsen und der Speichelbildung im Mund sowie der epithelialen Belegzellen und der Sezernierung von Salzsäure (HCl) im Magen wollen wir exemplarisch die dabei auftretenden zellulären Transportmechanismen besprechen (Abb. 12.**6**).

Der Speichel wird in den Azini (Azinus) der Speicheldrüsen gebildet (vor allem von den paarigen Gl. submandibularis und parotis). Die Azinuszellen transportieren transzellulär Cl^--Ionen vom Blut in den Speichel (vgl. Abb. 8.**6**). Dies geschieht in der basolateralen Membran sekundär-aktiv über Na^+-K^+-$2Cl^-$-Cotransporter, die von membranständigen Na^+-K^+-ATPasen angetrieben werden, und in der apikalen Membran über Cl^--Kanäle. K^+-Ionen verlassen basolateral wieder die Zellen. Das entstehende

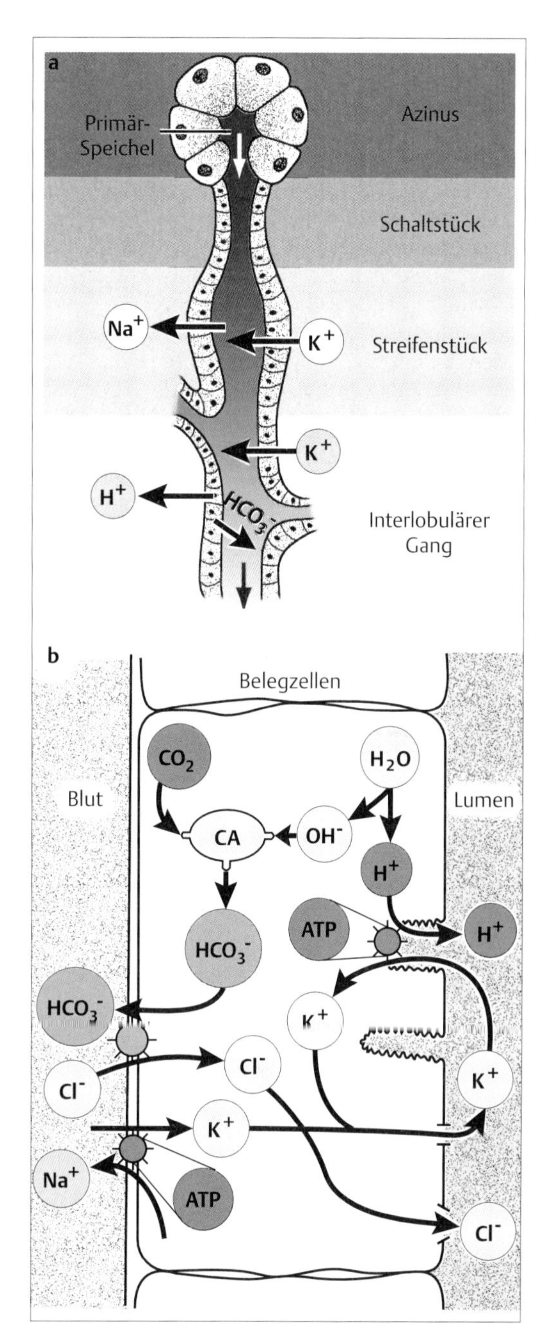

Abb. 12.6 Speichelbildung in den Azini (a) und HCl-Sekretion in den Belegzellen (b) (nach Silbernagel und Despopoulos 1991)

transepitheliale, lumen-negative Potential zieht Na^+ parazellulär nach. Wasser folgt aus osmotischen Gründen. Durch Exocytose gelangen Proteine in den Speichel. Während der Passage der Ausführgänge werden Na^+ und Cl^- resorbiert und K^+ und HCO_3^- sezerniert. Der Speichel wird dabei hypoosmolal (0,05 osm/kg H_2O) und nahezu neutral (pH7–8).

Der Magensaft ist extrem sauer (pH1 ohne Nahrung; pH1,8-pH4 mit Speisebrei). Die Protonen und Cl^--Ionen werden von den epithelialen Belegzellen abgegeben. Vor den Protonen wird das Epithel durch lokale HCO_3^--Abgabe (Pufferung) aus der Mucosa in die aufliegende Schleimschicht, die aus den Nebenzellen stammt, geschützt. Die Protonen entstehen aus der Reaktion von Wasser mit Kohlendioxid zu Bikarbonat unter Mitwirkung von Carboanhydrase. Für jedes im Austausch mit K^+ aktiv ins Lumen gepumpte Proton gelangt ein Bikarbonat-Molekül im Austausch mit Cl^- in die Blutbahn. Intrazellulär akkumulierende Cl^- und K^+-Ionen wandern passiv ins Lumen. Eine basolaterale Na^+-K^+-ATPase steht im Dienste der intrazellulären pH-Homöostase (vgl. Abb. 8.**7**). Die Belegzellen können bei der Nahrungsaufnahme aktiviert werden. Dabei bilden sich tief ins Zellinnere reichende Kanälchen (Vergrößerung der lumenseitigen Membranoberfläche).

Die **Verdauungssäfte** verflüssigen den Speisebrei (Lösungsmittel), erlauben Milieuveränderungen (pH) in den verschiedenen Abschnitten des Verdauungssystems und führen Verdauungsenzyme zu, die die Nahrung chemisch aufschließen (Tab. 12.**3**). Im Mund wirken bereits Stärke und Glykogen abbauende Enzyme des Speichels (Amylase) oder auch fettabbauende Enzyme (Lipase) des Zungengrundes. Im Magen findet dann ein radikaler Milieuwechsel zum Sauren hin statt. Dies ist das optimale Umfeld für den Proteinabbau durch Pepsin. Diese Protease entsteht erst im Magen durch Spaltung (saure Hydrolyse) aus ihrer Vorstufe (Pepsinogen), die in den epithelialen Hauptzellen gebildet wird. Dies ist ein Selbstschutzmechanismus der sezernierenden Zellen. Im sauren Magenmilieu können auch infektiöse Keime durch Denaturierungsprozesse unschädlich gemacht werden. Im Duodenum wird die Säure gepuffert (HCO_3^-), und das Milieu wird leicht alkalisch. Hier wirken eine Vielzahl unterschiedlicher Enzyme des Pankreassaftes. Stärke/Glykogen wird zu Oligosacchariden zerlegt. Das Enzym Enteropeptidase aktiviert Trypsin aus Trypsinogen. Trypsin aktiviert wiederum Chymotrypsin aus Chymotrypsinogen sowie Carboxypeptidase aus der Procarboxypeptidase, und alle zusammen bauen Proteine zu Peptiden und Aminosäuren ab. Lipase und Ko-Lipase (ebenfalls durch Trypsin aktiviert) spalten Fett. Nach mechanischer Emulgierung des Fettes im Magen (Fetttröpfchen) hydrolysiert die Lipase in Anwesenheit von Ca^{2+} und Ko-Lipase in der Fett-Wasser-Grenzschicht. Aus den entstehenden Fettsäuren und Monoglyceriden werden unter Mithilfe der Gallensalze winzige (3–6 nm) Micellen (polare Gruppen außen, unpolare Gruppen innen), die leicht vom Darmepithel aufgenommen werden können. Die Gallensalze gelangen nach ihrer Aufnahme durch Mucosazellen und dem Transport über die Pfortader schließlich zur Leber, von wo sie wieder in neue Gallenflüssigkeit gelangen (enterohepatischer Kreislauf). Die Gallenflüssigkeit enthält auch lipophile Abbauprodukte, wie das von der Hämgruppe stammende Bilirubin. Darmsäfte von Mucosazellen führen dann zur endgültigen Zerlegung der Nahrungsstoffe in Monomere, die im Dünndarm aufgenommen werden können.

Die Resorption von Zuckern, Aminosäuren sowie Fettsäuren und Monoglyceriden erfolgt vor allem über die Epithelzellen des Jejunums und Ileums des Dünndarms. Die selektive Resorption der Monomere schließt die unkontrollierte Aufnahme von Fremdproteinen, Toxinen und Keimen aus. Im Dickdarm wird schließlich noch Wasser resorbiert und Salze aufgenommen. Die Aufnahme von Glucose oder Galactose in die Zellen erfolgt sekundär-aktiv, getrieben von einem Na^+-Gradienten (vgl. Abb. 8.**8**). Von dort gelangen diese Stoffe passiv über Carrier in die Blutbahn. Ähnlich werden Aminosäuren aufgenommen. Saure Aminosäuren werden schon in den Epithelzellen abgebaut. Andere gelangen passiv über Carrier ins Blut. Teilweise gelangen auch Di- und Tripeptide sekundär-aktiv ins Zellinnere, getrieben durch einen H^+-Gradienten. Fructose scheint passiv aufgenommen zu werden. Die Micellen mit den Fettabbauprodukten gelangen passiv in die Epithelzellen des Jejunums. Die Gallensalze werden sekundär-aktiv (über einen Na^+-Gradienten) im Ileum aufgenommen. Die Fettbestandteile werden in den Jejunumzellen zum Aufbau von Triglyceriden genutzt, die im Kern von großen Lipoproteinen (Chylomikronen) über die Lymphe in die Blutbahn gelangen.

Tab. 12.3 Die Verdauungssäfte

Entstehungsort	Wässriges Milieu	Inhaltsstoffe	Aufgaben
Speichel vor allem die paarigen Unterkiefer- und Ohrspeicheldrüsen	fast neutral (pH 7–8)	α-Amylase (Ptyalin) Lipase Antikörper (IgA) Lysozym (bakterizid) Schleimstoffe (Mucine) HCO_3^- (Puffer)	Verflüssigung Lösungsmittel Andauung Spülung
Magensaft Epithelialzellen: Hauptzellen Belegzellen Nebenzellen	stark sauer (pH 1 ohne bzw. pH 1,8–4 mit Nahrung)	Pepsin Pepsinogen HCl Schleimstoffe	Proteinverdauung
Pankreassaft Bauchspeicheldrüse	neutral – leicht alkalisch	Trypsinogen Chymotrypsinogen Carboxypeptidasen α-Amylase Lipasen + Ko-Lipasen HCO_3^-	Verdauung aller Stoffklassen
Gallensaft Leber (in kontraktiler Gallenblase zwischengespeichert)		Bilirubin Steroidhormone Gallensalze Cholesterin Lecithin	Emulsion von Fett Ausscheidung lipophiler Substanz Medikamente
Darmsaft Zellen der Mucosa		Enteropeptidasen Dipeptidasen Aminopeptidasen Maltase 1,6-Glucosidase Laktasen Saccharasen	Endverdauung

Pro Tag trinkt der Mensch ca. 1,5 Liter Wasser und in dessen Verdauungssystem werden bis zu 6 Liter Verdauungssäfte pro Tag abgegeben. In den Fäces befinden sich aber nur ca. 0,09 Liter Wasser pro Tag. In Jejunum, Ileum und zum Teil auch im Kolon wird in großem Umfang Wasser im Zusammenhang mit der Salzresorption zurückgewonnen: Wasser folgt osmotisch dem aktiven Na^+-Transport bzw. dem aktiven Na^+-Ko-Transport mit Cl^- oder organischen Substanzen. Die treibenden Na^+-K^+-Pumpen befinden sich in der blutseitigen Basolateralmembran. Zusätzlich kommt es über einen Gegenstromaustausch von Na^+ (Vene → Arterie) innerhalb der Zotten (vgl. Abb. 12.**5**) zu einer Na^+-Anreicherung an den Zottenspitzen, die den Wassereinstrom aus dem Lumen weiter begünstigen.

Wir werden uns mit dem weiteren Schicksal der Nahrungsbestandteile in der Blutbahn später beschäftigen (Absatz 12.6). Wir wollen wir uns jetzt kurz mit den Themen **„Abwehr von Bakterien“** sowie **„Regelung der Verdauung“** beschäftigen.

In den Wochen nach der Geburt gelangen vom Mund her Bakterien in verschiedene Darmbereiche (Darmflora), dabei vor allem in den Dickdarm. Trotzdem sind eine Reihe von wirksamen Abwehrsystemen gegen Mikroben vorhanden: Der Speichel enthält Mucine, Lysozym und Antikörper (IgA). Im Magen wirken Säure und Pepsin (Proteasen) bakterizid. Zusätzlich gibt es spezialisierte Zellen der Mucosa, die abbaugeschützte Antikörper (IgA) gegen luminale Antigene bilden und ins Darmlumen abgeben. In der dem Darm nachgeschalteten Blutversorgung (Pfortader) gibt es besonders viele Makrophagen. Schließlich werden Darmbakterien auch ausgeschieden (von der natürlichen Darmflora ca. 10 g pro Tag in den Fäces).

Der gesamte Verdauungsprozeß läuft geregelt ab. Die Kontrolle und Regelung beginnt mit Signalen der Sinnesorgane (Geruch, Geschmack, visuelle Reize) und psychischen Einflüssen (u. a. bedingte Reflexe). Diese Signale fördern den Speichelfluß, der durch Kauen weiter verstärkt wird. Schutzreflexe bei schlechtem Geschmack und Geruch verhindern gegebenenfalls den weiteren Nahrungsaufschluß (z. B. Erbrechen). Die Magensaftsekretion ist zu Beginn ebenfalls ***psychisch-nerval*** kontrolliert (Parasympathicus). Neben Belegzellen werden u. a. auch Gastrinzellen im tieferen Magenteil (Antrum) gereizt, die das Hormon Gastrin ins Blut ausschütten. Gastrin stimuliert Belegzellen höherer Magenteile zur HCl-Sekretion. Zusätzlich führen mechanische (Dehnung) und chemische (Proteinabbauprodukte, Röststoffe, Alkohol) Reize der Magenfüllung zur Gastrinausschüttung im Antrumbereich (***lokale*** Reaktion). Zu niedrige pH-Werte im Magen wiederum hemmen die Abgabe. Gelangt die Nahrung ins Duodenum und wird die Darmwand gedehnt, wird retrograd wiederum die HCl-Sekretion des Magens über freigesetzte Hormone stimuliert (***intestinaler Einfluß***). Absorbierte Aminosäuren wirken ähnlich. Säure und Fett im Duodenum hemmen aber hormonell (über die Peptidhormone Sekretin, GIP, SIH) die Salzsäure-Abgabe der Belegzellen. Die Sekretion des Pankreassaftes steht u. a. unter dem Einfluß des N. vagus und der Duodenumhormone Sekretin und CCK (Cholezystokinin). Hormonelle und neuronale Mechanismen kontrollieren auch die weiteren Verdauungsprozesse, wobei das Pankreashormon Somatostatin (SIH) neben seiner Rolle bei der Regelung von Substratkonzentrationen im Blut (Absatz 12.6) auch Motilität und Sekretion im Magen-Darm-Trakt hemmt und damit den Grad der Nahrungsaufnahme ins Blut kontrolliert.

12.4 Verdauung bei Wiederkäuern

Wir hatten den einkammrigen, den sogenannten monogastrischen Magen bereits besprochen. Eine Reihe von Säugern hat zum Aufschluß pflanzlicher Nahrung (vor allem Cellulose) vielkammrige Mägen (**digastrische Mägen**) entwickelt (Abb. 12.**7**): Ruminantia (z. B. Reh, Elch, Giraffe, Rind) und Tylopoda (z. B. Kamel, Lama, Alpaka). Diese Arten sind Wiederkäuer, die ungekaute, rasch heruntergeschluckte und im ersten Magenabschnitt vergorene Nahrung heraufwürgen (erbrechen), zermahlen, wieder runterschlucken und in den zweiten Magenabschnitt befördern. Diese Ernährungsweise erlaubt eine rasche Aufnahme großer Mengen pflanzlicher Nahrung, die dann in einem vor Räubern sicheren Versteck wiedergekäut werden kann. Der Magen der Ruminantia besteht aus vier Kammern, einem ersten Abschnitt aus Pansen (Rumen) und Netzmagen und einem zweiten Abschnitt aus Blätter- und Labmagen. Im ersten Abschnitt wird die Nahrung mit Hilfe von endosymbiontischen Mikroorganismen (Bakterien, Protozoen) vergoren (Abbau von vom Tier selber nicht verwertbaren Kohlenhydraten zu organischen Säuren wie z. B. Butyrat, Lactat, Acetat und Propionat). Pansen, Netz- und Blättermagen sezernieren keine Verdauungsenzyme. Die organischen Säuren und von den Endosymbionten synthetisierte Protein- und Nucleinsäurebestandteile werden aus dem Pansensaft in die Blutbahn übernommen, teils gelangen sie auch in den Labmagen. Der Stickstoff des entstehenden Ammoniaks wird teils von den Endosymbionten fixiert, teils in Harnstoff überführt, der über den Speichel auch wieder in den Pansen gelangt. Mit dem Speichel kommen auch puffernde Substanzen (z. B. $NaHCO_3^-$) in den Pansen und halten das Milieu dort neutral. Im Pansen produziertes Methan und Kohlendioxid wird vom Tier nach Außen abgegeben („Rülpsen"). Endosymbionten, Protein- und Nucleinsäurebestandteile sowie synthetisierte Vitamine gelangen dann mit der wieder geschluckten Nahrung über den Blättermagen in das saure Milieu des Labmagens, des eigentlichen Magens, und werden dort bzw. im alkalischen Milieu des Dünndarms enzymatisch abgebaut bzw. resorbiert.

Den Tylopoda fehlt der Blättermagen. Bei neugeborenen Wiederkäuern wird die Milchnahrung unter Umgehung der „Gärfässer" (erster Magenabschnitt) direkt in den Labmagen befördert.

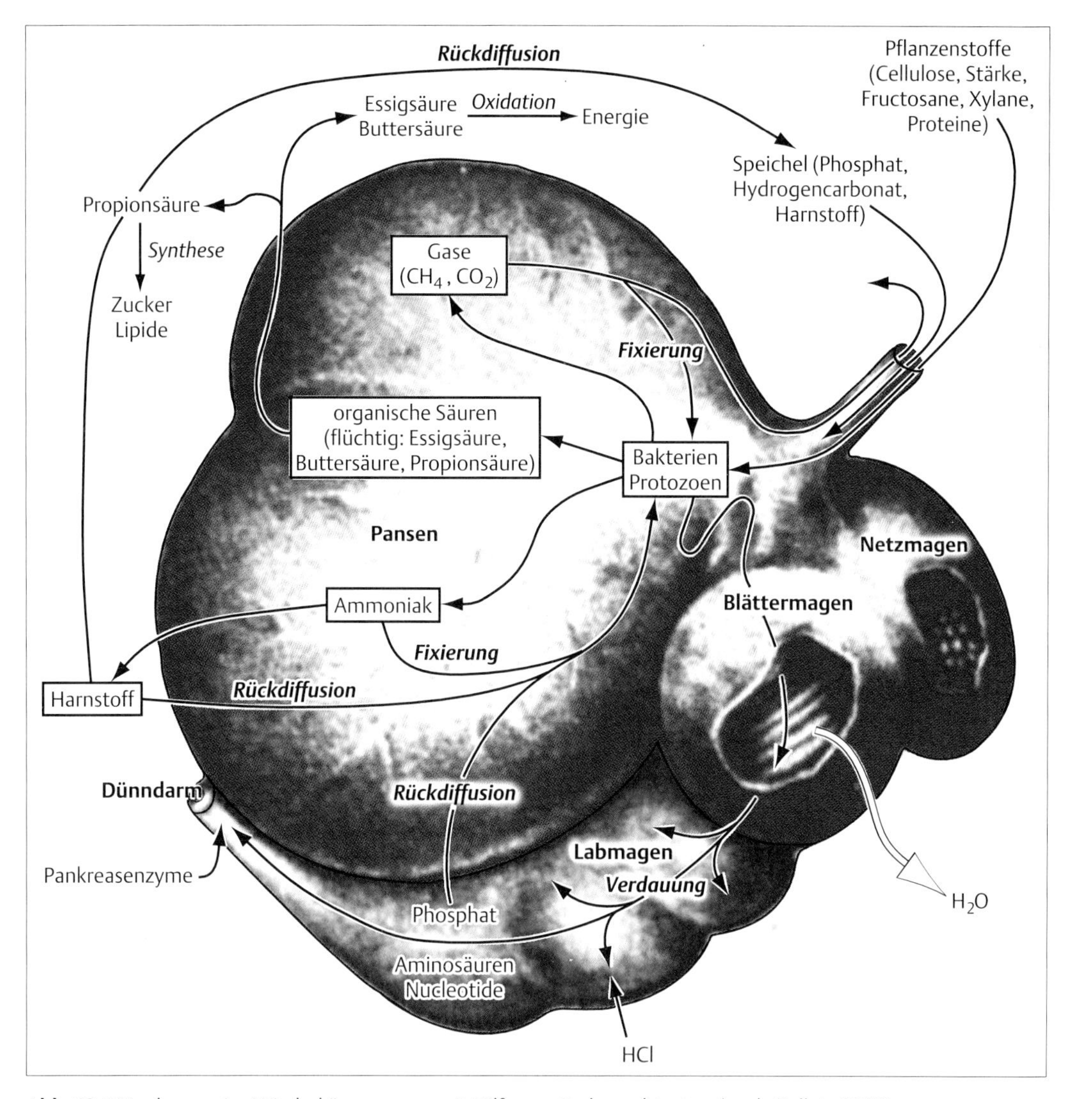

Abb. 12.7 Verdauung im Wiederkäuermagen mit Hilfe von Endosymbionten (nach Collatz 1980)

Andere im eigentlichen Sinne nicht-wiederkauende Pflanzenfresser wie z. B. Kaninchen verdauen Pflanzen, in dem sie die mit den Faeces ausgeschiedene, nur teilweise verdaute Nahrung – die Verdauung findet im Blinddarm statt – erneut fressen und nochmals verdauen (Koprophagie). Pferde und Elefanten verdauen Pflanzenfasern ebenfalls in ihren mächtig ausgebildeten Blinddärmen.

12.5 Verdauung bei Insekten

Insekten nehmen ihre Nahrung mit Hilfe von Mundwerkzeugen auf. Diese bestehen aus einer Oberlippe (Labrum), und den jeweils paarigen Mandibeln, 1. Maxillen und 2. Maxillen (Labium, Unterlippe). Je nach Ernährungsweise sind diese Nahrungsaufnahmeorgane abgewandelt und man unterscheidet z. B. den Typ kauend-beißend oder stechend-saugend (Abb. 12.**3c**). Der Darmkanal (Abb. 12.**8**) gliedert sich in Vorderdarm (Mund, Pharynx, Ösophagus, Kropf und Kaumagen/Proventrikel), Mitteldarm (Ventri-

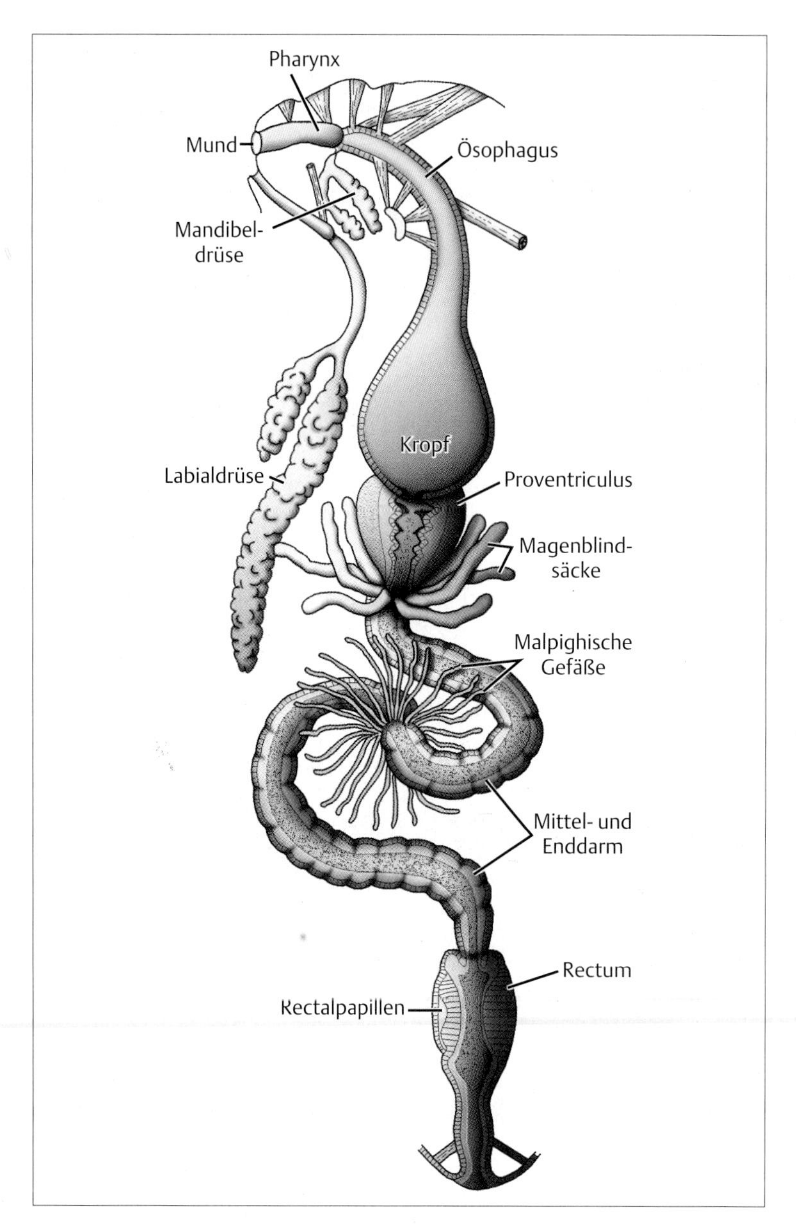

Abb. 12.8 Der Verdauungskanal der Insekten (nach Eckert 1993)

kel, teils mit Blindsäcken) und Hinter- oder Enddarm (Pylorus, Ileum und Colon, Rectum und After). Am Beginn des Hinterdarms münden die exkretorischen Malpighischen Gefäße. Vorder- und Hinterdarm sind mit einer chitinösen Kutikula ausgekleidet. Die Darmwand besteht aus einem inneren, einschichtigen Epithel, der eine Basalmembran und eine Bindegewebs- und Muskelschicht aufliegt. Vorder- und Mitteldarm sowie Mittel- und Enddarm können durch ventilartige Ringfalten voneinander getrennt werden. Mit Hilfe peristaltischer Bewegungen gelangt die Nahrung über den häufig vorhandenen Kropf (Nahrungsspeicher) zum Kaumagen. Bereits im Kropf kann eine Vorverdauung mit Hilfe von Sekreten der Speicheldrüsen und des Mitteldarms stattfinden. Der Kaumagen besitzt häufig Chitinzähnchen zur Zerkleinerung der Nahrung. Bei saugenden Insekten fehlt meist der Kaumagen; dafür sind die Blindsäcke des

Mitteldarms oft stark entwickelt. Im Mitteldarm und in den Blindsäcken findet die Sekretion der Verdauungsenzyme und die Resorption der Nahrungsbestandteile in die Epithelzellen statt (siehe unten). Die Resorption kann entweder durch alle Epithelzellen (außerhalb ihrer Sekretionsphase), oder durch nicht-sekretorische Epithelzellen erfolgen. Das Mitteldarmepithel ist schleimdrüsenlos und empfindlich. Deshalb wird hier häufig zum Schutz vor harter Nahrung eine „peritrophische Membran" ausgebildet, ein aus Chitin und Proteinen gebildeter hohler Schlauch, der für Enzyme und Nahrungsbestandteile (Monomere) durchläßig ist. Der Enddarm ist vom Aufbau dem Vorderdarm ähnlich. Epithelverdickungen im Rectum (Rectalpapillen) dienen der intensiven Wasser- und K^+-Resorption aus dem Kot (vgl. Kap. 8.10). Den Abschluß des Rectums bildet ein Sphincter.

Bei pflanzenfressenden Insekten wie z. B. Schmetterlingen sind in allen Körperflüssigkeiten Na^+-Ionen nur in relativ geringer Konzentration anzutreffen, und K^+-Ionen übernehmen deren Rolle. Das Lumen des Mitteldarms ist äußerst basisch (pH > 10,5), vermutlich um Tannine in der Nahrung zu zerstören. Die Alkalisierung des Darmlumens wird durch H^+ V-ATPasen herbeigeführt. Durch Protonentransport ins Darmlumen (2 H^+ pro ATP) entsteht eine auf der Lumenseite positive Potentialdifferenz über der apikalen Membran von Darmepithelzellen. Da der ebenfalls in dieser Membran eingelagerte $K^+/2H^+$-Antiport elektrophoretischer Natur ist (ein Ladungsungleichgewicht erzeugt), führt diese Spannung zu einem Ausstrom von 2 K^+ bei gleichzeitigem Einstrom von 4 H^+. Als Resultat verlassen zwei Protonen pro ATP das Darmlumen (pH-Anstieg), und es entsteht ein elektrochemischer K^+-Gradient, der z. B. von tertiären K^+/Aminosäure-Symports zur Resorption von Nahrungsbestandteilen verwendet wird.

12.6 Bluttransport der Spaltprodukte der Nahrung

Wir hatten die Verdauungsprozesse der Säuger bereits kennengelernt (Absatz 12.3). Wir wollen uns hier mit dem Weitertransport der Nahrungsbestandteile (Zucker, Aminosäuren, Lipide der Chylomikronen) im Blut und deren Verteilung auf die Körperzellen beschäftigen.

Glukose ist der zentrale Energieträger des Körpers. ZNS oder Erythrocyten hängen vollständig von der Blutglucose, dem Blutzucker, ab. Die Blutglucose wird unter dem Einfluß zweier Hormone, dem **Insulin** und dem **Glucagon,** auf einem Wert von ca. 5 mmol/l konstant gehalten. Beide Hormone werden zusammen mit **Somatostatin** (SIH), das wir bereits kennengelernt haben, in den Langerhansschen Inseln des Pankreas, die aus drei Zelltypen bestehen, hergestellt: Die Alpha-Zellen produzieren Glucagon, die Beta-Zellen Insulin und die Delta-Zellen SIH. Insulin, das Speicherhormon schlechthin, sorgt für ein rasche Aufnahme des nach einer Nahrungsaufnahme ansteigenden Blutzuckers (vgl. Absatz 8.4.2), wobei dieser wiederum der Stimulus für die Insulinausschüttung ist. Fettsäuren und einige Aminosäuren stimulieren ebenfalls die Insulinausschüttung. Adrenalin dagegen bremst diese. Die Absenkung des Blutzuckers durch Insulin basiert auf der Speicherung der Glucose vor allem in der Leber, aber auch in der Skelettmuskulatur. In der Leber schließt sich Glycogenbildung oder ein Glucoseabbau an.

Etwa 2/3 der Nahrungsglucose werden zwischengespeichert und später nach und nach freigesetzt. Insulin sorgt auch für die Speicherung von Aminosäuren in Skelettmuskeln (Proteinsynthese). Im Kapillarenendothel vieler Organe befinden sich Lipoprotein-Lipasen. Insulin aktiviert diese Lipasen und Fettsäuren aus Chylomikronen oder Lipoproteinen, die von der Leber hergestellt wurden (VLDL: very low density lipoproteins), werden von diesen Organen aufgenommen. Umgekehrt hemmt Insulin den zellulären Abbau von Fett (Lipolyse).

Fettsäuren werden vom Plasmaprotein Albumin transportiert, so z. B. zu den Fettzellen, wo Triglyceride synthetisiert werden oder zur Muskulatur oder zur Leber, die später daraus (oder auch aus Glucose) VLDLs herstellt. Eine Fettleber entsteht, wenn die Zufuhr an Fettsäuren oder Glucose langfristig höher ist als der Export in Form von VLDLs. Bei Bedarf gelangen auch wieder Fettsäuren aus den Fettzellen ins Blut. Insulin hemmt diesen Prozess, Adrenalin fördert ihn.

Der Antagonist des Insulins, das Glucagon, hebt den Blutzucker-Spiegel an. Hunger, ein Überangebot an Aminosäuren im Blut (Proteolyse) oder ein Mangel an Fettsäuren stimuliert hier die Hormonausschüttung. Die Leber baut dann Glycogen ab oder synthetisiert Glucose neu (Gluconeogenese) und gibt Glucose dann in die Blutbahn ab. Ein Anstieg der Blutkonzentration von Aminosäuren stimuliert die Ausschüttung von sowohl Insulin als auch Glucagon, so daß die Blutglucose konstant bleibt. Glucagon fördert aber darüber hinaus die Verwertung von Aminosäuren (Gluconeogenese).

Somatostatin hemmt beide, Insulin und Glucagon, und vermindert die Nutzung der Nahrungsstoffe. Die Ausschüttung von SIH wird durch Nahrungsmonomere im Blut stimuliert, durch Adrenalin aber gehemmt.

Die Wirkung der Katecholamine auf den Stoffwechsel wurde schon besprochen (Absatz 2.9).

13 Bioenergetik der Zelle und Leistungsanpassung

13.1 Antriebskräfte chemischer Reaktionen 161

13.2 Geschwindigkeit biochemischer Reaktionen 163

13.3 Grundzüge des tierischen Energiestoffwechsels 165

13.3.1 Zuckerabbau 165

13.3.2 Aminosäure- und Fettsäureabbau 167

13.3.3 Stickstoffhaltige Abfallprodukte: Ammoniak, Harnstoff und Harnsäure 168

13.3.4 Aerobe Energiegewinnung in den Mitochondrien 168

13.4 Nahrung, Energie, respiratorischer Quotient (RQ) 173

13.5 Stoffwechsel- und Systemphysiologie körperlicher Leistung 174

Vorspann

Die Spaltprodukte der Nahrung (z. B. Zucker, Fettsäuren, Aminosäuren) werden von den Zellen aufgenommen und deren nutzbare Energie wird – über verschiedene katabole Stoffwechselwege – dazu verwendet, einen für alle Zellprozesse verwertbaren Energieträger und Energielieferanten, das ATP, herzustellen. Bei den Stoffwechselprozessen der Zelle kommen spezifische Katalysatoren (Enzyme) zum Einsatz. Den größten Nutzen zieht die Zelle aus der Nahrungsenergie, wenn sie die Nahrung auf spezielle Art „verbrennt": Innerhalb der Mitochondrien der Zelle finden Oxidationsreaktionen statt, die letztendlich zur Bildung von Wasser aus Wasserstoffatomen der Nahrung und dem eingeatmeten Sauerstoff bei gleichzeitiger Herstellung von ATP führen. Bei körperlicher Leistung gibt es sowohl systemische, als auch zelluläre Anpassungen: Die Nahrungs- und Sauerstoffzufuhr vor allem der Muskelzellen wird angehoben und die zelluläre Produktion von ATP über eine Beschleunigung der Abbau- und Oxidationsprozesse gesteigert.

13.1 Antriebskräfte chemischer Reaktionen

In einer Abfolge verschiedener Stoffumwandlungen (Stoffwechsel) wird die Energie der Nahrung, der Monomere, vor allem auf das ATP/ADP-System übertragen, das dann als einheitlicher Energielieferant und -verteiler für weitere Zellprozesse zur Verfügung steht. Bevor wir uns mit den wesentlichen energieliefernden Schritten in der Zelle beschäftigen, müssen wir uns die Frage nach den Triebkräften und der Geschwindigkeit biochemischer Reaktionen stellen, da hieraus Regelung und Anpassung des Stoffwechsels an Leistung verständlich werden.

Wir betrachten zuerst eine einfache chemische Reaktion/Umwandlung ($A \leftrightarrow B$) in einem geschlossenen System, das keinen Materieaustausch mit der Umgebung durchführt. Weiterhin gehen wir von konstanten Bedingungen (Temperatur, Druck) im System aus. Die für Arbeit maximal nutzbare Energie des Systems (**Gibbs'sche freie Energie** G; in Joule) hängt mit seiner spezifischen Zusammensetzung zusammen und ergibt sich als Summe der Produkte aus partieller (molarer) freier Energie (μ_i; in $J \cdot mol^{-1}$) und molarer Menge (n_i; in mol) der einzelnen Substanzen i im System: $G = \Sigma\, \mu_i \cdot n_i$. Eine Reaktion läuft spontan ab (**exergone Reaktion**), wenn die freie Energie der Ausgangsprodukte (A) größer ist als die der Endprodukte (B): $G_A > G_B$. Man definiert auch so: Bei einer exergonen Reaktion ist die Änderung des Gehalts an freier Energie im System (ΔG) negativ. Mit dieser Energiedifferenz kann Arbeit verrichtet werden. Wenn für den Ablauf einer Reaktion Energie zugeführt werden müßte ($\Delta G > 0$), spricht man von einer **endergonen Reaktion.** Die Größe der Energiedifferenz (ΔG) hängt – neben den spezifischen freien Energien (μ) – auch von den molaren Mengen (n) bzw. dem Konzentrationsverhältnis der Reaktionspartner ab. Solange nur Ausgangsprodukte vorhanden sind, ist die Triebkraft der chemischen Reaktion maximal (Abb. 13.**1**). Je mehr Ausgangsprodukte verbraucht werden und Endprodukte entstehen, je weiter also die Reaktion fortschreitet (definiert über die Molfraktion $\xi = [B]/([A]+[B])$; molare Mengen der Stoffe in eckigen Klammern), um so geringer wird die Triebkraft. Bei entsprechend vorgegebenen Konzentrationsverhältnissen von

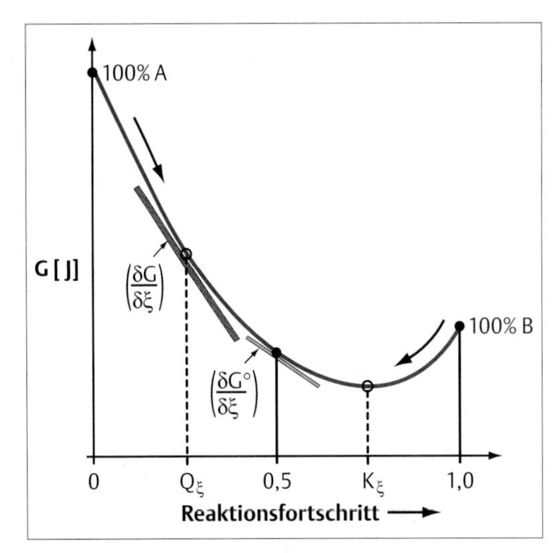

Abb. 13.1 Die Konzentrationsabhängigkeit der Triebkraft einer chemischen Reaktion (nach Wieser 1986)

A und B könnte auch die Rückreaktion stattfinden. Schließlich wird ein Gleichgewichtszustand erreicht ($\xi = K_\xi$ in Abb. 13.**1**), bei dem Hin- und Rückreaktion gleich schnell verlaufen, und keine Triebkraft mehr vorhanden ist.

Die Triebkraft einer chemischen Reaktion wird durch die Lage eines spezifischen Massenwirkungsverhältnisses (Q = [B]/[A]) in Relation zum Gleichgewichtsverhältnis ($K = [B]_{equ}/[A]_{equ}$) bestimmt: Je größer deren Abstand ist, um so größer ist die Triebkraft. Wir betrachten also als Maß für die Triebkraft einer chemischen Reaktion die freie molare Reaktionsenergie (**molare Arbeitsfähigkeit**) eines Systems, die der Steigung $\delta G/\delta\xi$ in Abb. 13.**1** entspricht:

$$\Delta\rho G \text{ (in J} \cdot \text{mol}^{-1}) = -R \cdot T \cdot \ln (K/Q)$$

Gaskonstante R = 8,31 $J \cdot mol^{-1} \cdot K^{-1}$, absolute Temperatur T (in Kelvin)

Sind die Konzentrationsverhältnisse um einen Faktor 10 vom Gleichgewichtsfall entfernt, so können dem System (bei 25 °C ≅ 298 K) 5690 J Energie pro mol umgesetzter Stoffe entnommen werden (-8,31 · 298 · 2,3 · log10 = -5,9 kJ). Unter physikalischen Standardbedingungen (Ausgangs- und Endprodukte jeweils in 1molarer Konzentration; ξ =0,5 in Abb. 13.**1**), gilt der Sonderfall:

$$\Delta\rho G^0 = -R \cdot T \cdot \ln K$$

Damit gilt auch die folgende Gleichung:

$$\Delta\rho G = \Delta\rho G^0 + 2{,}3 \cdot R \cdot T \cdot \log Q$$

Die molare Arbeitsfähigkeit einer Reaktion ($\Delta\rho G$) hängt also einerseits vom jeweiligen Massenwirkungsverhältnis (Q) und andererseits von einer reaktionsspezifischen Konstanten ($\Delta\rho G^0$) ab. Unter physikalischen *und* physiologischen Standardbedingungen (pH 7) wird diese als $\Delta\rho G^{0'}$ bezeichnet.

Lebende Systeme sind offene Systeme, bei denen Ausgangsprodukte fortlaufend zugeführt und Endprodukte fortlaufend entfernt werden. Dies bedeutet, daß die Bedingungen für chemische Reaktionen konstant und so deren Arbeitsfähigkeit erhalten bleiben (Fließgleichgewicht). Der Wert Q nähert sich nicht dem Wert K, sondern bleibt konstant von K entfernt. Im geschlossenen System kann nur eine sich noch im Ungleichgewicht befindende Reaktion Arbeit verrichten. Im offenen System kann eine sich in einem dynamischen Gleichgewicht befindende Reaktion Arbeit verrichten.

Wie wir gesehen haben, hängt die molare Arbeitsfähigkeit $\Delta\rho G$ eines Systems von der Beziehung zwischen Massenwirkungsverhältnis (Q) und Gleichgewichtsverhältnis (K) ab. Auf welchem Niveau dieses Gleichgewicht aber liegt, hängt von den Faktoren **Enthalpie** (innere Energie H) und **Entropie** (S) ab. Dabei muß zwischen einem arbeitsfähigen Energieanteil im System (**„freie Energie"**) und einem anderen unterscheiden werden, der nur in Form von Wärme mit der Umgebung ausgetauscht werden kann (**„gebundene Energie"**). Wenn wir von konstanten Bedingungen (Druck) ausgehen, so stellt die Änderung der inneren Energie (Enthalpieänderung ΔH) eines Systems zwischen Anfangs- und Endzustand einer Reaktion die Summe der Änderungen von freier (ΔG) und gebundener ($T \cdot \Delta S$) Energie dar:

$$\Delta H = \Delta G + T \cdot \Delta S$$

Die Enthalpie (H) eines Systems wird durch die Summe aller Bindungskräfte (zwischen Kernen, Atomen, Ionen, Molekülen) beschrieben, die seine Teile zusammenhalten. Systeme haben das Bestreben, den Betrag dieser Summe zu maximieren. Je stärker die Bindungskräfte sind, je näher sich z. B. Atomkern und Elektronen kommen, um so stabiler ist das System. Führt man dem System Energie zu, so daß sich z. B. Elektronen dann auf weiter außen liegenden Bahnen befinden, so wird das System instabiler. Ein System ist also instabiler, wenn es energiereicher ist und stabiler, wenn es energieärmer ist. (Man denke hier an eine unter großem Energieaufwand errichtete architektonische Konstruktion, die wieder zusammenfallen kann und dadurch in einen energieärmeren Zustand übergeht.) Eine der Antriebskräfte für physikalische, chemische und biologische Prozesse ist das Streben der Systeme einen möglichst energiearmen, stabilen Zustand einzunehmen. Dieser Antrieb wird über die Enthalpiedifferenz definiert. Sinkt die Enthalpie bei einer Reaktion ($\Delta H < 0$), so wird Wärme frei (**exotherme Reaktion**). Soll die innere Energie steigen ($\Delta H > 0$), so muß Wärme aus der Umgebung zugeführt werden (**endotherme Reaktion**). Wärmefreisetzung und Wärmeaufnahme bei exo- und endothermen Reaktionen können mit einem Kalorimeter untersucht werden.

Die Begriffe freie Energie (G) und Änderung der freien Energie (ΔG) hatten wir bereits besprochen. Kommen wir zur Entropie (S).

Die gebundene Energie ist das Produkt aus absoluter Temperatur (T) und Entropieänderung (ΔS). Eine endotherme Reaktion wird nur dann spontan ablaufen, wenn eine zweite Antriebskraft, die Entropieänderung (Entropiezunahme), stärker ist als die Enthalpieänderung (Enthalpiezunahme). Dieser weitere Antrieb beruht darauf, daß die wahrscheinlicheren Zustände im System die bevorzugten sind: Die fast unzählig vielen Moleküle eines Reaktionsgemisches befinden sich auf sehr unterschiedlichen Energieniveaus und belegen so alle möglichen Energiezustände des Systems. Substanzen, die eine große Zahl möglicher Energieniveaus besitzen, sind bei der Belegung der Energiezustände des Systems bevorzugt und so in dem Gemisch viel häufiger anzutreffen: Besitzen also z. B. die Substanzen C und D mehr mögliche („gequantelte") Energieniveaus als die Substanzen A und B, und können beide Substanzgruppen ineinander übergeführt werden, so spricht die Entropie für die Umwandlung $A + B \rightarrow C + D$. Steigt z. B. bei einer Reaktion die Zahl der Teilchen ($A + B \rightarrow nC + mD$) oder führt die Reaktion zur Umwandlung eines großen Moleküls in viele kleine, entsteht also eine größere Zahl möglicher Energieniveaus, so spricht die Entropie ebenfalls für diese Umwandlungen. Entropie ist ein Wahrscheinlichkeitsmaß (oder wie häufig etwas unklar formuliert, ein Maß für die „Unordnung" des Systems), das angibt, welche Substanzen auf Grund ihrer möglichen Energieniveaus in einem Reaktionsgemisch häufiger anzutreffen sind. Dies legt die Wahrscheinlichkeit einer bestimmten Reaktionsrichtung fest und wird als Entropieänderung (ΔS) angegeben. Die Zahl möglicher Energieniveaus und -zustände hängt auch mit der Temperatur (T) zusammen, so daß die gebundene Energie das Produkt aus Temperatur und Entropieänderung darstellt. Die gebundene Energie ($T \cdot \Delta S$) kann nicht für Arbeit genutzt werden, sondern wird vom System absorbiert.

Ob eine Reaktion prinzipiell Arbeit verrichten kann, hängt – wie wir schon gesehen haben – davon ab, ob die freie Energie (ΔG), als Folge von Enthalpie- und Entropieänderungen (ΔH, $T \cdot \Delta S$) im System negativ oder positiv wird:

$$\Delta G = \Delta H - T \cdot \Delta S$$

Eine exergone Reaktion ($\Delta G < 0$) kann prinzipiell Arbeit verrichten; eine endergone Reaktion ($\Delta G > 0$) kann dies nicht. Bei entsprechender Entropiezunahme kann eine Reaktion stärker exergon als exotherm sein, wobei das Energiedefizit dann der Umgebung entzogen wird: Wärme fließt ins System als Kompensation für die Zunahme an gebundener Energie. Wichtig für die Arbeitsfähigkeit eines Systems ist aber auch, daß ein Mechanismus vorhanden ist, um die freie Energie reversibel in Arbeit zu verwandeln. Ist ein solcher nicht vorhanden, so wird die gesamte Enthalpiedifferenz (als irreversibler Prozeß) in Form von Wärme mit der Umgebung ausgetauscht.

13.2 Geschwindigkeit biochemischer Reaktionen

Weitere Details der biochemischen Antriebskräfte werden wir am Beispiel der Glycolyse und der ATP-Spaltung kennenlernen. Zuerst müssen wir uns aber noch mit dem Thema Geschwindigkeit (bio)chemischer Reaktionen beschäftigen. Die Geschwindigkeit einer chemischen Reaktion (k) hängt vom Energiegehalt der reagierenden Moleküle ab und läßt sich folgendermaßen beschreiben (**Arrhenius-Gleichung**):

$$k = f \cdot p \cdot e^{-Ea/RT}$$

In Abhängigkeit von der Häufigkeit molekularer Zusammenstöße (f) und der Wahrscheinlichkeit einer richtigen räumlichen Orientierung der Moleküle zueinander (p), ändert sich die Reaktionsgeschwindigkeit k. Mit steigender Temperatur (T) steigt die Zahl energiereicher Moleküle und damit auch die Geschwindigkeit. Weiterhin benötigen die Moleküle eine gewisse kinetische

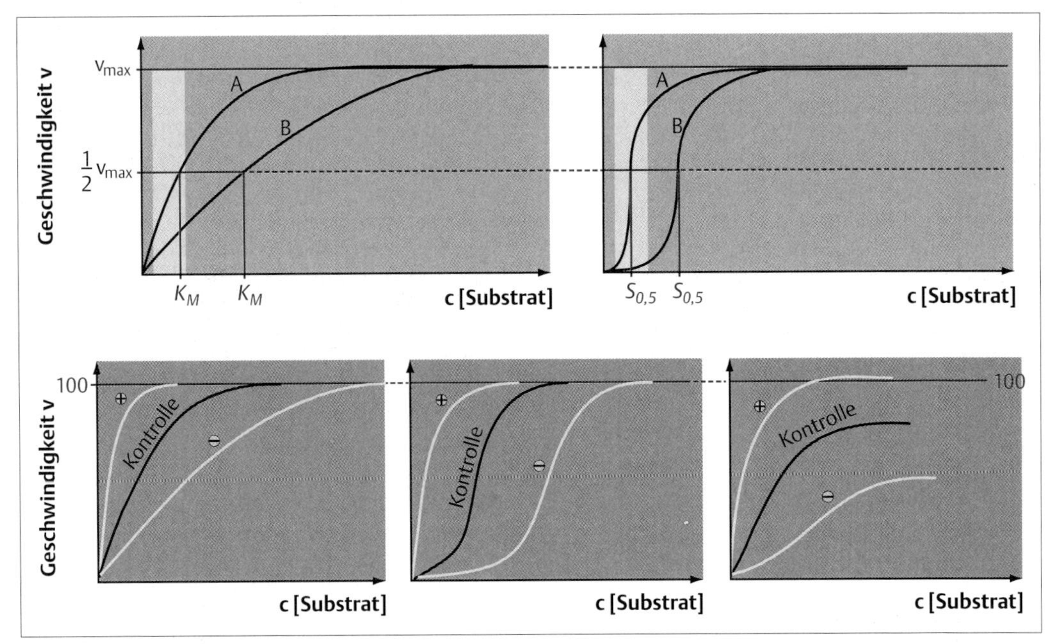

Abb. 13.2 Enzymkinetik und Enzymkontrolle. Mit steigender Substratkonzentration c steigt die Reaktionsgeschwindigkeit v (oben). Die Affinität des Enzyms zum Substrat (K_M im Fall hyperbolischer Beziehungen und $S_{0,5}$ im Fall sigmoider Beziehungen zwischen c und v) wird als die Substratkonzentration definiert, die zur Erzielung einer halbmaximalen Geschwindigkeit notwendig ist. Die tatsächlich in den Zellen vorliegenden Substratkonzentrationen (graue Bereiche) liegen im Bereich der K_M bzw. $S_{0,5}$-Werte. Damit führen kleinere Veränderungen in der Substratkonzentration oder in der Substrataffinität des Enzyms zu starken Veränderungen in der Reaktionsgeschwindigkeit. Bei Enzymen mit größerer Substrataffinität sind die entsprechenden Graphen linksverschoben (A) oder umgekehrt, bei niedrigerer Affinität, rechtsverschoben (B). Positive oder negative Effektoren oder Modulatoren der Enzymfunktion beeinflussen über allosterische Effekte (Effektorbindung an einer spezifischen Bindungsstelle und anschließende Konformationsänderung des Enzyms) vor allem die Affinität des Enzyms (unten, links und Mitte). Selten gibt es Einflüsse von Effektoren auf die Maximalgeschwindigkeit v_{max} (unten rechts) (nach Hochachka und Somero 1980)

Mindestenergie (**Aktivierungsenergie** E_a) für den Reaktionsbeginn und -ablauf. Je mehr Moleküle diese Mindestenergie besitzen bzw. je niedriger diese „Barriere" liegt, um so schneller läuft die Reaktion ab. Beim Einsatz von Katalysatoren sinkt die Höhe der Barriere; der Betrag der notwendigen Aktivierungsenergie (E_a) wird niedriger.

In der Zelle sind es katalytisch wirksame Enzyme (Proteine), die die **Geschwindigkeit** der biochemischen Reaktionen erhöhen. Enzyme ändern nichts an den Antriebskräften, beschleunigen aber exergone Reaktionen (bzw. daran angekoppelte endergone Reaktionen; siehe unten) um Dimensionen (Faktor 10^{12} und mehr). Ihre Wirkung beruht auf mehreren Mechanismen: (i) Durch räumliche Annäherung und geeignete Orientierung der Reaktionspartner (A, B) im aktiven Zentrum eines Enzymproteins wird die Wahrscheinlichkeit für die Ausbildung eines reaktionsfähigen A-B-Komplexes gesteigert. (ii) Durch Abstreifung der meist vorhandenen Hydrathüllen der Reaktionspartner beim Eintritt in das aktive Zentrum können sich die Moleküle noch stärker annähern. (iii) Wenn ein A-B-Komplex entstanden ist, muß dieser nach der Energieaufnahme (Wärmeenergie aus der Umwelt) einen Übergangszustand durchlaufen, um in die Produkte (C,D) umgewandelt werden zu können. Im aktiven Zentrum des Enzyms stabilisieren Aminosäure-Reste diesen Übergangszustand. Dieser Effekt ist vor allem für die Herabsetzung der Aktivierungsenergie einer Reaktion durch Enzyme verantwortlich. (iv) Das Enzym kann zusätzlich benötigte chemische Gruppen (z. B. Protonen) auf die Reaktionspartner übertragen oder solche aufnehmen.

Die Geschwindigkeit einer enzymkatalysierten chemischen Reaktion (v) läßt sich quantitativ beschreiben. Dabei gehen drei Größen in die Berechnung ein: (i) Die Konzentration (c) der Ausgangssubstanz (des Substrats), (ii) die Affinität (K_M) des Enzyms zu diesem Substrat (**Michaelis-Konstante:** Diese entspricht der Substratkonzentration zur Erreichung einer halbmaximalen Reaktionsgeschwindigkeit $^1/_2\ v_{max}$) und (iii) die maximale Reaktionsgeschwindigkeit (v_{max}), die wiederum von der Enzymkonzentration ([E]) und der **Wechselzahl des Enzyms** (K_{cat}) abhängt.

$$v = v_{max} \cdot c/(K_M + c) =$$
$$[E] \cdot [k_{cat}] \cdot c/(K_M + c)$$

c, [E], K_M: in $mol \cdot l^{-1}$
v_{max}: in $mol \cdot l^{-1}\ s^{-1}$
k_{cat}: in s^{-1} (von einem Enzym pro Sekunde umgesetzte Substratmoleküle)

13.3 Grundzüge des tierischen Energiestoffwechsels

13.3.1 Zuckerabbau

Glucose und andere Monosaccharide werden in die Zelle aufgenommen und dort phosphoryliert (aktiviert) – ein „Signal“, das ein Verlassen der Zelle nun unmöglich macht. Der Transport der Glucosemoleküle über die Zellmembran erfolgt passiv, aber mit Hilfe von Carriern („erleichterte Diffusion“). Im Cytoplasma befinden sich die Enzyme der **Glycolyse** (Abb. 13.**3**). Nach einer Vorbereitungsphase (Reaktionen 1–5) folgt die energieliefernde Phase (Reaktionen 6–10). Zuerst wird also die Glucose aktiviert (→Glu-6-P). Nach dem Umbau zu Fru-6-P erfolgt ein weiterer Phosphorylierungsschritt. Das entstandene Fru-1,6-P wird dann in zwei Triosen gespalten. In der zweiten, energieliefernden Phase werden beide für die Phosphorylierungen investierten Moleküle ATP zurückgewonnen, und darüber hinaus 2 zusätzliche Moleküle ATP gewonnen (**Substratphosphorylierung**). (Dafür wird einmal anorganisches Phosphat ins Molekül aufgenommen.) Es ergibt sich damit ein Nettogewinn von 2 mol ATP pro mol Glucose. Beim Reaktionsbeginn vom Speicherstoff Glycogen aus wird für den ersten Phosphorylierungsschritt (→ Glu-1-P) kein ATP benötigt, und der Nettogewinn beträgt 3 mol ATP pro mol Glucosyleinheiten des Glycogens. Endprodukt ist in jedem Fall Pyruvat (Pyr).

Die molare Arbeitsfähigkeit $\Delta_\rho G$ der einzelnen, enzymkatalysierten Schritte der Glycolyse liegt in 7 von 10 Fällen nahe dem thermodynamischen Gleichgewicht, also nahe dem Wert 0. Diese Schritte sind frei reversibel: Sie werden tätsächlich auch für die Neusynthese von Glucose (Gluconeogenese) genutzt. Hier wirken sogenannte Gleichgewichtsenzyme, die häufig sehr schnell sind (großer k_{cat}-Wert). Abbau (Katabolismus) und Aufbau/Synthese (Anabolismus) verlaufen hier nach den Regeln von Angebot und Nachfrage. Bei 3 Reaktionschritten und 3 Enzymen ist die Situation aber völlig anders: Hexokinase (Glu → Glu-6-P), Phosphofructokinase (Fru-6-P → Fru-1,6-P) und Pyruvatkinase (PEP → Pyr). Hier liegen die $\Delta_\rho G$-Werte weit im Negativen, und die Massenwirkungsverhältnisse liegen mindestens um einen Faktor Tausend von den Gleichgewichtsverhältnissen entfernt. Hier arbeiten relativ langsame Ungleichgewichtsenzyme, die einer intensiven Kontrolle durch Effektoren/Modulatoren unterliegen. Hier liegen wichtige biochemische Wurzeln der Leistungsanpassung tierischer Zellen. Diese drei Reaktionen sind irreversibel, hängen nicht nur von Massenwirkungsverhältnissen, sondern auch von übergeordneten, steuernden und modulierenden Faktoren ab. Das ganze Geschehen erinnert an einen Katarakt, mit einigen wenigen Kaskaden und vielen Flachstellen, wo das Wasser teils rückwärts fließen kann. An die Stelle der „Wasserfälle“ treten hier Phosphorylierungsreaktionen: Stark exergone Reaktionen treiben endergone Reaktionen voran.

Prinzipiell kann die Kopplung von exergonen und endergonen Reaktionen so effizient sein, daß der gemeinsame $\Delta_\rho G$-Wert nahe 0 liegt, wobei die Reversibilität des Prozesses eine besonders verlustfreie Energieübertragung erlaubt (z. B. bei der endergonen ATP-Bildung mit Hilfe der exergonen Teilreaktion vom 1,3-P-Glycerat → 3-P-Glycerat). Nur unter den Bedingungen des Fließgleichgewichts (ATP wird abtransportiert, neues 1,3-P-Glycerat wird angeliefert) ist es möglich, daß hier, nahe dem thermodynamischen Gleichgewicht, effizient Arbeit (nämlich eine direkte Übertragung chemischer Energie) verrichtet werden. „Zum Wesen des Lebens gehört nicht nur Irreversibilität in der zeitlich-räumlichen Ordnung des Stoffwechsels und die Nutzung der mit dem Sonnenlicht verfügbaren freien Energie, sondern auch die effiziente Transformation dieser in Arbeit und biologische Substanz nahe dem thermodynamischen

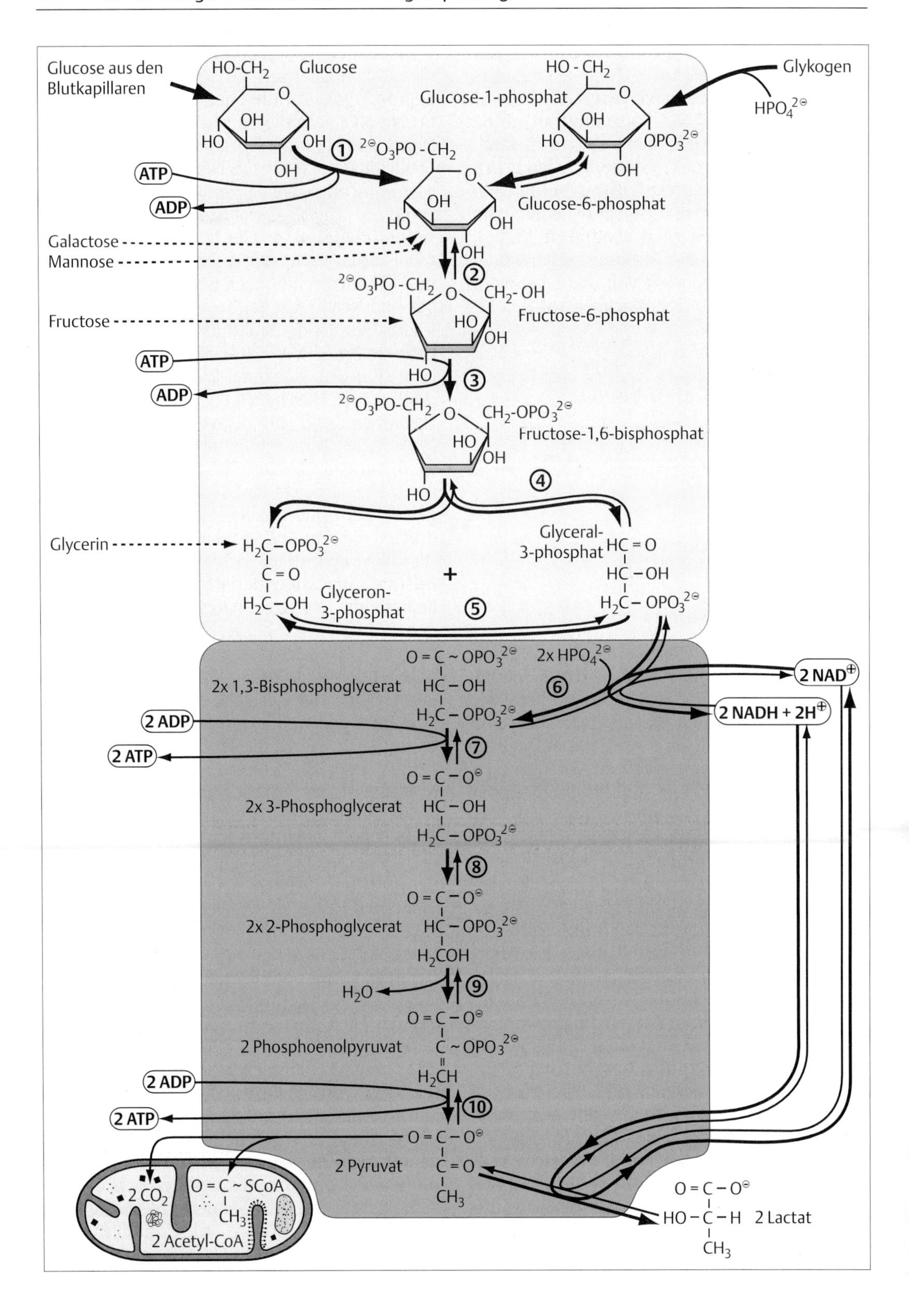

Glucose aus den Blutkapillaren
Glucose
Glucose-1-phosphat
Glykogen
HPO4 2⊖
ATP
ADP
Glucose-6-phosphat
Galactose
Mannose
Fructose
Fructose-6-phosphat
ATP
ADP
Fructose-1,6-bisphosphat
Glycerin
Glyceral-3-phosphat
Glyceron-3-phosphat
2x HPO4 2⊖
2 NAD⊕
2 NADH + 2H⊕
2x 1,3-Bisphosphoglycerat
2 ADP
2 ATP
2x 3-Phosphoglycerat
2x 2-Phosphoglycerat
H2O
2 Phosphoenolpyruvat
2 ADP
2 ATP
2 Pyruvat
2 CO2
2 Acetyl-CoA
2 Lactat

Gleichgewicht" (W. Wieser): Fließgleichgewichtssysteme nutzen die freie Energie der Sonne am wirtschaftlichsten, indem sie am wenigsten Entropie („Unordnung") produzieren.

Neben dem Gewinn von ATP besteht eine wichtige Rolle der Glycolyse auch darin 2 mol **NADH+H⁺** pro mol Glucose, also 2 mol Elektronenpaare (bzw. Wasserstoffpaare), aus der Nahrung für die spätere mitochondriale Oxidationsreaktion mit Sauerstoff zu Wasser bereitzustellen (Atmungskette). Pyruvat, das Endprodukt der Glycolyse wird bei Anwesenheit von Sauerstoff und Mitochondrien weiter oxidiert. Bei Abwesenheit von Sauerstoff, aber auch bei stark aktivierter Glykolyse und weniger stark aktivierter nachfolgender Oxidation (Citratzyklus und Atmungskette) wird Pyruvat, unter Verwendung der in Form von NADH + H^+ „gespeicherten" Elektronenpaare, zu Lactat umgewandelt (siehe auch Kap. 14). Auf diese Weise werden wieder NAD^+-Moleküle frei, die weitere Elektronenpaare aufnehmen können, so daß die Glycolyse auch anaerob ablaufen kann.

13.3.2 Aminosäure- und Fettsäureabbau

Die ins Cytoplasma der Zellen gelangten Aminosäuren werden meist für den Aufbau von Proteinen benötigt. Teilweise wird ihr Kohlenstoffgerüst aber auch für den Energiegewinn genutzt. Der Amino-Stickstoff ist für diesen Zweck nicht nutzbar und wird ausgeschieden (Abschnitt 13.3.3).

Die Kohlenstoffgerüste der 20 natürlicher Weise in Proteinen vorkommenden Aminosäuren können zu 7 Metaboliten abgebaut werden, wovon 5 im Intermediärstoffwechsel des Citrat-Zyklus Verwendung finden (Abb. 13.**8**): 2-Oxoglutarat, Succinyl-CoA, Fumarat, Oxalacetat sowie Pyruvat, das in Oxalacetat umgewandelt werden kann (Produkte der glucogenen Aminosäuren). Zwei andere Produkte, nämlich Acetacetat und Acetyl-CoA gelangen in die Aufbauwege für Lipide/Lipoide (Produkte der rein ketogenen Aminosäuren Lysin und Leucin). Die Aminogruppe kann entweder im abbauenden oder aufbauenden Stoffwechsel auf eine 2-Oxosäure übertragen (**Transaminierung**) werden oder als

◁ **Abb. 13.3** Der Abbau von Glucose und Glycogen (Glycolyse). Im ersten Abschnitt entstehen aus C_6-Körpern (Zucker) schließlich 2 C_3-Körper. Im zweiten Abschnitt werden die C_3-Körper unter Energiegewinn weiter abgebaut (nach Collatz 1980)

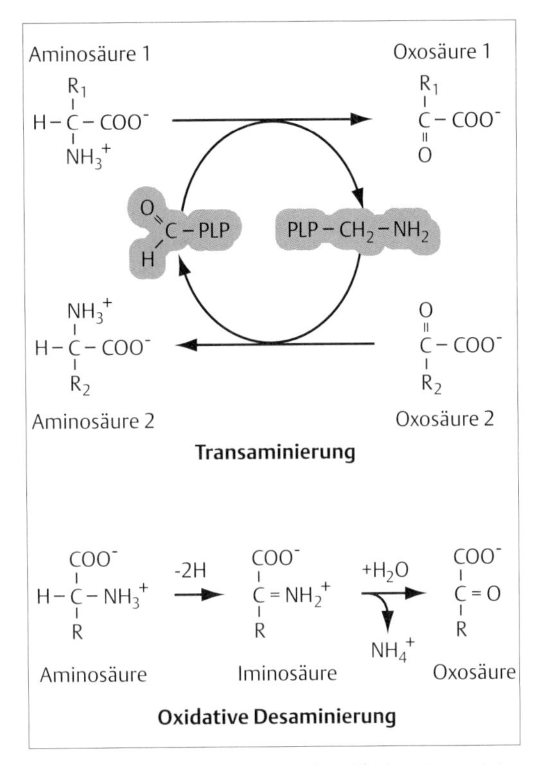

Abb. 13.4 Transaminierung und oxidative Desaminierung (PLP: enzymgebundenes Pyridoxal- bzw. Pyridoxaminphosphat)

Ammoniak abgespalten werden (verschiedene Formen der **Desaminierung**) (Abb. 13.**4**).

Fettsäuren werden im Blut vor allem proteingebunden transportiert, und nach Aufnahme in die Zelle, ebenfalls an Proteine gebunden. Dann werden sie unter Spaltung von ATP aktiviert (→ Acyl-CoA) und mit Hilfe des Carriers Carnitin über die innere Mitochondrienmembran in die Mitochondrienmatrix geschleust, wo ihr Abbau stattfindet. In einem zyklischen Abbauprozess (**β-Oxidation;** Abb. 13.**5**) werden sukzessive C_2-Einheiten (Acetyl-CoA) abgespalten, die in den Citrat-Zyclus geschleust werden. Dabei werden pro Zyklus 2 Elektronenpaare auf enzymgebundenes Flavin (FAD) bzw. NAD^+ übertragen und in die Atmungskette geschleust. Bei einem Überangebot an Acetyl-CoA werden Ketonkörper (Aceton, Acetacetat, 3-Hydroxybutyrat) synthetisiert.

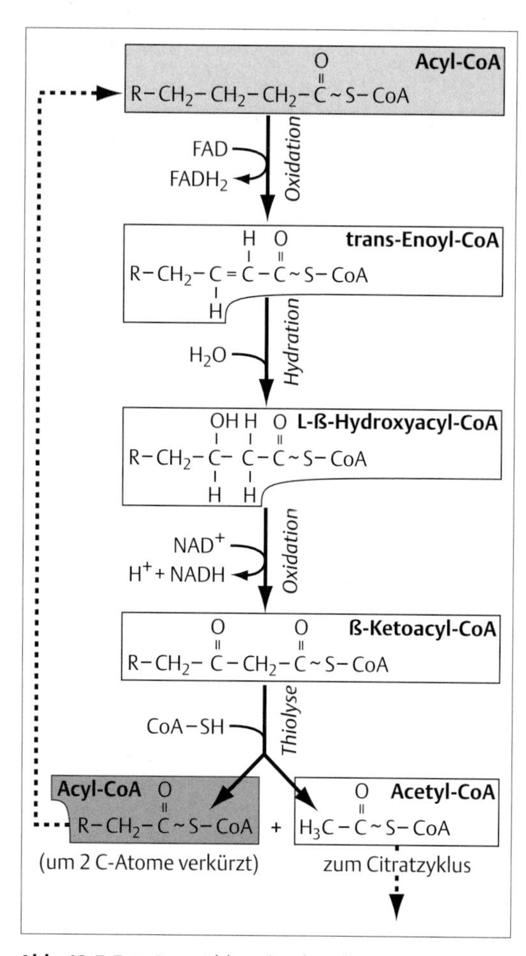

Abb. 13.5 Fettsäure-Abbau (nach Collatz 1980)

13.3.3 Stickstoffhaltige Abfallprodukte: Ammoniak, Harnstoff und Harnsäure

Die Aminogruppe der Aminosäuren wird entweder wiederverwendet (Transaminierung) oder der Aminostickstoff wird ausgeschieden (Exkretion). Im Tierreich treten drei stickstoffhaltige Exkretionsprodukte auf: Ammoniak, Harnstoff und Harnsäure.

Ammoniak (NH_3) ist sehr giftig (basische Wirkung, Funktionsstörung von Ionenkanälen), aber auch gut wasserlöslich. Da aber ca. 400 ml Wasser benötigt werden, um 1 Gramm Stickstoff in Form von Ammoniak abzugeben, müssen **ammoniotelische** Tiere im Wasser leben: aquatische Invertebraten und Knochenfische. Der Aminostickstoff vieler Aminosäuren wird hier in den Körperzellen auf Glutaminsäure unter Bildung von Glutamin übertragen. Letzteres dient als ungiftige Transportform für Aminostickstoff im Blut. In den Epithelzellen der Nierentubuli wird vom Glutamin, unter Rückgewinnung von Glutaminsäure, Ammoniak abgespalten, der in das Tubuluslumen übertritt. Knochenfische geben NH_4^+ (im Austausch gegen Na^+) auch über das Kiemenepithel ab.

Harnstoff (Abb. 13.**6**) ist viel weniger giftig als Ammoniak und auch gut wasserlöslich. Es werden ca. 50 ml Wasser zur Abgabe von 1 g N in Form von Harnstoff benötigt. Zu den **ureotelischen** Tieren gehören u. a. die Säuger, aber auch einige Fisch-, Amphibien- und Reptiliengruppen. Die Harnstoffbildung erfolgt zumindest bei den höheren Vertebraten in der Leber über den Ornithin-Harnstoff-Zyklus (Abb. 13.**6**): An das Ornithin werden zwei Aminogruppen (zusammen mit einem CO_2) unter Bildung von Arginin angelagert. Aus dieser Aminosäure wird dann Harnstoff (mit 2 N pro Molekül) unter Rückgewinnung von Ornithin abgespalten. Harnstoff wird von Knochenfischen und vielen Invertebraten aber auch über das Zwischenprodukt Harnsäure synthetisiert (Abb. 13.**6**).

Harnsäure (Abb. 13.**6**) ist ungiftig und kaum wasserlöslich (also auch osmotisch unwirksam). Vögel, Reptilien und Landarthropoden (**urikotelische** Tiere) scheiden Harnsäure als breiige Masse aus. Da nur 10 ml Wasser benötigt werden, um 1 g N in Form von Harnsäure abzugeben, ist dies das adäquate stickstoffhaltige Abfallprodukt für ein Leben in trockenen Gebieten. Pro Molekül Harnsäure werden 4 N eliminiert, die von den Aminosäuren Glycin, Aspartat und Glutamat stammen Abb. 13.**6**).

13.3.4 Aerobe Energiegewinnung in den Mitochondrien

Das Sammelbecken der meisten Abbauwege von Nahrungsbestandteilen ist der in der mitochondrialen Matrix gelegene **Citrat-Zyklus** bzw. dessen Ausgangssubstanz, die aktivierte Essigsäure (**Acetyl-CoA**). Der Abbau von Aminosäuren und Fettsäuren endet hier, ebenso wie der der Zucker. Pyruvat gelangt mit Hilfe eines

Abb. 13.6 Harnstoffbildung im Ornithin-Harnstoffzyklus (oben) und Harnsäure- bzw. Harnstoffbildung über den urikolytischen Weg (unten) (nach Collatz 1980, Ekkert 1993) ▷

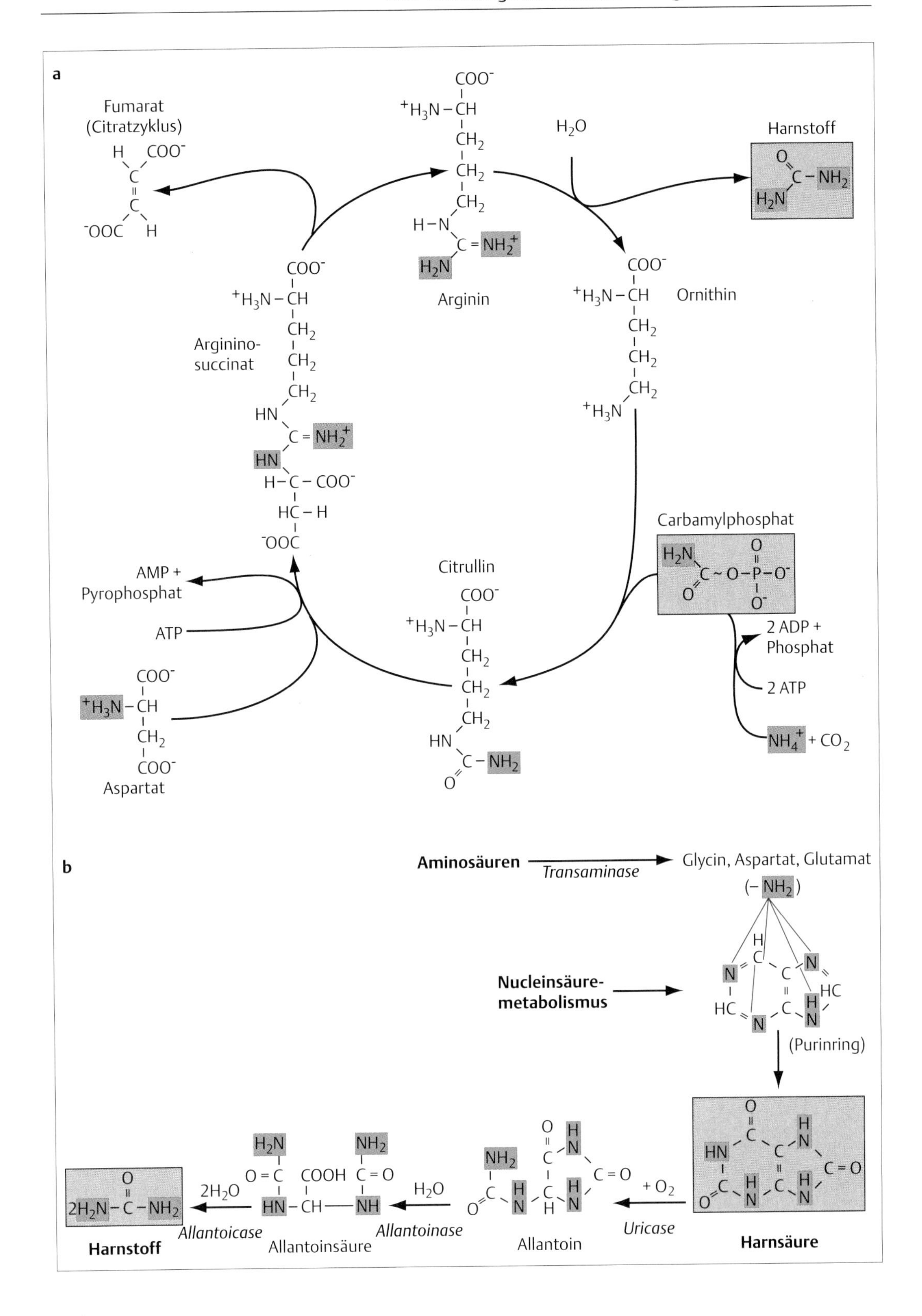
a
Fumarat
(Citratzyklus)
Arginin
Harnstoff
H_2O
Ornithin
Arginino-
succinat
Carbamylphosphat
AMP +
Pyrophosphat
ATP
Citrullin
2 ADP +
Phosphat
2 ATP
$NH_4^+ + CO_2$
Aspartat
b
Aminosäuren
Transaminase
Glycin, Aspartat, Glutamat
($-NH_2$)
Nucleinsäure-
metabolismus
(Purinring)
Harnsäure
Uricase
$+ O_2$
Allantoin
Allantoinase
H_2O
Allantoinsäure
Allantoicase
$2H_2O$
Harnstoff

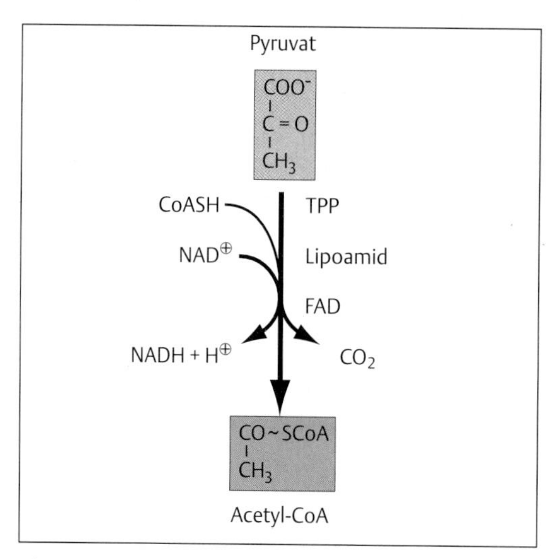

Abb. 13.7 Oxidative Decarboxylierung des Pyruvats (nach Collatz 1980)

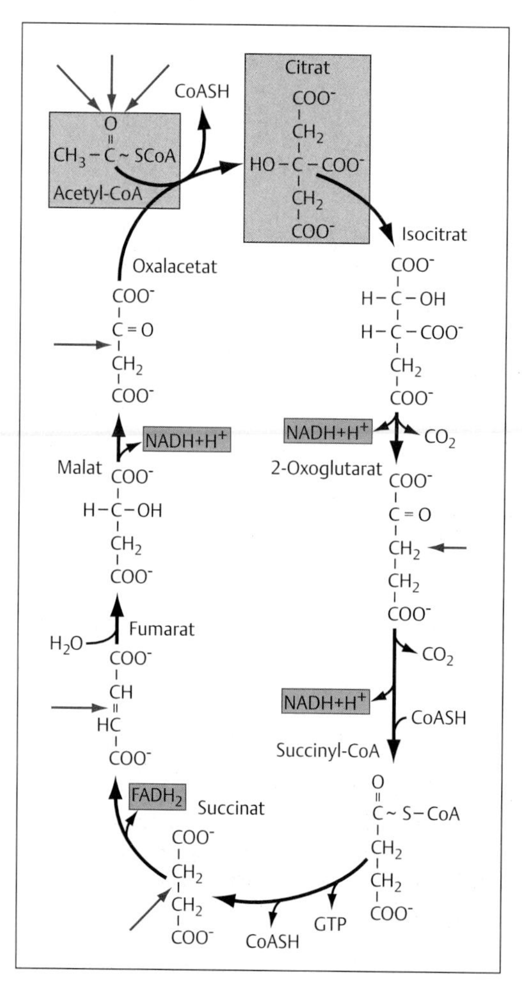

Carriers in die mitochondriale Matrix und wird dort über eine oxidative Decarboxylierung zu Acetyl-CoA umgewandelt (Abb. 13.**7**). Zur Überwindung der inneren Mitochondrienmembran gibt es für viele Substanzen spezielle passive und aktive Carrier: NADH+H⁺ („Malat-Shuttle"), Fettsäuren (Carnitin-Carrier), Pyruvat (Symport mit H^+), ATP/ADP (Antiport), Aminosäuren und Intermediate des Citrat-Zyklus (Antiport-Carrier). Sauerstoff und Kohlendioxid gelangen diffusiv über diese Membran.

Aus Acetyl-CoA (C_2-Körper) und Oxalacetat entsteht Citrat, das in den weiteren Schritten unter Abspaltung von 2 CO_2 wieder zu Oxalacetat umgewandelt wird, wobei den Zwischensubstanzen insgesamt 4 Elektronenpaare (Wasserstoffpaare) für die Atmungskette entzogen werden können. Zusätzlich entsteht 1 „energiereiches" GTP (Abb. 13.**8**).

Wir werden uns nun der Frage zuwenden, wie die Zelle tatsächlich Energie aus der Nahrung gewinnt. Wie erfolgt eine intrazelluläre Verbrennungsreaktion? Die Partner dieser Reaktion, der **biologischen Oxidation,** haben wir bereits kennengelernt. Es sind einerseits Elektronenpaare (Wasserstoffpaare) und andererseits Sauerstoff. Bisher wurde nur ein kleiner Teil der in der Nahrung verborgenen Energie genutzt (ca. 10%), um (bei Glycolyse und Citrat-Zyklus) energiereiche" ATP- und GTP-Moleküle als zelluläre Energielieferanten und -verteiler herzustellen. Bei einer vollständigen Oxidation („Verbrennung") würde einem Pyruvat-Molekül zum Beispiel vollständig der Wasserstoff entzogen und zu Wasser oxidiert werden, und dessen Kohlenstoffatome würden von einem hohen Energieniveau (mittlere Oxidationszahl: +0,67) auf ein niedriges im Kohlendioxid (Oxidationszahl: +4) fallen. (Die Oxidationszahl, als Ausdruck der Affinität des Kohlenstoffs zu seinen Valenzelektronen, liefert ein Maß für den Reduktionsgrad einer Verbindung: Methan (CH_4) hat –4; Glucose hat 0; Kohlendioxid (CO_2) hat +4. Je reduzierter eine Verbindung ist, desto mehr ATP kann sie liefern.)

Um genauer zu verstehen, wie die freie molare Reaktionsenergie $\Delta_\rho G$ der Oxidation von Nahrung genutzt wird, müssen wir erst prinzipiell über Oxidations- und Reduktionsprozesse sprechen. Die äußeren Elektronen sind je nach

Abb. 13.8 Citrat-Zyklus (nach Collatz 1980): Die roten Pfeile kennzeichnen Einmündungsstellen in den Zyklus.

Tab. 13.1 Redoxpotentiale (relativ zur Wasserstoffelektrode) einiger biologisch wichtiger Reaktionen bei pH = 7,0 (nach Wieser 1986)

Elektronendonatoren (Reduktionsmittel)	Elektronenakzeptoren (Oxidationsmittel)	Redoxpotential (V)
Ferredoxin-e^-	Ferredoxin + e^-	- 0,432
H_2	$2H^+ + 2e^-$	- 0,414
NADH + H^+	$NAD^+ + 2H^+ + 2e^-$	- 0,317
NADPH + H^+	$NADP^+ + 2H^+ + 2e^-$	- 0,316
$FADH_2$	FAD + $2H^+ + 2e^-$	- 0,219
Laktat	Pyruvat + $2H^+ + 2e^-$	- 0,180
Flavoprotein-H_2	Flavoprotein + $2H^+ + 2e^-$	- 0,063
Phyllochinon-H_2	Phyllochinon + $2H^+ + 2e^-$	- 0,050
Succinat	Fumarat + $2H^+ + 2e^-$	- 0,015
Fe^{II}-Cytochrom b_5	Fe^{III}-Cytochrom b_5 + e^-	+ 0,020
Fe^{II}-Cytochrom b	Fe^{III}-Cytochrom b + e^-	+ 0,070
Ubichinon-H_2	Ubichinon + $2H^+ + 2e^-$	+ 0,100
Fe^{II}-Cytochrom c	Fe^{III}-Cytochrom c + e^-	+ 0,260
Fe^{II}-Cytochrom a	Fe^{III}-Cytochrom a + e^-	+ 0,290
Fe^{II}-Cytochrom a_3 (Cytochromoxidase)	Fe^{III}-Cytochrom a_3 + e^-	+ 0,520
H_2O	$1/2O_2 + 2H^+ + 2e^-$	+ 0,815

Art des Moleküls verschieden stark an die Kerne gebunden. Manche verlieren diese Elektronen leicht, andere können noch welche binden. Moleküle mit geringerer Anziehungskraft zwischen Kern und äußeren Elektronen und einem hohen Energieniveau dieser Elektronen üben einen Elektronendruck auf ihre Umgebung aus: Durch Elektronenabgabe können sie andere Moleküle reduzieren (Name: **Reduktionsmittel**) und werden dabei selber oxidiert. Moleküle mit stark gebundenen und energiearmen äußeren Elektronen üben einen Elektronensog auf ihre Umgebung aus: Sie können andere Moleküle oxidieren (Name: **Oxidationsmittel**) und werden dabei selber reduziert. Reduktionsmittel oder Oxidationsmittel kommen also in zwei Formen vor, nämlich reduziert und oxidiert. Man nennt sie deshalb auch **Redoxsysteme.** Reduktionsmittel stellen die Monomere aus der Nahrung bzw. die an Redox-Coenzyme (NAD^+, Flavine) abgegebenen Elektronenpaare (Wasserstoffpaare) dar; Oxidationsmittel ist Sauerstoff. Die Übertragung von Elektronenpaaren von einem hohen Energieniveau auf ein niedrigeres bedeutet eine negative Enthalpieänderung (ΔH negativ), und die freie Energie dieser insgesamt exergonen Reaktion (ΔG negativ) kann für eine angekoppelte endergone Reaktion, nämlich die Synthese energiereicher Phosphatverbindungen (ATP) genutzt werden.

Ein Redoxsystem kann in Form eines Redoxpotentials (Standardpotential $\Delta E^{0'}$: pH 7), das relativ zu einer standardisierten Wasserstoffelektrode gemessen wird, quantifiziert und eingestuft werden (Tab. 13.**1**).

Zusätzlich spielen für das Redoxpotential ΔE (beliebiger pH) einer Redoxreaktion ($S_{ox} + n \cdot e^- \leftrightarrow S_{red}$) wieder Konzentrationsverhältnisse eine Rolle:

$$\Delta E = \Delta E^{0'} + 2{,}3 \cdot RT/(nF) \cdot \log [S_{ox}]/[S_{red}]$$

(n: Zahl übertragener Elektronen, F: Faraday-Konstante)

Die freie molare Reaktionsenergie ($\Delta \rho G$) einer Redoxreaktion errechnet sich folgendermaßen:

$$\Delta \rho G = - n \cdot F \cdot \Delta E$$

Die chemische Energie der Nahrung wird also im wesentlichen durch Nutzung der freien Energie von Elektronenübertragungen verfügbar. Da Elektronenpaare aber nicht frei in der Zelle vorkommen können, wurde ein Mechanismus entwickelt, um diese Energie (**Elektronenübertragungspotential**) auf ATP, als universellem Energieträger, -lieferanten und -verteiler (**Phosphatübertragungspotential**) zu übertragen (**oxidative Phosphorylierung**). Dies geschieht in der inneren Mitochondrienmembran entlang der Atmungskette, der Elektronentransportkette. Beide Energieformen (Elektronen-

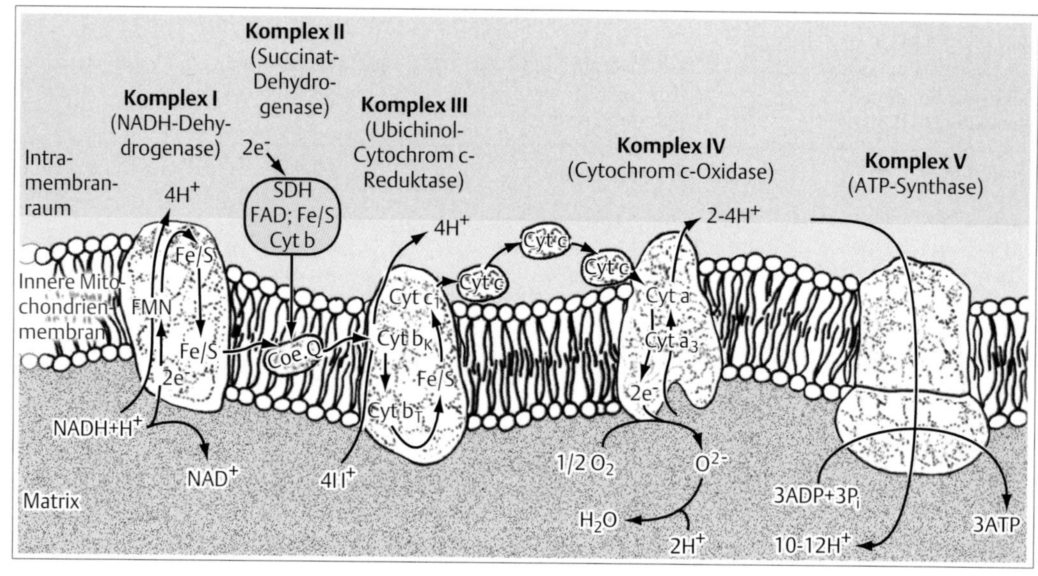

Abb. 13.9 Die mitochondriale Atmungskette (nach Koolman und Röhm 1994)

bzw. Phosphatübertragungspotential) sind nicht direkt gekoppelt, sondern über einen Protonengradienten (**elektrochemisches Potential**) verknüpft, der mit Hilfe der ersten Energieform aufgebaut wird, und von der zweiten genutzt wird.

Konkret sieht dieser Mechanismus so aus, daß Elektronenpaare von den Redox-Coenzymen abgegeben und über verschiedene enzymatische Redox-Komplexe in der inneren Mitochondrienmembran mit immer positiver werdendem Redoxpotential geleitet werden, und dabei ein Protonengradient über dieser Membran aufgebaut wird. Schließlich werden die Elektronenpaare auf die Substanz mit dem positivsten Redoxpotential, dem Oxidationsmittel Sauerstoff übertragen: Die Nahrung wird auf diese Weise biologisch „verbrannt". Eine membranständige ATP-Synthetase (Komplex V) nutzt den elektrochemischen Protonengradienten, um den zellulären Energieverteiler ATP zu synthetisieren (Abb. 13.**9**).

Die Zelle nutzt ATP um die freie Energie einer exergonen Reaktion auf eine endergone Reaktion zu übertragen. Man spricht beim ATP und einigen anderen Verbindungen (Phosphagene) von **„energiereicher"** Bindung. Was heißt das? Es bedeutet einfach, daß die Hydrolyse von ATP (→ ADP + P) stark exergon ist. Unter physiologischen Bedingungen sind solche Phosphatverbindungen stark negativ geladen (ATP^{4-}, ADP^{3-}, AMP^{2-} und P^{2-}) und von Hydrathüllen umgeben. Je größer die Ladungsdichte ist, um so stärker sind die Bindungskräfte zwischen Phosphatgruppe und Wasser. Die Ladungsdichte der kleinen Moleküle ist größer, und damit ihre Enthalpie geringer (stärkere Bindungskräfte → energieärmeres System). Sie sind also die bevorzugten Substanzen im Reaktionsgemisch, und die Spaltung der größeren Phosphatverbindungen ist entsprechend exergon.

Das Milieu, in dem Reaktionen stattfinden, beeinflußt zusätzlich sowohl Enthalpieänderungen, als auch Entropieänderungen (Abhängigkeit der Zahl möglicher Energiezustände vom Milieu) und damit generell die Antriebskraft für chemische Reaktionen. Die freie Energie der ATP-Hydrolyse hängt z. B. von der Konzentration an Mg^{2+}-Ionen im äußeren Milieu ab (Beeinflussung des Entropieterms; Tab. 13.**2**). Reaktionen im Reagenzglas und in der Zelle können also grundverschieden sein. So muß bei einem komplexen Reaktionszyklus (wie beim Kontraktionszyklus der Muskeln) auch nicht unbedingt die ATP-Spaltung der entscheidende reaktionstreibende Schritt, also der mit dem negativsten $\Delta\rho G$, sein. Wie schon angesprochen wurde, hängt die freie Energie der ATP-Hydrolyse vom Milieu ab. In Muskelzellen bindet ADP an Aktin und kommt kaum frei vor; ATP^{4-} bildet mit Mg^{2+}-Ionen Komplexe. Hier ergibt sich vor allem aus Konzentrationsgründen (das ATP/

Tab. 13.2 Thermodynamische Parameter einiger wichtiger Spaltungsreaktionen im Umfeld der ATP-Hydrolyse bei 25 °C, pH 7,5, $[Mg^{2+}]$ = 10 mM oder 0,1 µM, Ionenstärke = 0,2 (Tetra-n-Propyl-Ammoniumchlorid als Puffer). Die Konzentrationen aller Reaktionspartner (mit Ausnahme des Wassers) sind 1-molar. Alle Werte in kJ · mol^{-1} (aus Wieser 1986)

	$[Mg^{2+}]$ =10 mM			$[Mg^{2+}]$ = 0,1 µM
	$\Delta\rho G°'$	$\Delta\rho H°'$	$T \cdot \Delta\rho S°'$	$T \cdot \Delta\rho S°'$
ATP + $H_2O \rightarrow$ ADP + P_i	-37,6	-15,5	22,2	20,9
ADP +$H_2O \rightarrow$ AMP + P_i	-36,0	-18,4	17,6	25,1
ATP + $H_2O \rightarrow$ AMP + PP_i	-48,1	- 8,4	39,7	21,7
PP_i + $H_2O \rightarrow$ 2 P_i	-25,5	- 25,5	0	24,7

ADP-System ist um 10 Größenordnungen vom Gleichgewicht entfernt), ein äußerst negatives $\Delta\rho G$ (-63,2 kJ mol^{-1}) für das ATP/ADP-System. Im Mitochondrieninnenraum ist ATP viel weniger „wert", da eine relativ hohe ADP-Konzentration vorliegt ($\Delta\rho G$ = – 40 kJ mol^{-1}). Die Nutzung und Eignung des ATP/ADP-Systems als zellulärer Energieverteiler hat also vor allem etwas mit zellspezifischer Regulation der Adenylat-Konzentrationsverhältnisse zu tun, und weniger mit der besonders negativen freien Energie der ATP-Hydrolyse. Diese Aussage ist von genereller Bedeutung: Die Mikrokompartimentierung der Zelle erlaubt die Herstellung unterschiedlicher Substanzkonzentrationen und damit die Kontrolle der chemischen Antriebskraft (ΔG) für arbeitsfähige Stoffwechselreaktionen.

13.4 Nahrung, Energie, respiratorischer Quotient (RQ)

Bei der Nutzung der Nahrungsenergie wird Sauerstoff verbraucht und Kohlendioxid produziert. Wir wollen uns hier mit den quantitativen Beziehungen zwischen Nahrung und Atemgasen beschäftigen. Bei Überprüfung der jeweiligen Stoffwechselwege zeigt sich, daß das Verhältnis aus abgegebener Menge CO_2 und aufgenommener Menge O_2, der **respiratorische Quotient** (**RQ**), ausschließlich von der Art der Nahrung (Kohlenhydrate, Fett, Proteine) abhängt (Tab. 13.**3**). Bei den Proteinen hängt der RQ zusätzlich von der Art der Stickstoffausscheidung (Ammoniak, Harnstoff usw.) ab. Die Beziehung zwischen Wärmeproduktion und Sauerstoffverbrauch eines Tieres hängt ebenfalls von der als Nahrung genutzten Stoffklasse ab (Tab. 13.**3**). Die oxikalorischen Äquivalente sind Hilfsmittel für die Umrechung von Wärmeproduktion im Tier und Sauerstoffverbrauch. Vergleicht man physikalische und physiologische Brennwerte, so muß man die teils unvollständige Oxidation im Tierkörper berücksichtigen (Stickstoffausscheidung, Ketonkörperbildung, Methanabgabe bei Wiederkäuern): Die physikalische Verbrennung liefert dann höhere Werte als die tierische Wärmeproduktion. Auf jeden Fall läßt sich die Wärmeproduktion eines Körpers nicht nur direkt, mit Hilfe eines Kalorimeters, sondern auch indirekt, aus dem Sauerstoffverbrauch, bestimmen. Natürlich gilt dies aber nur für die aeroben, energieliefernden und wärmefreisetzenden Prozesse und nicht für Anaerobiose (vgl. Kap. 14). Wenn wir uns die ATP-Produktion ansehen, so finden wir auch eine gewisse Abhängigkeit von der Nährstoffklasse (Tab. 13.**3**). Generell werden zwar 3 ATP pro Elektronenpaar hergestellt, aber es gibt leichte Modifikationen je nach dem ob außerhalb der Atmungskette zusätzlich ATP gewonnen wird, oder ob NAD^+ oder Flavin-Coenzym als Elektronenpaar-Akzeptor verwendet wird. Fragen wir uns nach dem Zusammenhang zwischen ATP-Produktion und Nahrungsenergie, so sehen wir, daß die Effizienz der Nutzung der Nahrungsenergie bei Proteinen am geringsten, bei Kohlenhydraten am besten ist (Tab. 13.**3**). Dies hat unter anderem damit zu tun, daß beim Proteinabbau Energie für die Herstellung von stickstoffhaltigen Endprodukten (Harnstoff, Harnsäure) aufgewendet wird bzw. das Kohlenstoffgerüst nicht von allen Aminosäuren vollständig oxidiert wird.

Tab. 13.3 Nährstoffklassen, respiratorischer Quotient und Energie (nach Wieser 1986)

	RQ ($\dot{M}_{CO2}/\dot{M}_{O2}$)	Oxikalorisches Äquivalent (kJ Wärmenergie/mol O_2)	Kalorisches ATP-Äquivalent (kJ Nahrungsenergie/mol ATP)
Kohlenhydrate	1,0	-478	72,7
Lipide	0,72	-445	75,6
Proteine → NH_4^+	0,97	-451	
Proteine → Harnstoff	0,84	-443	88,2

13.5 Stoffwechsel- und Systemphysiologie körperlicher Leistung

Am Beispiel der Weltrekorde in den Laufdisziplinen der Leichtathletik können wir uns die grundlegenden stoffwechsel- und systemphysiologischen Mechanismen körperlicher Leistung genauer ansehen (Abb. 13.**10**). Männer erreichen bei 100 m und 200 m-Läufen eine Durchschnittsgeschwindigkeit von ca. 37 km/h. Bei längeren Laufstrecken (400 m und mehr) sinkt die Laufgeschwindigkeit erst rasch ab, um dann ab einer Laufstrecke von über ca. 1500 m langsamer abzunehmen. Frauen zeigen eine ähnliche Geschwindigkeitsverteilung über die Laufstrecken, wobei die Durchschnittsgeschwindigkeiten etwas geringer sind. Über einen Zeitraum von ca. 10–20 sec werden also

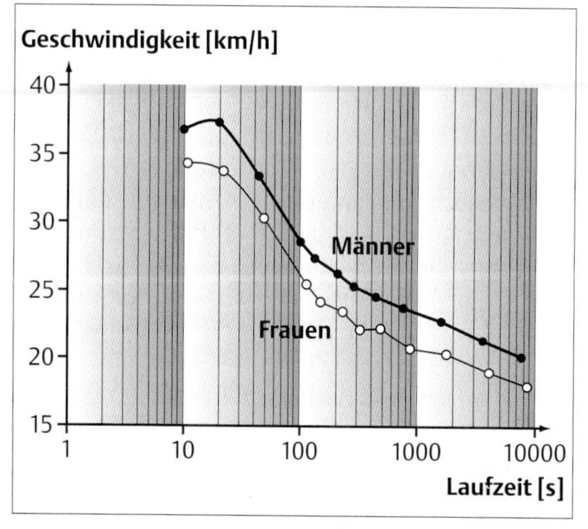

Abb. 13.10 Die Weltrekorde in den Laufstrecken der Leichtathletik (Stand Januar 2000), dargestellt als Durchschnittsgeschwindigkeit innerhalb einer bestimmten Laufzeit. Die Laufzeit ist logarithmisch aufgetragen, um die Veränderung der Laufgeschwindigkeit bei den kurzen Laufstrecken zu verdeutlichen.

Maximalgeschwindigkeiten erreicht. Bei Läufen, die zwischen 20 und etwas mehr als 100 sec dauern, scheinen andere Mechanismen zu wirken als bei Läufen, die deutlich länger als 100 sec dauern. Was sind die Ursachen?

Zuallererst sind diese Leistungsprofile auf die Nutzung unterschiedlicher zellulärer Energiequellen zurückzuführen (Abb. 13.**11**, links). In den ersten 10 bis 20 sec werden energiereiche Phosphatverbindungen (ATP, Phosphagene) für den Querbrückenzyklus der Aktin- und Myosinfilamente der Muskelzellen (Muskelkontraktionen) verwendet. Dann liefert anaerober Kohlenhydratstoffwechsel (Glycolyse mit dem Endprodukt Lactat) die notwendige Energie (Substratphosphorylierung). Die Aktivierung des Sauerstofftransports (Atmungs- und Kreislaufanpassung) verzögert sich und erlaubt erst bei Laufzeiten deutlich über einer Minute die aerobe Energiegewinnung durch oxidative Phosphorylierung in den Mitochondrien.

Wir wollen uns jetzt Schritt um Schritt die bei körperlicher Leistung für bestimmte Zeiträume dominierenden stoffwechsel- und systemphysiologischen Mechanismen ansehen und dabei auch auf weitere leistungsbestimmende körperliche Merkmale eingehen.

Beschäftigen wir uns zuerst mit den **Energievorräten** in der Muskelzelle (Tab. 13.**4**). Die Energie aus den nur aerob nutzbaren Fettspeichern des Körpers ist fast 2500mal größer als die Energie aus den Vorräten an ATP, der „Energiewährung" der Zelle. Die Energie aus den Kohlenhydratspeichern ist ca. 1400mal größer und die aus den Vorräten an Phosphagenen (hier: Phosphocreatin) ist 6mal größer. Mittel- und langfristige Leistung muß also die Kohlenhydrat- und Fettspeicher des Körpers nutzen.

Ein Aspekt ist die Menge an Energie, ein anderer die **pro Zeiteinheit abgebbare Energie** aus den verschiedenen Resourcen (Tab 13.**5**). Die pro Zeiteinheit bereitstellbare Menge an Energie ist natürlich am höchsten bei den ATP-Vorrä-

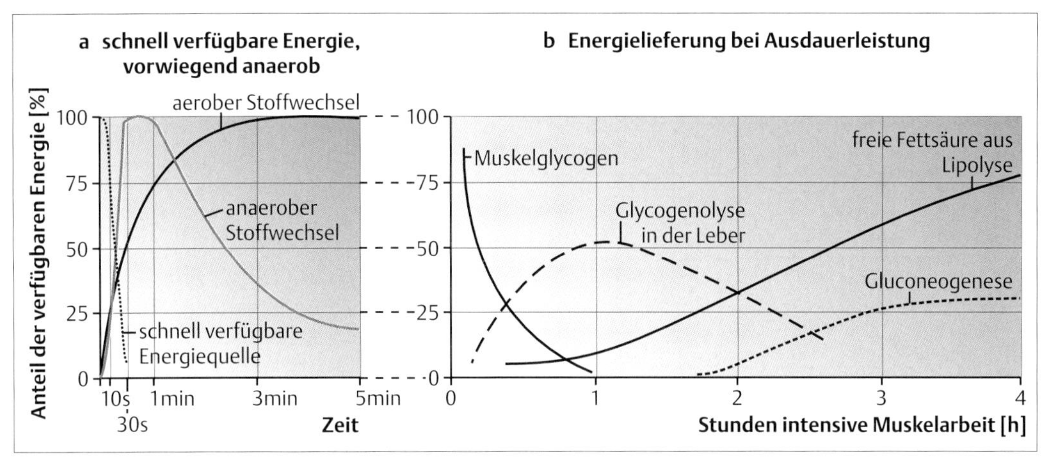

Abb. 13.11 Zeitliche Abfolge der Nutzung verschiedener Energiequellen bei körperlicher Leistung. Der linke Teil der Abbildung zeigt die Energiebereitstellung bei kurzfristiger Leistung, die rechte Abbildung die bei mittel- und langfristiger Leistung. (aus Klinke und Silbernagel 1996)

ten selber. Aus Phosphagenen wird etwa 3–4mal weniger Energie pro Zeit zur Verfügung gestellt. Aus der anaeroben Glycolyse ist dieser Wert 6mal geringer, aus der aeroben Glycolyse 12mal und aus dem aeroben Fettabbau ca. 18mal geringer als bei der direkten Nutzung der ATP-Vorräte. Bei anaerober Energiegewinnung wird viel mehr Energie pro Zeiteinheit zur Verfügung gestellt als bei aerober ATP-Gewinnung.

Wir sollten uns nun noch kurz die **Beteiligung der verschiedenen Organe** bei körperlicher Leistung ansehen. Dies wird aus dem jeweiligen Sauerstoffverbrauch bei Ruhe und körperlicher Aktivität ersichtlich (Tab. 13.**6**). Im ruhenden Körper ist der Verbrauch der Skelettmuskeln, die ca. 35% (Frauen) bis 40% (Männer) der Körpermasse ausmachen, nicht sehr weit entfernt vom Verbrauch der inneren Organe oder des Gehirns. Bei körperlicher Leistung werden die Skelettmuskeln zum Hauptverbrauchsort für Sauerstoff. Sie steigern ihre Verbrauchsrate um mehr als das 20fache. Der Anstieg des Sauerstoffverbrauchs des Körpers und damit des Sauerstofftransports (Anstieg von Atmung und Kreislauf) bei Leistung dient im wesentlichen der Versorgung der Skelettmuskulatur.

Dieses Bild muß noch etwas stärker differenziert werden. In der Skelettmuskulatur gibt es nicht nur einen Typ von Muskelzellen, sondern drei verschiedene, nämlich **langsame** (tonische, rote), **schnelle** (phasische, weiße) und **intermediäre** Fasertypen. Die roten Muskelzellen sind

Tab. 13.4 Die zellulären Energiespeicher der Skelettmuskelzelle: Mengenangaben in µmol/g (Trockengewicht); Angaben über die verfügbare Energie in µmol ~P (energiereiche Phosphatverbindungen)/ g (Trockengewicht) (nach Hochachka und Somero 1984)

Substrat	Menge	Verfügbare Energie
ATP	25	10
CrP	75	60
Glycogen	370	14 200
Triglyceride	50	24 520
Aminosäuren, Protein	?	wird kaum verwendet

Tab. 13.5 Energiegewinn pro Zeiteinheit bei Nutzung unterschiedlicher Resourcen und Stoffwechselwege in der Skelettmuskelzelle: Angaben in µmol ~P/min/g (Naßgewicht) (nach Hochachka 1991)

Abbauweg	Energiegewinn/Zeit
ATP-Hydrolyse	360
CrP-Hydrolyse	96
Anaerobe Glycogenolyse	60
Aerober Glycogenabbau	30
Oxidativer Fettsäureabbau	20,4

Tab. 13.6 Relative Sauerstoffverbrauchswerte der verschiedenen Organe des Körpers in Ruhe und bei körperlicher Höchstleistung (nach Hochachka und Somero 1984)

Organ	Ruhe	Höchstleistung
Skelettmuskel	0,30	6,95
Eingeweide	0,25	0,24
Nieren	0,07	0,07
Gehirn	0,20	0,20
Haut	0,02	0,08
Herz	0,11	0,40
Andere	0,05	0,06
Gesamt	1,00	8,00

für Haltefunktionen und Ausdauerleistungen zuständig; sie ermüden nicht so schnell und sie werden durch ein dichtes Kapillarnetz gut mit Sauerstoff versorgt. Sie nutzen vor allem Fett als Betriebsstoff. Die rote Farbe kommt vom intrazellulär gespeicherten Myoglobin. Die weißen Fasern zeigen eine hohe Kontraktions- und Erschlaffungsgeschwindigkeit. Sie sind also schnell (Sprints) und werden stark anaerob mit Energie versorgt. Aerobe Glycolyse benutzen in besonderem Maße die intermediären Fasern. Damit sind sie stärker ermüdungsresistent als die weißen Fasern. Der in die Skelettmuskulatur transportierte Sauerstoff wird also vor allem von den roten und intermediären Fasern verwendet. Die jeweilige Verteilung dieser Fasertypen im Muskel hängt vom Muskeltyp oder von der genetischen Veranlagung ab.

Gehen wir bei unserer Analyse noch einen Schritt weiter in die Details. Betrachten wir zuerst die direkten Reserven an **ATP.** In weißen Muskelfasern liegen höhere ATP-Konzentrationen vor, in roten Fasern weniger. Im Durchschnitt reichen diese ATP-Vorräte für ca. 2–3 sec Maximalleistung aus.

Das Phosphagen **Phosphocreatin** liefert Energie für ca. 20 sec Maximalleistung. Der Reaktionsweg zur Bereitstellung von ATP ist folgender:

$$\text{CrP} + \text{ADP} \rightarrow \text{Cr} + \text{ATP}$$

Das diese Reaktion katalysierende Enzym ist die cytoplasmatische Creatinphosphokinase (CPK). Die CPK ist an die Myosinfilamente (dicke Filamente) in der Muskelzelle gebunden, so daß je nach Bedarf über sehr kurze Wege ATP für die Muskelkontraktionen bereitgestellt werden kann. Die enge Kopplung von ATP-Hydrolyse im Myosinköpfchen mit der ATP-Bereitstellung aus den Phosphagenreserven erlaubt den fast vollständigen Abbau dieser Reserve. Die CPK besitzt eine niedrige Affinität (hoher K_M-Wert) für CrP, aber eine hohe Affinität für ADP (niedriger K_M-Wert). Dies bedeutet, daß bei körperlicher Leistung die Geschwindigkeit des Enzyms stark von der CrP-Konzentration bestimmt wird, da diese in der Zelle zu gering ist, um eine Maximalgeschwindigkeit des Enzyms zu erzielen (nicht-sättigende Bedingungen). Die ADP-Konzentration in der Zelle reicht bei Leistung aber für eine Sättigung des Enzyms aus. Zu Beginn der Leistung sind die Reserven an CrP hoch und die CPK arbeitet mit hoher Geschwindigkeit. Sinken die Vorräte mit der Zeit sinkt die Enzymgeschwindigkeit. Solange die ADP-Konzentration in der Zelle niedrig ist (zu Beginn der Aktivität) bindet die CPK sofort alle freiwerdenden ADP-Moleküle. Steigen mit fortlaufenden ATP-Hydrolysen die Mengen an ADP an, können Glycolyseenzyme mit geringerer Affinität für ADP auch freie ADP-Moleküle binden und so Schritt um Schritt ihre Geschwindigkeit steigern. Damit kommt es dann zu einer Bereitstellung von Energie aus der Substratphosphorylierung. Über diesen Mechanismus wird ein kontinuierlicher Übergang von der Energiebereitstellung aus den Phosphagenreserven zu einer aus den Glycogenreserven der Zelle ermöglicht.

Die **anaerobe Glycolyse,** besser gesagt Glycogenolyse (Abbau von muskelzelleigenem Glycogen), wird in ihrer ATP-Bereitstellungsrate, die um das 1000fache ansteigen kann, von mehreren Faktoren bestimmt. Faktoren sind die vom Muskeltyp oder auch von der Tierart abhängige **Menge** an entsprechenden Enzymen in der Zelle sowie die spezifischen Eigenschaften dieser Enzyme im jeweiligen Gewebe (**Isoenzyme**: gleiche Wirkung, aber unterschiedliche Affinität oder Maximalgeschwindigkeit). Dann spielen Aktivierungsprozesse eine wichtige Rolle (Abb. 13.**12**): Durch Hormonwirkung (Adrenalin, Glucagon) oder durch Aktivität des vegetativen Nervensystems kommt es über den 2nd messenger c-AMP zu einer Kaskade von **Enzymaktivierungen.** Es wird zuerst eine cytoplasmatische Proteinkinase aktiviert, die dann wiederum eine andere Kinase (ein Enzym, das Phosphorylierungen vornimmt), nämlich die Phosphorylase b-Kinase aktiviert, die letztendlich das glycogenabbauende Enzym (Phosphorylase) aktiviert (Phosphorylase b → Phosphorylase a). In dieser Form wird das Eingangssignal der Kaskade (cAMP) mehrfach verstärkt: Ein Molekül Proteinkinase aktiviert 10 Moleküle Kinase und diese aktivieren wiederum 240 Moleküle Phosphorylase. Die Kaskadenenzyme befinden sich in enger Nachbarschaft zu den zellulären Glycogenvorräten, was deren Abbau stark begünstigt. Die mit den Muskelkontraktionen verbundene Freisetzung von Ca^{2+} aus dem sarcoplasmatischen Reticulum wirkt als weiterer Faktor der Kinasenaktivierung.

Der Abbau von Glycogen (sowie von in die Zelle gelangender Blutglucose) erhöht die Konzentration der **Intermediate** der Glycolyse (der Zwischenmetabolite im Abbauweg) bis zum 10fachen, was einen zusätzlichen Faktor für die erhöhte Glycolyserate und ATP-Produktionsrate darstellt.

Ein weiterer wichtiger Faktor für die starke Beschleunigung dieses Stoffwechselweges ist die Aktivierung von Schlüsselenzymen. Diese Enzyme befinden sich zu Beginn oder an strategischen Verzweigungspunkten des Abbauwegs. Im Fall der Glycolyse werden vor allem die Phosphofructokinase und die Pyruvatkinase durch **Modulatoren,** die an ihren allosterischen Zentren anbinden, beeinflußt. Betrachten wir zuerst die Phosphofructokinase, die die Umwandlung von Fructose-6-P zu Fructose-1-6-Bisphosphat katalysiert. Betrachtet man die Enzymgeschwindigkeit als Funktion der ATP-Konzentration, so heben steigende Konzentrationen von Fru-6-P die Eigenhemmung des Enzyms bei hoher ATP-Konzentration wieder auf (Abb. 13.**13**, oben). Die Affinität dieses Enzyms zu Fru-6-P wird durch ATP gesenkt und durch ADP, AMP und P_i gesteigert (Abb. 13.**13**, unten). Was bedeutet dies? Beginnen wir mit der Beziehung zwischen Enzymgeschwindigkeit und ATP-Konzentration. Steigt bei körperlicher Leistung der ATP-Verbrauch, so beginnt die ATP-Konzentration von ihrem Ruhewert abzusinken mit der Folge, daß die Geschwindigkeit der PFK und damit der Glycolyse steigt. Die simultane Anhäufung von Fru-6-P als Folge eines angestiegenen Glycogenabbaus führt zu einer Aufhebung der PFK-Hemmung durch hohe ATP-Konzentrationen (Aufhebung der ATP-Bindung am allosterischen Zentrum). Auf diese Weise wird die Enzymgeschwindigkeit der PFK ebenfalls gesteigert. Betrachten wir nun die Affinität der PFK zu Fru-6-P. Dabei müssen wir wie in allen Fällen einer physiologischen Interpretation von Enzymeigenschaften die Relation zwischen Enzymaffinität und physiologischen Substratkon-

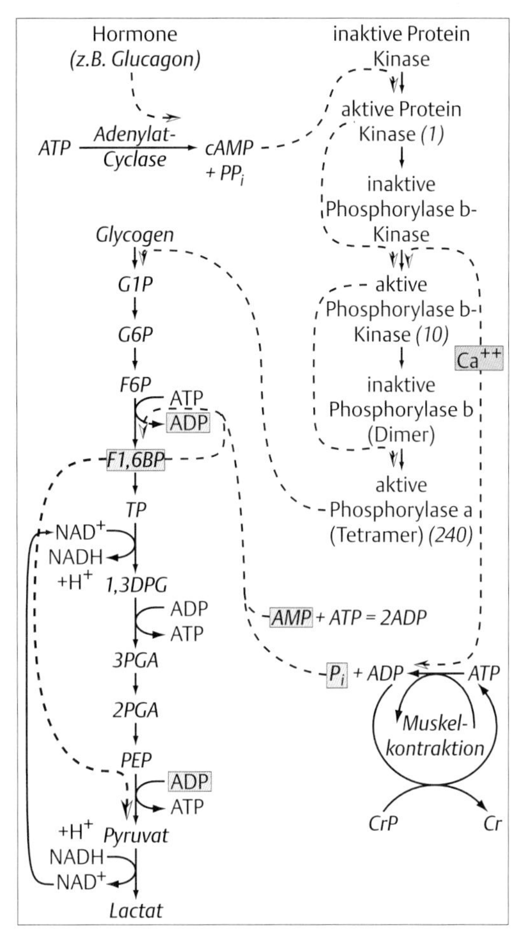

Abb. 13.12 Regulation der anaeroben Glycogenolyse im Wirbeltiermuskel (nach Hochachka und Somero 1984)

zentrationen im Auge behalten. Sinkt mit körperlicher Leistung die intrazelluläre ATP-Konzentration ab und steigt die Konzentration der Folgeprodukte (ADP, AMP, P_i), so erhöht sich die Affinität des Enzyms zum Substrat Fru-6-P. Dies hat zur Folge, daß bei gegebener Fru-6-P-Konzentration die Geschwindigkeit der PFK und damit die Glycolyserate steigt. Die tatsächlich aber steigende Konzentration von Fru-6-P führt zusätzlich zu einer Geschwindigkeitssteigerung. Das kurz geschilderte Prinzip, daß das Verhältnis der Konzentrationen von „Energiequellen" (ATP) zu „Energiesenken" (ADP, AMP, P_i) die Geschwindigkeit von Stoffwechselenzymen moduliert, ist universell. Man hat deshalb den Begriff der **Energieladung** (**e.c.,** energy charge) eingeführt, der folgendermaßen definiert ist:

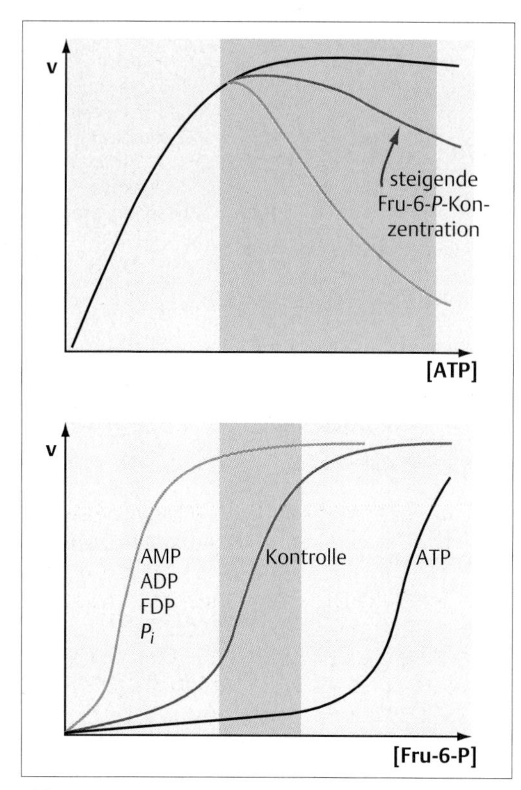

Abb. 13.13 Die Enzymgeschwindigkeit der Phosphofructokinase (PFK) unter dem Einfluß ihrer Substrate: ATP und Fru-6-P. Der schattierte Bereich gibt die physiologischen, also in der Zelle vorliegenden Substratkonzentrationen an. ATP stellt gleichzeitig Substrat und Modulator der PFK dar und bindet damit sowohl am katalytischen, als auch an einem allosterischen Zentrum des Enzyms. (nach Hochachka und Somero 1980)

$$\text{e.c.} = \frac{[\text{ATP}] + 0{,}5 * [\text{ADP}]}{[\text{AMP}] + [\text{ADP}] + [\text{ATP}]}$$

(Im Zähler findet sich auf Grund der möglichen Reaktion 2 ADP → ATP + AMP auch der Ausdruck 0,5 · [ADP].)

Betrachten wir rein schematisch die Abbaureaktionen (**Katabolismus**) und Aufbaureaktionen (**Anabolismus**) des Stoffwechsels (Abb. 13.14, oben), so gibt uns die zelluläre Energieladung an, ob überwiegend abbauende oder aufbauende Stoffwechselwege unter ihrem Einfluß aktiviert sind. Üblicherweise liegt die e.c. zwischen 0,7 und 0,9, so daß kleine Veränderungen der e.c. zu starken Veränderungen in den jeweiligen Reaktionsgeschwindigkeiten führen (Abb. 13.**14**, unten).

Fassen wir zusammen: Bei körperlicher Leistung steigt die Konzentration des Intermediats Fru-6-P. Dies führt automatisch zu einer steigenden Geschwindigkeit der PFK, aber auch zu einer Aufhebung der ATP-Hemmung. Gleichzeitig fällt die ATP-Konzentration und steigt die ADP-Konzentration an mit den Folgen, daß die Eigenhemmung der PFK durch ATP sinkt, die Affinität der PFK für das Substrat Fru-6-P steigt und die Enzymgeschwindigkeit zunimmt. Diese Faktoren zusammengenommen führen zu einer raschen und erheblichen Aktivierung der PFK, des Schlüsselenzyms der Glycolyse. Unter dem Einfluß von Hormonen (z. B. Insulin) kommt noch ein weiterer Aktivator der PFK ins Spiel, das Fru-2–6-Bisphosphat, das aus Fru-6-P gebildet wird. Wir wollen hier aber auf die Darstellung von Einzelheiten verzichten.

Die Geschwindigkeit eines weiteren Glycolyseenzyms der Pyruvatkinase (PK) wird bei Invertebraten und bei niedrigen Vertebraten durch Fru-1–6-Bisphosphat gesteigert und unterliegt bei Säugern dem Einfluß von ADP. Steigende ADP-Konzentrationen bei körperlicher Leistung befördern sowohl die Geschwindigkeit der PFK, als auch der PK und bringen diese Enzyme im Vergleich zur Creatinphosphokinase (CPK) immer stärker ins Spiel.

Ein wichtiges Element des glycolytischen Abbaus ist der Erhalt der **Redox-Balance.** NADH gelangt beim aeroben Abbau in die Mitochondrien (oxidative Phosphorylierung). Von dort gelangen reduzierbare NAD^+-Moleküle zurück zu den Glycolyseenzymen. Bei der anaeroben Glycolyse dient die Laktatbildung aus Pyruvat dazu NAD^+-Moleküle für den Erhalt der Glycolyserate freizusetzen. Dabei treten aber verschiedene Probleme auf (z. B. eine Ansäuerung der Zelle), so daß z. B. bei weißen Muskelfasern, die in sehr starkem Maße anaerobe Glycolyse durchführen, besonders hohe intrazelluläre Pufferkonzentrationen vorliegen müssen. Der intrazelluläre pH-Wert nimmt wiederum Einfluß auf die Aktivität der Lactatdehydrogenase (LDH), die die Reaktion vom Pyruvat zum Lactat katalysiert. Zum Schluß sei angemerkt, daß die Glycolyseenzyme zumindest zum Teil eng benachbart und an bestimmte Zellstrukturen gebunden sind, so daß die Intermediate nur kurze Transportwege zurücklegen müssen. Es wird auch diskutiert, ob hier nicht eine weitere Form der Kontrolle der Glycolyse vorliegt, die u. a. auf direktem Enzym-Enzym-Transfer von Intermediaten beruht.

Damit verlassen wir die Glycolyse und betrachten die aerobe Energiegewinnung bei kör-

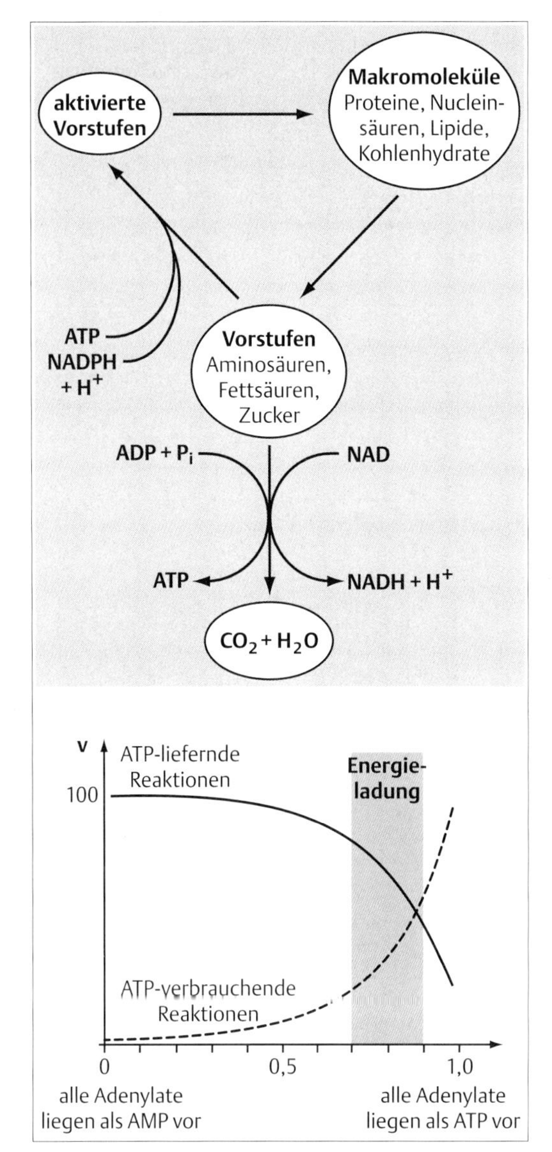

Abb. 13.14 Ein Grundschema des Stoffwechselgeschehens in der Zelle zusammen mit der Beeinflussung der Abbauprozesse (Katabolismus) und der Neusynthesen (Anabolismus) durch die Energieladung. (nach Hochachka und Somero 1980)

perlicher Leistung. Dabei werden wir uns zuerst mit den **systemphysiologischen Anpassungsreaktionen** beschäftigen, bevor wir noch einmal einen Blick auf die stoffwechselphysiologischen Prozesse der Zelle werfen. Am Anfang einer starken körperlichen Leistung steigen sowohl Atemfrequenz (auf ca. 40 Atemzüge pro min bei Normalpersonen und ca. 60 Atemzüge

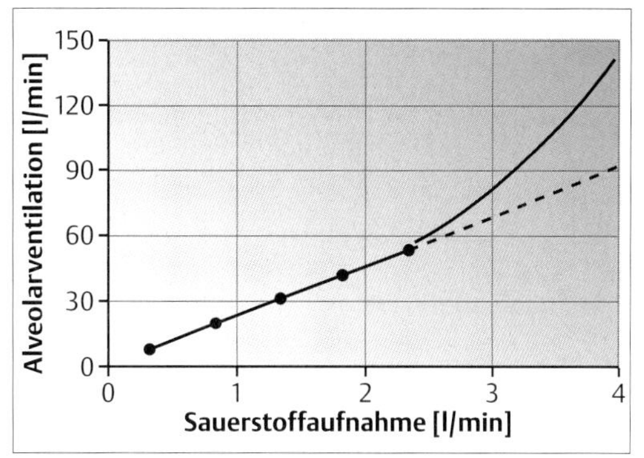

Abb. 13.15 Alveoläre Ventilation und Sauerstoffverbrauch bei steigender körperlicher Leistung (aus Klinke und Silbernagel 1996)

pro min bei Sportlern), als auch Atemtiefe (auf ca. 2 Liter) an, mit dem Resultat einer Zunahme der Alveolarventilation. Diese steht mit dem steigenden Sauerstoffverbrauch in linearer Beziehung bis ca. 60% der maximalen Sauerstoffaufnahmekapazität erreicht sind (Abb. 13.**15**). Dann steigt die Alveolarventilation überproportional an. Diese Reaktion (ausgedrückt in der Verhältniszahl von Ventilation zu Sauerstoffverbrauch) kann als Maß für den Grad der Arbeitsbelastung verwendet werden.

Die Kreislaufvariablen also Herzfrequenz, Schlagvolumen und Herzminutenvolumen werden bei körperlicher Leistung ebenfalls gesteigert. Die Herzfrequenz nimmt beim Nichttrainierten von ca. 80 auf ca. 180 Schläge pro Minute, beim Sportler von ca. 60 auf ca. 190 Schläge pro Minute zu. Das Schlagvolumen steigt von ca. 65 ml auf ca. 80 ml an (Sportler: 100 ml auf 150 ml). Herzfrequenz und Herzzeitvolumen stehen bei zunehmender körperlicher Leistung in linearer Beziehung zum Sauerstoffverbrauch, so daß die Schlagfrequenz häufig als Belastungs- und Leistungsparameter verwendet wird (Abb. 13.**16**). Eine Zunahme des Sauerstoffverbrauchs ohne weitere Zunahme der Herzfrequenz ist als Zeichen für eine Maximalbelastung des Körpers zu werten. Der arterielle Blutdruck verändert sich bei Leistung ebenfalls: Der systolische Blutdruck steigt stark, der mittlere Blutdruck moderat und der diastolische Blutdruck kaum an. Letzteres ist auf eine leistungsbegleitende Vasodilatation in der arbeitenden Muskulatur zu erklären (Absenkung des TPR). Die der Vasodilatation in arbeitenden Muskeln entgegen arbeitende Vasokonstriktion in ruhenden Muskeln verhindert eine Überschreitung des

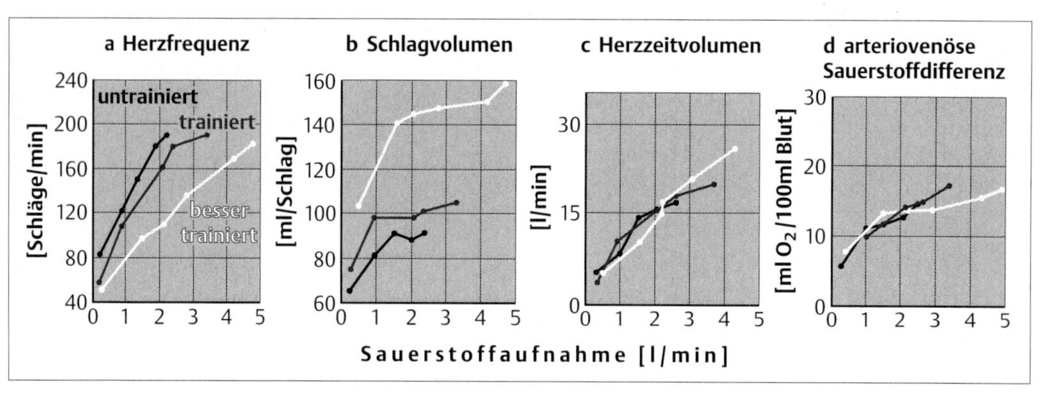

Abb. 13.16 Kreislaufvariablen und Sauerstoffverbrauch bei steigender körperlicher Leistung (aus Klinke und Silbernage l996)

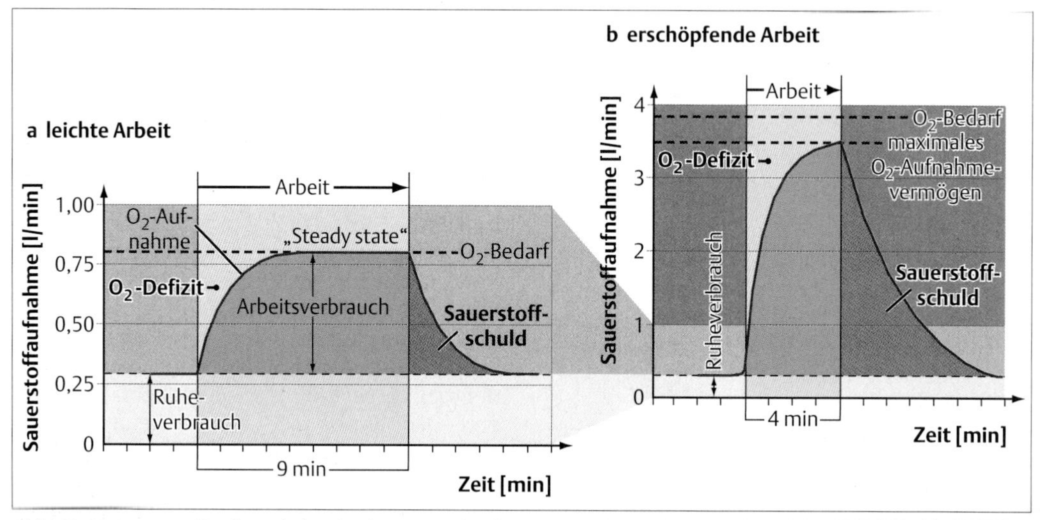

Abb. 13.17 Sauerstoffverbrauch bei leichterer und schwerer körperlicher Leistung (nach Klinke und Silbernagel 1996)

maximalen Herzzeitvolumens von ca. 25 l/min bzw. der nachlieferbaren Blutmengen aus den Kapazitätsgefäßen.

Die arterio-venöse Sauerstoffdifferenz als Indikator für den Nutzungsgrad der Sauerstoffkapazität des Blutes steigt von einem Ruhewert von ca. 50 ml O_2/ l Blut auf ca. 130 ml O_2/ l Blut (untrainiert) bzw. auf ca. 175 ml O_2/ l Blut (trainiert) an.

Je nach Schwere der körperlichen Leistung kann entweder ein Gleichgewicht zwischen Sauerstoffverbrauch und Sauerstofftransportrate erzielt werden oder aber bei schwerer Belastung ein fortlaufender Ermüdungsanstieg zu beobachten sein (Abb. 13.**17**). Bei beiden Belastungen besteht aber eine Diskrepanz zwischen Sauerstoffverbrauch und Sauerstofftransportrate. Beim Gleichgewichtszustand betrifft dies die Anfangsphase körperlicher Leistung, bei starker körperlicher Leistung gilt dies für die gesamte Aktivitätsphase. Im ersten Fall wird dieses Sauerstoffdefizit, das auf Verzögerungen im Anstieg der Sauerstofftransportrate (z. B. Zirkulationszeit zwischen Lunge und Muskel) zurückzuführen ist, durch anaerobe Energiegewinnung ausgeglichen. Im zweiten Fall muß diese Form der Energiebereitstellung permanent genutzt werden. Im Fall der Gleichgewichtssituation befindet man sich unterhalb der anaeroben Schwelle, im anderen Fall oberhalb. Anaerobe Energiegewinnung ist mit Lactatbildung verbunden, die als Blutlaktat nachgewiesen werden kann. Die anaerobe Schwelle wird oberhalb von ca. 65% der maximalen Leistungsfähigkeit erreicht und ist mit einem Anstieg des Blutlactatwerts über 4 mmol/l verbunden. Nach einer intensiven Leistung wird eine mehr oder weniger lange Erholungszeit notwendig, um z. B. Lactat aus den Zellen zu schaffen, die Glycogenreserven im Muskel zu erneuern oder um Ionenverluste aus den Muskelfasern wieder auszugleichen. Dafür ist eine Verlängerung der erhöhten Sauerstoffaufnahme auch im Ruhezustand notwendig. Man spricht hier von der Sauerstoffschuld, die dazu dient, das während einer Aktivität eingegangene Sauerstoffdefizit auszugleichen.

Kehren wir zurück zu den **stoffwechselphysiologischen Prozessen** bei sauerstoffabhängiger Energiegewinnung. Für die aerobe Glycolyse müssen neben den muskelzelleigenen Vorräten, Glycogenspeicher vor allem der Leber mobilisiert werden, deren Abbauprodukt als Blutglucose zu den aktiven Zellen gelangt. Freie Fettsäuren aus den Fettgeweben gelangen ebenfalls über den Blutweg zu den Muskelzellen und werden dort mitochondrial verwertet. Berechnet man den notwendigen Nachschub an Nährstoffen über die Blutbahn bei einem bestimmten ATP-Bedarf (20 µmol/g/min) im aktiven Muskelgewebe, so ergeben sich folgende Zahlen (alle Angaben in µmol/g/min): 0,15 (Fettsäuren), 0,6 (Glucose) und 1,2 (Lactat). Die zur Nutzung dieser Nährstoffe heranzuführende Menge Sauerstoff ist am höchsten (3,3 µmol/g/min), was wahrscheinlich macht, daß der Sauerstofftransport (vor allem der in der Blutbahn) das schwächste Glied in der Kette darstellt. Um die aerobe Energiegewinnung in den Zellen maximal zu gestalten, müssen vor allem die Sauerstofftransportprozesse optimiert werden.

Fettsäureabbau und aerober Kohlenhydratabbau münden in der Zelle in den Citratzyklus. Ein Anstieg der Reaktionsgeschwindigkeiten in diesem Zyklus wird einerseits durch den Anstieg der Konzentration von Intermediaten und andererseits durch Enzymaktivierungen (vor allem über die Energieladung) herbeigeführt. Fettabbau und mitochondriale Atmung werden ebenfalls aktiviert, wobei wir hier aber auf eine Darstellung der Einzelheiten verzichten wollen. Ein Anstieg des Fettsäureabbaus führt auch zu einem Anstieg des Citrats im Citratzyklus. Diese Substanz dient als Kontrollsignal, um Glycolyse und Fettabbau miteinander zu koordinieren: Citrat wirkt nämlich als weiterer Modulator der PFK der Glycolyse (Inhibition bei Anstieg der Citrat-Konzentration). Ein gemischter aerober Kohlenhydrat-Fettstoffwechsel findet über einen Zeitraum von 2 – 3 Stunden körperlicher Leistung statt. Hier dienen die Stoffwechselprodukte aus dem Kohlenhydratstoffwechsel u. a. dazu die Konzentration der Intermediate im Citratzyklus hoch zu halten. Bei länger andauernder körperlicher Leistung kommt es dann zu einem reinen Fettstoffwechsel.

Für fliegende Tiere (z. B. Vögel) ist Glycogen als Treibstoff nicht sehr geeignet. Fette sind energieintensiver, sie liefern mehr ATP pro Gramm Nährstoff als die Kohlenhydrate. Das Fluggewicht der Tiere würde bei der Nutzung von Glycogen durch dessen Hydrathülle noch weiter erhöht. Es wird abgeschätzt, daß die mitzuführende Menge Glycogen 8fach höher sein müßte als beim Treibstoff Fett, um die gleiche Energie bereitstellen zu können. Trotzdem wird Glycogen zumindest in der Anfangsflugphase genutzt, da diese Energiequelle schneller mobilisierbar ist. Langstreckenflieger, die ohne Nahrungsaufnahme bis zu 4000 km weit fliegen, speichern vor ihren Wanderzügen große Mengen Fett (bis zu 50% des Körpergewichts), die am Zielort nahezu vollständig verbraucht sind.

Kurzstreckenfliegende Insekten (z. B. Fliegen) favorisieren den Geschwindigkeitsaspekt der Energiebereitstellung und arbeiten mit Kohlenhydraten. Durch einen gekoppelten Abbau von Glucose und der Aminosäure Prolin, die letztendlich für die Bildung des Citratzyklus-Intermediats Oxalacetat verwendet wird, wird hier in den ersten Flugminuten sehr viel ATP bereitgestellt. Mittel- und Langstreckenflieger (z. B. Wanderheuschrecken) nutzen wieder Fette als Betriebsstoffe.

14 Leben unter Extrembedingungen

14.1 Tauchende Meeressäuger 182
14.2 Tiere im Hochgebirge 186
14.3 Leben im Wattenmeer 189

Vorspann

Leben an extremen Standorten, z. B. in großen Meerestiefen, im Hochgebirge oder im Wattboden der Flachwasserzonen der Meere, erfordern physiologische, biochemische und anatomische Anpassungen auf veränderte Umweltbedingungen. Diese können im Rahmen der normalen Regelungsfähigkeit des Körpers bleiben oder eine sich zeitlich über Generationen hinweg erstreckende evolutive Veränderung der Gene und damit der Proteine erfordern. Schwerpunkt der hier dargestellten Überlebensstrategien der Tiere und des Menschen sind die Sicherstellung der Energieversorgung bei Sauerstoffmangelsituationen, die entweder von der Umwelt vorgegeben oder durch eigene Aktivitäten verursacht werden.

14.1 Tauchende Meeressäuger

Tauchen in größeren Tiefen ist eine für den Menschen nicht ungefährliche Tätigkeit. Es ist zwingend notwendig die dabei stattfindenden physiologischen Vorgänge genau zu kennen, um sich in dem ungewohnten Medium adäquat zu verhalten. Meeressäuger mit ihrer Jahrmillionen langen Evolutionsgeschichte in diesem Lebensraum haben weniger Probleme damit und vollbringen erstaunliche Tauchleistungen. Wir wollen uns mit beidem beschäftigen, mit dem Tauchen des Menschen und den Tauchzügen der Robben, Delphine und Wale.

Vor einem Tauchgang ohne Gerät atmet der Mensch tief ein. Professionelle Taucher atmen sogar einige Male tiefer und schneller ein und aus; sie **hyperventilieren** mit der Absicht, Kohlendioxid aus dem Körper zu entfernen. Der P_{CO2} ist ein wichtiger Atemantrieb des Menschen; je niedriger er ist, umso länger läßt sich der Drang zu atmen, unterdrücken. Beim Tauchen in geringer Tiefe knapp unter der Wasseroberfläche gibt es kaum physiologische Probleme. Die Kompression der Lunge und der damit verbundene Anstieg der Gaspartialdrucke in den Alveolen und nachfolgend im Blut hängt von der Tauchtiefe und damit vom Wasserdruck ab (1 atm pro 10 m Tauchtiefe). Bei 10 Meter Tauchtiefe ergibt sich also eine Verdopplung der Gaspartialdrucke. Diejenigen, die vorher hyperventilierten, müssen aber Taucherfahrung besitzen: Der durch den Sauerstoffverbrauch absinkende P_{O2} im Blut ist beim Menschen nur ein schwacher Atemantrieb. Bei zu starker vorheriger Hyperventilation kann der P_{O2} im Blut schon sehr stark abgesunken sein, bevor der P_{CO2} im Körper wieder einen Wert erreicht, der zum Atmen zwingt. Beim Auftauchen sinkt der alveolare P_{O2} und in Folge der Blut-P_{O2} auf Grund der Dekompression der Lunge noch weiter. Wenn der Atemdrang das Signal zum Auftauchen gibt, können die Sauerstoffvorräte im Körper schon erschöpft sein oder gerade beim Auftauchen zu Ende gehen, so daß Bewußtlosigkeit droht. Bei Einsatz der Hyperventilation muß die Tauchzeit exakt kalkuliert werden.

Permanentes **Schnorcheltauchen** geht nur mit Schnorchellängen bis zu ca. 40 cm. Der effektive Totraum der Lunge steigt nämlich mit dem Schnorchelvolumen (die alternative Nutzung enger und langer Rohre würde den Strömungswiderstand steigern) und zusätzlich lastet der Wasserdruck auf der einatmenden Lunge. Die Kraft der Atemmechanik ist so gering, daß nur gegen einen Wasserdruck wie er in ca. 1 Meter Tiefe herrscht, eingeatmet werden kann.

Große Tauchtiefen und längeres Verweilen unter Wasser ist nur mit technischen Hilfsmitteln wie z. B. speziellen Gasflaschen möglich. Um der Kompression der Lunge in der Tiefe entgegenzuwirken sorgt ein Druckregler für einen Druckanstieg des Atemgases in der Flasche mit der Tauchtiefe. Mit dem Gasdruck steigt auch der Sauerstoffpartialdruck an. Sauerstoff kann bei höherem Druck toxisch wirken (vor allem über Sauerstoffradikale). Bei längeren Tauchgängen unter 40 Meter ist es deshalb notwenig, den prozentualen Sauerstoffanteil im Gasgemisch zu reduzieren (z. B. von 20% O_2/80% N_2 auf 10% O_2 / 90% N_2).

Das Hauptproblem längeren und tieferen Tauchens (dies gilt auch fürs Freitauchen) ist die **Taucherkrankheit.** Mit dem Ansteig der alveolaren Gaspartialdrucke, sei es durch Kompression der Lunge oder durch Anstieg des Flaschendrucks in der Tiefe, löst sich neben Sauerstoff auch Stickstoff im Blut und nachfolgend in den Geweben. Die Partialdrucke in der Gasphase (Alveolen) und die in der Flüssigphase (Blut und andere Körperflüssigkeiten) stehen im Gleichgewicht. Gase werden unter hohem Druck in wäßriges Medium gepreßt. Dies ist eine Situation nicht unähnlich der Herstellung von Mineralwasser und Sprudel. Mineralwasser prickelt beim Öffnen des Verschlusses: Ähnlich kann nach langem, tiefem Tauchgang (unter 20 Meter) und raschem Auftauchen, das in den Körperflüssigkeiten gelöste Gas ausperlen und damit Embolien hervorrufen. Nur langsames Auftauchen und damit langsames Abatmen des gelösten Stickstoffs führt zur Vermeidung dieser Gesundheitsgefährdung. Kohlendioxid ist auf Grund seiner guten Wasserlöslichkeit beim „Ausperlen" im Körper nicht beteiligt; dasselbe gilt für Sauerstoff, der rasch verbraucht wird. Das Problem ist das Begleitgas Stickstoff, das sich vor allem im Körperfett relativ gut löst. Beim Auftauchen dauert es nun einfach Zeit den Stickstoff von dort ins Blut und dann weiter über die Lungen nach außen zu schaffen. Bei zu schnellem Auftauchen muß der Taucher rasch wieder hohen Drucken ausgesetzt werden, um den Stickstoff zurück in die Gewebe zu drücken. Entweder hilft ein Zurücktauchen in die Tiefe und ein langsamer Wiederaufstieg oder eine Dekompressionskammer mit kontrollierter Druckabsenkung über die Zeit. Zusätzlich sollten heftige Bewegungen vermieden werden, da diese – ähnlich wie beim Schütteln von Sprudel – zur verstärkten Blasenbildung führen. Um schnelleres Auftauchen zu ermöglichen, werden auch andere Begleitgase wie z. B. Helium eingesetzt (geringere Löslichkeit, raschere Diffusion), die das Problem der Taucherkrankheit aber auch nicht grundsätzlich lösen können. Helium wird auch bei großer Tiefe eingesetzt, da Stickstoff unter großem Druck (100 m Tauchtiefe) narkotische Wirkung hat. Maximale Tauchtiefen des Menschen liegen bei ca. 600 Metern mit Gerät. Einige wenige Taucher haben, bei einer Tauchzeit von etwa 4 min, ca. 100 m ohne Gerät erreicht.

Einige Robben tauchen 600 m, Delphine 300 m und Wale 1000 m und tiefer (Pottwale evtl. 3000 m) und bleiben bis zu 2 Stunden unter Wasser. Wie funktioniert das? Zuerst einmal geht dies nur, wenn eine Taucherkrankeit vermieden wird, und dies heißt, zumindest bei Robben, vor dem Abtauchen kräftig auszuatmen! Beim Tauchgang der Wale kollabieren in der Tiefe rasch die Alveolen, so daß nur der von knorpeligen Wänden umgebene Restraum (Totraum) der Lunge erhalten bleibt. Das Kollabieren der Lunge reduziert auch den Auftrieb des Körpers und führt zum beschleunigten Abtauchen. Da bei Robben als auch bei Walen praktisch keine komprimierbare Gasphase mehr vorhanden ist, kommt es auch nicht zum Anstieg von Partialdrucken im Blut: Da Flüssigkeit unter Druck kaum komprimierbar ist, werden die Partialdrucke gelöster Gase in der Flüssigkeit vom Außendruck *nicht* beeinflußt. Die Partialdrucke gelöster Gase (Gasspannungen) hängen nur von den Partialdrucken in der sich mit der Flüssigphase im Gleichgewicht befindenden Gasphase ab. So kann man zum Beispiel sauerstofffreies Wasser erzeugen, in dem man dieses mit Stickstoff in der Gasphase äquilibriert. Zurück aber zu den Meeressäugern.

Das Ausbleiben eines Anstiegs der Blutgaspartialdrucke löst also das Problem einer Taucherkrankheit. Es löst aber nicht nicht das Problem der Sauerstoffversorgung unter Wasser über Stunden hinweg. Speziell die Wale und Robben haben sich dafür eine Vielzahl unterschiedlicher „Tricks" einfallen lassen, die im Prinzip dazu dienen, einerseits die Körpervorräte an Sauerstoff zu erweitern und andererseits mit diesem Atemgas möglichst sparsam umzugehen. Darüberhinaus gewinnen die Tiere Energie auch ohne Sauerstoffverbrauch. Schauen wir uns diese Mechanismen im einzelnen an.

Da die Lunge zumindest bei tiefen Tauchgängen als Speicher ausfällt, bleiben nur die **Sauerstoffvorräte** in Blut und Geweben. Tauchende Säuger besitzen häufig einerseits größere Blutmengen und andererseits höhere Hämoglobinkonzentrationen im Blut (Hämatokrit) als zum Beispiel der Mensch: Bezogen auf 1 kg Körpermasse kann das Blutvolumen 2–3mal und der Hämatokrit um 30% größer sein. Diese Faktoren zusammen genommen erhöhen die Sauerstoffvorräte im Blut der marinen Säuger um einen Faktor 2–4. Die Meeressäuger besitzen auch Hämoglobine mit einer starken pH-Abhängigkeit der Sauerstoffbindung (Bohr-Effekt) und prinzipiell geringerer Sauerstoffaffinität (P_{50}). Beide Eigenschaften erleichtern die Sauerstoffabgabe vom Blut in die Gewebe (vgl. Kapitel 5). Eine Vollbeladung des Hämoglobins mit Sauerstoff erreichen diese Tiere, indem sie an der Wasseroberfläche tiefer durchatmen als die meisten terrestrischen Säuger.

Das Fleisch der Meeressäuger ist dunkel, das der Wale fast schwarz. In den Muskeln der tauchenden Tiere sind große Mengen des Sauerstoff speichernden Myoglobins eingelagert (im Robbenmuskel 7mal mehr als bei der Kuh). Ungefähr die Hälfte der Sauerstoffvorräte einer Robbe ist vor dem Tauchgang myoglobingebunden, obwohl ein kg Muskel nur 1/5 der Menge Sauerstoff speichern kann wie ein Liter Blut.

In den ersten Minuten des Tauchens werden vor allem die Sauerstoffvorräte in den Geweben genutzt, bevor die Blutvorräte „angezapft" werden. Vergleicht man die Gesamtvorräte an Sauerstoff aber nicht einmal mit dem Sauerstoffverbrauch bei Aktivität, sondern nur mit dem Ruhesauerstoffverbrauch, so kommt man zu Tauchzeiten, die 2–4mal kürzer sind als die tatsächlich beobachteten. Nur Sauerstoff in die Tiefe mitzunehmen reicht also nicht.

Kommen wir also zu den Mechanismen, die **Sauerstoff sparen** helfen. Einige Wale können vermutlich ihre Schwimmaktivitäten beim Tauchen über eine Kontrolle ihrer Schwebfähigkeit vermindern. Pottwale beeinflussen wahrscheinlich über einen Temperaturwechsel die Dichte des in großen Mengen vor allem im Kopf zu findenden öligen Walrats und damit die Körperdichte. Walrat macht bis zu mehreren Prozent des Körpergewichts dieser Tiere aus. Die Temperatur des Walrats kann über eine Kontrolle der Versorgung mit kälterem Blut aus der Peripherie oder durch direkten Einfluß kalten Meerwassers gesteuert werden. Auffallend ist, daß Pottwale nach langen Tauchgängen nie weit weg vom Abtauchpunkt wieder hoch kommen. Offenbar kommt es beim Tauchen kaum zu seitlicher Vorwärtsbewegung. Finnwale dagegen tauchen zwar tief (ca. 500 m), aber nur einige Minuten und legen unter Wasser größere Wegstrecken seitlich zurück.

Sparmechanismen, die bei allen Meeressäugern wirksam werden, sind Umverteilungen in der Blutversorgung der Organe und eine generelle Herabsetzung der Perfusion durch Absenkung der Herzfrequenz (**Bradykardie** durch Parasympathicus-Aktivität). Durch Konstriktion glatter Muskeln in Arterien und vor allem Arteriolen (Sympathicus-Aktivität) steigt der periphere Widerstand während des Tauchens um das Vielfache (12mal bei Robben): Außer den Muskeln des Kiefers und der Augen verlieren fast alle Skelettmuskeln sowie Eingeweide wie Niere und Magen fast völlig ihre Blutversorgung. Durch den drastischen Abfall der Herzfrequenz (bei Robben von 132 auf 10 Schläge pro Minute) bleibt trotz drastisch angestiegenen peripheren Widerstands der Blutdruck in etwa konstant. Nur Gehirn, einige endokrine Drüsen, wenige Skelettmuskeln oder das Herz werden weiter adäquat mit Blut versorgt (Abb. 14.**1**). Direkte arterio-venöse Gefäßverbindungen erlauben die Umgehung der Kapillarnetze nicht versorgter Organe, um so auch die Sauerstoffvorräte im venösen Blut nutzen zu können. Es wird bei Robben geschätzt, daß diese Herz-Kreislaufanpassungen zu einer Absenkung des Sauerstoffverbrauchs unter Wasser und damit zu einer Verlängerung der Tauchzeit um das 4–5fache führen.

Die Anpassungsprozesse im Herz-Kreislaufsystem sind altes evolutives Erbe und treten zum Beispiel auch bei Säugern während ihrer Geburt auf, da hier auch über eine gewisse Zeit die Sauerstoffversorgung fehlt.

Nach dem Tauchgang steigt die Herzfrequenz rasch an und bleibt eine Zeitlang oberhalb des Normalwertes (Erholungsphase). Die Gefäße des Hochdrucksystems erweitern sich (Vasodilatation), das Herzminutenvolumen steigt damit zusätzlich an und im Blut ist ein Anstieg der Lactatkonzentration festzustellen (von wenigen mMol auf 20 mMol bei Robben und auf 50 mMol bei bestimmten Schildkröten). Die „abgeschalteten" Organe hatten während des Tauchens Milchsäuregärung betrieben, und das anaerobe Endprodukt wird bei wieder eingeschalteter Blutversorgung aus den Geweben geschwemmt. Eine anaerobe Energiegewinnung ist zumindest im Gehirn von Schildkröten, wahrscheinlich

Abb. 14.1 Die Wedellrobbe *Leptonychotes weddelli* (a) ist hervorragend an lange und tiefe Tauchgänge angepaßt. Die Verminderung des Sauerstoffverbrauchs durch Umschaltung der Blutflüsse und Versorgung nur noch weniger Organe (b; rot) ist ein wichtiger Anpassungsvorgang beim Tauchen. Diese Tiere zeigen zwei unterschiedliche Tauchstrategien: Relativ kurze, aber tiefe Tauchgänge für den Beutefang und lange, weniger tiefe Tauchgänge, um neue Luftlöcher im Eis auszukundschaften (c). (nach Whitfield 1993 und Hempleman & Lockwood 1978) ▷

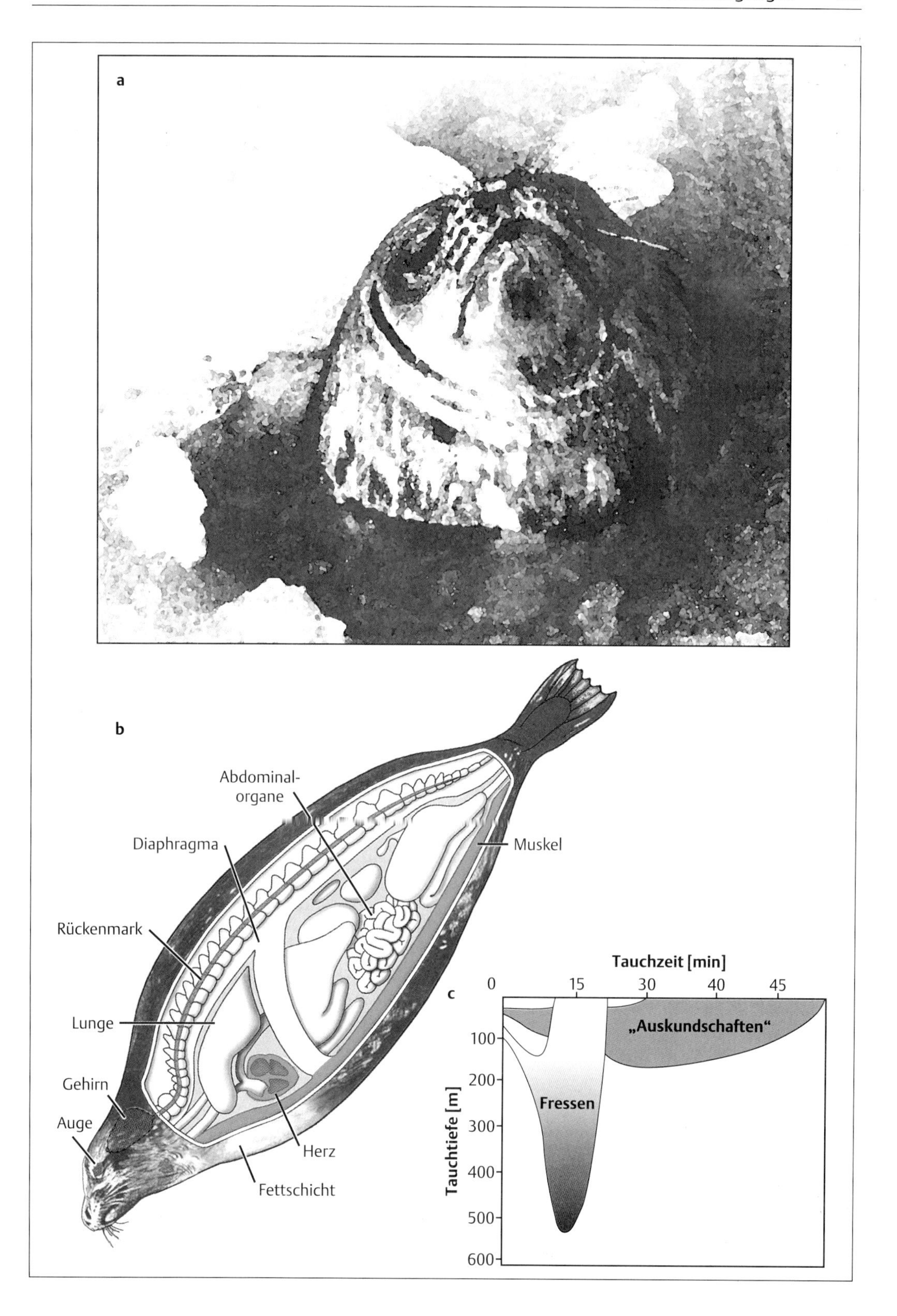
a
b
Abdominal-
organe
Diaphragma
Muskel
Rückenmark
Lunge
Gehirn
Auge
Herz
Fettschicht
c
Tauchzeit [min]
0
15
30
40
45
100
200
300
400
500
600
Tauchtiefe [m]
„Auskundschaften"
Fressen

aber auch teilweise im Zentralnervensystem und Herzmuskel mariner Säuger möglich.

Die **Anaerobiose** hat einige weitere Folgen. Es kommt zu einer metabolischen Acidose (vgl. Kap. 9), also zu einem Abfall des Blut-pH trotz größerer Blutpufferkapazitäten (z. B. durch höhere Hämoglobinkonzentration) der marinen Säuger. Mit dem Abfall des pH steigt der Blut-P_{CO2}. Dies würde den Atemdrang der Tiere erhöhen, wenn das Atemzentrum der Meeressäuger nicht weniger sensitiv auf Kohlendioxid reagieren würde als das der Landtiere. Zumindest bei einigen marinen Säugern, z. B. bei Delphinen, erfolgt die Atmungskontrolle auch stärker bewußt und nicht nur unfreiwillig über Kontrollzentren im verlängerten Mark.

Anpassungen sind natürlich auf allen Ebenen, nicht nur den physiologischen und biochemischen, anzutreffen. Dazu gehören **anatomische Anpassungen** im Lungenbereich wie z. B. große Flexibilität von Lunge und Brustkorb, geringe Verbindung zwischen Lunge und Brustkorb oder Knorpelversteifung der Toträume der Lunge. Blutgefäßnetze in der Nähe der Lunge oder anderer gefährdeter Körperteile (Schädel) können während des Tauchens gefüllt werden, und so restliche Volumendifferenzen (z. B. zwischen Lunge und Brustraum) kompensieren. In den dicken Fettschichten der Meeressäuger lösen sich die beim Kollabieren der Lungen ins Blut gepreßten Stickstoffmengen sehr gut und helfen so auch bei der Vermeidung einer Taucherkrankheit. Zusätzlich gibt es Modifikationen in Anatomie und Lage des Gefäßsystems, die einen Gefäßverschluß durch Wasserdruck unmöglich machen. Die Fettschichten isolieren auch den Körper vor Wärmeverlusten. In den Extremitäten sorgen Gegenstromtauscher für eine Abkühlung des arteriellen Blutes in Richtung Peripherie bzw. für eine Anwärmung venösen Blutes, das zum Körper fließt. Der Gefäßverschluß (Vasokonstriction) beim Tauchgang hilft weiter Wärmeverluste über die Haut zu minimieren. Damit wird bei einigen Meeressäugern die Thermoneutralzone, also der Temperaturbereich in dem keine zusätzliche Stoffwechselenergie für den Erhalt der Körpertemperatur notwendig ist (vgl. Absatz 10.6), auf fast 0 °C abgesenkt.

Zuletzt wollen wir kurz die Frage anschneiden, ob Säugetiere Wasser atmen können? Ein Hauptproblem ist die geringe Sauerstoffkonzentration im Wasser. Durch Begasung des Wassers mit reinem Sauerstoff und einer Druckerhöhung auf 8 atm, werden aber Konzentrationen wie in der Luft erzielt. Süßwasser würde zur raschen Wasseraufnahme ins Blut und z. B. zum Platzen der Erythrocyten führen, deshalb ist ein isotonisches Außenmedium Voraussetzung für den Versuch Wasser zu atmen. Tatsächlich wurden unter entsprechend günstigen Bedingungen Experimente mit Mäusen durchgeführt, die mehrere Stunden lang Wasser atmeten. Es traten aber folgende Probleme auf. Die „surfactants" der Lungenoberfläche gehen im Wasser verloren (vgl. Absatz 4.2), so daß später an Land ein Kollabieren der Lunge wahrscheinlich wird. Weiterhin führt die hohe Viskosität des Atemmediums zu einem starken Anstieg der Atemarbeit und evtl. auch zu Schädigungen des Lungengewebes.

14.2 Tiere im Hochgebirge

Im Hochgebirge (höher als 3000 m) treffen verschiedene Faktoren zusammen, die zu einer lebensbedrohenden Situation führen können. Hand in Hand mit dem abfallenden Luftdruck sinkt der Sauerstoffpartialdruck (vgl. Abb. 3.**1**), die treibende Kraft für den Sauerstofftransport von der umgebenden Luft in die Mitochondrien. Die Temperatur fällt mit jeweils 150 Höhenmetern um 1 °C. Dies gilt für Gebirge auf allen Breitengraden. Im Unterschied zu höheren Breiten treten in tropischen Gegenden täglich große, aber saisonal nur geringe Temperaturschwankungen auf. In den nördlichen Anden oder im Himalaya ist die Temperatur, je nachdem ob man im Schatten oder in der Sonne steht, sehr verschieden. Im Hochgebirge ist die Luftfeuchte meist niedrig: Schwitzen bei körperlicher Anstrengung kann zum Austrocknen des Körpers führen (und so auch die Gefahr einer Thrombose erhöhen). Die Sonnenstrahlung und damit auch die ultraviolette Strahlung sind viel intensiver. UV-B-Strahlung (um 300 nm) ist auf 4000 m 2,5mal so hoch wie auf Meereshöhe. Die Reflektion des Lichtes auf Eis- und Schneefeldern birgt die Gefahr eines Hornhautschadens („Schneeblindheit"). Einfallende harte kosmische Strahlung steigt ebenfalls mit der Höhe. **Sauerstoffmangel** (Hypoxie) und **Kälte** sind aber sicherlich die Hauptprobleme im Hochgebirge.

Verschiedene Anpassungen erlauben Menschen und Tieren aber trotzdem das Leben und Überleben in der Höhe. Dies kann durch physiologische Akklimatisierung geschehen, also durch eine Umstellung und Anpassung der Körperfunktionen an die neue Umweltsituation. Wenn eine Population von Organismen aber über lange Zeiträume einen bestimmten Lebensraum besiedelt hat, so haben die evolutiven Mechanismen (z. B. Mutation, Rekombination und Selektion) dafür gesorgt, daß für diese Umwelt günstige Merkmale genetisch verankert wurden. Die Organismen sind an ihren Standort genetisch adaptiert. **Physiologische Akklimatisierung** und **genetische Adaptation** an Höhe laufen teils völlig verschiedene, sogar entgegengesetzte Wege.

Beginnen wir mit einem Flachländer, der ins Hochgebirge kommt. Geschieht dies zu rasch (Auto, Flugzeug), ohne daß der Körper Gelegenheit erhält sich anzupassen, so drohen je nach körperlichen Voraussetzungen verschiedene Erkrankungen. Akut kann es zu **Ödemen** (extravaskuläre Wasseransammlungen) im Lungen- und Gehirnbereich kommen. Durch die Höhe stimuliert, kommt es nämlich zu einer vermehrten Ausschüttung von ADH aus der Hypophyse, damit zu einer verminderten Harnbildung (Wasserretention) sowie zu einer Verschiebung des Blutflusses weg von den Extremitäten hin zu Lunge und Gehirn. Einige Personen können auch eine chronische **Höhenkrankheit** erleiden, die auf einer mangelhaften Belüftung der Alveolen beruht. In Folge steigt die Zahl roter Blutkörperchen (Hämatokrit) und durch Vasokonstriktion pulmonarer Arteriolen steigt der Blutdruck im Lungenkreislauf. Der höhere Widerstand im Lungenkreislauf führt zu einer Zunahme der Muskelmasse des rechten Herzens. Personen, die ohne Akklimatisierung auf 8000 m Höhe gebracht würden, würden rasch das Bewußtsein verlieren und sterben. Die Grenze, an die sich Menschen durch Akklimatisierung herantasten können, ist ca. 5500 m Höhe. Unterhalb dieser Höhe ist dann ein dauerhafter Aufenthalt möglich. Oberhalb davon, kommt es langfristig zu lebensbedrohenden Schädigungen.

Sprechen wir nun über die Akklimatisierung an Höhe. Die beschriebene Sequenz der Ereignisse gilt nicht nur für den Menschen, sondern für alle Wirbeltiere. Der erste Schritt ist **Hyperventilation,** d. h. ein Anstieg der alveolaren Belüftung. Indianer der peruanischen Anden atmen ca. 30 % tiefer als Flachländer, die dann aber im Gipfelbereich der Hochgebirge wiederum ca. 20 % tiefer als diese Indianer atmen. Die Hyperventilation hängt mit der Stimulation z. B. von peripheren Chemorezeptoren zusammen, die bei Flachländern zunehmend sensitiv für Sauerstoffmangel werden. Die Atemfrequenz bleibt normalerweise unverändert und erhöht sich erst ab 6000 m Höhe.

Die Hyperventilation ist an den Sauerstoffbedarf, nicht aber an die Kohlendioxidproduktion angepaßt. Dies bedeutet, daß zuviel CO_2 abgegeben wird, und das Blut alkalisch wird (respiratorische Alkalose; vgl. Kap. 9). Der Blut-pH wird durch renale Mechanismen (Bikarbonatabgabe in der Niere) wieder stabilisiert, Kohlendioxid- und Bikarbonatkonzentration im arteriellen Blut bleiben vermindert (z. B. in 4500 m Höhe: $Pa_{CO2} \approx 4{,}4$ kPa; vgl. Tab. 4.**1**). Innerhalb eines Zeitraums von 8 Tagen wird der CO_2-abhängige Atemantrieb ebenfalls sensitiver: Der Schwellwert sinkt, ab dem der P_{CO2} zu einer Hyperventilation führt, und die Reiz-Antwort-Kurve (P_{CO2} *vs.* Ventilation) des Atemzentrums wird steiler. Die Steilheit dieser Kurve steigt mit gleichzeitig sinkendem P_{O2} zusätzlich an.

Wie wird der Sauerstofftransport ab der Alveolarregion verbessert? Die Differenz im Sauerstoffpartialdruck zwischen Alveolen und arteriellem Blut liegt bei ca. 1 kPa bei Flachländern, aber nur bei ca. 0,3 kPa bei Hochgebirgsbewohnern, die möglicherweise eine größere Lungenoberfläche besitzen. Auf jeden Fall haben sie ein größeres Lungenvolumen, das ihnen hilft auch in größeren Höhen schwere Arbeit zu leisten.

Im **Blut** sind bei Akklimatisierungsprozessen große Veränderungen festzustellen. Die Hämoglobinkonzentration, die Zahl roter Blutkörperchen und der Hämatokrit sind bei Andenindianern und akklimatisierten Flachländern um ca. ein Viertel höher. Bis auf 4500 m steigt die Hämoglobinkonzentration mit der Höhe. Oberhalb von 5800 m beginnt sie aber wieder zu sinken. Die Sauerstoffbindungskurve der genannten Personengruppen sowie die von Säugern des Flachlands verschiebt sich in der Höhe nach rechts; die Sauerstoffaffinität sinkt also (vgl. Absatz 5.4.9). Diese Rechtsverschiebung hat mit dem Anstieg der Konzentration des Modulators 2,3-Diphosphoglycerat zu tun. Bis auf eine Höhe von 3500 m ist dies vorteilhaft, da so leichter Sauerstoff vom Blut in die Gewebe abgegeben werden kann. Andenindianer zeigen auch einen stärkeren Bohreffekt als Europäer. Vor allem im oberen Sättigungsbereich der Bindungskurve (80 % Sättigung) wird diese bei sinkendem pH stark nach rechts verschoben und so die Entladung von Sauerstoff gefördert.

Der letzte Schritt, die Diffusion von Sauerstoff vom Blut zu den Mitochondrien, wird durch in-

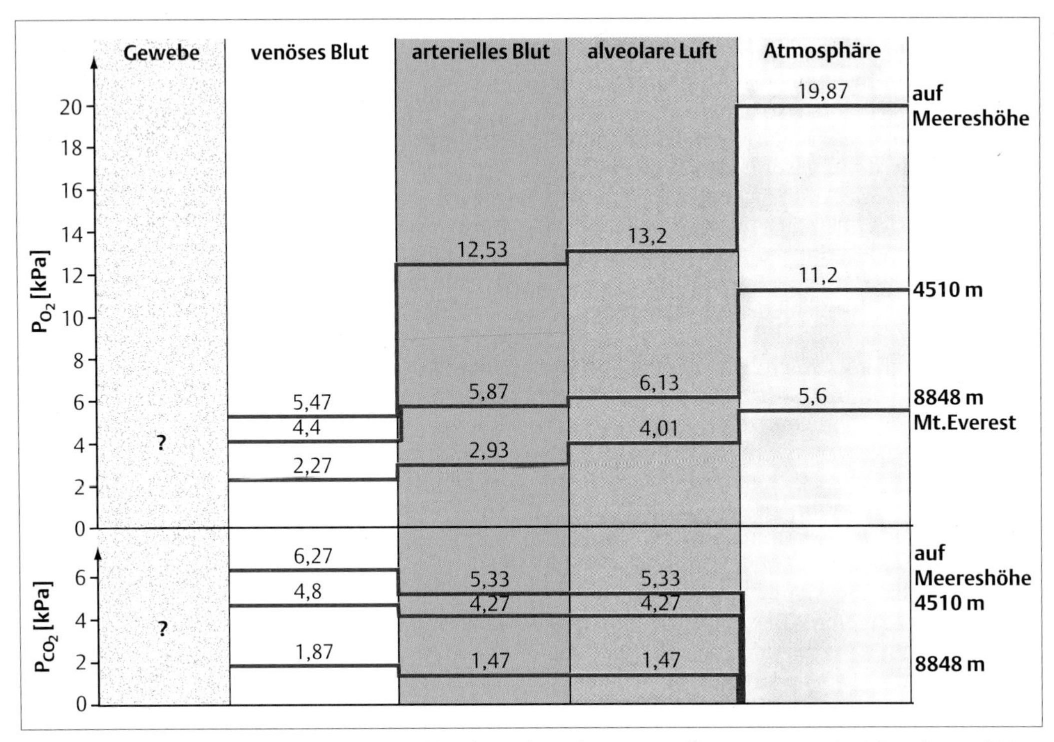

Abb. 14.2 Sauerstoff- und Kohlendioxidpartialdrucke entlang des Sauerstofftransportwegs im Menschen auf Meereshöhe, auf 4500 m und auf dem Mount Everest (nach Dejours 1982)

trazelluläres Myoglobin gefördert, dessen Konzentration in hart arbeitenden Muskeln ansteigt. Bei höhenakklimatisierten Tieren steigt die Zahl der Blutkapillaren pro Muskelzelle und der Durchmesser der Muskelzellen wird geringer. Insgesamt reduziert sich so der Diffusionsweg vom Blut ins Mitochondrium. Auf Meereshöhe besteht eine Partialdruckdifferenz für Sauerstoff vom venolenseitigen Kapillarabschnitt zum Mitochondrium von ca. 4 kPa. In der Höhe ist ein Abfall dieses Wertes um mehr als 1–2 kPa gefährlich. Wir haben jetzt die Akklimatisierung an Höhe kennengelernt: Diese Regelprozesse und Neueinstellungen sind typisch für Menschen (Flachländer und Gebirgsbewohner), Säuger oder generell Wirbeltiere des Flachlandes: Hyperventilation und dadurch Absinken des Kohlendioxidpartialdrucks sowie Veränderungen in Menge und Eigenschaften des Hämoglobins. Der Körper versucht im Rahmen seiner Möglichkeiten den Sauerstofftransport durch Regelprozesse zu verbessern. Ziel ist es durch Regelung auf den Ebenen des konvektiven und diffusiven Transports den Anfangsverlust an Triebkraft im Sauerstofftransportweg zu kompensieren: Auf Meereshöhe beträgt der Sauerstoffpartialdruck fast 20 kPa; Reinhold Messner schaffte es auf dem 8848 m hohen Mount Everest bei einem Sauerstoffpartialdruck von ca. 5,6 kPa noch leichte Arbeit zu verrichten (z. B. Anheben des Bergstocks und Winken). Ziel dieser Regelung ist es die Partialdruckabfälle entlang des Transportweges zu minimieren, um noch eine genügend große Restdifferenz zwischen Blut und Mitochondrien zu besitzen (Abb. 14.**2**).

Kommen wir jetzt zu den **„Höhenprofis“**, den genetisch an Höhe adaptierten Tieren, den Lamas, Alpacas, Guanacos und Vicuñas. Vor allem auf der Blutebene sind ihre Anpassungen grundsätzlich anders. Ihre Hämoglobinkonzentration und ihr Hämatokrit sind nicht erhöht. (Dies gilt auch für die bereits seit langer Zeit den Himalaya bewohnenden Sherpas.) Damit bleibt die Blutviskosität konstant, und das Herz wird arbeitsentlastet. Die Sauerstoffbindungskurve der Tiere ist nicht nach rechts, sondern nach links verschoben (vgl. Abb. 5.**4**), und der Bohr-Effekt ist nicht verstärkt. Dies erleichtert die Sauerstoffaufnahme aus der Luft, würde aber möglicherweise die Sauerstoffabgabe vom Blut in die Gewebe erschweren. Dies kompensieren die höhenadaptierten Tiere durch anatomische Anpassungen im Kapillarbereich (z. B. höhere Kapillardichte). Zusätzlich sind die Pulmonararterien dünnwandig und nicht muskulös, so daß chronische Höhenkrankheit nicht auftreten kann. Experimente mit Ratten zeigten, daß diese auf 9180 m Höhe überleben können, wenn kleine Mengen Natriumcyanat im Trinkwasser ihr Hämoglobin affiner zu Sauerstoff macht. Wenn durch entsprechende Kapillarisierung eine Gewebsversorgung mit Sauerstoff sichergestellt ist, so ist eine Linksverschiebung der Bindungskurve sicher der bessere Weg die Sauerstoffversorgung sicher zu stellen.

Betrachten wir noch einige weitere Fälle der Höhenanpassung der Tiere. Eine Froschart im Titicaca-See auf 3800 m Höhe besitzt zur Oberflächenvergrößerung zahlreiche, große und gut mit Blut versorgte Hautfalten, die hinten und an den Seiten herabhängen. Die Erythrocyten sind klein und in hoher Konzentration vorhanden; die Bindungskurve des Hämoglobins ist linksverschoben, und der Frosch zeigt immer wieder kurze Auf- und Abbewegungen, vermutlich um Diffusionsgrenzschichten zu minimieren (vgl. Absatz 3.13). Auf 6700 m Höhe sind Wirbellose wie Springspinnen oder primitive Insekten voll aktiv, ohne daß bekannt wäre wie sie das machen. Über den Mount Everest hinweg sind fliegende Gänse auf 9000–10000 m Höhe beobachtet worden. Dort liegt der Sauerstoffpartialdruck unter 5 kPa und die Temperatur bei –40 °C, und die Tiere leisten immer noch Schwerarbeit mit einem zehnfachen höheren Sauerstoffbedarf als in Ruhe. Diese Fähigkeiten scheinen sich – wie meistens – nicht nur aus einer speziellen Anpassung zu ergeben, sondern sind die Folge vieler kleiner und größerer Verbesserungen. Dazu zählen eine effiziente Beladung des Blutes mit Sauerstoff in der Vogellunge, hohe Sauerstoffaffinität des Hämoglobins, verbesserte Blutversorgung des Gehirns und sehr hohe massenspezifische Perfusionsraten, die durch niedrige Hämatokritwerte und damit Blutviskositäten möglich werden.

14.3 Leben im Wattenmeer

Das Wattenmeer, zum Beispiel an der deutschen Nordseeküste, ist ein vielfältiger Lebensraum mit hohem Nahrungsangebot, der unter anderem den Fischen der Nordsee als Kinderstube dient. Andererseits ist dieser Standort auch ein extremer Lebensraum, der im Wechsel von Ebbe und Flut höchst variable Umweltbedingungen aufweist. Zusätzlich beeinflussen Niederschläge, Sonnenschein oder Jahreszeiten diesen von „Überlebensspezialisten“ bevölkerten Standort: Sauerstoffgehalt, Temperatur oder Salzgehalt (Salinität) von Wasser und Boden dieses Lebensraums weisen eine außerordentlich große Schwankungsbreite auf. Wir wollen uns beispielhaft etwas intensiver mit dem Leben des Wattwurms *Arenicola marina* beschäftigen (siehe dazu auch die angegebenen Literaturquellen). Das Vorkommen dieses Wurms wird meist nur an den zahlreich auf dem Wattenboden herumliegenden Kothäufchen erkannt. *Arenicola* lebt vergraben im Schlick, dessen Sulfidreichtum (u. a. der nach faulenden Eiern riechende Schwefelwasserstoff) ihm das Leben zusätzlich schwer machen müßte. Diese Reduktionsschicht beginnt knapp unter der Wattoberfläche und ist an der schwarzen Färbung der Erde im Anstich zu erkennen.

Kommen wir zur Höhle der Wattwürmer (Abb. 14.**3**). Das Tier befindet sich üblicherweise in einer selbstgegrabenen, „U“-förmigen Röhre, die etwa 20 cm in den Wattboden reicht. Durch peristaltische Bewegungen, also durch zyklische, durch Muskelkontraktionen verursachte Verdickungen des Körpers, die am Körperende beginnen, ventiliert er seine Höhle mit Frischwasser, zumindest solange die Flut andauert. Der bis zu 10 g schwere Wattwurm pumpt pro Stunde fast einen viertel Liter Wasser durch die Röhre. Damit wird ein Absinken des Sauerstoffpartialdrucks auf zu niedrige Werte verhindert. Die Bewegungsfrequenz nimmt zu, wenn der P_{O2} bei Ebbe sinkt. Zwischen Partialdrucken von 16 kPa (moderate Hypoxie) bis 67 kPa (Hyperoxie) kann der Wurm durch Ventilationsanpassung oxyregulieren. Die Sauerstoffaufnahme erfolgt über die Haut oder über Kiemenbüschel, und so wird entweder der Hautmuskelschlauch direkt oder tiefer gelegene Körperzellen über Hämoglobin im Blut mit Sauerstoff versorgt. *Arenicola* besitzt ein geschlossenes Kreislaufsystem, in dem Blut mit hoher Hämoglobinkonzentration fließt, und zusätzlich ein im Vergleich zum Blutraum fast 10mal größeres Cölomsystem mit hämoglobinfreier Cölomflüssigkeit, das vor allem biomechanischen Zwecken dient (Hydroskelett), in dem sich aber auch Eier bzw. Spermien entwickeln. Das extrazelluläre Hämoglobin dieser Tiere ist hoch aggregiert

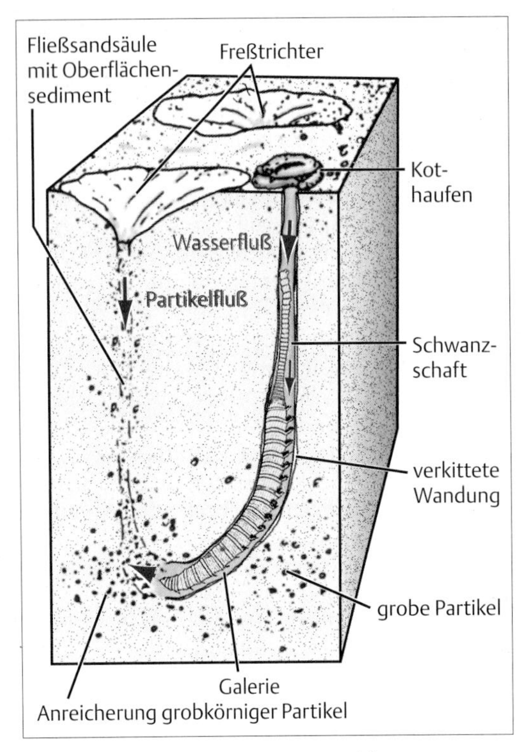

Abb. 14.3 Ein Wattwurm in seiner Höhle

(2850 kDa) und besitzt eine sehr große Sauerstoffaffinität ($P_{50} \approx 0{,}3$ kPa). Die Sauerstoffpartialdrucke im Blut sind extrem niedrig (unterhalb von 1 kPa).

Die Kopfseite des Wurmes ist einem senkrechten Abschnitt der Röhre zugewandt, die auf dem Wattboden mit einer Art Trichter beginnt, und an derem Boden sich reichlich Nahrung ansammelt. Kleinstpartikel und Bakterien werden vom Wurm aufgenommen, und vor allem im Ösophagus und seinen Ausfaltungen und im sogenannten „Magen" verdaut. Proteasen und kohlenhydratabbauende Verdauungsenzyme ermöglichen einen Nahrungsabbau innerhalb einer Stunde.

Wie werden diese Tiere mit der schwankenden Osmolarität des Meerwassers bei Ebbe und Flut fertig? Teils, in dem sie in ihrer Höhle von diesen Schwankungen gar nicht erreicht werden. Die Würmer stellen auch ihre Ventilationsbewegungen ein, wenn sie mitbekommen, daß verdünntes, hypoosmotisches Wasser oberhalb der Höhle anliegt. Die Tiere besitzen aber noch weitere Möglichkeiten mit veränderlichen Osmolaritäten fertig zu werden. Hypoosmotisches Meerwasser läßt die Tiere erst einmal anschwellen. Doch nach einigen Stunden bis Tagen nähern sie sich wieder ihrem Ausgangsgewicht an. Diese Regelung basiert auf zwei Mechanismen. Einer davon beeinflußt das Extrazellulärvolumen und beruht auf der zunehmenden Harnbildung bei steigendem hydrostatischen Innendruck. Der andere kontrolliert das Intrazellulärvolumen durch Änderung der intrazellulären Konzentration einiger als Osmolyte wirksamer Aminosäuren (Glycin, Alanin). Entsprechend umgekehrt laufen die Prozesse nach dem Aussetzen in hyperosmotisches Medium ab. Nach einem Anfangsgewichtsverlust nehmen sie auf Grund von Regelungsprozessen langsam wieder an Gewicht zu.

Kommen wir zu den komplexen biochemischen Anpassungsmechanismen der Tiere bei Sauerstoffmangel (Hypoxie, Anoxie) und der sauerstoffunabhängigen (anaeroben) Energiegewinnung (**Anaerobiose**). Wenn bei Ebbe die Frischwasserzufuhr ausbleibt und der Sauerstoffpartialdruck des Umgebungswassers auf Werte unter etwa 7 kPa fällt, stellt *Arenicola* seine Ventilation, aber auch den Kreislauf ein. Der Blut-P_{O2} fällt noch weiter (ca. 0,1 kPa), und aerobe Energiegewinnung über oxidative Phosphorylierung entlang der mitochondrialen Atmungskette (vgl. Absatz 13.3.4) wird unmöglich.

In der 2–3stündigen Anfangsphase der Anaerobiose wird ATP in starkem Maße aus Phosphagenen (Speicher für „energiereiche" Phosphate) gewonnen. Beim Menschen gibt es dafür Phosphocreatin, bei vielen Wirbellosen Phosphoarginin und beim Wattwurm, Phosphotaurocyamin, das vor allem im Hautmuskelschlauch anzutreffen ist. Phosphagene haben ein hohes Phosphorylierungspotential; sie übertragen eine energiereiche Phosphorylgruppe auf ADP und regenerieren ATP. Gleichzeitig mit der Nutzung der Phosphagenreserven steigt im Wurm die Glycolyserate (Abbau von Glycogen) an. Es entsteht in größerem Maße Pyruvat (vgl. Abb. 13.**3**), aber kaum Lactat, da in *Arenicola* die enzymatische Aktivität der Lactatdehydrogenase sehr niedrig ist. Das Zwischenprodukt Pyruvat geht hier andere Wege. Ein kleinerer Teil reagiert mit der Aminosäure Glycin unter Verwendung von Elektronenpaaren (NADH + H^+) zum anaeroben Endprodukt Strombin (Abb. 14.**4**). Dieser Schritt dient ähnlich wie die Laktatbildung der Erhaltung der Redoxbalance. Der größte Teil des Pyruvats über-

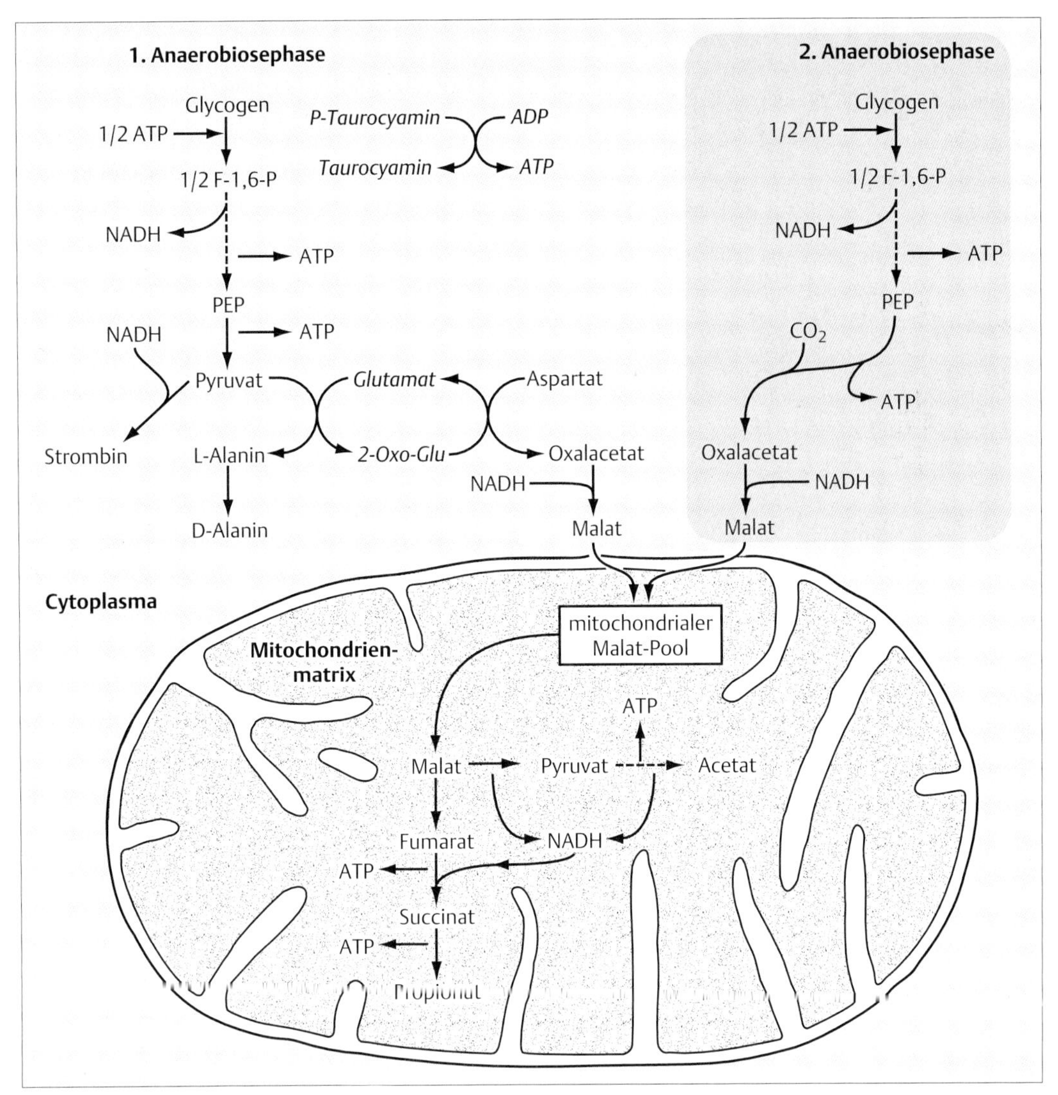

Abb. 14.4 Anaerobe Stoffwechselwege in *Arenicola marina* während früher bzw. später Anaerobiose. Während der Glycolyse freigesetzte Elektronenpaare (NADH+H⁺) werden für die Bildung von Malat genutzt. Weitere Elektronenpaare, die u. a. bei der oxidativen Decarboxylierung von Pyruvat entstehen, werden beim ATP-gewinnenden Schritt zum Succinat verwendet (nach Zebe & Schiedek 1996)

nimmt in Transaminierungsreaktionen (vgl. Abb. 13.**4**) letztendlich die Aminogruppe der Aminosäure Aspartat, und es entsteht die Aminosäure Alanin, die sich im Cytoplasma anhäuft sowie Oxalacetat, ein Intermediat des Citratzyklus (vgl. Abb. 13.**8**). Oxalacetat nimmt Elektronenpaare auf (umgekehrt wie im Citratzyklus entsteht Malat): NADH wird also oxidiert, so daß NAD^+ für den weiteren Glycolyseablauf zur Verfügung steht. Malat gelangt in die Mitochondrienmatrix und in umgekehrter Richtung zum normalen Citratzyklus entsteht unter ATP-Gewinn vor allem Succinat (Abb. 14.**4**). Trotzdem ist ein Ungleichgewicht zwischen ATP-Verbrauch und ATP-Herstellung festzustellen: Die verfügbare Menge an ATP sinkt. Die hier dargestellten Stoffwechselwege beginnen dann nach ca. 3 Stunden an Intensität abzunehmen.

In einer nächsten Phase der Anaerobiose werden andere Abbauwege beschritten. Während vorher das Enzym Pyruvat-Kinase (PK), das die Reaktion zum Pyruvat katalysiert, reaktionsbe-

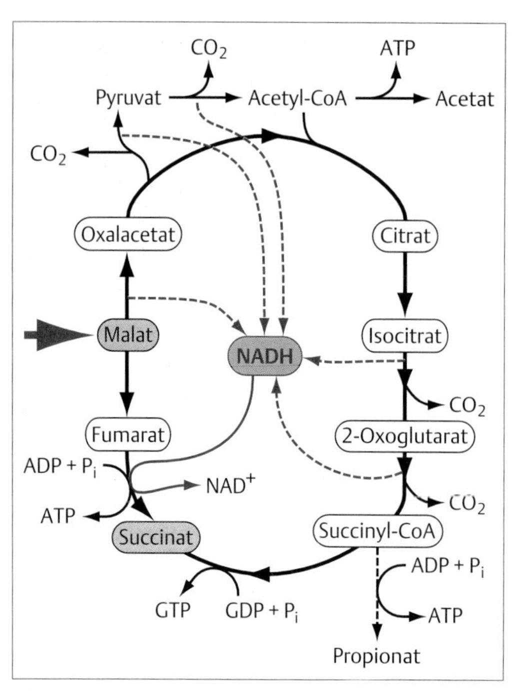

Abb. 14.5 Abbauwege des Malats bei Anaerobiose (nach Zebe & Schiedek 1996)

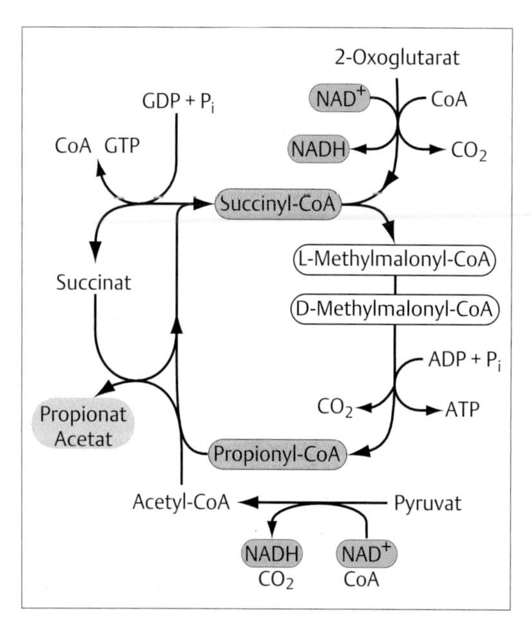

Abb. 14.6 Bildung von Essigsäure und Propionsäure bei Anaerobiose (nach Zebe & Schiedek 1996)

stimmend war, beginnt nun im Vergleich das Enzym Phosphoenolpyruvat-Carboxykinase (PEPCK) immer aktiver zu werden, das Phosphoenolpyruvat (PEP) nicht zu Pyruvat dephosphoryliert, sondern ebenfalls unter ATP-Freisetzung (eigentlich GTP-Freisetzung) zu Oxalacetat carboxyliert. (Die PEPCK ist auch an der Gluconeogenese beteiligt.) Die nachfolgenden Schritte (Malatbildung etc.) sind wieder ähnlich denen während der Anfangsphase (Abb. 14.**4**). In der zweiten Phase der Anaerobiose sinkt zwar die ATP-Produktionsrate, aber der ATP-Verbrauch nimmt auch ab (ca. 20 % des aeroben Niveaus), so daß ATP länger verfügbar bleibt. Zu dieser Stoffwechselreduktion („metabolic depression") trägt die Ansäuerung des Zellinneren (pH-Abfall: Acidose) bei, erklärt dieses Phänomen aber nicht vollständig. Wahrscheinlich sind weitere Regulationsprozesse auf Enzymebene beteiligt. Auf jeden Fall ist die Stoffwechselreduktion eine wichtige Fähigkeit dieser und anderer fakultativ anaerober Organismen, die ihnen ein Überleben anoxischer Umweltsituationen erlaubt.

Wir wollen uns nun etwas genauer mit den mitochondrialen Prozessen während der Anaerobiose beschäftigen. Malat kann unterschiedlich genutzt werden (Abb. 14.**5**): (i) Bildung von Pyruvat (Malat-Enzym), das über Acetyl-CoA (oxidative Decarboxylierung; vgl. Abb. 13.**7**) zum Endprodukt Acetat (Essigsäure) reagiert, (ii) Bildung von Oxalacetat (Citratzyklus) und Weiterreaktion mit Acetyl-CoA über Citrat zu Succinyl-CoA (diese Reaktionen tragen aber auf Grund des Mangels an NAD^+ nur wenig zur Bildung von Propionsäure bei) sowie (iii) Rückreaktion im Citratzyklus zu Fumarat und Succinat (und weiter zur Propionsäure: Abb. 14.**6**).

Wichtig ist vor allem die Reaktion vom Fumarat zum Succinat, da hier Elektronenpaare aufgenommen werden und NAD^+ für die oxidative Decarboxylierung bzw. für die Schritte im Citratzyklus bereitgestellt wird. Bei dieser Reaktion sind trotz Abwesenheit von Sauerstoff auch Teile der Atmungskette involviert (Komplex I und II), und es entsteht ATP aus einem elektrochemischen Protonengradienten (vgl. Abb. 13.**9**). Es schließen sich mit Succinat beginnend nach mehreren Stunden Anaerobiose Folgereaktionen an, die dann zu anaeroben Endprodukten wie Essigsäure oder Propionsäure führen. Der Vorteil dieser Abbauwege ist, daß mehr ATP pro abgebautem Glucosemolekül anaerob gewonnen wird, als bei der „klassischen" Milchsäuregärung. Doch gehen wir schrittweise vor (Abb 14.**6**).

Propionyl-CoA überträgt seine Coenzym-A-Gruppe auf Succinat, und es bildet sich Succinyl-CoA. (Die Bildung von Thioestern der Form „Acylrest-CoA" ist eine stark endergone Reaktion, so daß die Acylreste aus dieser Form wiederum leicht auf andere Moleküle übertragen werden können.) Über Methylmalonyl-CoA wird in zyklischer Weise dann Propionyl-CoA zurückgewonnen. Letzendlich entsteht so Propionat, wobei im Zyklus ATP synthetisiert wird. Auf vergleichbare Weise entsteht ebenfalls unter ATP-Gewinn aus Acetyl-CoA das Acetat.

Der Anaerobioseweg zu Succinat, Propionat und Acetat liefert 6–7 ATP (abhängig vom Propionat/Acetat-Verhältnis) pro Glucosyleinheit („Glucose") des Glycogens. Lactatbildung (Milchsäuregärung) liefert im Vergleich nur 3 ATP. Einige Tiere wie der Wattwurm können also bei langfristiger (6 Stunden und mehr), vom Standort diktierter Anaerobiose (**„biotopbedingte Anaerobiose"**) mehr Energie aus ihren Kohlenhydratreserven gewinnen, als zum Beispiel der Mensch bei kurzfristiger (Sekunden), von Engpässen im Sauerstofftransport verursachter Anaerobiose (**„funktionsbedingte Anaerobiose"**) in den Muskeln (vgl. Absatz 13.5). Hier muß man aber auch sehen, daß die biotopbedingte Anaerobiose zwar sparsam ist, aber auch wenig ATP pro Zeit liefert. Bei der funktionsbedingten Anaerobiose ist es umgekehrt; sie ist nicht sparsam, liefert aber auch viel ATP pro Zeit. Im Gegensatz zu Lactat können Acetat und Propionat relativ einfach durch die Plasmamembranen der Zellen diffundieren (Carrier). Damit werden u. a. osmotische Probleme vermieden. Die eine Anaerobiose begleitenden Veränderungen im Säure-Basen-Haushalt wurden bereits besprochen (Absatz 9.2.4).

Die Erholung von einer Anoxiephase ist langandauernd und für verschiedene Prozesse unterschiedlich schnell. Nach ca. 2 Stunden steht in vollem Umfang wieder ATP zur Verfügung. Die Phosphagene erreichen nach ca. 3–4 Stunden wieder ihr Ausgangsniveau. Dagegen dauert es z. B. mehr als 10 Stunden das Alanin wieder aus der Cölomflüssigkeit zu entfernen.

Arenicola marina lebt in toxischen, sulfidreichen Böden. Eine vergleichbare Situation findet sich in der Nähe der schwarzen „Raucher" und heißen Tiefseequellen entlang der ozeanischen Rücken (Abb. 14.**7**).

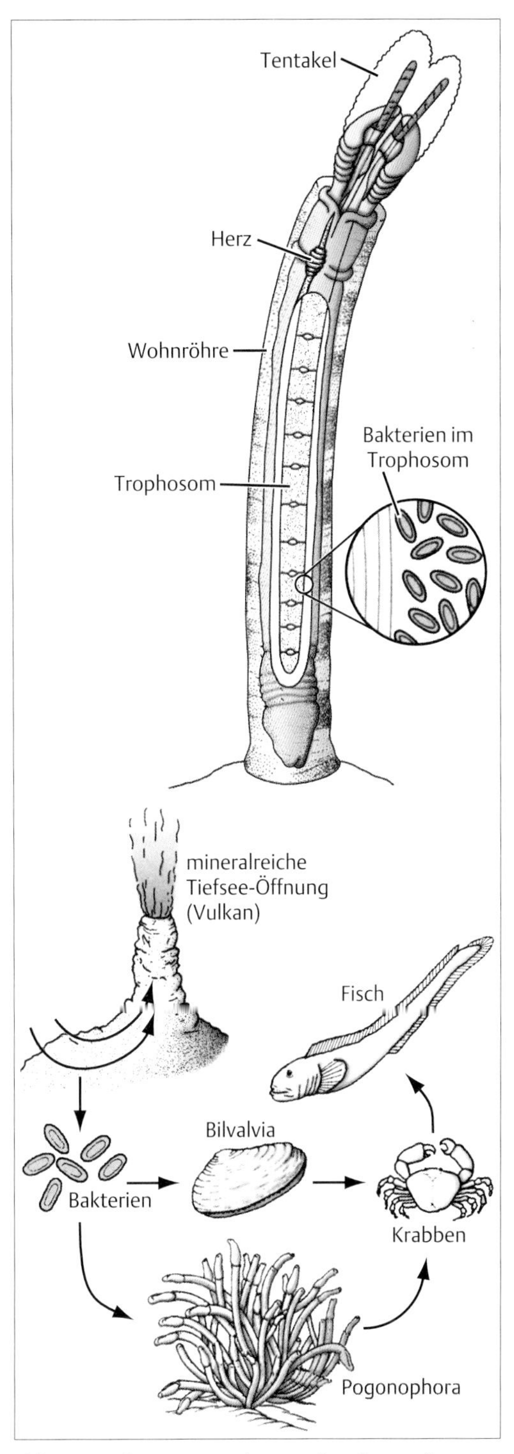

Abb. 14.7 Schwarze „Raucher" und Tiefseequellen entlang ozeanischer Rücken: Hier verbirgt sich reichhaltiges Leben, das letzendlich auf chemoautotropher Energiegewinnung durch endosymbiontische Bakterien (Oxidation von H_2S) in Würmern und Muscheln beruht. (nach Whitfield 1993)

Im Wattenmeer kann während der Ebbe die Konzentration von Schwefelwasserstoff, das die mitochondriale Cytochrom c-Oxidase (Komplex IV) hemmt (vgl. Abb. 13.**9**), auf Werte bis zu 1 mmol/l ansteigen. Der Wattwurm nimmt in Abhängigkeit vom Konzentrationsgradienten H_2S diffusiv auf. Solange die Konzentration aber nicht zu hoch und Sauerstoff verfügbar ist, entgiftet er das aufgenommene H_2S, durch oxidative Bildung von Thiosulfat ($S_2O_3^{2-}$) in den Mitochondrien. Die Übergabe von Elektronenpaaren vom H_2S auf Ubichinon oder Komplex III und deren spätere Reaktion mit O_2 (vgl. Abb. 13.**9**) ist mit einer ATP-Produktion verbunden. Hier gewinnen also Tiere zumindest teilweise unabhängig von der Sonnenenergie „chemoautotroph“ Energie. Bei weiter ansteigender Konzentration von Schwefelwasserstoff (> 0,3 mmol/l) wird die Cytochrom c-Oxidase aber doch gehemmt, und der Wurm beginnt mit anaerobem Energiestoffwechsel (Endprodukt: Succinat). Eine weitere, nicht hemmbare, alternative Oxidase in den Mitochondrien von *Arenicola* erlaubt aber den Würmern weiterhin H_2S zu oxidieren und damit zu entgiften. Wenn Hypoxie und H_2S-Belastung zusammenkommen, sinkt die H_2S-Schwellenkonzentration für eine Anaerobiose. Bei Flut sinkt die Konzentration von Schwefelwasserstoff erst im Meer und dann im Tier, und die Hemmung der Cytochrom c-Oxidase wird aufgehoben.

Literatur- und Bildquellen

1. Allgemeine Literatur- und Bildquellen

Tierphysiologie

Cleffmann, G.: Stoffwechselphysiologie der Tiere. UTB, Stuttgart 1979

Collatz, K.-G.: Stoffwechselphysiologie der Tiere. Herder, Freiburg. i. Br. 1980

Eckert, R.: Tierphysiologie. Thieme, Stuttgart 1993

Florey, E.: Lehrbuch der Tierphysiologie. Thieme, Stuttgart 1975

Gewecke, M.: Physiologie der Insekten. Gustav Fischer, Stuttgart 1995

Müller, W. A.: Tier- und Humanphysiologie. Springer, Berlin 1998

Penzlin, H.: Lehrbuch der Tierphysiologie. Gustav Fischer, Jena 1996

Prosser, C.L.: Comparative animal physiology. Saunders, Philadelphia 1973

Schmidt-Nielsen, K.: Physiologie der Tiere. Spektrum, Heidelberg 1999

Urich, K.: Vergleichende Physiologie der Tiere. Stoff- und Energiewechsel. De Gruyter, Berlin 1977

Humanphysiologie

Gauer, O.H., Kramer, K., Jung, R.: Physiologie des Menschen (20 Bände). Urban & Schwarzenberg, München 1977

Greger, R., Windhorst, U.: Comprehensive human physiology; from cellular mechanisms to integration. Vol. 1 & 2. Springer, Berlin [illegible]

Klinke, R., Silbernagl, S.: Lehrbuch der Physiologie. Thieme, Stuttgart 1996

Schmidt, R. F., Thews, G.: Physiologie des Menschen. Springer, Berlin 1997

Silbernagl, S., Despopoulos, A.: Taschenatlas der Physiologie. Thieme, Stuttgart 1991

Thews, G., Vaupel, P.: Grundriß der vegetativen Physiologie. Springer, Berlin 1981

Zoologie/Biologie/Anatomie

Barnes, R.D.: Invertebrate Zoology. Saunders College Publishing, Philadelphia 1987

Campbell, N. A.: Biologie. Spektrum, Heidelberg 1997

Faller, A.: Der Körper des Menschen. Einführung in Bau und Funktion. Thieme, Stuttgart 1974

Foelix, R.F.: Biologie der Spinnen. Thieme, Stuttgart 1979

Oehlmann, J., Markert, B.: Humantoxikologie. Wissenschaftliche Verlagsgesellschaft, Stuttgart 1997

Remane, A., Storch, V., Welsch, U.: Kurzes Lehrbuch der Zoologie. Gustav Fischer, Stuttgart 1994

Wehner, R., Gehring, W.: Zoologie. Thieme, Stuttgart 1995

Wüst, W.: Tierkunde. Bayerischer Schulbuch-Verlag 1965

Biochemie

Karlson, P., Doenecke, D., Koolmann, J.: Kurzes Lehrbuch der Biochemie für Mediziner und Naturwissenschaftler. Thieme, Stuttgart 1994

Koolman, J., Röhm, K.-H.: Taschenatlas der Biochemie. Thieme, Stuttgart 1994

Lehninger, A.L., Nelson, D.L., Cox, M.M.: Prinzipien der Biochemie. Spektrum, Heidelberg 1994

Stryer, L.: Biochemie. Spektrum, Heidelberg 1996

Urich, K.: Vergleichende Biochemie der Tiere. Gustav Fischer, Stuttgart 1990

Voet, D., Voet, J.G.: Biochemie. VCH, Weinheim 1992

2. Spezielle Literatur- und Bildquellen

Zu Kap. 1

Bligh, J., Cloudsley-Thompson, J. L., Macdonald, A.G.: Environmental physiology of animals. Blackwell Oxford 1976

Cloud, P.: Die Biosphäre. In: Fossilien: Bilder frühen Lebens. Spektrum der Wissenschaft: Verständliche Forschung. Spektrum, Heidelberg 1989

Pflug, H. D.: Evolution im Spiegel der Erdgeschichte. In: Fossilien: Bilder frühen Lebens. Spektrum der Wissenschaft: Verständliche Forschung. Spektrum, Heidelberg 1989

Reuter, M.: Regelungstechnik für Ingenieure. Vieweg, Braunschweig 1986

Röhler, R.: Biologische Kybernetik. B. G. Teubner, Stuttgart 1973

Schidlowski, M.: Die Geschichte der Erdatmosphäre. In: Fossilien: Bilder frühen Lebens. Spektrum der Wissenschaft: Verständliche Forschung. Spektrum, Heidelberg 1989

Stanley, S. M.: Historische Geologie. Eine Einführung in die Geschichte der Erde und des Lebens. Spektrum, Heidelberg 1994

Talbot, S. A., Gessner, U.: Systems physiology. John Wiley & Sons, New York 1973

Zu Kap. 2

Crapo, L.: Hormone. Die chemischen Boten des Körpers. Spektrum, Heidelberg 1988

Guillemin, R., Burgus, R.: The hormones of the hypothalamus. Vertebrates: Physiology. Readings from Scientific American. W. H. Freeman and Company, San Francisco 1980

Keller, R.: Neurosekretion und Neuropeptide im Nervensystem von dekapoden Crustaceen. Verh. Dtsch. Zool. Ges. 83, 313–327, 1990

Spindler, K.-D.: Vergleichende Endokrinologie. Regulation und Mechanismen. Thieme 1997

Zu Kap. 3 & 4

Comroe, J.H.: The lung. Vertebrates: Physiology. Readings from Scientific American, W. H. Freeman and Company, San Francisco 1980

Dejours, P.: Principles of comparative respiratory physiology. Elsevier/North-Holland Biomedical Press, Amsterdam 1981

Dejours, P.: Respiration in water and air. Adaptations-regulation-evolution. Elsevier/North Holland Biomedical Press, Amsterdam 1988

Grieshaber, M. K., Hardewig, I., Kreutzer, U., Pörtner, H.-O.: Physiological and metabolic responses to hypoxia in invertebrates. Rev. Physiol. Biochem. Pharmacol., Vol. 125, 44–147, 1994

Kestler, P.: Respiration and respiratory water loss. In: Hoffmann, K.H.: Environmental physiology and biochemistry of insects. Springer, Berlin 1984

Lampert, W., Sommer, U.: Limnökologie. Thieme, Stuttgart 1993

Piiper, J., Koepchen, H.P.: Atmung. In der Reihe: Gauer, O.H., Kramer, K., Jung, R.: Physiologie des Menschen, Band 6, Urban & Schwarzenberg, München 1975

Paul, R. J.: Oxygen transport from book lungs to tissues – environmental physiology and metabolism of arachnids. Verh. Dtsch. Zool. Ges. 84, 9–14, 1991

Scheid, P.: A model for comparing gas-exchange systems in vertebrates. In Taylor, C. R., Johansen, K., Bolis, L.: A companion to animal physiology. Cambridge University Press, Cambridge 1982

Scheid, P., Shams, H., Piiper, J.: Gasaustausch bei Wirbeltieren. Verh. Dtsch. Zool. Ges. 82, 57–68, 1989

Schmidt-Nielsen, K.: How birds breathe. In: Vertebrates: Physiology. Readings from Scientific American, W. H. Freeman and Company, San Francisco 1980

Stern, H. Kullmann, E.: Leben am seidenen Faden. Die rätselvolle Welt der Spinnen. Kindler, München 1981

Weibel, E. R.: The pathway of oxygen. Structure and function in the mammalian respiratory system. Harvard University Press, Cambridge (MA) 1984

Wells, R. M. G.: Invertebrate respiration. The Institute of Biology's studies in biology no. 127. Edward Arnold Ltd., London 1980

West, J.B.: Respiratory physiology: the essentials. Blackwell, Oxford 1979

Zu Kap. 5

Chapman, G.: The body fluids and their functions. The Institute of Biology's studies in biology no. 8. Edward Arnold Ltd., London 1980

Burggren, W., McMahon, B., Powers, D.: Respiratory functions of blood. In C. L. Prosser: Environmental and metabolic animal physiology. Comparative animal physiology. Wiley-Liss, New York, 437–508, 1991

Decker, H., Sterner, R.: Hierarchien in der Struktur und Funktion von sauerstoffbindenden Proteinen. Naturwissenschaften 77, 561–568, 1990

Kobayashi, H., Pelster, B., Scheid, P.: Gas exchange in fish swimbladder. In Scheid, P.: Respiration in health and disease: lessons from comparative physiology. Gustav Fischer, Stuttgart 1993

Markl, J.: Blaues Blut – Struktur, Funktion und Evolution der Hämocyanine. Chemie in unserer Zeit 30, 6–18, 1996

Paul, R. J., Decker, H., Schartau, W.: Das blaue Blut der Vogelspinnen. Naturwissenschaftliche Rundschau 45, 216–223, 1992

Paul, R. J.: Rotes, grünes, blaues und rosafarbenes Blut: Funktion von Atmungsproteinen bei wirbellosen Tieren. Biologie in unserer Zeit 5, 304–313, 1998

Pörtner, H.-O.: Athleten des Meeres. Zur Ökophysiologie pelagischer Kalmare. Biologie in unserer Zeit 4, 192–199, 1994

Perutz, M. F.: Struktur des Hämoglobins und Transportvorgänge bei der Atmung. Herz und Blutkreislauf. Spektrum der Wissenschaft: Verständliche Forschung. Spektrum, Heidelberg 1991

Truchot, J. P. Respiratory function of arthropod hemocyanin. In Mangum, C. P.: Advances in comparative and environmental physiology, Vol. 13. Springer, Berlin, 377–410, 1992

Zu Kap. 6

Autrum, H.-J.: Biologie – Entdeckung einer Ordnung. DTV, München 1975

Betz, E.L.: Das Herz. In Herz und Blutkreislauf. Spektrum der Wissenschaft: Verständliche Forschung. Spektrum, Heidelberg 1991

Busse, R.: Kreislaufphysiologie. Thieme, Stuttgart 1982

Chapman, G.: The body fluids and their functions. The Institute of Biology's studies in biology no. 8. Edward Arnold Ltd., London 1980

Colmorgen, M, Paul, R.J.: Imaging of physiological functions in transparent animals (Agonus cataphractus, Daphnia magna, Pholcus phalangioides) by video microscopy and digital image processing. Comp. Biochem. Physiol., Vol. 111A, 4, 583–595, 1995

Paul, R.J.: La respiration des arachnides. La Recherche 1990

Paul, R. J.: Gas exchange, circulation and energy metabolism in arachnids. In Wood, S.C., Weber, R. E., Hargens, A. R., Millard, R. W.: Physiological adaptations in vertebrates. Respiration, circulation, and metabolism. Lung biology in health and disease, Vol. 56, Marcel Dekker, New York 1992

Pfandzelter, R.: Menschenkunde. Bayerischer Schulbuch-Verlag, München 1966

Robinson, T.F., Factor, S.M., Sonnenblick, E.H.: Das Herz als Saugpumpe. Herz und Blutkreislauf. Spektrum der Wissenschaft: Verständliche Forschung. Spektrum, Heidelberg 1991

Zweifach, B.W.: Die Mikrozirkulation des Blutes. Herz und Blutkreislauf. Spektrum der Wissenschaft: Verständliche Forschung. Spektrum, Heidelberg 1991

Zu Kap. 7

Edney, E. B.: Water balance in land arthropods. Zoophysiology and ecology Vol. 9. Springer, Berlin 1977

Louw, G.: Physiological animal ecology. Longman Scientific & Technical, UK 1993

Schmidt-Nielsen, K.: Physiologische Funktionen bei Tieren. Gustav Fischer, Stuttgart 1975

Zu Kap. 8

Shoemaker, V. H.: Osmoregulation in amphibians. In Dejours, P., Bolis, L., Taylor, C.R., Weibel, E.R.: Comparative Physiology: Life in water and on land. Liviana Press, Padova and Springer, Berlin 1987

Wieczorek, H., Brown, D., Grinstein, S., Ehrenfeld, J., Harvey, W.R.: Animal plasma membrane energization by proton-motive V-ATPases. BioEssays 21: 637–648, 1999

Zu Kap. 9

Davenport, H.W.: Säure-Basen-Regulation. Grundlagen für Studenten und Ärzte. Thieme, Stuttgart 1979

Heisler, N.: Acid-base regulation in animals. Elsevier, Amsterdam 1986

Jackson, D.C.: Strategies of blood acid-base control in ectothermic vertebrates. In Taylor, C. R., Johansen, K., Bolis, L.: A companion to animal physiology. Cambridge University Press, Cambridge 1982

Pörtner, H.-O., Heisler, N., Grieshaber, M.K.: Anaerobiosis and acid-base status in marine invertebrates: a theoretical analysis of proton generation by anaerobic metabolism. J. Comp. Physiol. B 155, 1–12, 1984

Rooth, G.: Einführung in den Säure-Basen und Elektrolyt-Haushalt. Studentlitteratur, Lund Schweden, 1970

Siggaard-Andersen. The acid-base status of the blood. Munksgaard, Copenhagen 1974

Stewart, P.A.: How to understand acid-base. A quantitative acid-base primer for biology and medicine. Elsevier, New York 1981

Truchot, J.-P.: Comparative aspects of extracellular acid-base balance. Springer, Berlin 1987

Truninger, B., Richards, P.: Wasser- und Elektrolythaushalt. Diagnostik und Therapie. Thieme, Stuttgart 1985

Zu Kap. 10

Baker, M.A.: A brain-cooling system in mammals. Vertebrates: Physiology. Readings from Scientific American, W.H. Freeman and Company, San Francisco 1980

Hardy, R.N.: Temperature and Animal Life. The Institute of Biology's studies in biology no. 35. Edward Arnold Ltd., London 1979

Heldmaier, G.: Seasonal acclimatization of small mammals. Verh. Dtsch. Zool. Ges. 86(2), 67–77, 1993

Louw, G.: Physiological animal ecology. Longman Scientific & Technical, UK 1993

Nichelmann, M.: Temperatur und Leben. Urania, Leipzig 1986

Storey, K.: Strategies of winter survival: natural freeze tolerance in animals. Verh. Dtsch. Zool. Ges. 80, 77–91, 1987

Zu Kap. 11

Kleiber, M.: Body size and metabolism. Hilgardia 6, 315–353, 1932

McMahon, T.: Size and shape in biology. Science 179, 1201–1204, 1973

McMahon, T.A., Bonner, J.T.: Form und Leben. Konstruktionen vom Reißbrett der Natur. Spektrum, Heidelberg 1985

Morowitz, H.J., Tourtellotte, M.E.: The smallest living cells. In: Molecules to living cells. Readings from Scientific American, W. H. Freeman and Company, San Francisco 1980

Rubner, M.: Über den Einfluß der Körpergröße auf Stoff- und Kraftwechsel. Z. Biol. 19, 535–562, 1883

Schmidt-Nielsen, K.: Scaling. Why is animal size so important? Cambridge University Press, Cambridge 1984

Wieser, W.: Der Energieverbrauch von Organismen und Städten. Biologie in unserer Zeit 15, 1–7, 1985

Wieser, W.: Bioenergetik. Energietransformationen bei Organismen. Thieme, Stuttgart 1986

Zu Kap. 12

Louw, G.: Physiological animal ecology. Longman Scientific & Technical, UK 1993
Pfandzelter, R.: Menschenkunde. Bayerischer Schulbuch-Verlag, München 1966
Wieser, W.: Bioenergetik. Energietransformationen bei Organismen. Thieme, Stuttgart 1986

Zu Kap. 13

Atkinson, D.E.: Cellular energy metabolism and its regulation. Acadmeic Press, New York 1977
Hochachka, P.W., Somero, G.N.: Strategien biochemischer Anpassung. Thieme, Stuttgart 1980
Hochachka, P.W., Somero, G.N.: Biochemical Adaptation. Princeton University Press, Princeton 1984
Hochachka, P.W.: Design of energy metabolism. In C. L. Prosser, C. L.: Environmental and metabolic animal physiology. Comparative animal physiology. Wiley-Liss, New York 1991
Newsholme, E.A., Start, C.: Regulation des Stoffwechsels. Homöstase im menschlichen und tierischen Organismus. Verlag Chemie, Weinheim 1977
Stegemann, J.: Leistungsphysiologie. Physiologische Grundlagen der Arbeit und des Sports. Thieme, Stuttgart 1984
Wieser, W.: Bioenergetik. Energietransformationen bei Organismen. Thieme, Stuttgart 1986
Wegener, G.: Flying insects: model systems in exercise physiology. Experientia 52(5), 404-412, 1996

Zu Kap. 14

Cerritelli, P.: Aerobic and anaerobic metabolism in hypoxia in vertebrates. Comparative aspects. Verh. Dtsch. Zool. Ges. 86(2): 177–202, 1993
Dejours, P.: Mount Everest and beyond: breathing air. In Taylor, C.R., Johansen, K., Bolis, L.: A companion to animal physiology. Cambridge University Press, Cambridge 1982
Grieshaber, M. K., Hardewig, I., Kreutzer, U., Pörtner, H.-O.: Physiological and metabolic responses to hypoxia in invertebrates. Rev. Physiol. Biochem. Pharmacol., Vol. 125, 44–147, 1994
Grieshaber, M. K., Völkel, S.: Animal adaptations for tolerance and exploitation of poisonous sulfide. Annu. Rev. Physiol. 60, 33–53, 1998
Heath, D., Williams, D.R.: Life at high altitude. The Institute of Biology's studies in biology no. 112. Edward Arnold Ltd., London 1979
Hempleman, H.V., Lockwood, A.P.M.: The physiology of diving in man and other animals. The Institute of Biology's studies in biology no. 99. Edward Arnold Ltd., London 1978
Hochachka, P.W.: Living without oxygen. Harvard University Press, Cambridge (MA) 1980
Hochachka, P.W., Lutz, P.L., Sick, T., Rosenthal, M, van den Thillart, G.: Surviving hypoxia. Mechanisms of control and adaptation. CRC Press, Boca Raton 1992
Juretschke, H.-P., Kamp, G.: Influence of intracellular pH on reduction of energy metabolism during hypoxia in the lugworm Arenicola marina. J. Exp. Zool. 256, 255–263, 1990
Kooyman, G.L.: A reappraisal of diving physiology: seals and penguins. In Dejours, P., Bolis, L., Taylor, C.R., Weibel, E.R.: Comparative Physiology: Life in water and on land. Liviana Press, Padova and Springer, Berlin 1987
Stegemann, J.: Leistungsphysiologie. Physiologische Grundlagen der Arbeit und des Sports. Thieme, Stuttgart 1984
Whitfield, P.: From so simple a beginning. The book of evolution. Macmillan Publishing Company, New York 1993
Zebe, E., Schiedek, D.: The lugworm Arenicola marina: a model of physiological adaptation to life in intertidal sediments. Helgoländer Meeresunters. 50, 37–68, 1996

Sachverzeichnis

A

Abfallprodukt, stickstoffhaltiges 168
Absorption 123
Acetylcholin 22
Acetyl-CoA 167 ff.
Acidose, metabolische 64, 115
Acritarchen 1
Adenylat-Cyclase 22
Adaptation
- genetische 187
- spezifische 84
Adenohypophyse 15 ff.
- Hormone 17
Adenosindiphosphat (ADP) 166
Adenosintriphosphat (ATP) 97, 165 ff
- Hemmung, Aufhebung. 178
- Hydrolyse 172 f.
- Produktion 173
- Synthase 172
- Synthese 171
Adipokinetisches Hormon (AKH) 14
Adiuretin (ADH, Antidiuretisches Hormon, Vasopressin) 17 f., 95, 101
Adrenalin 19 f.
- chemischer Aufbau 21
- Insulinausschüttung 159
Adrenocorticotropes Hormon (ACTH) 17 ff.
Aggregatbildung 62
Akklimatisierung
- Körpertemperatur 125
- physiologische 186 f.
Aktin 172
Aktin-Myosin-Interaktion 76
Aktionspotential 8, 75
Aktivierungsenergie 164
Aldose 143
Aldosteron 19, 21, 102
Alkalinität, relative 108
Alkalose
- metabolische 115
- respiratorische 63, 115
Allatostatin 15
Allatotropin 15
Alles-oder-nichts-Kontraktion 75
Alveolargänge 44 f.
Alveolarsäcke 44 f.
Alveolarventilation 179
Alveole 37 f., 44 f.
Aminosäure 140
- essentielle 145
Aminosäureabbau 167
Ammoniak 168
Amphibien
- Kreislauf 78
- Osmoregulation 103
- Thermoregulation 126
Amphibienhaut, Gasaustausch 38 f, 44
Amylase 154 f.
Anabolismus 165, 178
Anaerobiose 29, 190 f.
- biotopbedingte 193
- Essigsäurebildung 192
- funktionsbedingte 193
- Malatabbau 192
- Propionsäurebildung 192
Anastomose 74
Anatomie
- Dünndarm 150
- Verdauungssystem 151
Androgen 19
Anastomose 74
Anoxie 26
Anspannungsphase 76
Anti-Diurese 101
Antiport
- ATP/ADP 170
- Carrier-Transport 96
- Countertransport 9
Aorta 73
- femoralis 73
Apparat, juxtaglomerulärer 102 f.
Äquilibrium 28
Äquivalent, oxikalorisches 173
Arenicola marina (Wattwurm) 35, 189 f.
- Höhle 190
- Stoffwechselweg anaerober 190 f
Arenivaga investigata (Wüstenschabe), Wasserakkumulation 86 f
Argyroneta aquatica 48
Arrhenius-Gleichung 163
Arthropodenhämocyanin 62 f.
Arthropodenherz 79
Atemarbeit 32
Atemfrequenz 136, 179
Atemmedium 30 f.
Atemtiefe 179
Atmung 136
- diskontinuierliche (CFV-Atmung) 40 f., 86
- Säure-Basen-Haushalt 107 ff.
Atmungskette 2, 171 f.
Atmungsorgan 136 f.
- Entstehung, evolutionäre 30
- Funktion 38 f.
- Tiergröße 136 f.
Atmungsphysiologie, Standard-Diagramm 32
Atmungsprotein 33, 56, 58 f., 111
- Arbeitsweise 59
- Blutkonzentration 62
- Funktion 59
- Sauerstoffaffinität 60 f.
- Vorkommen 58
ATP s.Adenosintriphosphat
Atrophie 20
Austreibungsphase 76
Autonomie 75
Autoregulation 73 f.
Autorhythmie 75
Azinus 153

B

Bachflohkrebs, Atmung 41
Backenzahn 148 f.
Basalmembran 99 f.
Base 107 f.
- schwache 107
- starke 107
Bathmotropie 76
Bauchspeicheldrüse (Pankreas) 150 f
Beduinenziege 88 f.
Belastungsparameter 179 f.
Belegzelle 153
Bergmannsche Regel 129
Bernoulli-Effekt 148
Bewegungssystem, hydraulisches 80
Bicarbonatpuffer (BP) 107, 114 f.
Bicarbonat-Bildung 33
Bilirubin 154
Bindung, energiereiche 172
Bioenergetik 161 ff.
Biokybernetik 4, 11
Biopolymer 2
Blättermagen 156 f.
Blut
- desoxygeniertes 66
- Kohlendioxidtransport 65
- oxygeniertes 66
- Sauerstofftransport 56
Blutdruck
- diastolischer 73
- - Leistung 179
- Herzzyklus 77
- mittlerer 71, 73
- - Leistung 179
- systolischer 73

Bluthochdruck, systolischer Leistung 179
Blutdruckverlauf, arterieller 73
Blutfarbstoff
- blauer 56
- grüner 56
- rosafarbener 56
- roter 56
Blutflußgeschwindigkeit 71, 77
Blutgastransport 137
Blut-Hirn-Schranke 74
Blutkörperchen, rote 137
Blutkreislauf 70 ff.
- Mensch 71 ff.
- Spinne 80 f.
- Stachelhäuter 83
- Wirbellose 78 f.
- Wirbeltier 78
Bluttransport, Nahrungsspaltprodukte 159 f.
Blutviskosität 59
Blutvolumen 137
Blutzellen 58
Blutzucker 159
Bohr-Effekt 60 f., 184
- Andenindianer 187
- Europäer 187
Bombesin 24
Bombykol 13
Bowmansche Kapsel 99 f.
Brennwert
- physikalischer 140
- physiologischer 140
Bronchiole
- respiratorische 44 f.
- terminale 44 f.
Brownsche Molekularbewegung 4
Buchlunge 39
Bursicon 14

C

Calmodulin 23
c-AMP 22
Ca-P-ATPase 97
Carbamatbindung 33
Carboanhydrase 154
Carboxypeptidase 154
Carnithin-Carrier 170
Carnivore 148
Carrier 7, 96
CCAP (crustacean cardioactive peptide) 14
CCK-8 24
Cellulase 148
Cellulose 142 f.
CHH (crustacean hyperglycemic hormone) 14
Chitinzähnchen 158
Chlorid-Ionen 54 f.
Chloridzelle 104
Chlorocruorin 56
- Aufbau 57 f.
- Funktion 65
- Vorkommen 58
Cholesterin 140
Chronotropie 76
Chymotrypsin 154
Chymotrypsinogen 154 f.
Citrat-Zyklus 66, 168 ff.
Coelomflüssigkeit 83
Coelomsystem 189
Coenzym 146
Corticoliberin 19 f.
Corticotropin 17 ff.
Cortisol 19, 21
Cotransmitter 23
Cotransport (Symport) 9
Countertransport (Antiport) 9
Creatinphosphokinase 176
Crustacean cardioactive peptide (CCAP) 14
Crustacean hyperglycemic hormone (CHH) 14
Cyanobakterien 1

D

Daphnienhämoglobin, Funktion 65
Darm 95
Darmbakterien 146
Darmflora 155
Darmsaft 155
Davenport-Diagramm 113 f.
Decarboxylierung, oxidative 170
Defäkation 153
Dehydrierung 104
Desaminierung, oxidative 167
Diastole 71
Dickdarm 150, 153
Diffusion 4, 26 ff.
- erleichterte 7, 96
- Gase 43 f.
Diffusionsgleichung 44
Diffusionsgrenzschicht 30, 41
Diffusionskonstante 5
Disaccharid 142 f.
Dissoziationskonstante 108
Domäne 57
Donnan-Gleichgewicht 7
Dopamin 60, 63
- Aufbau, chemischer 21
Dromotropie 76
Druck 113
- hydrostatischer 75
- kolloidosmotischer 9, 145
- osmotischer 6
Druckabfall 77
Druckreflexion 72 f.
Drüse
- endokrine 153
- exokrine 94, 153
Dünndarm 150 f.
- Anatomie 152

E

Ecdysis 15
Ecdyson 14, 21
Ecdysteroid 14
Eckzahn 148 f.
Eclosionshormon (EH) 14 f.
Ediacara-Fauna 2
Effekt, allosterischer 164
Effektor 58, 164
Efflux 7
Eicosanoid 21
Einzeller (Protisten) 1
Eisbär, Thermoregulation 124
Eisen 57
Eiweiß s.Protein
Eiweißmangel 145
EKG 77
Ektotherme 119
Elektronentransportkette 171 f.
Elektronenübertragungspotential 171
Elektroneutralität 111
Embolie 183
Enddarm, Insekten 158
Endharn 99
Endocytose 9, 148
Endothel 90
Energie 173 f.
- kinetische 122
Energieäquivalente (s.auch ATP) 1
Energiebedarf, täglicher 141
Energiebereitstellung 175
Energiegewinnung
- aerobe 168 f.
- anaerobe, Meeressäuger 184 ff.
- chemoautotrophe 193 f.
Energieladung, zelluläre 178
Energielieferung, Ausdauerleistung 175
Energiequelle 140
- schnellverfügbare 175
Energiestoffwechsel, tierischer 165
Enhancer 20
Enkephalin 23
Enteropeptidase 154 f.
Enthalpie 162 f.
Enthalpiedifferenz 140
Entropie 162 f., 167
Entspannungsphase 76
Entwicklungsprozess, Insekten 14
Enzym
- katalytisch wirksames 164
- Reaktionsgeschwindigkeit 110 f.
Enzymaffinität 164 f.

Enzymaktivierung 177
Enzymkinetik 8, 164
Enzymkontrolle 164
Epithel
- Aufbau 90
- dichtes 94
- durchlässiges 93 f.
- elektrisches Modell 93
- respiratorisches 34, 38, 90
Erdgeschichte 3
Ermüdungsanstieg 180
Ernährung 140 ff.
Erregungsausbreitung 76
Erythrozyten 53
Ethnologisch 18
Eutrophierung 27
Evaporation 104
Evolution 1
Exkretion 168
Exocytose 9,154
- cAMP-abhängige 95
Exspiration 36
Extrazellulärflüssigkeit s.Körperflüssigkeiten, extrazelluläre
Extrembedingung 182

F

Faltblattstruktur 145
F-ATPase 98
Fett 140, 143,145
Fettabbau 141
Fettleber 159
Fettmangel 145
Fettsäure 145
- essentielle 140
- gesättigte 145
- ungesättigte 145
Fettsäureabbau 167 f.
Feuchte 85
- absolute 85
- relative 85
Fick'sches
- Diffusionsgesetz 4
- Prinzip 31
Fieber 130
Filtration 100
Filtrationsrate 99
Filtrations-Resorptions-Prinzip 106
Filtrierer 148
Fisch
- Osmoregulation 104 ff.
- Oxyregulierer 34
- Thermoregulation 126
Fischei, Atmung 41
Fischherz 78
Fischkieme
- Gasaustausch 38, 47
- Gasaustauschzone 48
Fleischfresser 140
Fließgewässerorganismus, Atmung 41
Fließgleichgewicht 162
Flugmuskulatur 125
Flüssigkeit, interstitielle 113
Folgeregler 10
Follikelstimulierendes Hormon (FSH) 17 f.
Follitropin 17 f.
Forelle
- Kohlendioxidproduktion 119
- Sauerstoffverbrauch 119
Frank'sche Incisur 71
Frank-Starling-Mechanismus 77
Frosch 94, 104
Fructose 142
FSH 17 f.
Führungsgröße 10
Füllungsphase 76
Furanose 142

G

GABA 22
Galle 150 f., 153
Gallensaft 155
Gallensalze 154 f.
Gap junctions 90
Gasaustausch
- Amphibienhaut 47
- Fischkiemen 47
- Gegenstrom 38 f.
- Kreuzstrom 38 f.
- Lunge, menschliche 44
- „offen" 38
- „Pool" 38
- Vogellunge 46
Gasaustauschorgan 43 ff.
- Beispiele 50
- Kiemen 50
- Körperoberfläche 50
- Lungen 50
Gasaustauschsystem, Wirbeltiere 38
Gasdiffusion 43 f.
- Insekten 39
Gasgesetz, ideales 30
Gaskonzentration 31
Gaspartialdruck 28, 46
Gasspannung 28, 183
Gastransport
- diffusiver 34, 39 f.
- konvektiver 34, 41
- Prinzip 34
Gastrin 156
Gastrointestinaltrakt 94
Gebiß 148 f.
Gefäß
- Anatomie 73
- malpighisches 106, 157 f.
Gefäßelastizität 72
Gefäßerweiterung 73
Gefäßkontraktion 73
Gefäßmodell 69
Gefäßsystem, menschliches, Geometrie 73
Gegenstrom 38
Gegenstromaustauscher 39, 47, 128
- mit Schleife 126 f.
- Vasa recta 100 f.
Gegenstrommultiplikation 100 f.
Gegenstromsystem 89
Gegenstrom-Wärmeaustauscher 126 f.
Gehirn, Thermoregulation 128
Geruchsrezeptoren 150
Gesamtladungsdifferenz 112
Geschmacksrezeptoren 150
Geschwindigkeitskonstante 108
Gewebe
- NaCl-resorbierendes 93 f.
- NaCl-sezernierendes 94 f.
- Nährstoff-resorbierendes 95
- Säure-sezernierendes 95 f.
GH (Wachstumshormon) 18 f.
Gibbs'sche freie Energie 161
Giraffe, Thermoregulation 127
Gleichgewicht
- dynamisches 162
- elektrochemisches 8
Gleichgewichtskonstante 108, 110
Gleichgewichtsverhältnis 162
Gleichstromaustauscher 38
Gleichung, allometrische 131
Gliederfüßer (Arthropoden) 2
Globin 57 f.
Glomerulus 99 f.
Glucagon 159
Glucocorticoid 19
Gluconeogenese 98, 159 f., 165, 175
Glucose 142 f.
Glycerin 143, 145
Glycogen 142, 154 f.
Glycogenbildung 159
Glycogenolyse 25, 175 ff.
- Regulation, Wirbeltiermuskel 177
Glycolyse 25, 163, 165 ff.
- aerobe 175
- anaerobe 175
Goldmann-Hodgkin-Katz-Gleichung 8
G-Protein 22
Gradient
- elektrochemischer 8, 96
- transepithelialer 93
Grundumsatz 146

H

Hagen-Poiseuille'sches Gesetz 69
Haie, Kreislauf 78
Haldane-Effekt 66
Halteregler 10
Hämatokrit 183, 187
Hamburger-Shift 66
Hämerythrin 56
- Aufbau 57
- Funktion 64 f.
- Vorkommen 58
Häm-Molekül 57 f.
Hämocyanin 56
- Aufbau 57
- Funktion 62 f.
- Sauerstofftransport 63
- Untereinheit, Struktur 57
- Vorkommen 58
Hämoglobin 49, 53, 56
- Aufbau 57
- Blutgastransport, Säuger 137
- fetales 60
- Konzentration 187
- Sauerstoffbindungskurve 57
- Untereinheit, Struktur 57 f.
- Vorkommen 58
Hämolymphe 53
Hämolymphraum, offener 80
Harnblase 99
Harnleiter 99
Harnsäure 168
Harnstoff 156, 168
Harnstoffbildung 168 f.
Harvey William 70
H+-ATPase 97 f.
Hauptarterie (Aorta) 71
Hauptbronchien 44 f.
Hautpermeabilität 104
Häutung, Hormonkonzentration 15
Häutungshormon 14
Häutungsprozess, Insekten 14
HCl-Sekretion 156
Hecheln 127 ff.
Henderson-Hasselbalch-Gleichung 109
Henle'sche Schleife 100
Henry'sches Gesetz 28, 30, 59
Herbivore 148
Herz 72
- akzessorisches 78
- Erregungsausbreitung 76
- menschliches 75 ff.
- neurogenes 80
- Tiergröße 137 f.
Herzfrequenz 136, 179 f.
Herzminutenvolumen 179 f.
Herztöne 77
Herzzyklus, Phasen 76
Hess'scher Satz 140
Hibernation 130
Hill-Koeffizient 60
Hill-Plot 60
Hissches Bündel 76
Histamin 21
Histidin 118
H+/K+-ATPase 98
Hochdrucksystem 73, 82
Hochgebirge 186
Höhenakklimatisation 28
Höhenanpassung 60 f., 186 ff.
- Frosch 189
- Lama 188
- Ratte 189
- Vogel 189
- Wirbellose 189
Höhenkrankheit, chronische 187
Hohlvene
- obere 71
- untere 71
Homöostase 2 ff.
- intrazelluläre 98
Hormon 12
- adrenocorticotropes 17 f.
- antidiuretisches 17 f.
- Aufbau, chemischer 21
- Begriff 16
- drüsenstimulierendes 17 f.
- follikelstimulierendes 17 f.
- glandotropes 17 f.
- hydrophiles 20 f.
- - Wirkungsweise 22
- Klassifizierung 20 ff.
- lactotropes 17 f.
- lipophiles 20 f.
- luteinisierendes 17 f.
- mammotropes 17 f.
- melanocytenstimulierendes 17 f.
Hormonsystem, Säuger 15 ff.
Hormonwirkung, zelluläre 20 f.
HRE-Region (hormone response element) 20
Hummer 125
Hundenase, Wärmeaustausch 128
Hungerödem 145
H+-V-ATPase 98
Hydrolyse 150
Hydroskelett 84
Hyperkapnie 26
Hyperosmolar 6
Hyperoxie 26
Hyperthermie, adaptive 128
Hyperton 6
Hypertrophie 20
Hyperventilation 118, 182, 187
Hypokapnie 26
Hypoosmolar 6
Hypophyse 15 f.
Hypothalamus 15 f.
- Hormone 17
Hypoton 6
Hypoventilation 118, 187
Hypoxie 26, 63, 190

I

Ileum 150 f.
Imaginalhäutung 15
Imidazol-Alphastat-Hypothese 118 f
Influx 7
Inhibiting-Hormon 17
Inotropie 76
Insekten
- Entwicklungsprozess 14
- Gastransport 35
- Häutungsprozess 14
- Kreislauf 79
- soziale 125
- Verdauung 157 f.
- Wasserhaushalt 86 f.
Inspiration 36
Insulin 13, 21 f., 159
Insulinausschüttung 159
Integument 50
Interferenz 72 f.
Ionen 54
- Calcium 60
- Chlorid 60
- Magnesium 60
- schwache 112
- starke 111
Ionenkanal 7, 96
Ionenpumpe, aktive 97
Ionentransport
- aktiver 92
- passiver 92
Ionocyt 104
Isometrie 131
Istwert 10

J

Jejunum 150 f.
Jodthyronin 21
Juvenilhormon 14 f.

K

Kaiserpinguin, Thermoregulation 126
Kalorimeter 163
Kamel 89
Kanal, spannungsgesteuerter 96
Kapazitätskoeffizient 30 f., 59
Kapillardichte 137
Kapillarsystem, peripheres 68
Katabolismus 165, 178
Katalysator 164
Katecholamin 19, 74

Katzenhai 31
Kaumagen 157 f.
Ketonkörper 145
Ketose 143
K^+-Gradient, elektrochemischer 159
Kieme
- Fisch 47 f.
- Krebs 35
- physikalische 49 f.
Kiemenoberfläche 126
Kinetisch 18
Kirchhoff'sches Gesetz 69
Kleiber'scher Exponent 131
Knochenfisch
- Kreislauf 78
- Ventilationssystem 35 f.
Kohlendioxid 111
Kohlendioxidbicarbonat-System 111
Kohlendioxidbindungskurve 33, 114
Kohlendioxidpartialdruck 113
- Diagramm 32 f.
Kohlendioxidtransport 32
- Blut 65
Kohlenhydrat 140 f.
- Quotient, respiratorischer 173 ff.
Kohlenhydratmangel 145
Kompartimentierung 2
Kompensation
- metabolische 118
- respiratorische 118
Komplex, kryptonephridaler 106
Konduktanz 129
- diffusive 44, 47
Konduktanzgleichung 31 f.
Kontinuitätsbedingung 69
Kontraktion
- auxotonische 76
- isovolumetrische 76
Konvektion 9, 29, 41
- äußere 26
- innere 32, 567
- Modell, mathematisches 31
Konvektiver Transport 68 ff.
Koprophagie 157
Kormoran, Thermoregulation 124
Körperdimension 132
Körperflüssigkeiten, extrazelluläre 52 ff.
- - Aufgaben 54
- - Entwicklung 52 f.
- - Homöostase 2
- - Zusammensetzung 54 f.
Körpergewicht, Sauerstoffverbrauch 132
Körpergröße 29 f.
Körperkerntemperatur, Regulation 129
Körperkreislauf 71 f.
Körperoberfläche 132
Körpertemperatur 132 f.
Krebstiere
- Kreislauf 79
- Ventilationssystem 35
Kreislauf
- enterohepatischer 154
- Tiergröße 137 f.
- Wirbellose 78 f.
- Wirbeltier 78
Kreislaufmodell 68 f.
Kreislaufsystem 68
- geschlossenes 53, 80, 82
- - Wattwurm 189
- offenes 53, 80, 82
Kreuzstrom 38
Kreuzstromanordnung 39
Krogh-Konstante 43 f.
- Chitin 44
- Froschmuskel 44
- Luft 44
- Wasser, destilliertes 44
Kropf 157 f.
Krypten, Lieberkühn'sche 150, 152
Kupfer 57
Kutikula 86 f., 158

L

Labium 157 f.
Labmagen 156 f.
Labrum 157 f.
Lactotropes Hormon (LTH) 17 f.
Laktat 60, 63
Lama 61
Langerhanssche Inseln 159
Laplace'sches Gesetz 70
Larvalhäutung 15
Laufgeschwindigkeit 171
Leben 122
Lebensentwicklung 3
Lebensweise, semi-terrestrische 104
Leber 150
Leberkapillare 72
Leistung
- körperliche 174
- - Sauerstoffverbrauch 180
- kurzfristige, Energiebereitstellung 175
- langfristige, Energiebereitstellung 175
- Tiergröße 137
Leistungsanpassung 161 ff.
LH (Luteinisierendes Hormon) 17 f.
Liberin 17
Licht, sichtbares 123
Lipase 154 f.
Lipolyse 25, 145, 159
- Energielieferung 175
Lipoproteine (VLDL) 159
Löslichkeitskoeffizient 28
LTH (lactotropes Hormon) 17 f.
Luft 30 ff.
Luftatmer 30 ff.
Luftblase 48
Luftdruck 27, 186
Luftsacksystem 36
Luftweg 45
Lunge 136
- menschliche 44 f.
- - Gasaustausch 44
Lungenarterie 71
Lungenkreislauf 71 f.
Lungenoberfläche 136
Luteinisierendes Hormon (LH) 17 f.
Lutropin 17 f.
Lymphe 74, 154
Lysosom 98

M

Macula densa 100
Magen 94, 150 f.
- digastrischer 156
- monogastrischer 156
Magensaft 150, 155
Magensaftsekretion 156
Makrophagen 156
Malat
- Abbauweg 192
- Bildung 191
Malat-Shuttle 170
Mandibel 157 f.
Mark, inneres (Medulla) 99 f.
Massenerhalt 113
Massenwirkungsverhältnis 162, 165
Mastdarm 150 f.
Matrix, mitochondriale 168
Maximalsauerstoffverbrauch 138
Mediator 12
Meeressäuger 183 f.
- tauchende 182
Meerwasser, Osmolarität 189
Melanotropin 17 f.
Melatonin 21
Membran, peritrophische 159
Membran-ATPase 97
Membranpermeabilität 5
Membranpotential 8
Membranprotein, epitheliales 96.0
Membrantransport, Säure-Basen-Haushalt 107 ff.
Mensch, Luftatmer 31
Messglied 10
Metabolisch 18
Metabolische
- Acidose 115, 117
- Alkalose 115, 117

Metarteriole 74
Michaelis-Konstante 165
Michaelis-Menten-Kinetik 8, 96
Miesmuschel, Thermoregulation 125
MIH (moult inhibiting hormone) 14
Milchsäuregärung 192 f.
Milieu
- äußeres 2
- inneres 2
Mineralocorticoid 19
Mineralstoff 140
- Überblick 147
MIP (molluscan insulin related peptids) 13
Mitochondrien 29, 39, 168 ff.
Modulator 58, 60 f., 63, 164
Mollusken (Cephalopoden), Kreislauf 79
Monosaccharid 142 f.
Morphogenetisch 18
MSH (Melanotropin) 17 f.
Murmeltier, Thermoregulation 130
Muskel, Kapillarversorgung 75
Muskelglycogen 175
Muskelkontraktionszyklus 172
Muskelzelle 174 f.
Myoglobin 56, 176
- Sauerstoffbindungskurve 57
- Vorkommen 58

N

Nacktmull 127
NaCl-resorbierendes Gewebe 93 f.
NaCl-sezernierendes Gewebe 94 f.
Nährstoff 140 f.
Nährstoffklasse 174
Nahrung 173 f.
Nahrungsaufnahme 148 ff.
Nahrungsbrei 150
Nahrungsenergie 173
- umsetzbare 146
Nahrungskette 148
Nahrungsspaltprodukte, Bluttransport 159 f.
Na/K-ATPase 93
- Aufbau 97
Na/K-Austausch 98
Na/K-Pumpe 97 f., 155
Natrium-Pumpe, aktive 94
Natrium-Ionen 54 f.
Natrium-Verlust 94
Nephron
- Aufbau 99
- juxtamedulläres 101
- kortikales 101
Nernst-Gleichung 8
Nernst-Potential 93
Nervensystem
- autonomes 24
- vegetatives 24
Nestflüchter 130
Nettoflux 43, 92
Netzmagen 156 f.
Neurohämalorgan 13
Neurohormon 12
Neurohypophyse 16
- Hormone 17
Neuromodulator 23
Neuronale Kontrolle 24
Neuropeptid 23 f.
- blutzuckersteigerndes 14
Neurosekretion 13
Neurotransmitter 12
Neutralfett 143, 145
Neutralitätskurve 109, 119
Newton'sche Abkühlungskonstante 120
Nichtbicarbonatpuffer (NBP) 107, 113 ff.
Nichttrainierter 179
Niederdruckbereich 73
Niederdrucksystem 75, 80
Niere 99 ff.
- Blutgefäß 101
- Epithelien 95
Nierenkörperchen, Anatomie 99
Nierenmark 100 f.
Nierentubulus, proximaler 99
Non-ionic-diffusion 5
Noradrenalin 19, 21

O

Oberflächenregel, Rubner'sche 134
Oberflächenspannung 84
Oberflächen-Volumenverhältnis 127, 132
Octopamin 14
Ohm'sches Gesetz 69
Oligosaccharid 142 f., 154
Öl-Wasser-Verteilungskoeffizient 5
Opioide 23
Organismus, aquatischer 29
Ornithin-Harnstoff-Zyklus 168 f.
Osmokonformer 4
Osmolalität 6
Osmolarität 6
- Fisch 105
Osmoregulation 90 ff., 99
- Amphibien 103 f.
- - aquatile 105
- - semi-terrestrische 105
- - terrestrische 105
- Fisch 104 ff.
- Wirbellose 106
Osmoregulierer 4
Osmose 6
Ösophagus 150 f., 157 f.
Östradiol 21
Oxidation, biologische 170
Oxidationsmittel 171
Oxidationsprozess 170 f.
Oxidationswasser 85
Oxykonformer 4, 29
Oxyregulation 34
Oxyregulierer 4, 29
- Ventilation, spezifische 34
Ozonschicht 2

P

Pankreassaft 153, 155
Pansen 156 f.
Parasympathicus 24 f., 76, 156
- Aktivierung 25
Parathormon 12
Partialdruck 31, 183
Partialdruckdifferenz 43
Partialdruckveränderung 46
Patch-clamp-Messung 96
P-ATPase 98
Pepsin 154 f.
Pepsinogen 154 f.
Perfusion 26, 32 ff., 68 ff.
Perfusionsrate 68
Perfusionssystem 135
Periplaneta americana, Atmung 41
Peristaltik 153
Permeabilitätskoeffizient 5
Pflanzenstoff, sekundärer 148
Pfortader 72, 154
Pharynx 157 f.
Pheromon 13
PH-Homöostase 154
PH-Kontrolle 118 f.
Phosphatübertragungspotential 97, 171
Phosphatverbindung, organische 60
Phosphocreatin 174, 176
Phosphodiesterase 22 f.
Phosphofructokinase 177 f.
- Enzymgeschwindigkeit 178
Phospholipase C 22
Phosphatverbindung, energiereiche 174 f.
Phosphorylierungsreaktion 165 f.
PH-Wert 107, 109 f.
Plastron 49 f.
Polypen 35
Polysaccharid 142
Pool 38
Porphyrinring 57 f.
Porphyrinsystem 57
Potential, elektrochemisches 97
Potentialdifferenz 7
- elektrochemische 96
Primärharn 99

PRL (Prolactin) 17 f.
Procarboxypeptidase 154 f.
Progesteron 21
Prolactin 17 f.
Prostacyclin 21
Prostaglandin 21
Protein 140 f., 144 f.
Proteinkinase A 23
Proteinkinase C 22
Proteinpufferung 119
Proteinstruktur 96
Prothorakotropes Hormon (PTTH) 14 f.
Protisten 1
Protonenakzeptor 66, 107
Protonendonator 66, 107
Protonensezernierende Zelle 95
Protonephridie 106
Protozoe 2
Provitamin 146
PTTH (prothorakotropes Hormon) 14 f.
Puffereigenschaft 110
Pufferkapazität 110
Pufferkapazität, pH-abhängige 110
– – Nichtbicarbonatpuffer (NBP) 114 f.
– – Bicarbonatpuffer (BP) 116
– – Gesamtsystem 116
Pufferkonzentration 110
Puffersystem 30, 109
– physiologisches 110 ff.
Pulslaufgeschwindigkeit 72
Pumpe, biologische 31
Purkinje-Fäden 76
Pylorus 150 f.
Pyranose 142 f.
Pyruvat, Decarboxylierung, oxidative 170
Pyruvatkinase 177

Q

Quotient, respiratorischer 32, 173 f.

R

Radula 148 f.
Reaktion
– biochemische
– – Geschwindigkeit 161
– chemische
– – Antriebskraft 161 f.
– endergone 161 f.
– endotherme 163
– exergone 161 f.
– exotherme 163
Reaktionsenergie, freie, molare 162
Reaktionsfortschritt 162
Reaktionsgeschwindigkeit 163 f.
Rectalpapille 158 f.
Redox-Coenzym 171 f.
Redoxpotential 171 f.
Redoxsystem 171
Reduktionsmittel 171
Reduktionsprozess 170 f.
Reflektion 123
Regel 10
Regeldifferenz 10
Regeleinrichtung 10
Regelgröße 10
Regelkreis 10 f.
– Kerntemperatur 129
Regelstrecke 10
Regler 10
Regulation, intrazelluläre 98
Releasing-Hormon 17
Renin-Angiotensin-II-System 102
Reptilien
– Kreislauf 78
– Wasserhaushalt 87 f.
Resorption 150
– isotone 100
Respiratorische
– Acidose 115, 117 f.
– Alkalose 115, 117 f.
Retinsäure 21
Rezeptor
– muskarinischer 24
– nikotinischer 24
α-Rezeptor 74
β-Rezeptor 74
Rheogene Pumpe 93
Rhythmusgenerator 75
Rinde, äußere (Cortex) 99 f.
Robbe
– Tauchstrategie 183
– Thermoregulation 126
Root-Effekt 62
Rosenthal-Effekt 118
Rubner'sche Oberflächenregel 134
Rückkopplung
– negative 10
– positive 10
Rückkopplungskreis, negativer, Temperaturregelung 129
Ruhepotential, zelluläres 8
Ruhesauerstoffverbrauch 135
– spezifischer 136
Ruheventilationsrate 119
Ruminantia 156
Rundmäuler (Cyclostomata) 78

S

Saccharose 142 f.
Salzdrüse 87, 103
Salzhaushalt 102
Salzresorption 102, 155
Salzüberschuß 102
Salzwasser 104
Salzwasserfisch 105 f., 125
Sauerstoff 26
Sauerstoffaffinität 57, 184
Sauerstoffbindungseigenschaft 61
Sauerstoffbindungskurve 59, 137
– Blaue Krabbe 64
– Fischblut 61 f.
– Gestalt 60
– Hämoglobin 56 f.
– Höhenakklimation 187
– Lage 60
– Myoglobin 56 f.
– Parameter 60
– Perfusion 33
– Strandkrabbe 63
Sauerstoffdifferenz, arteriovenöse 180
Sauerstoff-Eindringtiefe 29
Sauerstoffkapazität, maximale 179
Sauerstoffkonzentration 26
Sauerstoffpartialdruck 27, 29, 186, 188 f.
Sauerstoffpartialdruck-Diagramm 32 f.
Sauerstoffradikale 182
Sauerstoffsenke, selbsterzeugte 41
Sauerstofftransport 56
– Elefant 133
– Mensch 133
– Spitzmaus 133
Sauerstofftransportkapazität 33
Sauerstofftransportmengen 59
Sauerstofftransportrate 180
Sauerstofftransportsystem 135 ff.
Sauerstoffverbrauch 131 f., 173
– gewichtsspezifischer 32
– Leistung, körperliche 179
– spezifischer 135 f.
Sauerstoffverbrauchswert
– Höchstleistung 176
– Ruhe 176
Säuger
– Hormonsystem 15 ff.
– Kreislauf 78
– Nahrungsaufnahme 148 f.
– Temperaturregulation 127 f.
Säugerlunge, Gasaustausch 37, 38
Säugetier, Wasserhaushalt 88 f.
Saugpumpe 36
Säure
– schwache 107 f.
– starke 107 f.
Säure-Basen-Haushalt
– Niere 99
– Regulation, Tierkörper 110 ff.
– Störung, Körper, menschlicher 116 f.

Säure-Basen-Status 113
Säure-sezernierende Gewebe 94f.
Schildkröte
- Kohlendioxidproduktion 119
- Sauerstoffverbrauch 119
Schlagvolumen 179f.
Schlange, Thermoregulation 126
Schnecke, Nahrungsaufnahme 148f.
Schneidezahn 148f.
Schrittmacherpotential 75
Schwellenpotential 75
Schwimmblase 61
Schwitzen 127ff.
Seestern, Ströme, konvektive 83
Sekretin 156
Serotonin 21
SID (strong ion difference) 111
- Titration
- - konstanter Kohlendioxid-partialdruck 115f.
- - konstante SID 113f.
Siggaard-Andersen-Nomogramm 118
Signalsubstanz 98
Signaltransduktion 22
Signalwege, G-Proteinabhängige 23
Sinusknoten 75
Skelettmuskelzelle
- Energiegewinn 175
- Energiespeicher 175
Skelettmuskulatur 74
Sollwert 10
Somatostatin 24, 156, 159f.
Somatotropin 17f.
Sonnenlicht 123
Speichel 150, 155
Speichelbildung 153
Speiseröhre 150f.
Spinne
- Atemorgan 39
- Kreislauf 80
Spitzmaus, Winterschlaf 130
Sport 145
Sportler 179
Springbock, Thermoregulation 124
Spurenelement 140
- Überblick 147
Stachelhäuter 35
- Kreislaufsystem 83
Stärke 154f.
Starling-Mechanismus 74
Statin 17
Stellglied 10
Stellgröße 10
Stellwert 10
Steroidhormon 21
Steuern 10
Steuersignal 96
STH (Wachstumshormon) 17f.
Stigma 39f.
Stillwasserzone 41
Stoffwechsel 131ff.
- aerober 175
- anaerober 175
- Körpergewicht 131
Stoffwechselkapazität, anaerobe 136
Stoffwechselphysiologie 174f.
Stoffwechselrate 132ff.
- Hund 134
- spezifische 135
Störgröße 10
Störverhalten 10
STPD (Standard Temperature Pressure Dry) 28
Strandkrabbe, Sauerstoffbindungskurve 63
Strombahn, terminale 74
Stromfluss, transepithelialer 92
Strompuls 71
Strömung, laminare 69
Strukturprotein 145
Substanz P 24
Succinatbildung 192
Surfactant 44, 186
Süßwasser 103f.
Süßwasserfisch 105, 125
Symbiose 1
Sympathicus 24f., 76
- Aktivierung 25
Symport
- Carrier 96
- Cotransport 9
- Pyruvat 170
System, lineares 11
Systemphysiologie 174f.
Systole 71

T

Tabakschwärmer (Manduca sexta) 15
Tauchen 182
Taucherkrankheit 183
Tauchtiefe, maximale 183
Tauchzeit 184
Tawara-Schenkel 76
Temperatur 113, 120, 122
Temperaturakklimatisation 60f.
Temperaturgang, pH-Wert 119
Temperaturregelung 129
Temperaturregulation 120ff.
- Farbe 124
- Regelkreis 129f.
- Säuger 127f.
- Vogel 126f.
- Wirbellose 125
- Wirbeltiere, niedere 126
Tenebrionide, Wasserhaushalt 86f.
Testosteron 21
Thermogenese, zitterfreie 130
Thermoneutralzone 129
Thermoregulation 84, 122
- Gehirn 128
Thromboxan 21
Thyroliberin 21, 23
Thyrotropin 17f.
Thyroxin 18, 21
Tiefseequalle, Energiegewinnung, chemoautotrophe 193
Tier
- ammoniotelisches 168
- Gastransport, diffusiver 39
- ureotelisches 168
- urikotelisches 168
- wechselwarmes 136
- - pH-Kontrolle 118
Tiergröße 29f.
- Fortbewegung 138f.
Tintenfisch, Hauptblutgefäß 79
Titration 110
- Säure-Base-System, geschlossenes 116
- Säure-Base-System, offenes 116
- saure 112
- SID, verändertes 115
Titrationsalkalinität 112
Tonizität 6
Torpor 126, 130
Totraum 183
Tracheen 50
Tracheenatmung 80
Tracheenkieme 50f.
Tracheensystem 35, 40f.
Tracheolen 40
Trägerprotein 7
Trägheit, thermische 127
Transaminierung 167f.
Transport (s. auch Transportprozess)
- aktiver 9, 90ff.
- epithelialer 98
- konvektiver 9, 31, 68ff.
- parazellulärer 91
- passiver 8
- tertiär-aktiver 106
- transzellulärer 91
Transportepithelien, spezifische 93
Transportkapazität 33
Transportprotein 91
Transportprozess (s. auch Transport)
- aktiver 8
- epithelialer 91
- - Froschhaut 92
- extrazellulärer 4ff.
- intrazellulärer 4ff., 9
- passiver 4
- sekundärer 9
Trehalose 14, 142

Treibhauseffekt 1
Trypsin 154
Trypsinogen 154 f.
TSH (Thyrotropin) 17 f.
Tubifex, Atmung 42
Tubulus, distaler 102
Tylopoda 156
Tyrosin-Kinase 22

U

UCP (uncoupling Protein) 130
Ultrafiltration 9, 99
Ultrafiltrationsprozess 74
Umgebungstemperatur 85
Urat 60, 63
Urathmosphäre 1
Urikolytischer Weg 168 f.
Ussing-Kammer 91 f.

V

Vakuole 98
Van't Hoff'sche Regel 122
Vasa recta 100
Vasodilatation 74
Vasokonstriktion 74
Vasopressin 17 f.
V-ATPase 98
Venendruck 75
Ventilation 26 ff.
- alveolare 179
- spezifische, Oxyregulierer 34
Ventilationsfrequenz 34
Ventilationsstrom 35 ff.
- Luft 35
- Wasser 35
Ventilationssystem
- Knochenfisch 36
- Krebstier 35
- Vogel 37
Ventilebenen-Mechanismus 76
Ventrikel 157 f.
Verdampfungswärme, molare 84
Verdauung 140 ff.
- extrakorporale 150
- Insekten 157 f.
- menschliche 150 ff.
- - Anatomie 150
- Wiederkäuer 156 f.
Verdauungsenzym 153 f.
Verdauungstrakt 150
Verdunstungskälte 121 f., 126 ff.
Vicuna 61
Vielzeller 1
VIP 24
Viskosität, Blut 59
Vitamin 140, 146 ff.
- fettlösliches 146 f.
- wasserlösliches 146 f.
Vogel
- Kreislauf 78
- Lunge 36
- Thermoregulation 126
Vogellunge
- Gasaustausch 38 f., 46
- Gasaustauschzone 47
Vogelspinne
- Kreislaufsystem 80
- System, arterielles 81

W

Wachs 86
Wachstumshormon 17 f.
Wal
- Tauchgang 184
- Thermoregulation 126
Wanze, Nahrungsaufnahme 148 f.
Wärme 120
Wärmeabgabe, tierische 121
Wärmeaustausch 128
- Umwelt/Tier 122 ff.
Wärmediffusion 121
Wärmekapazität, spezifische 84, 120
Wärmekonvektion 121, 129
Wärmeleitfähigkeit (Konduktanz) 121, 129
Wärmeleitung 121
Wärmeproduktion
- metabolische 120, 129
- Nahrung 146, 173
Wärmespeicherung 121
Wärmestrahlung 121
Wärmestrom 120
Wärmeverlust 121
Wasser
- Atemmedium 30 ff.
- Basisstoff 140
- Eigenschaft 84 f.
- - chemische 108
Wasserakkumulation, Arenivaga investigata (Wüstenschabe) 86 f.
Wasseratmer 30 ff.
Wasserbilanz 85
Wasserdampf 85
- Diffusion 85
- Konvektion 85
Wasserdampfpartialdruck 28, 45
- Definition 122
Wasserfloh, Sauerstoff-Eindringtiefe 29
Wassergewinn 85
- Tenebrionide 86
Wasserhaushalt 84 ff.
- Insekten 86 f.
- Niere 102
- Reptilien 87
- Säugetier 88 f.
Wasserlunge 50 f.
Wassermangel 102
Wassersparmechanismus 128
Wasserströmung 47 f.
Wassertransport 95
Wasserverlust
- evaporativer 85
- - Pflanzenfresser 88
- Schutzmechanismus 86
- Tenebrionide 86
Wattenmeer 189
Wattwurm (Arenicola marina) 35, 189 f.
- Höhle 190
- Stoffwechselwege anaerobe 190 f.
Wels 60
Wert, kalorischer 140 f.
Widerstandsgefäß 73
Wiederkäuer, Verdauung 156 f.
Windkessel-Effekt 71
Winterschlaf 130
Wirbellose 13 f.
- Osmoregulation 106
- Temperaturregulation 125
Wirbeltier
- Atmungsorgan, Funktion 38 f.
- Kreislauf 78
- Lunge 36
- niederes, Temperaturregulation 126
Wüstenameise 125
Wüsteneidechse 130
Wüstenratte 89
Wüstentiere 88

Y

Y-Organ 14

Z

Zelle
- Bioenergetik 161 ff.
- protonensezernierende 95
Zellgröße 135
Ziege, schwarze, Thermoregulation 124
Zinkfinger-Protein 20
Zirkulationssystem 68
Zittern 129
Zooplankter 26
Zucker, einfache 143
Zuckerabbau (s.auch Glycolyse) 165 ff.
Zwölffingerdarm (Duodenum) 150 f.

210 Notizen